材料电子及中子分析技术

朱和国　黄　鸣　主　编
梁宁宁　尤泽升　副主编
刘吉梓　主　审

电子工业出版社
Publishing House of Electronics Industry
北京·BEIJING

内 容 简 介

本书首先系统介绍晶体学基础、电子衍射的物理基础、衍射成像、衬度理论、高分辨成像、复杂电子衍射花样、原位透射电子显微分析技术、透射电子显微镜、扫描电镜、扫描透射电镜、电子探针、电子背散射衍射的原理与应用；然后介绍了用于表面分析的俄歇电子能谱、X 射线光电子能谱、扫描隧道显微镜、低能电子衍射、反射高能电子衍射及电子能量损失谱等的原理、特点及其应用；最后介绍了原子探针和中子分析技术等。书中研究和测试的材料包括金属材料、无机非金属材料、高分子材料、非晶材料、金属间化合物、复合材料等。每章内容均做了提纲式的总结，并附有适量的思考题。书中采用了一些作者尚未发表的图片和曲线，同时在实例分析中还引入了一些当前材料界最新的研究成果。

本书可作为材料科学与工程学科本科生的学习用书，也可供相关专业的研究生、教师和科技工作者使用。

图书在版编目（CIP）数据

材料电子及中子分析技术 / 朱和国，黄鸣主编. —北京：电子工业出版社，2022.12
ISBN 978-7-121-44710-5

Ⅰ．①材…　Ⅱ．①朱…　②黄…　Ⅲ．①材料－电子－高等学校－教材②材料－中子－高等学校－教材　Ⅳ.①TB3

中国版本图书馆 CIP 数据核字（2022）第 241156 号

责任编辑：赵玉山　　　文字编辑：张天运
印　　刷：保定市中画美凯印刷有限公司
装　　订：保定市中画美凯印刷有限公司
出版发行：电子工业出版社
　　　　　北京市海淀区万寿路 173 信箱　　邮编：100036
开　　本：787×1092　1/16　印张：22.5　字数：576 千字
版　　次：2022 年 12 月第 1 版
印　　次：2023 年 11 月第 2 次印刷
定　　价：69.00 元

前　言

材料、信息和能源是现代科学技术重点发展的三大领域，而材料又是信息和能源发展的物质基础，是人类文明进步的标志，也是发达国家对我们卡脖子的重点领域，可以说没有先进材料就没有现代科技，也没有未来。然而，对材料的科学研究与测试方法的合理选择是获得先进材料的核心环节，是材料科学工作者必须掌握的基础知识。

"材料研究方法"是材料类专业的核心课程，是理论走向实践的桥梁，是打开材料之门、进入材料世界的钥匙！为进一步满足各种不同专业方向的需要，提高该课程对不同专业的契合度，本课程由原来的 4 学分增至 5.5 学分，并将其分成 3 门课程：两门理论课程"材料 X 射线分析技术"（2 学分）和"材料电子及中子分析技术"（2 学分）及一门实验课程"材料研究方法实验"（1.5 学分），从而适应不同专业的个性化需求。其中《材料 X 射线分析技术》已为工信部"十四五"规划教材。本教材《材料电子及中子分析技术》首先介绍了晶体学基础、电子衍射的物理基础、衍射成像、衬度理论、高分辨成像、复杂电子衍射花样、原位透射电子显微分析技术、透射电子显微镜、扫描电镜、电子探针、电子背散射衍射的原理与应用；然后介绍了用于表面分析的俄歇电子能谱、扫描隧道显微镜、扫描透射电子显微镜、低能电子衍射、反射高能电子衍射及与透射电镜或扫描透射电镜结合使用的电子能量损失谱等的原理及其应用；最后介绍了原子探针和中子分析技术。

本书是作者在参考了国内外同类教材的最新发展和多年的教学经验基础上编著而成的，书中采用了一些作者尚未公开发表的图片和曲线。书中所涉及的材料包括金属材料、无机非金属材料、高分子材料、非晶材料、复合材料等。每章内容均做了提纲式的总结，便于读者复习和掌握所学内容，对一些重要的研究方法，还列举了相关的研究实例，帮助读者领会材料科学研究的思路，懂得该研究什么、为何研究及怎么研究。

本书由南京理工大学一线教师编写。全书共 12 章及附录 A：第 1～7，9，12 章及附录 A 由朱和国编写；第 8 章由尤泽升编写，第 10 章由梁宁宁编写，第 11 章由黄鸣编写，全书由朱和国统稿，刘吉梓主审。

本书广泛参考和应用了其他一些材料科学工作者的研究成果，得到了南京理工大学教务处及材料学院的大力支持，东南大学吴申庆教授的热情鼓励，以及张继峰、黄思睿、吴健、赵晨朦、刘晓艳、邓渊博、赵振国、杨泽晨、胡安圆等研究生的鼎力协助，在此表示深深的敬意和感谢！

由于作者水平有限，本书中定有疏漏和错误之处，敬请广大读者批评指正。

编者
2021.12　南京

目　录

第1章　晶体学基础 ················· 1
1.1　晶体及其基本性质 ············· 1
  1.1.1　晶体的概念 ··············· 1
  1.1.2　空间点阵的四要素 ········· 1
  1.1.3　布拉菲阵胞 ··············· 2
  1.1.4　典型晶体结构 ············· 4
  1.1.5　晶体的基本性质 ··········· 7
  1.1.6　准晶体简介 ··············· 8
1.2　晶向、晶面及晶带 ············· 8
  1.2.1　晶向及其表征 ············· 8
  1.2.2　晶面及其表征 ············· 9
  1.2.3　晶带及其表征 ············ 11
1.3　晶体的宏观对称及点群 ········ 11
  1.3.1　对称的概念 ·············· 11
  1.3.2　对称元素及对称操作 ······ 11
  1.3.3　对称元素的组合及点群 ···· 16
  1.3.4　晶体的分类 ·············· 17
  1.3.5　准晶体的点群及其分类 ···· 18
  1.3.6　点群的国际符号 ·········· 19
  1.3.7　点群的圣佛利斯符号 ······ 20
1.4　晶体的微观对称与空间群 ······ 21
  1.4.1　晶体的微观对称 ·········· 21
  1.4.2　晶体的空间群及其符号 ···· 23
1.5　晶体的投影 ··················· 24
  1.5.1　球面投影 ················ 24
  1.5.2　极射赤面投影 ············ 25
  1.5.3　极式网与乌氏网 ·········· 26
  1.5.4　晶带的投影 ·············· 29
  1.5.5　标准极射赤面投影图 ······ 31
1.6　倒易点阵 ····················· 32
  1.6.1　正点阵 ·················· 32
  1.6.2　倒易点阵的概念与构建 ···· 32
  1.6.3　正倒空间之间的关系 ······ 34
  1.6.4　倒易矢量的基本性质 ······ 35

  1.6.5　晶带定律 ················ 36
  1.6.6　广义晶带定律 ············ 37
本章小结 ·························· 37
思考题 ···························· 39

第2章　电子显微分析的基础 ········ 42
2.1　电子波的波长 ················· 42
2.2　电子与固体物质的作用 ········ 43
  2.2.1　电子散射 ················ 43
  2.2.2　电子与固体物质作用时激发的
      物理信号 ················ 47
2.3　电子衍射 ····················· 51
  2.3.1　电子衍射的方向 ·········· 52
  2.3.2　电子衍射的强度 ·········· 55
  2.3.3　电子衍射与 X 射线衍射的异
      同点 ···················· 59
  2.3.4　电子衍射的厄瓦尔德图解 ··· 60
  2.3.5　电子衍射花样的形成原理及电
      子衍射的基本公式 ········ 61
  2.3.6　零层倒易面及非零层倒易面··· 62
  2.3.7　标准电子衍射花样 ········ 63
  2.3.8　偏移矢量 ················ 67
本章小结 ·························· 70
思考题 ···························· 71

第3章　透射电子显微镜 ············ 73
3.1　工作原理 ····················· 73
3.2　分辨率 ······················· 74
  3.2.1　光学显微镜的分辨率 ······ 74
  3.2.2　透射电子显微镜的分辨率 ··· 75
3.3　电子透镜 ····················· 77
  3.3.1　静电透镜 ················ 77
  3.3.2　电磁透镜 ················ 77
3.4　电磁透镜的像差 ··············· 79
  3.4.1　球差 ···················· 79
  3.4.2　像散 ···················· 80

3.4.3　色差 ················· 81

3.5　电磁透镜的景深与焦长 ····· 82
　　3.5.1　景深 ················· 82
　　3.5.2　焦长 ················· 82
3.6　透射电镜的电子光学系统 ··· 83
　　3.6.1　照明系统 ············ 84
　　3.6.2　成像系统 ············ 86
　　3.6.3　观察记录系统 ········ 88
3.7　主要附件 ················· 88
　　3.7.1　样品倾斜装置 ········ 88
　　3.7.2　电子束平移和倾斜装置 ··· 89
　　3.7.3　消像散器 ············ 89
　　3.7.4　光阑 ················· 90
　　3.7.5　球差矫正器 ·········· 91
3.8　透射电镜中的电子衍射 ····· 93
　　3.8.1　有效相机常数 ········ 93
　　3.8.2　选区电子衍射 ········ 94
3.9　常见的电子衍射花样 ······· 95
　　3.9.1　单晶电子衍射花样 ···· 95
　　3.9.2　多晶电子衍射花样 ···· 99
3.10　几种特殊电子衍射花样 ···100
　　3.10.1　双晶带电子衍射花样 ···100
　　3.10.2　斑点指数标定的不唯一性 ···101
　　3.10.3　晶体取向关系测定 ··· 102
　　3.10.4　层错能测定 ········· 103
本章小结 ·······················105
思考题 ·························107

第4章　复杂电子衍射花样 ···········109
4.1　超点阵斑点花样 ··········· 109
　　4.1.1　超点阵定义 ·········· 109
　　4.1.2　超点阵的分类 ········ 109
　　4.1.3　面心立方点阵超点阵结构
　　　　　 因子 ················ 111
　　4.1.4　超点阵斑点花样产生原理 ···112
4.2　孪晶斑点花样 ············· 113
　　4.2.1　孪晶的定义与分类 ···· 113
　　4.2.2　孪晶斑点花样产生原理 ···115
　　4.2.3　孪晶斑点花样理论推算 ···116
4.3　高阶劳埃斑点花样 ········· 120

4.3.1　高阶劳埃斑点的定义 ······120
4.3.2　高阶劳埃斑点的分类与特征 ···120
4.3.3　高阶劳埃斑点花样在零层倒
　　　 易面上的投影 ··········121
4.3.4　高阶劳埃斑点花样在零层倒
　　　 易面上的标定 ··········124
4.3.5　高阶劳埃斑点花样的应用
　　　 分析 ··················126
4.4　二次衍射花样 ·············128
　　4.4.1　二次衍射的定义 ······128
　　4.4.2　二次衍射的产生原理 ···128
4.5　菊池花样 ·················130
　　4.5.1　菊池花样的定义 ······130
　　4.5.2　菊池花样的产生原理 ···130
　　4.5.3　菊池花样的应用——取向
　　　　　 分析 ················134
4.6　会聚束电子衍射花样 ·······136
　　4.6.1　会聚束电子衍射原理 ···136
　　4.6.2　会聚束电子衍射的三个重要
　　　　　 参数 ················136
　　4.6.3　会聚束电子衍射中的重要
　　　　　 花样 ················137
　　4.6.4　会聚束电子衍射成像 ···141
　　4.6.5　会聚束电子衍射花样的指数
　　　　　 标定 ················141
　　4.6.6　应用分析 ············142
本章小结 ·······················144
思考题 ·························146

第5章　透射电子显微镜的成像分析 ···147
5.1　透射电镜的图像衬度理论 ···147
　　5.1.1　衬度的概念与分类 ····147
　　5.1.2　衍射衬度运动学理论与应用 ···149
　　5.1.3　非理想晶体的衍射衬度 ···155
　　5.1.4　非理想晶体的缺陷成像分析 ···156
5.2　衍射衬度动力学简介 ·······166
5.3　非完整晶体衬度 ···········169
5.4　透射电镜的样品制备 ·······170
　　5.4.1　基本要求 ············171
　　5.4.2　薄膜样品的制备过程 ···171

本章小结 ················173
思考题 ··················174

第6章　薄晶体的高分辨像 ···175

6.1 高分辨像的形成原理 ·········175
 6.1.1 样品透射函数 ·········176
 6.1.2 衬度传递函数 S(u,v) ···178
 6.1.3 像平面上的像面波函数
   $B(x,y)$ ···············180
 6.1.4 最佳欠焦条件及电镜最高分
   辨率 ···············181
 6.1.5 第一通带宽度（$\sin\chi$ =-1）
   的影响因素 ········182
6.2 高分辨像举例 ············188
 6.2.1 晶格条纹像 ·········188
 6.2.2 一维结构像 ·········189
 6.2.3 二维晶格像 ·········190
 6.2.4 二维结构像 ·········192
本章小结 ·················194
思考题 ··················194

第7章　原位透射电子显微分析技术 ····195

7.1 原位透射电镜的类型 ········195
7.2 加热式原位透射电镜 ········195
 7.2.1 工作原理 ···········195
 7.2.2 应用分析 ···········196
7.3 冷冻式原位透射电镜 ········197
 7.3.1 工作原理 ···········197
 7.3.2 应用分析 ···········198
7.4 电学式原位透射电镜 ········199
 7.4.1 工作原理 ···········199
 7.4.2 应用分析 ···········200
7.5 力学式原位透射电镜 ········200
 7.5.1 工作原理 ···········200
 7.5.2 应用分析 ···········201
7.6 光学式原位透射电镜 ········202
 7.6.1 工作原理 ···········202
 7.6.2 应用分析 ···········202
7.7 气体环境式原位透射电镜 ·····203
 7.7.1 工作原理 ···········203
 7.7.2 应用分析 ···········203

7.8 液体池环境式原位透射电镜 ····205
 7.8.1 工作原理 ···········205
 7.8.2 应用分析 ···········206
7.9 四维超快原位透射电镜 ······211
 7.9.1 工作原理 ···········211
 7.9.2 应用分析 ···········212
7.10 电子束激励式原位透射电镜 ···213
 7.10.1 工作原理 ··········213
 7.10.2 应用分析 ··········213
本章小结 ·················214
思考题 ··················214

第8章　电子背散射衍射 ······216

8.1 基本原理 ···············216
 8.1.1 电子背散射衍射 ······217
 8.1.2 扫描电镜的透射菊池衍射 ···217
8.2 EBSD 系统简介 ···········218
8.3 EBSD 衍射谱标定与晶体取向确定 ···219
 8.3.1 EBSD 衍射谱标定 ·····219
 8.3.2 晶体取向确定 ········222
8.4 EBSD 分辨率 ············225
8.5 EBSD 样品制备 ··········226
8.6 EBSD 的应用 ···········226
 8.6.1 取向衬度成像 ········227
 8.6.2 织构分析 ···········227
 8.6.3 晶粒取向差及晶界特性分析 ···228
 8.6.4 物相鉴定 ···········229
 8.6.5 晶格缺陷分析 ········229
 8.6.6 三维取向成像 ········231
本章小结 ·················232
思考题 ··················233

第9章　扫描电子显微镜及电子探针分析技术 ···234

9.1 扫描电镜的结构 ··········234
 9.1.1 电子光学系统 ········235
 9.1.2 信号检测和信号处理、图像
   显示和记录系统 ······236
 9.1.3 真空系统 ···········237
9.2 扫描电镜的主要性能参数 ·····237
 9.2.1 分辨率 ············237

9.2.2 放大倍率 ················ 238
9.2.3 景深 ····················· 238
9.3 表面成像衬度 ·················· 239
9.3.1 二次电子成像衬度 ····· 239
9.3.2 背散射电子成像衬度 ······· 240
9.4 二次电子衬度像的应用分析 ··· 241
9.5 背散射电子衬度像的应用分析 ··· 243
9.6 扫描电镜下的原位拉伸 ········ 245
9.7 电子探针 ······················ 246
9.7.1 电子探针波谱仪 ········ 246
9.7.2 电子探针能谱仪 ········ 248
9.7.3 能谱仪与波谱仪的比较 ······· 250
9.8 电子探针分析及应用分析 ······ 250
9.8.1 定性分析 ··············· 250
9.8.2 定量分析 ··············· 252
9.9 扫描透射电子显微镜 ·········· 252
9.9.1 工作原理 ··············· 253
9.9.2 性能特点 ··············· 254
9.9.3 应用分析 ··············· 255
9.10 扫描电镜的发展 ·············· 256
本章小结 ··························· 257
思考题 ····························· 258

第 10 章 其他电子分析技术 ·········· 259
10.1 低能电子衍射 ················ 259
10.1.1 低能电子衍射原理 ····· 259
10.1.2 低能电子衍射装置的结构与
花样特征 ·············· 260
10.1.3 低能电子衍射的应用分析 ···· 261
10.2 反射高能电子衍射 ··········· 262
10.2.1 工作原理 ·············· 262
10.2.2 特点 ·················· 264
10.2.3 应用分析 ·············· 264
10.3 俄歇电子能谱 ················ 265
10.3.1 俄歇电子能谱仪的结构
原理 ·················· 265
10.3.2 俄歇电子能谱的工作原理 ··· 266
10.3.3 定性分析 ·············· 268
10.3.4 定量分析 ·············· 268
10.3.5 化学价态分析 ·········· 269

10.3.6 俄歇电子能谱的应用分析 ··· 269
10.3.7 俄歇电子能谱仪的最新
进展 ·················· 272
10.4 X 射线光电子能谱 ············ 273
10.4.1 X 射线光电子能谱仪的工作
原理 ·················· 273
10.4.2 X 射线光电子能谱仪的系统
组成 ·················· 273
10.4.3 X 射线光电子能谱及表征 ··· 275
10.4.4 X 射线光电子能谱仪的
功用 ·················· 277
10.4.5 X 射线光电子能谱的应用
分析 ·················· 279
10.4.6 X 射线光电子能谱的发展
趋势 ·················· 282
10.5 扫描隧道显微镜 ·············· 283
10.5.1 扫描隧道显微镜的基本
原理 ·················· 283
10.5.2 扫描隧道显微镜的工作
模式 ·················· 284
10.5.3 扫描隧道显微镜的优缺点 ··· 285
10.5.4 扫描隧道显微镜的应用
分析 ·················· 285
10.6 聚焦离子束 ·················· 288
10.6.1 工作原理 ·············· 288
10.6.2 离子束与材料的相互作用 ··· 289
10.6.3 聚焦离子束的应用分析 ··· 290
10.7 电子能量损失谱 ·············· 292
10.7.1 工作原理 ·············· 292
10.7.2 作用 ·················· 293
10.7.3 特点 ·················· 293
10.7.4 应用分析 ·············· 294
本章小结 ··························· 295
思考题 ····························· 297

第 11 章 原子探针分析技术 ·········· 298
11.1 原子探针技术的发展史 ········ 298
11.2 场离子显微镜 ················ 298
11.2.1 场离子显微镜的结构原理 ··· 299
11.2.2 场电离 ················ 299

11.2.3　场离子显微图像 ··············301
11.3　原子探针 ····························303
　11.3.1　场蒸发 ·························303
　11.3.2　原子探针的基本原理 ·······303
　11.3.3　原子探针层析 ···············304
　11.3.4　原子探针脉冲模式 ·········305
　11.3.5　原子探针样品制备 ·········306
　11.3.6　原子探针层析的应用分析 ···308
本章小结 ·································311
思考题 ····································312

第 12 章　中子分析技术 ···············313
12.1　中子源 ·······························313
12.2　中子与物质的相互作用 ·········314
　12.2.1　吸收 ··························314
　12.2.2　散射 ··························315
12.3　中子衍射 ···························320
　12.3.1　中子衍射原理 ···············320
　12.3.2　中子衍射的方向和强度 ······321
12.4　中子散射仪 ·······················324
12.5　中子散射技术的应用分析 ·······325
　12.5.1　物相结构分析 ···············325
　12.5.2　磁结构分析 ··················326

12.5.3　残余应力分析 ···············328
12.5.4　织构分析 ·····················329
12.5.5　小角散射分析 ···············331
12.6　极化中子技术 ·····················332
　12.6.1　中子自旋和极化 ············332
　12.6.2　极化中子实验测量系统 ·····333
　12.6.3　极化中子散射 ···············334
　12.6.4　极化中子的拉莫尔进动 ·····334
12.7　中子成像分析 ·····················335
　12.7.1　成像原理 ····················335
　12.7.2　中子成像技术 ···············335
本章小结 ·································337
思考题 ····································337

附录 A ····································339
附录 A.1　常用物理常数 ···············339
附录 A.2　晶体的三类分法及其对称特征 ···339
附录 A.3　32 种点群对称元素示意图 ······340
附录 A.4　宏观对称元素及说明 ·········341
附录 A.5　32 种点群的习惯符号、国际符
　　　　号及圣佛利斯符号 ···········342
附录 A.6　常见晶体的标准电子衍射花样 ···343

参考文献 ································348

第1章 晶体学基础

能产生电子、中子或 X 射线衍射的物质均为晶体，涉及晶体结构的类型和对称性等，本章主要介绍晶体的基本概念、性质、晶体结构、对称性、晶体的投影及衍射的理论基础、倒易点阵和晶带定律。

1.1 晶体及其基本性质

1.1.1 晶体的概念

晶体是指其内部质点（原子、分子、离子或其组合体）在三维空间呈周期性重复排列的固体。而这些周期性排列的原子、分子、离子或其组合体是构成晶体结构的基本单元，称为晶体的结构基元。若将结构基元抽象成一个几何点，则可将晶体结构抽象成无数个在三维空间呈规则排列的点阵，该点阵又称空间点阵。图 1-1 即一般晶体抽象而成的空间点阵。

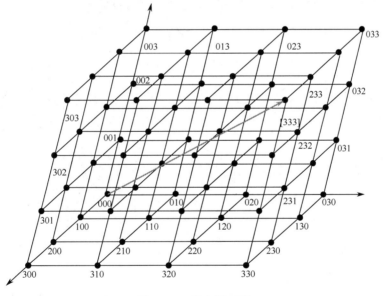

图 1-1 一般空间点阵

1.1.2 空间点阵的四要素

（1）阵点即空间点阵中的阵点。它代表结构基元的位置，是结构基元的抽象点，就其本身而言，仅具有几何意义，不代表任何质点。空间点阵具有无穷多个阵点。

（2）阵列即阵点在同一直线上的排列。任意两个阵点即可构成一个阵列，同一阵列上阵点间距相等，阵点间距为该方向上的最小周期，平行阵列上的阵点间距必相等，不同方向上的阵点间距一般不相等。空间点阵具有无穷多个阵列。

（3）阵面即阵点在同一平面上的分布。任意不在同一阵列上的三个阵点即可构成一个阵面。单位阵面上的阵点数称为面密度，相邻阵面间的垂直距离称为面间距，平行阵面上的面密度和面间距均相等。空间点阵具有无穷多个阵面。

（4）阵胞即在三维方向上由两两平行并且相等的三对阵面所构成的六面体，是空间点阵中的体积单元。空间点阵可以看成这种平行六面体在三维方向上的无缝堆砌。注意：①阵胞有多种选取方式，主要反映晶体结构的周期性；②当阵点仅在阵胞的顶角上，一个阵胞仅含一个阵点，代表一个基元时，该阵胞又称物理学原胞，原胞的体积最小，其三维基矢为 $\vec{a}_1, \vec{a}_2, \vec{a}_3$。

1.1.3 布拉菲阵胞

为了同时反映晶体结构的周期性和对称性，通常按以下原则选取阵胞。

（1）反映晶体的宏观对称性；

（2）尽可能多的直角；

（3）相等的棱边和夹角尽可能多；

（4）在满足上述条件下，阵胞体积尽可能最小。

法国晶体学家布拉菲（A.Bravais）按以上原则选取阵胞时，发现空间点阵的阵胞只有 14 种，这 14 种阵胞又称布拉菲阵胞，此时阵点不仅可在阵胞的顶点，还可在阵胞的体内或面上，阵胞的体积也不一定为最小，可能是原胞体积的整数倍。布拉菲阵胞又称晶胞、惯用胞、结晶学原胞或布拉菲点阵。图 1-2 为 14 种布拉菲阵胞，基矢设为 $\vec{a}, \vec{b}, \vec{c}$。

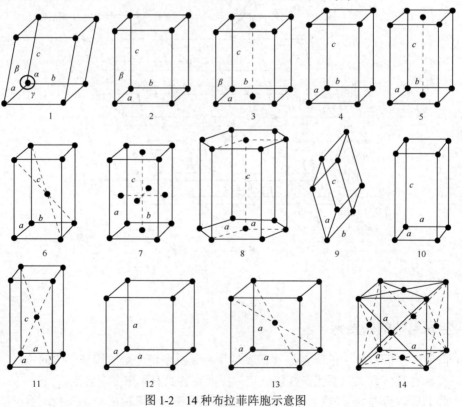

图 1-2   14 种布拉菲阵胞示意图

注：本节中所有矢量表示为书写体，如 $\vec{a}$。

布拉菲阵胞的形状与大小用相交于某一顶点的三个棱边上的点阵周期 a、b、c 及它们之间的夹角 α、β、γ 来表征，其中 α、β、γ 分别为 $\vec{b}$ 与 $\vec{c}$，$\vec{c}$ 与 $\vec{a}$，$\vec{a}$ 与 $\vec{b}$ 的夹角。a、b、c、α、β、γ 称为晶格常数。

14 种布拉菲阵胞根据点阵参数的特点分为立方、正方、斜方、菱方、六方、单斜及三斜七大晶系。根据阵点在阵胞中的位置特点又可将其分为简单（P）、底心（C）、体心（I）和面心（F）四大点阵类型。

（1）简单型。阵点分布于六面体的 8 个顶点处，符号为 P。

（2）底心型。阵点除分布于六面体的 8 个顶点外，在六面体的底心或对面中心处仍分布有阵点，符号为 C。

（3）体心型。阵点除分布于六面体的 8 个顶点外，在六面体的体心处还有一个阵点，符号为 I。

（4）面心型。阵点除分布于六面体的 8 个顶点外，在六面体的六个面心处还各有一个阵点，符号为 F。

各晶系如表 1-1 所示。

表 1-1　晶系及阵胞类型

晶　系	点 阵 参 数	布拉菲阵胞	阵胞符号	阵胞内基元数	基 元 坐 标
立方晶系	$a=b=c$ $\alpha=\beta=\gamma=90°$	简单立方	P	1	000
		体心立方	I	2	000, $\frac{1}{2}\frac{1}{2}\frac{1}{2}$
		面心立方	F	4	000, $\frac{1}{2}\frac{1}{2}0$, $\frac{1}{2}0\frac{1}{2}$, $0\frac{1}{2}\frac{1}{2}$
正方晶系	$a=b\neq c$ $\alpha=\beta=\gamma=90°$	简单正方	P	1	000
		体心正方	I	2	000, $\frac{1}{2}\frac{1}{2}\frac{1}{2}$
斜方晶系	$a\neq b\neq c$ $\alpha=\beta=\gamma=90°$	简单斜方	P	1	000
		体心斜方	I	2	000, $\frac{1}{2}\frac{1}{2}\frac{1}{2}$
		底心斜方	C	2	000, $\frac{1}{2}\frac{1}{2}0$
		面心斜方	F	4	000, $\frac{1}{2}\frac{1}{2}0$, $\frac{1}{2}0\frac{1}{2}$, $0\frac{1}{2}\frac{1}{2}$
菱方晶系	$a=b=c$ $\alpha=\beta=\gamma\neq90°$	简单菱方	R	1	000
六方晶系	$a=b\neq c$ $\alpha=\beta=90°$ $\gamma=120°$	简单六方	P	1	000
单斜晶系	$a\neq b\neq c$ $\alpha=\gamma=90°\neq\beta$	简单单斜	P	1	000
		底心单斜	C	2	000, $\frac{1}{2}\frac{1}{2}0$
三斜晶系	$a\neq b\neq c$ $\alpha\neq\beta\neq\gamma\neq90°$	简单三斜	P	1	000

注意：

① 空间点阵是为方便地研究晶体结构而进行的一种数学抽象，反映了晶体结构的几何特征，用于描述和分析晶体结构的周期性和对称性，它不能脱离具体的晶体结构而单独存在。

② 空间点阵的阵点仅具几何意义，并非具体的质点，它可以是结构基元的质心位置，也可以是结构基元中任意等价的点。

③ 晶体结构是指晶体中原子（同类或异类原子）或分子的具体排列情况，它们能组成各种类型的排列，因而可能存在的晶体结构是无限的，但各种晶体结构总能按其原子或分子排列的周期性和对称性归属于 14 种布拉菲点阵中的一种。

④ 晶体结构=空间点阵+结构基元，晶体结构与空间点阵既有区别又有联系。

⑤ 原胞包含一个基元，而非一个原子。

⑥ 一种点阵可代表多种晶体结构，结构基元可以由一个或多个等同质点以不同的形式进行排列和结合。

1.1.4　典型晶体结构

晶体结构根据其对应点阵的特点，可分为简单点阵和复式点阵两类。简单点阵即点阵结构仅有一种结构形式，常见的有简单立方结构、体心立方结构和面心立方结构三种；而复式点阵则由两种同类或异类原子形成的点阵结构套构而成，常见的有密排六方结构、NaCl 结构、CsCl 结构、闪锌矿结构及金刚石结构等。

1. 简单立方（Simple Cubic，SC）结构

图 1-3 为简单立方结构示意图。简单立方结构的边长为 a，基矢为 $\vec{a}$、$\vec{b}$、$\vec{c}$，$a=b=c$，阵点仅在立方体的 8 个顶点上，体内无阵点，每个阵点为其周围 8 个阵胞共有，单个阵胞拥有 $8\times1/8=1$ 个阵点，或一个结构基元。简单立方阵胞也是该点阵的原胞。当结构基元为原子时，该原胞含有一个原子，其坐标为（0,0,0）。每个原子占有的体积为 a^3。简单立方点阵的原胞基矢与阵胞基矢相同，即 $\vec{a}_1$、$\vec{a}_2$、$\vec{a}_3$ 分别为

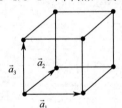

图 1-3　简单立方结构

$$\begin{cases} \vec{a}_1 = \vec{a} \\ \vec{a}_2 = \vec{b} \\ \vec{a}_3 = \vec{c} \end{cases} \tag{1-1}$$

原胞体积=阵胞体积= $\vec{a}_1 \times (\vec{a}_2 \cdot \vec{a}_3) = abc = a^3$。

2. 体心立方（Body-Centered Cubic，BCC）结构

体心立方结构的边长为 a，阵点除在 8 个顶点外，立方体的体心还分布有一个阵点，每个阵胞含有 2 个阵点，当结构基元为原子时，该晶胞含有 2 个原子，坐标分别为(0,0,0)和 $\left(\dfrac{1}{2},\dfrac{1}{2},\dfrac{1}{2}\right)$。阵胞基矢为 $\vec{a}$、$\vec{b}$、$\vec{c}$，且 $a=b=c$。该阵胞及其对应的原胞如图 1-4 所示，原胞基矢为 $\vec{a}_1$、$\vec{a}_2$、$\vec{a}_3$，其与阵胞基矢的关系分别为

$$\begin{cases} \vec{a}_1 = \dfrac{1}{2}(-\vec{a}+\vec{b}+\vec{c}) \\[2mm] \vec{a}_2 = \dfrac{1}{2}(\vec{a}-\vec{b}+\vec{c}) \\[2mm] \vec{a}_3 = \dfrac{1}{2}(\vec{a}+\vec{b}-\vec{c}) \end{cases} \tag{1-2}$$

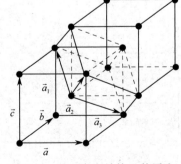

图 1-4　体心立方结构及其原胞

原胞体积为 $\vec{a}_1 \times (\vec{a}_2 \cdot \vec{a}_3) = \dfrac{1}{2}a^3$，为简单立方阵胞的一半。晶体结构为体心立方结构的常见元素有 Mo、W、Li、Na、K、Cr、α-Fe 等。

3．面心立方（Face-centered Cubic，FCC）结构

面心立方结构的边长为 a，除 8 个顶点有阵点外，6 个面的中心均有一个阵点，每个阵胞含有 4 个阵点，其坐标分别为 $(0,0,0)$、$\left(\dfrac{1}{2},\dfrac{1}{2},0\right)$、$\left(\dfrac{1}{2},0,\dfrac{1}{2}\right)$、$\left(0,\dfrac{1}{2},\dfrac{1}{2}\right)$。该阵胞及其对应的原胞如图 1-5 所示，阵胞基矢 $\vec{a}$、$\vec{b}$、$\vec{c}$ 与原胞基矢 $\vec{a}_1$、$\vec{a}_2$、$\vec{a}_3$ 的关系为

$$\begin{cases} \vec{a}_1 = \dfrac{1}{2}(\vec{b}+\vec{c}) \\[2mm] \vec{a}_2 = \dfrac{1}{2}(\vec{c}+\vec{a}) \\[2mm] \vec{a}_3 = \dfrac{1}{2}(\vec{a}+\vec{b}) \end{cases} \qquad (1\text{-}3)$$

原胞的体积为 $\vec{a}_1 \cdot (\vec{a}_2 \times \vec{a}_3) = \dfrac{1}{4}a^3$，仅为阵胞体积的 1/4。晶体结构为面心立方的常见元素有 Al、Cu、Au、Ag、γ-Fe 等。

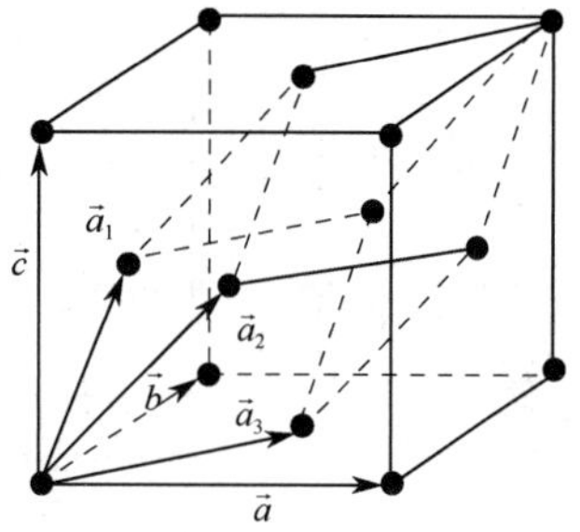

图 1-5　面心立方结构及其原胞

4．密排六方（Close-packed Hexagonal，CPH 或 HCP）结构

通常由六棱柱表示。底边边长为 a，阵点位于上下正六边形的中心和 6 个顶点处，另 3 个位于六棱柱的中截面上，其在底面上的投影处于相隔三角形的重心处，共含 6 个阵点。顶角、底心上阵点与中截面上阵点的周围环境不同，因而密排六方结构可看成由 3 个单位平行六面体组成，每个平行六面体又由两个简单六面体套构而成，故密排六方结构是复式点阵。结构基元由两个原子组成。原胞的选取与晶胞相同，为平行六面体，原胞含有一个基元，共两个原子，其坐标分别为 $(0,0,0)$ 和 $\left(\dfrac{2}{3},\dfrac{1}{3},\dfrac{1}{2}\right)$。密排六方结构如图 1-6 所示。具有密排六方结构的元素有 Mg、Be、Cd、Zn 等。

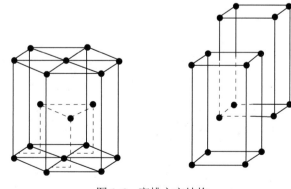

图 1-6　密排六方结构

5．NaCl 结构

NaCl 结构如图 1-7 所示，是典型的离子晶体，每个基元由一个 Na^+ 和一个 Cl^- 组成，晶胞

共有 4 个基元和 8 个离子，Na^+ 分布于立方体的顶角和 6 个面的面心，形成面心立方结构，Cl^- 的分布也构成了面心立方结构，沿棱边平移半个棱边长。因此，NaCl 晶体的空间点阵由 Na^+ 和 Cl^- 的两个面心立方结构沿棱边平移半个棱边长套构而成。其空间点阵为面心立方结构。原胞的选取等同于面心立方结构，若以 Na^+ 的面心立方结构选基矢，则平行六面体的顶点为 Na^+，而六面体的体心为 Cl^-，原胞含有一个基元（一个 Na^+ 和一个 Cl^-），其坐标分别为(0,0,0)、$\left(\dfrac{1}{2},\dfrac{1}{2},\dfrac{1}{2}\right)$，如图 1-7（b）所示。具有 NaCl 结构的还有 KCl、AgBr、PbS 等。

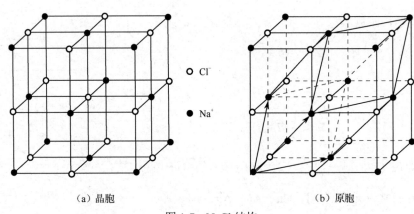

（a）晶胞　　　　　　　　　　　　　　（b）原胞

$\circ$ Cl$^-$
$\bullet$ Na$^+$

图 1-7　NaCl 结构

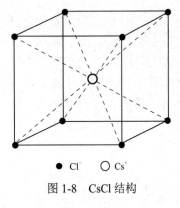

$\bullet$ Cl$^-$　　$\circ$ Cs$^+$

图 1-8　CsCl 结构

6. CsCl 结构

CsCl 结构如图 1-8 所示。Cl^- 和 Cs^+ 分别位于立方体的顶角和体心，每个晶胞含有一个基元，Cl^- 和 Cs^+ 分别构成简单立方结构，并沿立方体的空间对角线方向平移 1/2 对角线长度套构而成。其空间点阵为简单立方结构。该点阵的原胞即晶胞，含有一个基元（一个 Cl^- 和一个 Cs^+）。当 Cl^- 的坐标为(0,0,0)时，Cs^+ 的坐标为 $\left(\dfrac{1}{2},\dfrac{1}{2},\dfrac{1}{2}\right)$，或相反。常见的具有 CsCl 结构的还有 TiBr、AlTi、BeCu 等。

7. 闪锌矿结构

闪锌矿结构如图 1-9 所示。两种异类原子分别构成面心立方结构，闪锌矿结构由面心立方结构沿空间对角线方向平移 1/4 对角线长度套构而成，晶胞中含有 4 个基元。闪锌矿结构的空间点阵为面心立方结构。原胞的选取同于面心立方，每个原胞中含有一个基元（两个异类原子）。具有闪锌矿结构的还有 CuF、CuCl、AgI、ZnS、CdS 等。

8. 金刚石结构

金刚石结构如图 1-10 所示。金刚石结构是由两套面心立方结构沿空间对角线方向平移 1/4 对角线长度套构而成，晶胞共有 8 个同类原子，其坐标分别为 (0,0,0)、$\left(\dfrac{1}{2},\dfrac{1}{2},0\right)$、$\left(\dfrac{1}{2},0,\dfrac{1}{2}\right)$、$\left(0,\dfrac{1}{2},\dfrac{1}{2}\right)$、$\left(\dfrac{1}{4},\dfrac{1}{4},\dfrac{1}{4}\right)$、$\left(\dfrac{3}{4},\dfrac{3}{4},\dfrac{1}{4}\right)$、$\left(\dfrac{3}{4},\dfrac{1}{4},\dfrac{3}{4}\right)$、$\left(\dfrac{1}{4},\dfrac{3}{4},\dfrac{3}{4}\right)$。金刚石结构的空间点阵为面心立方结

构，原胞的选取同于面心立方结构，每个原胞中含有一个基元（两个同类原子），具有金刚石结构的还有 Si、Ge、Sn 等。

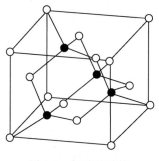 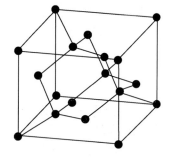

图 1-9 闪锌矿结构　　　　　　　图 1-10 金刚石结构

1.1.5　晶体的基本性质

晶体的基本性质是指一切晶体所共有的性质，由晶体内部质点排列的周期性决定。基本性质如下。

1. 均匀性

均匀性是指同一晶体的各个不同部位均具有相同性质的特性。换言之，在晶体中任取两个形状、大小和取向均相同的，且微观足够大、宏观足够小的体积元，它们的性质均相同。这是由晶体内部质点排列的周期性，同一晶体的不同部位具有相同的质点分布所决定的。注意：①均匀性不是晶体独有的特性。液体和气体也具有均匀性，但其均匀性来源于原子分子热运动的随机性；②晶体的均匀性不含有各向同性，而气体、液体的均匀性含有各向同性。

2. 异向性

异向性是指晶体的性质因方向的不同而有所差异的特性。这是由于同一晶体的不同方向上的质点排列一般是不同的，因而晶体的性质随测试方向的不同而有所不同。例如，单晶石英的弹性模量和弹性系数在不同测试方向上具有不同的数值。再如，蓝宝石，在平行于晶体延长方向上的硬度（5.5GPa）远小于其垂直方向上的硬度（6.5GPa），故蓝宝石又称二硬石。

3. 对称性

对称性是指晶体中的相同部分（几何要素如晶面、晶棱、顶点等）或性质在不同方向或位置上有规律地重复出现的特性。该特性与晶体的异向性不矛盾，它是由晶体内部质点排列的对称性决定的。

4. 自限性

自限性是指晶体在一定条件下能自发地形成封闭的凸几何多面体的特性。凸几何多面体的平面为晶面，晶面的交棱为晶棱，晶棱的会聚为顶点，且三者数量上符合欧拉定律：晶面数+顶点数=晶棱数+2。该特性是晶体内部质点的规则排列在外形上的反映，因此晶面、晶棱、顶点分别对应于点阵中的阵面、阵列和阵点。

5. 最小内能

最小内能是指晶体在相同的热力学条件下，与同种物质的非晶态相（非晶体、准晶体、液体、气体）相比，具有最小内能的特性。内能包括质点的动能和势能（位能）。动能是由质点的热运动决定的，与其热力学条件（温度、压力等）相关，因此它不是可比量。势能是由质点间的相对位置与排列决定的，是比较内能大小的参量。晶体内部的质点规则排列是各质点间的引力与斥力相平衡的结果，晶体内的质点均已达到平衡位置，其势能最小，因而晶体具有最小内能。无论质点间的距离增大或缩小，均会导致质点间的相对势能增大。

6．稳定性

稳定性是指在相同的热力学条件下，相同化学成分的同种物质，晶体最为稳定。这是由晶体具有最小的内能，晶体内的质点均在其平衡位置所决定的。非晶体有自发向晶体转变的趋势，但晶体不可能自发地转变成其他物态（非晶体）。

此外，晶体还具有固定的熔点，在一定的条件下能对 X 射线产生衍射效应。晶体具有这些基本性质，均源于其内部质点排列的周期性。

1.1.6　准晶体简介

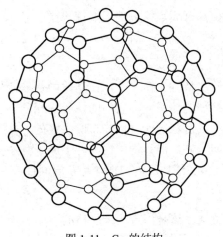

质点排列长程有序，但无周期重复的物质称为准晶体。准晶体虽无周期性，但有准周期性，有严格的位置序，具有准点阵结构，不是非晶态，也不是一种新的物质态，而是一种特殊的晶体。具有晶体所不具有的五次或六次以上的对称，如五次、八次、十次或十二次对称等。根据物质在三维空间中呈现准周期性的维数可将准晶体分为三维、二维和一维三大类。图 1-11 为 C_{60} 的结构，是由 20 个六边形环和 12 个五边形环组成的球形三十二面体，其中五边形环仅与六边形环相邻，不相互连接，共有 60 个顶角，每顶角占据一个 C 原子，故称为 C_{60} 结构，它就是一种具有五次对称的准晶体的三维结构。

图 1-11　C_{60} 的结构

1.2　晶向、晶面及晶带

1.2.1　晶向及其表征

布拉菲点阵中的每个阵点的周围环境均相同，所有阵点可以看成分布在一系列相互平行的直线上，如图 1-12 所示，任一直线称为晶列，晶列的取向称为晶向。

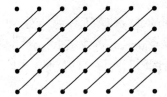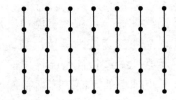

图 1-12　点阵中的平行列

晶向的表征步骤：

（1）建立坐标系，如图 1-13（a）所示，以所求晶向上的任意阵点为原点，一般以布拉菲阵胞（晶胞）的基矢量 $\vec{a}$，$\vec{b}$，$\vec{c}$ 为三维基矢量。

（2）在所求晶向上任取一阵点 R，则 $\overrightarrow{OR} = m\vec{a} + n\vec{b} + p\vec{c}$，m、n、p 为整数。

（3）将 m、n、p 约化为互质整数 uvw，并用"[ ]"括之，即得到该晶列的晶向指数[uvw]。当指数为负数时，负号标于其顶部。

晶体中原子排列情况相同，但空间位向不同的一组晶向称为晶向族。同一晶向族中的指数相同，只是排列顺序或符号不同。如在立方晶系中，如图 1-13（b）所示，面对角线共有[110]、[101]、[011]、$[\bar{1}10]$、$[\bar{1}0\bar{1}]$、$[0\bar{1}\bar{1}]$、$[\bar{1}10]$、$[1\bar{1}0]$、$[0\bar{1}1]$、$[01\bar{1}]$、$[\bar{1}01]$、$[10\bar{1}]$ 12 种，构成晶向族<110>；体对角线共有[111]、$[\bar{1}11]$、$[1\bar{1}1]$、$[11\bar{1}]$、$[\bar{1}1\bar{1}]$、$[\bar{1}\bar{1}1]$、$[1\bar{1}\bar{1}]$、$[\bar{1}\bar{1}\bar{1}]$ 8 种，构成晶向族<111>。但需注意的是，离开立方晶系，改变晶向指数的顺序，所表示的晶向可能不再是同一个晶向族了，如在正交系中，[001]、[010]、[100]三个晶向上的原子间距分别为 a、b、c，原子排列和性质已不相同，故其不再属于同一个晶向族了。此外，凡互相平行、方向一致的晶向，其晶向指数完全相同；互相平行，而方向相反的晶向，其晶向指数的数字和排列顺序相同但符号相反。

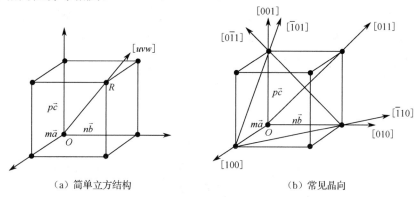

（a）简单立方结构   （b）常见晶向

图 1-13 简单立方结构及其常见晶向

1.2.2 晶面及其表征

晶面是指布拉菲点阵中任意三个不共线的阵点所在的平面，该平面是包含无限多个阵点的二维点阵，将该平面称之为晶面。

晶面的表征步骤：

（1）建立坐标系。以不在所求晶面上的任意阵点为原点，以布拉菲阵胞（晶胞）的基矢 $\vec{a},\vec{b},\vec{c}$ 为三维基矢量。

（2）得所求晶面的三个面截距值。

（3）取三个面截距值的倒数，并取整约化为互质数 hkl，用"()"括之，(hkl)即该晶面的晶面指数，又称密勒指数。当指数为负整数时，负号标于其顶部。

晶体中原子排列情况相同，晶面间距（晶体之间的面间距也称为晶面间距）也相等，但空间位向不同的一组晶面称为晶面族。与晶向族相似，构成晶面族的各晶面的指数数字相同，只是排列顺序和符号不同而已。如图 1-14 所示的简单立方结构中，(100)、(010)、(001)、

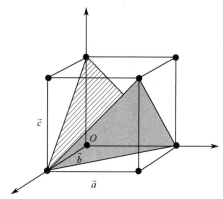

图 1-14 简单立方结构中晶面示意图

$(\bar{1}00)$、$(0\bar{1}0)$、$(00\bar{1})$ 6 个表面构成了同一个晶面族 $\{100\}$；(110)、(101)、(011)、$(\bar{1}\bar{1}0)$、$(\bar{1}0\bar{1})$、$(0\bar{1}\bar{1})$、$(\bar{1}10)$、$(1\bar{1}0)$、$(0\bar{1}1)$、$(01\bar{1})$、$(\bar{1}01)$、$(10\bar{1})$ 12 个对角面构成晶面族 $\{110\}$。但需注意的是，离开立方晶系时，数字相同，而顺序不同的晶面指数所表示的晶面就不一定属于同一个晶面族了，如在正交系中，晶面 (100)、(010)、(001) 上的原子排列情况和晶面间距均不相同，故其不属于同一个晶面族。此外，凡互相平行的晶面，其晶面指数相同，或指数的数字和排列顺序相同，但符号相反。

采用三指数法表征立方晶系比较适用，但是，对于六方晶系，取 $\vec{a}_1$、$\vec{a}_2$ 和 $\vec{c}$ 为坐标轴，$\vec{a}_1$、$\vec{a}_2$ 两轴成 $120°$，如图 1-15 所示，此时六方晶系的 6 个侧面上阵点的排列规律完全等同，应属同一晶面族，即各晶面指数除顺序和符号外，其数字应该相同，但实际上 6 个侧面的晶面指数分别为 (100)、(010)、$(\bar{1}10)$、$(\bar{1}00)$、$(0\bar{1}0)$、$(1\bar{1}0)$。这与前面晶面族的定义不吻合，同样过底心的 3 条对角线阵点排列也应相同，属于同一个晶向族，也应为相同的指数，实际上为 $[100]$、$[010]$、$[110]$。为此，通过增加一根轴 $\vec{a}_3$，采用四轴制 $\vec{a}_1$、$\vec{a}_2$、$\vec{a}_3$ 和 $\vec{c}$ 表征时即可解决这个问题，其中 $\vec{a}_1$、$\vec{a}_2$、$\vec{a}_3$ 互成 $120°$，且 $\vec{a}_3 = -(\vec{a}_1 + \vec{a}_2)$，这样 6 个侧面的晶面指数分别为 $(10\bar{1}0)$、$(01\bar{1}0)$、$(\bar{1}100)$、$(\bar{1}010)$、$(0\bar{1}10)$、$(1\bar{1}00)$，它们的数字相同，只是排列顺序和符号不同，同为一个晶面族 $\{1100\}$。同样过底心的 3 条对角线指数分别为 $[2\bar{1}\bar{1}0]$、$[\bar{1}2\bar{1}0]$、$[11\bar{2}0]$，与晶向族的定义吻合，同属晶向族 $<1120>$。

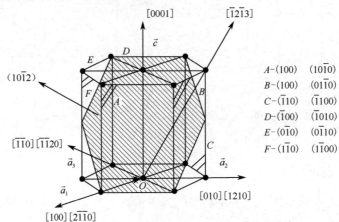

A-(100)　$(10\bar{1}0)$
B-(100)　$(01\bar{1}0)$
C-$(\bar{1}10)$　$(\bar{1}100)$
D-$(\bar{1}00)$　$(\bar{1}010)$
E-$(0\bar{1}0)$　$(0\bar{1}10)$
F-$(1\bar{1}0)$　$(1\bar{1}00)$

图 1-15　六方晶系中常见晶面和晶向的三指数与四指数

六方晶系中，三指数可以通过变换公式转变为四指数。

1）晶向指数的变换：$[UVW] \Rightarrow [uvtw]$

设任一晶向 $\overrightarrow{OR}$，三轴制为 $\overrightarrow{OR} = U\vec{a}_1 + V\vec{a}_2 + W\vec{c}$，四轴制为 $\overrightarrow{OR} = u\vec{a}_1 + v\vec{a}_2 + t\vec{a}_3 + w\vec{c}$，则 $U\vec{a}_1 + V\vec{a}_2 + W\vec{c} = u\vec{a}_1 + v\vec{a}_2 + t\vec{a}_3 + w\vec{c}$。

由几何关系 $\vec{a}_3 = -(\vec{a}_1 + \vec{a}_2)$ 和等价关系 $t = -(u+v)$，可得

$$U\vec{a}_1 + V\vec{a}_2 + W\vec{c} = u\vec{a}_1 + v\vec{a}_2 - t(\vec{a}_1 + \vec{a}_2) + w\vec{c} = (u-t)\vec{a}_1 + (v-t)\vec{a}_2 + w\vec{c}$$

得方程组

$$\begin{cases} u-t = U \\ v-t = V \\ t = -(u+v) \\ w = W \end{cases} \tag{1-4}$$

解之得

$$
\begin{cases}
u = \dfrac{1}{3}(2U - V) \\[2mm]
v = \dfrac{1}{3}(2V - U) \\[2mm]
t = -\dfrac{1}{3}(U + V) \\[2mm]
w = W
\end{cases}
\tag{1-5}
$$

这样三指数[UVW]即可通过式（1-5）换算成四指数[$uvtw$]。

2）晶面指数的变换：$(hkl) \Rightarrow (hkil)$

晶面指数的变换比较简单，只需在三指数(hkl)中增加一个指数 i 就可构成四指数($hkil$)，其中 i 为前两指数代数和的相反数，即 $i = -(h + k)$。六方晶系中常见的三指数与四指数如图 1-15 所示。

1.2.3　晶带及其表征

晶带是指这样的一组晶面，各晶面的法线方向垂直于同一根轴，或晶面相交的晶棱互相平行，如图 1-16 所示，$(h_1k_1l_1)$、$(h_2k_2l_2)$、$(h_3k_3l_3)$为三个晶面，通过同一根轴，其法线分别为 $\vec{N_1}$、$\vec{N_2}$、$\vec{N_3}$，显然三法线共面于平面 P，这根轴即晶带轴。晶带轴表示晶带方向的一根直线，它平行于该晶带的所有晶面，也是该晶带所有晶面的公共棱。晶带采用晶带轴指数[uvw]来表征。

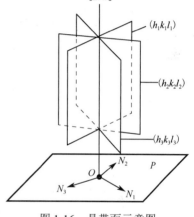

图 1-16　晶带面示意图

1.3　晶体的宏观对称及点群

1.3.1　对称的概念

晶体的对称是指晶体相等部分有规律地重复。因此对称有两个条件：①有相等的部分；②有规律，即相等的两部分通过一定的操作后重复，该操作又称对称操作。晶体的对称不同于其他物体的对称，不仅体现在外形上，更体现在微观结构上。晶体对称具有以下特点。

（1）所有晶体都是对称的。因为晶体对应的点阵本身就是对称的。

（2）对称是有限的。因为晶体对应的点阵本身的对称性是有限的，它遵循晶体对称定律，在晶体外形上共有 32 种对称型。

（3）对称具有物理意义。即晶体的对称不仅体现在外形上，而且物理性质如光学、力学、电学等也是对称的。

1.3.2　对称元素及对称操作

对称操作是使晶体上相等的两个部分完全重复所进行的操作。对称操作包括绕轴的转动操作、对某点的反演操作及它们的组合操作。以上操作又称宏观对称操作，是非平移的刚性操作。因宏观对称元素相交于空间中的某一点，故将宏观对称操作称为点对称操作。

对称操作所依据的点、线、面等几何要素称为对称元素。对称操作意味着对应点的坐标变换，因此，对称操作可采用数学中的变换矩阵来严格表达。

设在某一坐标系中，空间中一点的坐标为 (x, y, z)，对称操作后变换到另一点 (X, Y, Z)，则

$$\begin{cases} X = a_{11}x + a_{12}y + a_{13}z \\ Y = a_{21}x + a_{22}y + a_{23}z \\ Z = a_{31}x + a_{32}y + a_{33}z \end{cases} \tag{1-6}$$

将式（1-6）表示为

$$\begin{bmatrix} X \\ Y \\ Z \end{bmatrix} = \Delta \begin{bmatrix} x \\ y \\ z \end{bmatrix} \tag{1-7}$$

其中，Δ 为变换矩阵，表示为

$$\Delta = \begin{bmatrix} a_{11} & a_{12} & a_{13} \\ a_{21} & a_{22} & a_{23} \\ a_{31} & a_{32} & a_{33} \end{bmatrix} \tag{1-8}$$

晶体中的对称元素有对称心、对称面、对称轴、旋转反伸轴、旋转反映轴等。

1. 对称心

对称心是一个假想的点，晶体中通过该点的所有直线上距离相等的两端必有对应点，相应的对称操作是对这个点的反伸。习惯符号：C，国际符号：$\overline{1}$。

点的变换表达式：空间中一点 (x, y, z)，对称心操作后为 $(-x, -y, -z)$，即

$$\begin{bmatrix} X \\ Y \\ Z \end{bmatrix} = \Delta \begin{bmatrix} x \\ y \\ z \end{bmatrix} = \begin{bmatrix} -x \\ -y \\ -z \end{bmatrix} \tag{1-9}$$

变换矩阵 Δ 为

$$\Delta = \begin{bmatrix} -1 & 0 & 0 \\ 0 & -1 & 0 \\ 0 & 0 & -1 \end{bmatrix} \tag{1-10}$$

显然对称面垂直于 Y 轴、Z 轴时变换矩阵分别为

$$\Delta = \begin{bmatrix} 1 & 0 & 0 \\ 0 & -1 & 0 \\ 0 & 0 & 1 \end{bmatrix}, \quad \Delta = \begin{bmatrix} 1 & 0 & 0 \\ 0 & 1 & 0 \\ 0 & 0 & -1 \end{bmatrix}$$

注意：

① 晶体中可以没有对称心。

② 当晶体有一个对称心时，其晶面必两两平行或反向平行，并且晶面相同。

2. 对称面

对称面是一个假想的平面，将晶体平分为互为镜像的两个相等部分。相应的对称操作是对该平面的反映。习惯符号：P，国际符号：m。

点的变换表达式取决于对称面的位置，如对称面垂直于 X 轴，则包含另两轴 Y 和 Z，空

间中一点 (x, y, z) 对称操作后为 $(-x, y, z)$，表达式为

$$\begin{bmatrix} X \\ Y \\ Z \end{bmatrix} = \varDelta \begin{bmatrix} x \\ y \\ z \end{bmatrix} = \begin{bmatrix} -x \\ y \\ z \end{bmatrix} \tag{1-11}$$

变换矩阵 $\varDelta$ 为

$$\varDelta = \begin{bmatrix} -1 & 0 & 0 \\ 0 & 1 & 0 \\ 0 & 0 & 1 \end{bmatrix} \tag{1-12}$$

注意:

① 晶体中可以没有对称面。

② 晶体中可以有一个或多个对称面，最多达 9 个，记为 9P。

3. 对称轴

对称轴是一个假想的轴，晶体绕该轴转动一定角度后，可使相等的两部分重复，或晶体复原。转动一周重复的次数叫轴次，用 n 表示。重复所需的最小转角称为基转角 α，两者关系为 $n=360/\alpha$。相应的操作是绕该轴的旋转。习惯符号: L^n，国际符号: 1、2、3、4、6。

晶体的对称定律即晶体中，可能出现的轴次只能是一次、二次、三次、四次和六次对称轴，而不可能出现五次及高于六次的对称轴。简单证明如下。

设阵点为 A_1、A_2、A_3、A_4，间距为 a，有一 n 次轴通过阵点，每个阵点的环境相同，以 a 为半径转动 α，得另外的阵点。设绕 A_2 顺时针转动得 B_1，绕 A_3 逆时针转动得 B_2，如图 1-17 所示，由阵点构造规律可知，$B_1B_2//A_1A_4$，B_1B_2 的长度应为 a 的整数倍，记为 ma，m 为整数，则

$$a + 2a\cos\alpha = ma \tag{1-13}$$

$$\cos\alpha = \frac{m-1}{2} \tag{1-14}$$

$$\left| \frac{m-1}{2} \right| \leqslant 1 \tag{1-15}$$

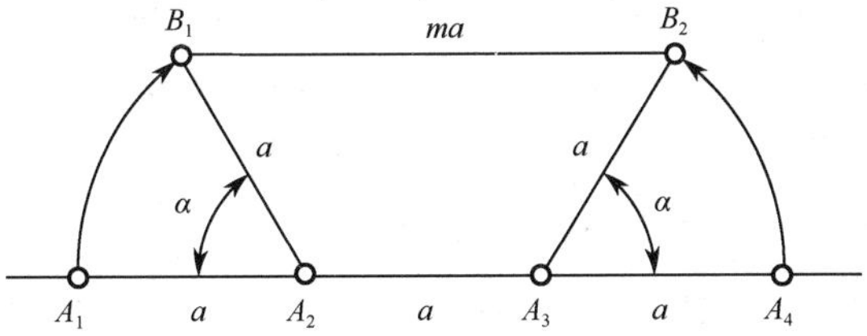

图 1-17　对称定律证明示意图

由式（1-15）可得 m 和 α 的可能取值，如表 1-2 所示。

表 1-2　m 和 α 的可能取值

m	3	2	1	0	−1
$\cos\alpha$	1	1/2	0	−1/2	−1
α	0°	60°	90°	120°	180°
n	1	6	4	3	2
L	L^1	L^6	L^4	L^3	L^2

因此，α的值只能为 0°（360°）、180°、120°、90°、60°，对应的 n 为 1、2、3、4、6，对应的轴次为一次、二次、三次、四次和六次对称轴，相应的对称操作为 L^1、L^2、L^3、L^4、L^6。

对称轴的变换矩阵可用一通式表示，即

$$\begin{bmatrix} \cos\alpha & \sin\alpha & 0 \\ -\sin\alpha & \cos\alpha & 0 \\ 0 & 0 & 1 \end{bmatrix} \tag{1-16}$$

注意：

① 晶体可以没有对称轴，也可以有一种或多种对称轴并存，且每种对称轴的个数也可以有多个。

② 当晶体有多个对称轴时，该对称轴的数目写在对称操作符号之前，如 $3L^4$、$4L^2$ 等。

③ 不存在五次和高于六次对称操作的几何意义，即呈正五边形和正六边形以上的正多边形无法拼成不留缝隙的平面。

④ L^1 一次轴对称操作无实际意义。任何晶体绕其一轴旋转 360° 均能重复原状。高于一次的轴称为高次轴。

4. 旋转反伸轴

旋转反伸轴是一根假想的轴，晶体绕此旋转一定的角度后，再对该轴上的一点反伸，可使晶体相等的部分重复，即晶体复原。旋转反伸轴又称倒转轴，相应的对称操作包含旋转和反伸。旋转反伸轴记为 L_i^n。i 表示反伸，n 表示轴次，同样遵守晶体对称定律，不存在五次和高于六次的倒转轴，即 n 可为 1、2、3、4、6，相应的 α 有 360°、180°、120°、90°、60°，对应的旋转反伸轴的习惯符号分别为 L_i^1、L_i^2、L_i^3、L_i^4、L_i^6，国际符号分别为 $\overline{1}$、$\overline{2}$、$\overline{3}$、$\overline{4}$、$\overline{6}$。旋转反伸轴的操作过程如下。

（1）L_i^1 的对称操作为旋转 360° 后再反伸。由于图形旋转 360° 后已经复原，故其效果等于没有旋转的纯反伸，即对称心，如图 1-18（a）所示，因此 $L_i^1 = C$。

（2）L_i^2 的对称操作为旋转 180° 后反伸。如图 1-18（b）所示，图中的 1 点首先旋转 180° 至某位反伸后与点 2 重合。从该图可以看出点 1 与点 2 也以垂直于 L_i^2 轴的平面对称，即 $L_i^2 = P$。注意：点 1 转动 180° 后并未有对称点，故 L_i^2 中不含 L^2，即 $L_i^2 \neq L^2 + C$。

（3）L_i^3 的对称操作为旋转 120° 后反伸。如图 1-18（c）所示，点 1 绕 L_i^3 轴旋转 120° 后反伸得点 2，但操作并未完成，点 2 同向旋转 120° 后反伸得点 3，以此类推，直至与点 1 重合为止，这样可依次得点 1、2、3、4、5、6 六个点。从该图可以看出点 1 通过 L^3 的操作可得点 3、5、1，再分别反伸得点 6、2、4。同样也可获得点 1、2、3、4、5、6 六个点，因此 $L_i^3 = L^3 + C$。

（4）L_i^4 的对称操作为旋转 90° 后反伸。如图 1-18（d）所示，点 1 旋转 90° 后反伸得点 2，依此点 2 同向旋转 90° 后反伸得点 3，同理得点 4 直至与点 1 重合。特别要注意的是，各点旋转 90° 时并没有得到对称点，即不含 L^4 对称元素，因此，L_i^4 是独立的对称元素，不能看成 L^4 与 C 的组合，即 $L_i^4 \neq L^4 + C$。

（5）L_i^6 的对称操作为旋转 60° 后反伸。如图 1-18（e）所示，点 1 旋转 60° 后反伸得点 2，点 2 同向旋转 60° 反伸得点 3，以此类推得点 4、5、6 直至点 1。从该图可以看出点 1、3、5 与点 4、6、2 以垂直于 L_i^6 轴的平面对称，这样点 1 通过 L^3 操作可得点 1、3、5，再通过垂直

于 L_i^6 的对称面得点 4、6、2，因此，$L_i^6 = L^3 + P$。

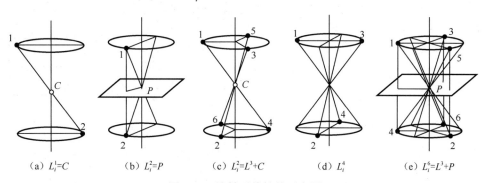

$$(a)\ L_i^1 = C \qquad (b)\ L_i^2 = P \qquad (c)\ L_i^2 = L^3 + C \qquad (d)\ L_i^4 \qquad (e)\ L_i^6 = L^3 + P$$

图 1-18　旋转反伸轴的示意图

通过以上分析可知，在旋转反伸轴 L_i^1、L_i^2、L_i^3、L_i^4、L_i^6 中，仅有 L_i^4 为独立的对称元素，其余均可等同于其他对称元素或其组合，即 $L_i^1 = C$、$L_i^2 = P$、$L_i^3 = L^3 + C$、$L_i^6 = L^3 + P$。

由于旋转反伸轴的操作是旋转与反伸的复合，因此，该操作的变换矩阵为对称轴的变换矩阵与对称心的变换矩阵的乘积，即

$$\boldsymbol{\Delta} = \begin{bmatrix} \cos\alpha & \sin\alpha & 0 \\ -\sin\alpha & \cos\alpha & 0 \\ 0 & 0 & 1 \end{bmatrix} \times \begin{bmatrix} -1 & 0 & 0 \\ 0 & -1 & 0 \\ 0 & 0 & -1 \end{bmatrix} = \begin{bmatrix} -\cos\alpha & -\sin\alpha & 0 \\ \sin\alpha & -\cos\alpha & 0 \\ 0 & 0 & -1 \end{bmatrix} \qquad (1\text{-}17)$$

注意：旋转反伸轴是一种复合操作，但不是对称轴与反伸的简单叠加，即 $L_i^n \neq L^n + C$，如 $L_i^6 \neq L^6 + C$，因为 L_i^6 中不含 L^6 对称元素。

5. 旋转反映轴

旋转反映轴是一根假想的轴，晶体绕该轴旋转一定角度后，并对垂直此轴的平面反映，可使晶体相等的部分重复，即晶体复原。相应的对称操作包含旋转和反映。旋转反映轴记为 L_s^n。s 表示反映，n 表示轴次，同样遵守晶体对称定律，不存在五次和高于六次的旋转反映轴。即 n 可为 1、2、3、4、6，相应的基转角有 $360°$、$180°$、$120°$、$90°$、$60°$，其对应旋转反映轴的习惯符号分别为 L_s^1、L_s^2、L_s^3、L_s^4、L_s^6。由于旋转反映轴的操作为旋转和反映，因此，其变换矩阵为对称轴的变换矩阵与反映的变换矩阵的积，即

$$\boldsymbol{\Delta} = \begin{bmatrix} \cos\alpha & \sin\alpha & 0 \\ -\sin\alpha & \cos\alpha & 0 \\ 0 & 0 & 1 \end{bmatrix} \times \begin{bmatrix} 1 & 0 & 0 \\ 0 & 1 & 0 \\ 0 & 0 & 1 \end{bmatrix} = \begin{bmatrix} \cos\alpha & \sin\alpha & 0 \\ -\sin\alpha & \cos\alpha & 0 \\ 0 & 0 & -1 \end{bmatrix} \qquad (1\text{-}18)$$

旋转反映轴的操作如图 1-19 所示，通过类似于旋转反伸操作过程的分析，得

$$L_s^1 = P = L_i^2, \quad L_s^2 = C = L_i^1, \quad L_s^3 = L^3 + P = L_i^6, \quad L_s^4 = L_i^4, \quad L_s^6 = L^3 + C = L_i^3$$

可见所有的旋转反映轴均可等同于其他对称元素或其组合，故在实际讨论时就不再考虑旋转反映轴这一对称元素了。

以上五种宏观对称元素及其相互关系汇总于表 1-3。由该表可知，晶体的宏观对称中独立的对称元素共有以下八种：L^1、L^2、L^3、L^4、L^6、$L_i^1(C)$、$L_i^1(P)$、L_i^4。通常把轴次为 3、4、6 的对称轴、倒转轴（旋转反伸轴）称为高次轴。

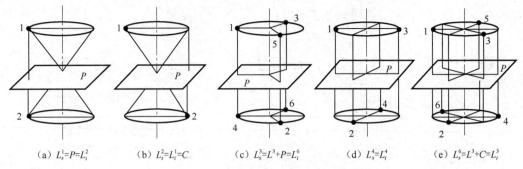

（a）$L_s^1 = P = L_i^2$　　（b）$L_s^2 = L_i^1 = C$　　（c）$L_s^3 = L^3 + P = L_i^6$　　（d）$L_s^4 = L_i^4$　　（e）$L_s^6 = L^3 + C = L_i^3$

图 1-19　旋转反映轴的示意图

表 1-3　五种宏观对称元素及其相互关系

对 称 元 素	对 称 操 作	基 转 角	习 惯 符 号	等 效 元 素
对称心	点的反伸		C	$L_s^2 = C = L_i^1$
对称面	平面的反映		P	$L_s^1 = P = L_i^2$
对称轴	绕轴的旋转	$360°/n$ （$n=1,2,3,4,6$）	L^n	L^1, L^2, L^3, L^4, L^6
旋转反伸轴	旋转反伸	$360°/n$ （$n=1,2,3,4,6$）	L_i^n	$L_i^1 = C$、 $L_i^2 = P$、 $L_i^3 = L^3 + C$、 $L_i^6 = L^3 + P$
旋转反映轴	旋转反映	$360°/n$ （$n=1,2,3,4,6$）	L_s^n	$L_s^1 = P = L_i^2$， $L_s^2 = C = L_i^1$， $L_s^3 = L^3 + P = L_i^6$， $L_s^4 = L_i^4$， $L_s^6 = L^3 + C = L_i^3$

1.3.3　对称元素的组合及点群

　　晶体的宏观对称元素可以有一个，也可有多个共同存在，对称元素的组合称为对称型，又称群。由于晶体的全部宏观对称元素均通过晶体中的一个共同点，该点在对称操作中保持不动，故各种对称操作的组合又称点群。对称元素的组合遵循一系列组合定理，以下仅做简单介绍，推导及证明从略。

定理 1　若有一个对称面 P 包含 L^n，则必有 n 个对称面包含 L^n，且任两相邻对称面 P 之间的夹角为 $\delta = 360°/2n$。简化为

$$L^n \times P_{//} \to L^n nP \qquad (1\text{-}19)$$

式中，"×"表示组合，有时也用"·"表示，"//"表示该要素与前者平行或包含，"→"表示导出。左式为组合式，右式为导出式，又称共同式。

　　红锌矿晶体具有 $L^6 \times P_{//} \to L^6 6P$ 的对称元素组合。

定理 2　如果有一个二次对称轴 L^2 垂直于 n 次轴 L^n，则必有 n 个 L^2 垂直 L^n，且相邻 L^2 之间的夹角为 L^n 的基转角的一半（$\delta = 360°/2n$）。简化为

$$L^n \times L^2_{\perp} \to L^n nL^2_{\perp} \qquad (1\text{-}20)$$

式中，"⊥"表示该对称元素与前者垂直，其他符号同上。石英晶体具有 $L^3 \times L^2_{\perp} \to L^3 3L^2_{\perp}$ 对称元素组合。

定理 3　如果有一个偶次对称轴 L^n 垂直于对称面 P，其交点必为对称心 C。简化为

$$L^n(n=偶) \times P_{\perp} \to L^n PC \qquad (1\text{-}21)$$

　　石膏晶体具有 $L^n(n=2) \times P_{\perp} \to L^2 PC$ 的对称元素组合。

定理 4　如果有一个二次对称轴 L^2 垂直于 L_i^n 或有一个对称面包含，即平行于 L_i^n，当 n 为偶数时，则必有 $n/2$ 个 L^2 垂直于 L_i^n 和 $n/2$ 个 P 包含 L_i^n；当 n 为奇数时，则必有 n 个 L^2 垂直于 L_i^n 和

n 个 P 包含 L_i^n，而且相邻对称面 P 与相邻 L^2 之间的夹角 δ 均为 $360°/2n$。简化为

$$L_i^n (n=\text{偶}) \times L_\perp^2 \rightarrow L_i^n n/2 L_\perp^2 n/2P \qquad (1\text{-}22)$$

$$L_i^n (n=\text{奇}) \times L_\perp^2 \rightarrow L_i^n n L_\perp^2 nP \qquad (1\text{-}23)$$

黄铜矿具有 $L_i^n (n=4) \times L_\perp^2 \rightarrow L_i^4 2L_\perp^2 2P$ 的对称元素组合。方解石具有 $L_i^n (n=3) \times L_\perp^2 \rightarrow L_i^3 3L_\perp^2 3P$ 的对称元素组合。

晶体中独立的宏观对称元素共有八种：L^1、L^2、L^3、L^4、L^6、$L_i^1(C)$、$L_i^2(P)$、L_i^4，晶体可能存在多种对称元素，对称元素的组合，即点群可通过上述组合定理近似导出，共有 32 种，如表 1-4 所示，其中高次轴（$n>2$）不多于一个的 A 类组合共有 27 种，高次轴多于一个的 B 类组合共有 5 种。

表 1-4　32 种点群

类　　别	旋转原始式	轴　式	中　心　式	面　式	面　轴　式	旋转反伸原始式	倒 转 面 式
组合式	L^n	$L^n \times L_\perp^2$	$L^n \times C$	$L^n \times P_{//}$	$L^n \times P_{//} \times L_\perp^2$	L_i^n	$L_i^n \times P_{//}$
共同式	L^n	$L^n n L^2$	$L^n C$① $L^n PC$②	$L^n nP$	$L^n n L^2 nPC$① $L^n n L^2 (n+1)PC$②	L_i^n	$L_i^n \dfrac{n}{2} L^2 \dfrac{n}{2} P$②
A	L^1 L^2 L^3 L^4 L^6	$3L^2$ $L^3 3L^2$ $L^4 4L^2$ $L^6 6L^2$	$L^2 PC$ $L^4 PC$ $L^6 PC$	$L^2 2P$ $L^3 3P$ $L^4 4P$ $L^6 6P$	$3L^2 3PC$ $L^4 4L^2 5PC$ $L^6 6L^2 7PC$	($L_i^1 = C$) ($L_i^2 = P$) ($L_i^3 = L^3 C$) L_i^4 ($L_i^6 = L^3 P$)	 $L_i^3 3L^2 3P$ $L_i^4 2L^2 2P$ $L_i^6 3L^2 3P$
B	$3L^2 4L^3$	$3L^4 4L^3 6L^2$	$3L^2 4L^3 3PC$	$3L_i^4 4L^3 6P$	$3L^4 4L^3 6L^2 9PC$		

① 表示 n 为奇数；② 表示 n 为偶数。

点群（对称型）的书写格式：

（1）先写对称轴（或旋转反伸轴），多轴时轴次由高到低排列，再写 P、C。

（2）对称轴或对称面的个数直接写在对称轴或对称面符号之前。

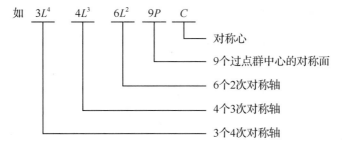

如　$3L^4$　$4L^3$　$6L^2$　$9P$　C
- 对称心
- 9个过点群中心的对称面
- 6个2次对称轴
- 4个3次对称轴
- 3个4次对称轴

1.3.4　晶体的分类

如前所述，晶体共有 32 种对称型，依据对称元素及其组合的不同特征，晶体有三种分类方式。

1. 晶族

依据对称元素中有无高次轴及高次轴的多少，可将晶体分为高级、中级和低级三大晶族。

对称型中的高次轴多于一个的为高级晶族；对称型中只有一个高次轴的为中级晶族；对称型中无高次轴的为低级晶族。

2. 晶系

依据对称轴或倒转轴轴次的高低及其数目的多少，晶体的低级和中级晶族分别衍生出三大晶系，这样晶体可分为 7 大晶系：三斜晶系、单斜晶系、斜方晶系、正方晶系、菱方晶系、六方晶系、立方晶系。

3. 晶类

属于同一对称型的所有晶体归为一类，称为晶类。32 种点群即 32 种晶类。32 种点群的对称特征、对称元素的空间分布及对称元素的符号说明分别见附录 A.2、附录 A.3 和附录 A.4。

1.3.5　准晶体的点群及其分类

准晶体也称准晶，准晶的基本特征是内部结构具有准周期性，不存在平均的布拉菲点阵。依据三维空间中存在准周期性的维数，可将准晶分为三维准晶、二维准晶和一维准晶三大类。三维准晶即三维方向上均为准周期性的；二维准晶体是两维方向上为准周期性的，另一维方向上为周期性的；一维准晶则是一维方向上为准周期性的，另两维方向上为周期性的。准晶不但具有准周期性，同样具有非晶体学对称性，如五次、八次、十次、十二次或二十次轴旋转对称。准晶同样存在对称操作，对称元素的组合即对称群和空间群，其推导过程请参考王仁卉的《准晶物理学》，本书不做介绍，下面将推导出的 26 种二维准晶点群和 2 种三维准晶点群及其符号、对称特点并列于表 1-5 中。

表 1-5　准晶的点群、分类、符号、对称特点

晶　族	晶　系	对　称　特　点	晶　类	国际符号	圣佛利斯符号
二维准晶族（在两维方向上存在准周期性，另一维方向为周期性）	五方晶系	有一个五次对称轴	五方单锥	5	C_5
			五方偏方面体	52	$D5$
			复五方柱	$5m$	C_{5v}
			五方反伸双锥	$\bar{5}$	D_{5i}
			复五方偏三角面体	$\bar{5}m$	D_{5d}
	八方晶系	有一个八次对称轴	八方单锥	8	C_8
			八方偏方面体	82	D_8
			复八方单锥	$8mm$	C_{8v}
			八方双锥	$8/m$	C_{8h}
			八方偏三角面体	$\bar{8}$	C_{8i}
			复八方偏三角面体	$\bar{8}2m$	D_{4d}
			复八方双锥	$8/mmm$	D_{8h}
	十方晶系	有一个十次对称轴	十方单锥	10	C_{10}
			十方偏方面体	102	D_{10}
			复十方单锥	$10mm$	C_{10v}
			十方双锥	$10/m$	C_{10h}

晶 族	晶 系	对 称 特 点	晶 类	国际符号	圣佛利斯符号
二维准晶族（在两维方向上存在准周期性，另一维方向为周期性）	十二方晶系	有一个十次对称轴	五方双锥	$\overline{10}$	C_{5h}
			复五方双锥	$\overline{10}2m$	D_{5h}
			复十方双锥	$10/mmm$	D_{10h}
		有一个十二次轴	十二方单锥	12	C_{12}
			十二方偏方面体	122	D_{12}
			复十二方单锥	$12mm$	C_{12v}
			十二方双锥	$12/m$	C_{12h}
			十二方偏三角面体	$\overline{12}$	C_{12i}
			复十二方偏三角面体	$\overline{12}2m$	D_{6d}
			复十二方双锥	$12/mmm$	D_{12h}
三维准晶族（在三维方向上均存在准周期性）	二十面体	有 10 个三次轴	五角三重二十面体	532	Y
			六重二十面体	$m\overline{3}5$	Y_h

1.3.6 点群的国际符号

以上介绍了对称元素的国际符号和习惯符号。运用对称元素的习惯符号表示点群简单明了，但是没有考虑对称元素空间分布的方向性，为此运用对称元素的国际符号表示点群，不仅更加简洁，而且还反映了对称元素的分布特性。

对称元素的国际符号包括对称心：$\overline{1}$；对称面：m；对称轴：1、2、3、4、6；倒转轴（旋转反伸轴）：$\overline{1}$、$\overline{2}$、$\overline{3}$、$\overline{4}$、$\overline{6}$。由于 $\overline{2} = L_i^2 = P = m$，习惯用对称面 m 表示二次倒转轴（旋转反伸轴）$\overline{2}$。点群的国际符号由三个位组成，书写顺序取决于不同的晶系，具体如表 1-6 所示。每个位分别代表晶系的一个特定取向，每个位上的符号表示在该取向上存在的对称元素。如在某一取向上，有一对称面包含（平行）一个三次对称轴，表示为 $3m$，若对称面垂直于三次轴，则用 $3/m$ 或 $\dfrac{3}{m}$ 表示。若晶体在某个取向上不存在对称元素，则将该位空缺或用 1 表示。读法：$\overline{2}$ 读成 2 一横；$\dfrac{3}{m}$ 读成 m 分之三。

表 1-6 点群符号的取向和顺序

晶系	六面体单胞的三维矢量			六面体单胞的晶向指数		
	第一方向	第二方向	第三方向	第一方向	第二方向	第三方向
等轴	$\vec{c}$	$(\vec{a}+\vec{b}+\vec{c})$	$(\vec{a}+\vec{b})$	[001]	[111]	[110]
四方	$\vec{c}$	$\vec{a}$	$(\vec{a}+\vec{b})$	[001]	[100]	[110]
三方	$\vec{c}$	$\vec{a}$	$(2\vec{a}+\vec{b})$	[001]	[100]	[210]
六方				[0001]	$[2\overline{1}\overline{1}0]$	$[10\overline{1}0]$
斜方	$\vec{c}$	$\vec{b}$	$\vec{c}$	[100]	[010]	[001]
单斜	$\vec{b}$			[010]		
三斜	任意取向			任意取向		

注：1. $\vec{a}, \vec{b}, \vec{c}$ 分别代表六面体阵胞三维坐标轴 X、Y、Z 的基矢量；$(\vec{a}+\vec{b})$ 表示 X、Y 轴的角平分线方向。$(\vec{a}+\vec{b}+\vec{c})$ 表示六面体的体对角线方向。

2. 三方和六方晶系均按四轴取向。

1.3.7 点群的圣佛利斯符号

圣佛利斯符号是以大写字母 T、O、C、D、S 分别表示四面体群、八面体群、回转群、双面群和反群，小写字母 i、s、v、h、d 表示对称心（反伸）、对称面（反映）、与主轴平行的对称面（垂直）、与主轴垂直的对称面（水平），以及等分两个副轴的交角的对称镜面，用不同的字母组合来表示点群中对称元素的组合，其主要关系如下。

（1）C_n 表示对称轴 L^n，即 C_1、C_2、C_3、C_4、C_6 分别表示 L^1、L^2、L^3、L^4、L^6。

（2）C_{vh} 表示 L^n 与平行对称面的组合，即 $L^n \times P_{//} \to L^n nP$。$C_{2v}$、$C_{3v}$、$C_{4v}$、$C_{6v}$ 分别表示 $L^2 2P$、$L^3 3P$、$L^4 4P$、$L^6 6P$。

（3）C_{nh} 表示 L^n 与垂直对称面的组合，即 $L^n \times P_\perp \to L^n P$。$C_{1h}$、$C_{2h}$、$C_{3h}$、$C_{4h}$、$C_{6h}$ 分别表示 P、$L^2 PC$、$L^3 P$、$L^4 PC$、$L^6 PC$。

（4）D_n 表示 L^n 与 L^2 的组合，即 $L^n \times L^2_\perp \to L^n nL^2$。$D_2$、$D_3$、$D_4$、$D_6$ 分别表示 $L^2 2L^2$、$L^3 3L^2$、$L^4 4L^2$、$L^6 6L^2$。

（5）D_{nh} 表示 L^n 与 L^2 及 P 的组合，即 $L^n \times L^2_\perp \times P_\perp \to L^n nL^2 (n+1)PC$。$D_{2h}$、$D_{3h}$、$D_{4h}$、$D_{6h}$ 分别表示 $3L^2 3PC$、$L^3 3L^2 4P(L^6 3L^2 3P)$、$L^4 4L^2 5PC$、$L^6 6L^2 7PC$。

（6）D_{nd} 表示对称轴、对称面和 L^2 的组合。对称面位于 L^2 夹角的平分线上。

（7）T 表示四面体中对称轴的组合 $3L^4 4L^3$。

（8）T_h 表示在 $3L^4 4L^3$ 组合中加入水平对称面，即 $3L^4 4L^3 3PC$。

（9）T_d 表示 $3L^4 4L^3$ 组合中加入了平分 L^2 夹角的对称面，即 $3L^4 4L^3 6P$。

（10）O 表示八面体中对称轴的组合 $3L^4 4L^3 6L^2$。

（11）O_h 表示 $3L^4 4L^3 6L^2$ 组合中加入水平对称面，即 $3L^4 4L^3 6L^2 9PC$。

32 种点群的习惯符号、国际符号及圣佛利斯符号见附录 A.5。

应用举例

例 1 点群 $L^4 4L^2 5PC$。由于该点群的对称元素含有一个四次对称轴，故属于四方晶系，国际符号的三个位分别代表正方晶系的三个方向：$\vec{c}$、$\vec{a}$、$(\vec{a}+\vec{b})$，第一取向 $\vec{c}$ 上的对称元素有一个四次对称轴和垂直于该轴的对称面 m，故表示为 $\dfrac{4}{m}$ 或 $4/m$，第二取向 $\vec{a}$ 上有两个二次对称轴，并有两个对称面分别与之垂直，第二位表示为 $\dfrac{2}{m}$ 或 $2/m$。第三取向 $(\vec{a}+\vec{b})$ 上有两个二次对称轴，并有两个对称面与之垂直，第三位表示为 $\dfrac{2}{m}$ 或 $2/m$。最后按三个取向顺序排列而成，即点群的国际符号为 $\dfrac{4}{m}\dfrac{2}{m}\dfrac{2}{m}$。

注意该点群中共有一根四次对称轴，4 根二次对称轴，5 个对称面及一个对称心，其中对称心未直接表达，但可以通过组合定理推导出来，其中的 4、2 分别表示四次和二次对称轴。

例 2 点群 $L^2 PC$。由于该点群的对称元素仅有一个二次对称轴，故属于单斜晶系，所规定的第一位的取向为 $\vec{b}$，故仅写第一位及其该方向上的对称元素，$\vec{b}$ 取向上有一个二次对称轴，并有一个与之垂直的对称面，故写成 $\dfrac{2}{m}$ 或 $2/m$，第二、第三位空着，该点群的国际符号表示为 $\dfrac{2}{m}$。其中对称心未直接表达，它可以通过对称元素的组合定理推导出来。

1.4　晶体的微观对称与空间群

1.4.1　晶体的微观对称

前面我们讨论了晶体的宏观对称性，它仅反映了晶体有限外形的对称性，而晶体的外形仅仅是其内部质点规则排列的一种宏观体现，因此，要完整了解晶体的结构，关键还要了解晶体内部的微观对称性。晶体结构=点阵结构+结构基元，点阵结构是无限的，它的对称属于无限点阵的对称，即微观对称。显然微观对称与宏观对称既有区别又有联系，主要体现在：①晶体的点阵结构中，平行于任何一个对称元素必有无穷多个与之相同的对称元素；②出现平移操作。宏观对称操作中由于外形的有限性不可能出现平移操作，平移也不可能由其晶体的宏观外形来体现，微观对称元素除了出现宏观对称元素，还出现了与平移相关的对称元素。显然，宏观对称元素不仅适用于宏观对称，也适用于微观对称，但微观对称元素仅适用于微观对称。晶体的宏观对称性元素的组合构成了对称型，对称型的集合体构成了群，由于各对称元素相交于晶体中的一点，该点在对称操作过程中不移动，故对称型又称点群，点群完整描述了晶体的宏观对称性，晶体外形的对称必然是 32 种点群之一。当同时考虑晶体的微观对称性和宏观对称性时，对称元素的组合就构成了空间群，从而完整地反映了晶体结构。微观对称元素主要包括平移轴、滑移面和螺旋轴三种。

1. 平移轴

平移轴为假想的一根轴，阵点沿此直线移动一定距离，可使点阵的相同部分重复，即点阵复原。能使点阵复原的最小移动距离为点阵周期，又称为平移矢量，当阵胞分别沿三维方向进行平移操作时，即可获得晶体的空间点阵。

在空间点阵中，任意一行或列均是平移轴，空间点阵有无穷多的平移轴，平移轴的结合构成平移群。空间点阵共有 14 种，即平移群也有 14 种。平移轴对称元素与宏观对称元素组合形成以下两个重要的微观对称元素。

2. 滑移面（反映-平移）

滑移面是点阵结构中的一个假想面，点阵结构按该平面反映后再沿此平面的平行方向平移一定距离，点阵结构复原。滑移面是复合对称元素，其操作是反映和平移的复合操作。

滑移面按其滑移方向和平移矢量可分为 a、b、c、n、d 五种，a、b、c 为三个基矢方向的滑移面，平移矢量分别为 $\frac{1}{2}\vec{a}$、$\frac{1}{2}\vec{b}$、$\frac{1}{2}\vec{c}$，其中 $\vec{a}$、$\vec{b}$、$\vec{c}$ 为三维基矢量；n 为对角线滑移面，平移矢量为 $\frac{1}{2}(\vec{a}+\vec{b})$、$\frac{1}{2}(\vec{b}+\vec{c})$、$\frac{1}{2}(\vec{c}+\vec{a})$、$\frac{1}{2}(\vec{a}+\vec{b}+\vec{c})$；$d$ 为金刚石滑移面，平移矢量为 $\frac{1}{4}(\vec{a}+\vec{b})$、$\frac{1}{4}(\vec{b}+\vec{c})$、$\frac{1}{4}(\vec{c}+\vec{a})$、$\frac{1}{4}(\vec{a}+\vec{b}+\vec{c})$。

3. 螺旋轴（旋转-平移）

螺旋轴为点阵结构中的假想轴，当点阵结构绕其直线旋转一定角度后，再沿该直线方向平移一定距离，点阵结构复原。螺旋轴也是复合对称元素，对应的操作为旋转与平移的复合操作。

　　螺旋轴的国际符号为 n_s，n 表示螺旋轴的轴次，s 表示小于 n 的正整数。螺旋轴同样受点阵结构周期性的制约，n 的取值为 1、2、3、4、6，相应的基转角 α 为 360°、180°、120°、90°、60°。平移矢量为 $\vec{\tau}$，$\vec{\tau} = \dfrac{s}{n}\vec{t}$，$\vec{t}$ 是与 $\vec{\tau}$ 平行的单位矢量，即基矢量，大小为点阵周期。注意：不能称 τ 为螺距，τ 易与基矢量相混。

　　螺旋轴根据轴次和平移矢量的不同，共有 11 种：2_1、3_1、3_2、4_1、4_2、4_3、6_1、6_2、6_3、6_4、6_5，如图 1-20 所示。其作图符号分别为

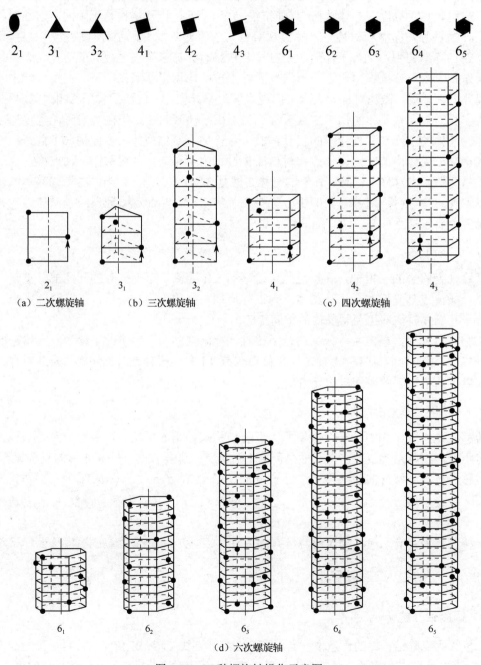

图 1-20　11 种螺旋轴操作示意图

宏观对称轴可视平移矢量为零（$\vec{\tau}=0$），即不含平移的同次螺旋轴。螺旋轴有左旋（左手系）、右旋（右手系）和中性（左右手均可）之分。当 $s<\dfrac{n}{2}$ 时，为右旋（右手系）；当 $s>\dfrac{n}{2}$ 时，为左旋（左手系）；当 $s=\dfrac{n}{2}$ 时，为中性，即左旋与右旋等效。显然，2_1、3_1、3_2、4_1、4_2、4_3、6_1、6_2、6_3、6_4、6_5 十一种螺旋轴中，3_1、4_1、6_1、6_2 属于右螺旋轴；3_2、4_3、6_4、6_5 属于左螺旋轴；2_1、4_2、6_3 属于中性螺旋轴。

1.4.2　晶体的空间群及其符号

晶体的对称有宏观和微观两种，独立的宏观对称元素共有 8 个，依据晶体对称元素的组合定理可导出 32 种组合形式，即 32 种对称型。点群操作中不存在平移操作，其对称元素仅含有方向意义，研究的是晶体宏观外形上的对称性。而真实的晶体结构中，其质点在三维空间均呈周期性排列，是无限的。因此，晶体结构除具有宏观对称元素外，还具有包含平移操作在内的平移轴、滑移面、螺旋面等微观对称元素，这样晶体结构的所有对称元素的组合体就构成了晶体结构的空间群。由于质点排列的周期性，空间群中每一种对称元素的数量均是无限的，此时对称元素不仅含有方向意义，还反映出质点的确定位置，可通过平移而重复。同一个点群可隶属于多个空间群，空间群的数目远多于点群，共有 230 种之多，其导出过程可参考文献[4]，本书从略。

空间群的国际符号由两部分组成，第一部分的大写字母表示平移群的符号，即布拉菲格子的符号，P-原始格子，R-三方菱面体格子，I-体心格子，C-底心格子，F-面心格子；第二部分类似于点群的国际符号，也是由三个位组成，依次表示三个晶体取向上对称元素的组合，不过此时某些宏观对称元素符号换成了含平移操作的微观对称元素符号。因此空间群的国际符号包含了点阵类型和对称元素的组合。例如，空间群 $I4_1/amd$，第一部分为大写字母 I，表示平移群的符号为 I，即布拉菲点阵结构为体心格子；第二部分 $4_1/amd$，其相应的点群为 $4/mmm$，完整式为 $\dfrac{4}{m}\dfrac{2}{m}\dfrac{2}{m}$，对称元素的组合为 $L^4 4L^2 5PC$，有一个高次轴 L^4，故属于四方晶系，三个位的取向分别为 $\vec{c}$、$\vec{a}$、$(\vec{a}+\vec{b})$。在其晶体结构中，$\vec{c}$ 方向为螺旋轴 4_1 方向，与其垂直方向有一个滑移面 a，垂直于 $\vec{a}$ 方向有一对称面 m，垂直于 $(\vec{a}+\vec{b})$ 方向有一滑移面 d。再如，空间群 $Pnma$，第一部分 P 表示布拉菲点阵格子为原始格子。第二部分 nma，为宏观和微观对称元素的组合，相应的点群为 mmm，完整式为 $\dfrac{2}{m}\dfrac{2}{m}\dfrac{2}{m}$，对称元素的组合为 $3L^2 3PC$，为斜方晶系，三个位的取向分别是 $\vec{a}$、$\vec{b}$、$\vec{c}$。符号 nma 分别表示晶体的微观结构在 $\vec{a}$ 方向存在滑移面 n，在 $\vec{b}$ 方向有对称面 m，在 $\vec{c}$ 方向有滑移面 a。

同样空间群也可用圣佛利斯符号来表征，且一一对应。由于同一个点群可分属于几个空间群，因此只需在点群的圣佛利斯符号的右上角再加一序号即可，如点群 C_{2h}，它同时属于 6 个空间群，其空间群的圣佛利斯符号就可表示为 C_{2h}^1、C_{2h}^2、C_{2h}^3、C_{2h}^4、C_{2h}^5、C_{2h}^6。

注意：

① 微观对称与宏观对称的关系为微观对称是本质，宏观对称是微观对称的外部表现。当微观对称元素的平移矢量为 0 时，空间群即为点群。同样，点群中的对称元素有不同平移矢量时，即可分裂成不同的空间群。

② 7 大晶系是根据宏观对称性的特征（对称面、对称轴、对称心）导出的；14 种布拉菲点阵是根据宏观对称性和微观对称性导出的；32 种点群是根据宏观对称元素的不同组合导出的；230 种空间群是根据宏观对称性（对称面、对称轴、对称心）和微观对称性（滑移面、螺旋轴、平移轴）的全部对称元素组合导出的。

1.5 晶体的投影

晶体的投影是指将构成晶体的晶向和晶面等几何元素以一定的规则投影到投影面上，使晶向、晶面等几何元素的空间关系转换成其在投影面上的关系。投影面有球面和赤平面两种，其对应的投影即球面投影和极射赤面投影。通过晶体的投影研究可获得晶体的晶向、晶面等元素之间的空间关系。而此关系通常采用极式网、乌氏网来确定。

1.5.1 球面投影

球面投影是指晶体位于投影球的球心，将晶体或其点阵结构中的晶向和晶面以一定的方式投影到球面上的一种方法。此时晶体的尺寸相比于投影球可以忽略，这样晶体的所有晶面均可认为通过球心。球面投影通常有迹式和极式两种投影形式。

迹式球面投影是指晶体的几何要素（晶向、晶面）通过直接延伸或扩展与投影球相交，在球面上留下的痕迹。晶向的迹式球面投影是将晶向朝某方向延长并与投影球面相交所得的交点，该交点又称晶向的迹点或露点。晶面的迹式球面投影是将晶面扩展与投影球面相交所得的交线大圆，该大圆又称晶面的迹线。

极式球面投影是指几何要素（点除外）通过间接延伸或扩展后与投影球相交，在球面上留下的痕迹。晶向的极式球面投影是过球心作晶向的法平面，法平面扩展后与投影球面相交所得的交线大圆，该圆又称晶向的极圆。晶面的极式球面投影是过投影球的球心作晶面的法线，法线延伸后与投影球相交所得的交点。该交点又称晶面的极点。

以上两种投影在使用中经常混用，一般是以点来表征几何要素的投影，即晶面的球面投影采用极式球面投影（极点），而晶向则采用迹式球面投影（迹点）。图 1-21 为球面投影，P 为晶面 N 的极点，大圆 Q 为晶面 N 的迹线。

球面坐标的原点为投影球的球心，三条互相垂直的直径为坐标轴。如图 1-22 所示，其中直立轴记为 NS，前后轴记为 FL，东西轴（或左右轴）记为 EW 轴，同时过 FL 与 EW 轴的大圆平面称为赤道平面，赤道平面与投影球的交线大圆称为赤道。平行于赤道平面的平面与投影球相交的小圆称为纬线。过 NS 轴的平面称为子午面，子午面与投影球的交线大圆称为经线或子午线。同时过 NS 和 EW 轴的子午面称为本初子午面。与其相应的子午线称为本初子午线。任一子午面与本初子午面间的二面角称为经度，用 φ 表示。若以 E 点为东经 $0°$，W 点为西经 $0°$，则经度最高值为 $90°$。也可以设定 E 点为 $\varphi=0°$，顺时针一周为 $360°$。在任一子午线（经线）上，从 N 或 S 向赤道方向至任一纬度线的夹角称为极距，用 ρ 表示，而从赤道沿子午线大圆至任一纬线的夹角称为纬度，用 γ 表示，显然极距 ρ+纬度 $\gamma=90°$。晶面的极式和晶向的迹式球面投影均为球面上的点，故晶体的晶面和晶向均可用球面上的点来表征，其球面坐标为 (φ, ρ)。由经线和纬线构成的球网又称坐标网。

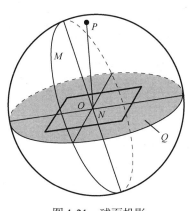
图 1-21　球面投影

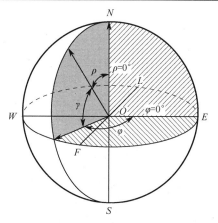
图 1-22　球面坐标示意图

1.5.2　极射赤面投影

极射赤面投影是一种二次投影，即将晶体的晶面或晶向的球面投影再以一定的方式投影到赤平面上所获得的投影。因此，获得晶体要素的极射赤面投影需首先获得球面投影，然后再将球面投影投射到赤平面上。图 1-23 为极射赤面投影。而极射赤面投影与球面投影之间的关系如图 1-24 所示。

当球面投影在上半球时，取南极点 S 为投影光源，若球面投影在下半球面，则取北极点 N 为投影光源。投影光源与球面投影的连线称为投影线，投影线与投影面（赤平面）的交点为极射赤面投影。极射赤面投影均落在投影基圆内，这样便于作图和测量。为了区别起见，通常规定

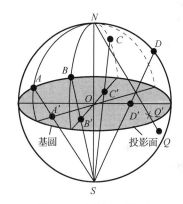
图 1-23　极射赤面投影

上半球面上点的极射赤面投影为"●"，而下半球面上点的极射赤面投影为"×"。如图 1-23 中位于下半球面上的 Q 点，此时北极点 N 为光源位置，连接 N、Q，投影线与赤平面相交于 Q'，表示为"×"点，Q' 即为 Q 点的极射赤面投影。当球面投影在上半球时，应取南极点 S 为投影光源，如图中的 A、B、C、D 点，投影线 SA、SB、SC、SD 分别交赤平面于 A'、B'、C'、D' 点，均表示为"●"，A'、B'、C'、D' 点就分别是 A、B、C、D 点的极射赤面投影。

球面上过南北轴的大圆（子午线大圆或经线），又称直立大圆，其极射赤面投影为过基圆中心的直径，如图 1-24（a）所示；水平大圆即赤道平面与投影球的交线，其极射赤面投影为投影基圆本身；球面上未过南北轴的倾斜大圆，其投影为大圆弧，大圆弧的弦为基元直径，如图 1-24（b）所示；水平小圆的极射赤面投影为与基圆同心的圆，如图 1-24（c）所示；倾斜小圆的投影为椭圆，如图 1-24（d）所示；直立小圆的极射赤面投影为一段圆弧，其大小和位置取决于小圆的大小和位置，如图 1-24（e）所示。

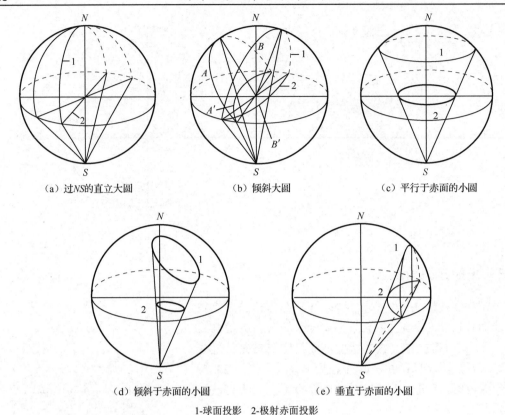

（a）过NS的直立大圆　　　　（b）倾斜大圆　　　　（c）平行于赤面的小圆

（d）倾斜于赤面的小圆　　　　（e）垂直于赤面的小圆

1-球面投影　2-极射赤面投影

图 1-24　极射赤面投影与球面投影之间的关系

1.5.3　极式网与乌氏网

如何度量晶面和晶向的空间位向关系？通常采用极式网或乌氏网两种辅助工具进行。

1. 极式网

将经纬线坐标网以其本身的赤道平面为投影面，作极射赤面投影，所得的极射赤面投影

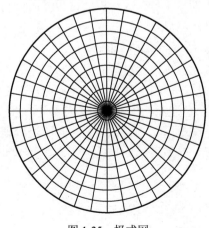

图 1-25　极式网

网称为极式网，如图 1-25 所示。极式网由一系列直径和一系列同心圆组成，每一直径和同心圆分别表示经线和纬线的极射赤面投影，经线等分投影基圆圆周，纬线等分投影基圆直径。通常基圆直径为 20mm，等分间隔均为 2°，极式网具有以下用途。

（1）直接读出极点的球面坐标，获得该晶面或晶向的空间位向。

（2）当两晶面或晶向的极点在同一直径上，其间的纬度差即晶面或晶向间的夹角，并可以从极式网中直接读出；但是，当两极点不在同一直径上时，则无法测量其夹角，故其应用受到限制，此时必须借助于乌氏网来进行测量。

2. 乌氏网

乌氏网类似于极射赤面投影。但此时的投影面不是赤平面，而是过南北轴的垂直面，一般以同时过 NS 和 EW 的平面为投影面，投影光源为投影面中心法线与投影球的交点，即前后极点 F 或 L（见图 1-26），经纬线坐标网的极射平面投影网即乌氏网（见图 1-27）。

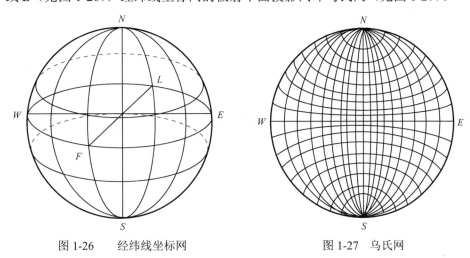

图 1-26　　经纬线坐标网　　　　　　　　　　图 1-27　乌氏网

显然，南北轴 NS 和东西轴 EW 的投影分别为过乌氏网中心的水平直径和垂直直径。前后轴 FL 的投影为乌氏网的中心；经线的投影为一簇以 N、S 为端点的大圆弧；而纬线的投影是一簇圆心位于南北轴上的小圆弧。实际使用的乌氏网直径为 20mm，圆弧间隔均为 2°。乌氏网的应用较广，基本应用如下。

1）夹角测量

夹角测量的步骤如下。

（1）在透明纸上绘制晶面或晶向的极射赤面投影。即以晶面或晶向的球面投影（晶面为极式、晶向为迹式），分别向赤平面投影，投影线与投影面的交点即晶面或晶向的极射赤面投影。

（2）将乌氏网中心与极射赤面投影中心重合，转动极射赤面投影图，使所测的极点落在乌氏网的经线大弧或赤道线上，两极点间的夹角即为两晶面或晶向的夹角。注意夹角不能在纬线小弧上度量。图 1-28 中的 A、B 和 C、D 均为晶面的极射赤面投影，通过转动后，A、B 均落在赤道线上，A、B 之间的夹角可直接从网上读出为 120°；而 C、D 同落在经线大圆上，夹角为 20°。

2）晶体转动

研究晶体的取向往往需要转动晶体，晶体转动后，其晶面和晶向与投影面的关系随之发生变化，极点在投影面上发生了移动，移动后的位置可在乌氏网的帮助下确定。晶体的转动常有三种形式。

（1）绕垂直于投影面的中心轴转动：此时转动角沿乌氏网基圆的圆周度量。如图 1-29 所示，设 A_1 为某晶面的极射赤面投影，当晶体绕垂直于投影面的中心轴顺时针转动 ϕ 后，以 OA_1 为半径，顺时针转动 ϕ，A_1 转到 A_2，A_2 即该晶面转动后的新位置。

（2）绕投影面上的轴转动：转动角沿乌氏网的纬线小圆弧度量。其步骤如下。

① 当转轴与乌氏网的 NS 轴不重合时，需先绕乌氏网中心转动使转轴与 NS 重合。

② 将相关极点沿纬线小圆弧移动所转角度，即可得晶体转动后的新位置。

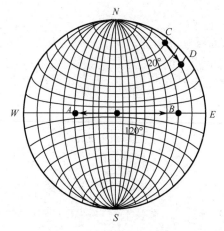

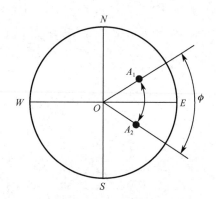

图 1-28　夹角测量示意图　　　　　　图 1-29　晶体绕垂直于投影面的中心轴的转动

　　图 1-30 上的 A_1、B_1 两极点为转动前的位置，晶体绕 NS 轴转动 60°后，A_1 沿纬线小圆弧转动 60°至 A_2，B_1 沿纬线小圆弧转动 40°时到了基圆的边缘，再转动 20°即到了投影面的背面 B_1' 处，同一张图上习惯采用正面投影表示，B_1' 的正面投影为和 B_1' 同一直径上的另一端点 B_2。这样极点 A_2、B_2 分别为 A_1、B_1 转动后的位置。

　　（3）绕与投影面斜交的轴转动：该种转动本质是上述两种转动的组合，如极点 A_1 绕 B_1 转动 40°，如图 1-31 所示，其步骤如下。

　　① 转动透明纸使 B_1 在赤道 EW 上。

　　② B_1 沿赤道移动至投影面中心 B_2，同时 A_1 也沿其所在纬线小圆弧移动相同角度至 A_2。

　　③ 以 B_2 为圆心，A_2B_2 为半径转动 40°，使 A_2 至 A_3。

　　④ B_2 移回 B_1，同时 A_3 也沿其所在的纬线小圆弧移动相同角度至 A_4，A_4 即 A_1 绕 B_1 转动 40°后的新位置。

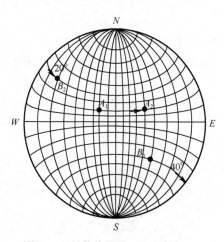

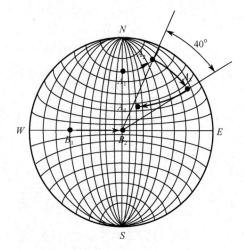

图 1-30　晶体绕投影面上的轴转动　　　　图 1-31　晶体绕与投影面倾斜的轴转动

3）投影面转换

　　投影面的极射赤面投影即投影基圆的圆心，故转换投影面只需将新投影面的极射赤面投影移动到投影基圆的中心，同时将投影面上的所有极射赤面投影沿其纬线小圆弧转动同样的角度。

图 1-32 中,将投影面 O_1 上的极射赤面投影 A_1、
B_1、C_1、D_1 转换到新投影面 O_2 上。其步骤如下。

（1）将原投影面中心 O_1 与乌氏网中心重合,
并使新投影面中心 O_2 位于乌氏网的赤道上。

（2）将 O_2 沿赤道直径移动到乌氏网中心,同
时将原投影 A_1、B_1、C_1、D_1 分别沿其所在的纬线
小圆弧移动相同角度,其新位置 A_2、B_2、C_2、D_2
即其在新投影面上的投影。

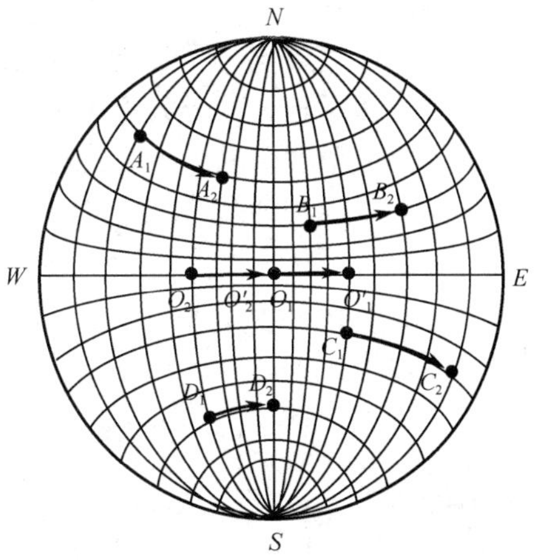

1.5.4　晶带的投影

1. 晶带的极式球面投影

晶体位于投影球的球心,同一晶带轴的各晶面

图 1-32　投影面的转换

的法线共面,该面垂直于晶带轴。同一晶带上各晶面的法线所在的平面与投影球相交的大圆
称为该晶带的极式球面投影,又称晶带大圆。显然,不同的晶带将形成不同的大圆。晶带大
圆平面的极点为晶带轴的露点或迹点。

2. 晶带的极射赤面投影

晶带的极射赤面投影是指构成该晶带的所有晶面的极射赤面投影,是晶带的极式球面投
影的再投影。由上分析可知晶带的极式球面投影为球面上的大圆,因此,晶带的极射赤面投
影为投影基圆内的大圆弧,弧弦为基圆直径。晶带轴的迹式球面投影为晶带轴与球面的交点,
因此晶带轴的极射赤面投影位于大圆弧的内侧弧弦的垂直平分线上,并与该大圆弧相距 $90°$。
根据晶带的位向不同,可将晶带分为水平晶带、直立晶带和倾斜晶带。

（1）水平晶带:晶带轴与投影面平行,晶带轴露点的极射赤面投影位于投影基圆的圆周
上,晶带的极射赤面投影为投影基圆的直径。

（2）直立晶带:晶带轴与 NS 轴重合,晶带轴露点的极射赤面投影为投影基圆的圆心,晶
带的极式球面投影为赤道大圆,晶带的极射赤面投影为投影基圆。

（3）倾斜晶带:晶带轴与 NS 轴斜交,晶带的极射赤面投影为大圆弧,晶带轴露点的极射
赤面投影为大圆弧的极点。

3. 应用举例

例 1　已知两个晶面（$h_1k_1l_1$）、（$h_2k_2l_2$）同属一个晶带[uvw],其极点分别为 P_1 和 P_2,作
出其晶带轴的极射赤面投影。

如图 1-33 所示,作图步骤如下。

（1）转动乌氏网,使极点 P_1 和 P_2 同时落在某个大圆上,该大圆弧即为 P_1 和 P_2 所在的晶
带大圆弧;

（2）在晶带大圆弧的内侧,沿其弦的垂直平分线度量 $90°$ 角的 T 点即晶带轴的极射赤面投影。

例 2　已知两个晶带轴的极射赤面投影 T_1、T_2,分别作出相应的晶带大圆弧和两晶带轴
所在平面的极射赤面投影及两晶带轴的夹角。

如图 1-34 所示,作图步骤如下。

（1）借助乌氏网，通过转动使 T_1、T_2 分别位于赤道直径上，沿赤道直径投影基圆的圆心另一侧度量 90° 角，分别得到晶带大圆弧 K_1、K_2。

（2）将 T_1、T_2 转至某一大圆弧 K_3 上，K_3 即两晶带轴所在平面的迹线的极射赤面投影，大圆弧上的间隔度数即两晶带轴的夹角。

（3）沿大圆弧 K_3 的垂直平分线向内侧度量 90° 得点 P，点 P 即 T_1 和 T_2 所在平面的极射赤面投影。

注意：点 P 应为 K_1、K_2 两大圆弧的交点，即两晶带大圆弧的交点就是两晶带轴所在平面的极射赤面投影。

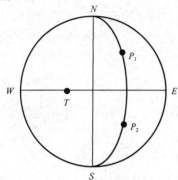

图 1-33　晶带的极射赤面投影

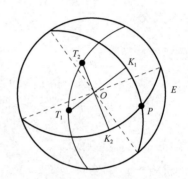

图 1-34　晶带相交

例 3　已知 A、B 为某晶体的两个表面，两面的交线为 NS，如图 1-35（a）所示，A、B 两面夹角为 ϕ，若某晶面 C 和表面 A 的交线 PQ 为 T_A，T_A 与 NS 的夹角为 ψ_A，晶面 C 与表面 B 的交线 QR 为 T_B，T_B 与 NS 的夹角为 ψ_B。以表面 A 为投影面，两面交线 NS 为 NS 轴，作晶面的极射赤面投影。

如图 1-35（b）所示，作图步骤如下。

（1）基圆 A 为 A 面与参考球的交线（迹线）的极射赤面投影。从基圆上沿赤道向内量 ϕ 角和乌氏网某一子午线（经线）大圆相遇，画出该大圆弧 B，B 为 B 面和参考球交线（迹线）的极射赤面投影。

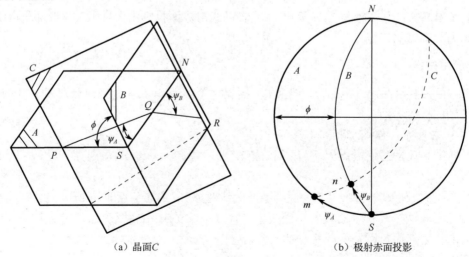

（a）晶面 C　　　　　　　　　　　　（b）极射赤面投影

图 1-35　分别与晶体表面 A、B 相交于 PQ 和 QR 的晶面 C 的极射赤面投影

（2）从点 S 沿基圆量 ψ_A 得点 m，点 m 为交线 PQ 的极射赤面投影，再从点 S 沿大圆 B 量 ψ_B 得点 n，点 n 为交线 QR 的极射赤面投影。

（3）转动投影，使点 m、n 同时落在乌氏网的同一子午线大圆弧上，画出该大圆弧 C，C 为该晶面的迹线所对应的极射赤面投影。

（4）从 C 和赤道交点沿赤道度量 90° 的点即晶面 C 的极射赤面投影。

1.5.5　标准极射赤面投影图

标准极射赤面投影图简称标准投影图，也可称标准极图，是以晶体的某一简单晶面为投影面，将各晶面的球面投影再投影到此平面上去所形成的投影图。标准投影图在测定晶体取向（如织构）时非常有用，它标明了晶体中所有重要晶面的相对取向和对称关系，可方便地定出投影图中所有极点的指数。图 1-36 即立方晶系中主要晶面的球面投影。若分别以立方系中的(001)、(011)、(111)等晶面为投影面，可得其标准投影图，如图 1-37 所示。立方晶系中，晶面夹角与点阵常数无关，因此所有立方晶系的晶体均可使用同一组标准投影图。但在其他晶系中，由于晶面夹角受点阵常数的影响，必须作出各自的标准投影图，如在六方晶系中，晶面夹角受轴比 c/a 的影响，即使相同的晶面常数，在轴比 c/a 不同时，其晶面夹角也不同。因此不同的轴比需有不同的标准投影图。需指出的是，实际分析中有时需要高指数的标准投影图，而一般手册中均为低指数的标准投影图，为此可通过转换投影面法，在低指数的标准投影图的基础上绘制出高指数的标准投影图。

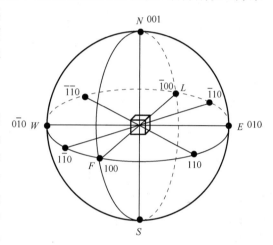

图 1-36　立方晶系中主要晶面的球面投影

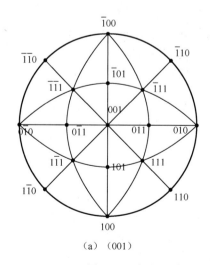

（a）（001）

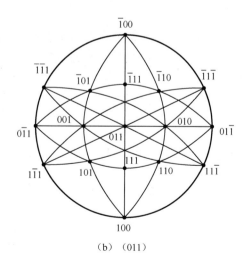

（b）（011）

图 1-37　立方晶系中(001)、(110)、(111)、(112)的标准投影图

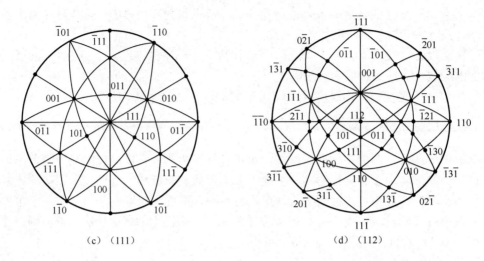

（c）（111）　　　　　　　　　（d）（112）

图 1-37　立方晶系中(001)、(110)、(111)、(112)的标准投影图（续）

1.6　倒易点阵

　　倒易点阵是一个虚拟点阵，是由厄瓦尔德在正空间点阵的基础上建立起来的，因该点阵的许多性质与晶体正点阵保持着倒易关系，故将其称为倒易空间点阵，所在空间为倒空间。倒易点阵的建立，可简化晶体中的几何关系和衍射问题（X 射线衍射、中子衍射、电子衍射等）。正空间中的晶面在倒空间中表现为一个倒易点，同一晶带的各晶面在倒空间中为共面的倒易点，这样正空间中晶面之间的关系可简化为倒空间中点与点之间的关系。当倒易点阵与厄瓦尔德球相结合时，可以直观地解释晶体中的各种衍射现象，因为衍射花样的本质就是满足衍射条件的倒易点的投影，因此倒易点阵理论是晶体衍射分析的理论基础。

1.6.1　正点阵

　　晶体的空间点阵即正点阵。正点阵反映了晶体中的质点在三维空间中的周期性排列，由前面的讨论可知，正点阵根据布拉菲法则可分为 7 大晶系、14 种晶胞类型。晶面和晶向的表征采用三指数时分别为(hkl)和$[uvw]$，六方晶系还可采用四指数$(hkil)$和$[uvtw]$表征。

　　正点阵中基本参数为 a、b、c、α、β、γ，基矢量为 $\vec{a}$、$\vec{b}$、$\vec{c}$，任一矢量 $\vec{R}$ 可表示为 $\vec{R} = m\vec{a} + n\vec{b} + p\vec{c}$，其中 m、n、p 为整数，α、β、γ 分别为 $\vec{b}$ 与 $\vec{c}$、$\vec{c}$ 与 $\vec{a}$、$\vec{a}$ 与 $\vec{b}$ 之间的夹角。

1.6.2　倒易点阵的概念与构建

1. 倒易点阵的概念

　　从正点阵的原点 O 出发，如图 1-38 所示，作任一晶面(hkl)的法线 ON，在该法线上取一点 A，使 OA 长度正比于该晶面间距的倒数，则点 A 称为该晶面的倒易点，用不带括号的 hkl 表示，晶体中所有晶面的倒易点构成的点阵称为倒易点阵。

2. 倒易点阵的构建

将晶面（hkl）置入坐标系中，设原点为 O，如图 1-39 所示，三个基矢量：$\vec{a}$、$\vec{b}$、$\vec{c}$，三个面截距：$\frac{1}{h}$、$\frac{1}{k}$、$\frac{1}{l}$，三个交点坐标：$A\left(\frac{1}{h},0,0\right)$、$B\left(0,\frac{1}{k},0\right)$、$C\left(0,0,\frac{1}{l}\right)$。从原点出发作

任该晶面的法线 ON，ON 与晶面的交点为 P_{hkl}，坐标为 (h,k,l)，法向单位矢量为 $\vec{n}$，则 $\overrightarrow{OA}=\frac{1}{h}\vec{a}$，

$\overrightarrow{OB}=\frac{1}{k}\vec{b}$ 和 $\overrightarrow{OC}=\frac{1}{l}\vec{c}$。显然 $\overrightarrow{AB}=\frac{1}{k}\vec{b}-\frac{1}{h}\vec{a}$，$\overrightarrow{BC}=\frac{1}{l}\vec{c}-\frac{1}{k}\vec{b}$ 和 $\overrightarrow{CA}=\frac{1}{h}\vec{a}-\frac{1}{l}\vec{c}$，均为该晶面内的

一个矢量。正倒空间中基矢量之间的关系如图 1-40 所示。

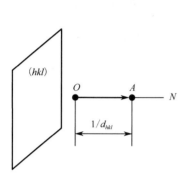

图 1-38　倒易点阵的构建　　　　　图 1-39　正空间中晶面与倒空间中阵点之间的关系

晶面的法线矢量可表示为 $\vec{n}=\overrightarrow{AB}\times\overrightarrow{BC}$ 或 $\vec{n}=\overrightarrow{BC}\times\overrightarrow{CA}$ 或 $\vec{n}=\overrightarrow{CA}\times\overrightarrow{AB}$，任取其一，取 $\vec{n}=\overrightarrow{AB}\times\overrightarrow{BC}$ 得

$$\vec{n}=\left(\frac{1}{k}\vec{b}-\frac{1}{h}\vec{a}\right)\times\left(\frac{1}{l}\vec{c}-\frac{1}{k}\vec{b}\right)=\left(\frac{1}{kl}\vec{b}\times\vec{c}-\frac{1}{hl}\vec{a}\times\vec{c}-\frac{1}{kk}\vec{b}\times\vec{b}+\frac{1}{hk}\vec{a}\times\vec{b}\right) \tag{1-24}$$

由于 $\vec{b}\times\vec{b}=0$，故

$$\vec{n}=\frac{1}{kl}\vec{b}\times\vec{c}-\frac{1}{hl}\vec{a}\times\vec{c}+\frac{1}{kh}\vec{a}\times\vec{b}g \tag{1-25}$$

又因为 $|\vec{n}|=1$，晶面 (hkl) 的晶面间距为

$$d_{hkl}=\frac{1}{h}\vec{a}\cdot\vec{n}=\frac{1}{k}\vec{b}\cdot\vec{n}=\frac{1}{l}\vec{c}\cdot\vec{n} \tag{1-26}$$

即

$$d_{hkl}=\frac{1}{h}\vec{a}\left(\frac{1}{kl}\vec{b}\times\vec{c}-\frac{1}{hl}\vec{a}\times\vec{c}+\frac{1}{kh}\vec{a}\times\vec{b}\right)=\frac{1}{hkl}\vec{a}\cdot(\vec{b}\times\vec{c}) \tag{1-27}$$

设 $V=\vec{a}\cdot(\vec{b}\times\vec{c})$，则 $d_{hkl}=\frac{1}{hkl}V$，即 $hkl=\frac{1}{d_{hkl}}V$，此时法向矢量可以表示为

$$\vec{n}=\frac{d_{hkl}h}{V}\vec{b}\times\vec{c}+\frac{d_{hkl}k}{V}\vec{c}\times\vec{a}+\frac{d_{hkl}l}{V}\vec{a}\times\vec{b}=d_{hkl}\left(\frac{h}{V}\vec{b}\times\vec{c}+\frac{k}{V}\vec{c}\times\vec{a}+\frac{l}{V}\vec{a}\times\vec{b}\right) \tag{1-28}$$

令 $\vec{a}^{*}=\frac{1}{V}\vec{b}\times\vec{c}$，$\vec{b}^{*}=\frac{1}{V}\vec{c}\times\vec{a}$，$\vec{c}^{*}=\frac{1}{V}\vec{a}\times\vec{b}$，则

$$\vec{n}=d_{hkl}(h\vec{a}^{*}+k\vec{b}^{*}+l\vec{c}^{*}) \tag{1-29}$$

令 $\vec{g}_{hkl}=(h\vec{a}^{*}+k\vec{b}^{*}+l\vec{c}^{*})$，则

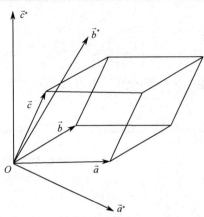

图 1-40　正倒空间中基矢量之间的关系

$$\vec{n} = d_{hkl}\vec{g}_{hkl} \qquad (1\text{-}30)$$

所以 $\vec{g}_{hkl} // \vec{n}$，即 $\vec{g}_{hkl}$ 方向垂直于晶面(hkl)，对式（1-30）两边取模得

$$|\vec{g}_{hkl}| = \frac{|\vec{n}|}{d_{hkl}} = \frac{1}{d_{hkl}} \qquad (1\text{-}31)$$

故 $\vec{g}_{hkl}$ 大小为晶面间距的倒数。由式（1-30）和式（1-31）得晶面(hkl)的倒易矢量为 $\vec{g}_{hkl} = (h\vec{a}^* + k\vec{b}^* + l\vec{c}^*)$。这样可将正空间中的所有晶面用倒易矢量来表征，由矢量端点所构成的点阵即倒易点阵，形成倒易空间，倒易点同样规则排列。

倒易点阵中的基本参数为 a^*、b^*、c^*、α^*、β^*、γ^*，其中 α^*、β^*、γ^* 分别为 $\vec{b}^*$ 与 $\vec{c}^*$、$\vec{c}^*$ 与 $\vec{a}^*$，$\vec{a}^*$ 与 $a\vec{b}^*$ 之间的夹角，$\vec{a}^*$、$\vec{b}^*$、$\vec{c}^*$ 为倒易点阵的基矢量，任一倒易矢量 $\vec{R}^*$ 可表示为 $\vec{R}^* = h\vec{a}^* + k\vec{b}^* + l\vec{c}^* = \vec{g}_{hkl}$。

1.6.3　正倒空间之间的关系

（1）同名基矢点积为 1，异名基矢点积为 0。

即 $\vec{a}^* \cdot \vec{a} = \vec{b}^* \cdot \vec{b} = \vec{c}^* \cdot \vec{c} = 1$；$\vec{a}^* \cdot \vec{b} = \vec{a}^* \cdot \vec{c} = \vec{b}^* \cdot \vec{c} = \vec{b}^* \cdot \vec{a} = \vec{c}^* \cdot \vec{a} = \vec{c}^* \cdot \vec{b} = 0$。

（2）$\vec{a}^*$ 垂直于 $\vec{b}, \vec{c}$ 所在面，$\vec{a}^* = \dfrac{\vec{b} \times \vec{c}}{\vec{a} \cdot (\vec{b} \times \vec{c})}$，$a^* = \dfrac{bc\sin\alpha}{V} = \dfrac{1}{a\cos\varphi}$。

$\vec{b}^*$ 垂直于 $\vec{c}, \vec{a}$ 所在面，$\vec{b}^* = \dfrac{\vec{c} \times \vec{a}}{\vec{b} \cdot (\vec{c} \times \vec{a})}$，$b^* = \dfrac{ca\sin\beta}{V} = \dfrac{1}{b\cos\psi}$。

$\vec{c}^*$ 垂直于 $\vec{a}, \vec{b}$ 所在面，$\vec{c}^* = \dfrac{\vec{a} \times \vec{b}}{\vec{c} \cdot (\vec{a} \times \vec{b})}$，$c^* = \dfrac{ab\sin\gamma}{V} = \dfrac{1}{c\cos\omega}$。

α、β、γ 分别为 $\vec{b}$ 与 $\vec{c}$、$\vec{c}$ 与 $\vec{a}$、$\vec{a}$ 与 $\vec{b}$ 之间的夹角。φ、ψ、ω 分别为 $\vec{a}$ 与 $\vec{a}^*$、$\vec{b}$ 与 $\vec{b}^*$、$\vec{c}$ 与 $\vec{c}^*$ 之间的夹角。

正点阵的晶胞体积 $V = \vec{a} \cdot (\vec{b} \times \vec{c}) = \vec{b} \cdot (\vec{c} \times \vec{a}) = \vec{c} \cdot (\vec{a} \times \vec{b})$。

立方晶系中，$\phi = \psi = \omega = 0°$、$\cos\phi = \cos\psi = \cos\omega = 1$，则

$$\vec{a}^* // \vec{a}, \quad \vec{b}^* // \vec{b}, \quad \vec{c}^* // \vec{c}$$
$$a^* = 1/a, \quad b^* = 1/b, \quad c^* = 1/c$$

同理，$\vec{a} = \dfrac{\vec{b}^* \times \vec{c}^*}{\vec{a}^* \cdot (\vec{b}^* \times \vec{c}^*)}$，$\vec{b} = \dfrac{\vec{c}^* \times \vec{a}^*}{\vec{b}^* \cdot (\vec{c}^* \times \vec{a}^*)}$，$\vec{c} = \dfrac{\vec{a}^* \times \vec{b}^*}{\vec{c}^* \cdot (\vec{a}^* \times \vec{b}^*)}$。

倒易点阵的晶胞体积 $V^* = \vec{a}^* \cdot \vec{b}^* \times \vec{c}^* = \vec{b}^* \cdot \vec{c}^* \times \vec{a}^* = \vec{c}^* \cdot \vec{a}^* \times \vec{b}^*$。

（3）倒空间的倒空间即正空间：$(\vec{a}^*)^* = \vec{a}$，$(\vec{b}^*)^* = \vec{b}$，$(\vec{c}^*)^* = \vec{c}$。

（4）正倒空间的晶胞体积互为倒数：$V \cdot V^* = 1$。

（5）正倒空间中角度之间的关系如下。

因为 $\cos\alpha^* = \dfrac{\vec{b}^* \cdot \vec{c}^*}{|\vec{b}^*||\vec{c}^*|}$，$\cos\beta^* = \dfrac{\vec{c}^* \cdot \vec{a}^*}{|\vec{c}^*||\vec{a}^*|}$，$\cos\gamma^* = \dfrac{\vec{a}^* \cdot \vec{b}^*}{|\vec{a}^*||\vec{b}^*|}$，$\alpha^*$、$\beta^*$ 和 γ^* 分别为 $\vec{b}^*$ 与 $\vec{c}^*$、$\vec{c}^*$ 与 $\vec{a}^*$、$\vec{a}^*$ 与 $\vec{b}^*$ 的夹角。

由矢量推导可得

$$\cos \alpha^* = \frac{\cos \beta \cos \gamma - \cos \alpha}{\sin \beta \sin \gamma} \qquad (1-32)$$

$$\cos \beta^* = \frac{\cos \gamma \cos \alpha - \cos \beta}{\sin \gamma \sin \alpha} \qquad (1-33)$$

$$\cos \gamma^* = \frac{\cos \alpha \cos \beta - \cos \gamma}{\sin \alpha \sin \beta} \qquad (1-34)$$

立方点阵中，$\alpha = \beta = \gamma = \alpha^* = \beta^* = \gamma^* = 90°$。

（6）倒易点阵保留了正点阵的全部宏观对称性。

证明：设 G 为正空间中的一个点群操作，$\vec{R}$ 为正空间矢量，G^{-1} 为 G 的逆操作，则 $G^{-1}\vec{R}$ 也为正空间矢量。对倒空间中的任一倒易矢量 $\vec{R}^*$，有 $\vec{R}^* \cdot G^{-1}\vec{R} = n$（$n$ 为整数）。

因为点群操作是正交变换，操作前后空间中两点的距离不变，所以两个矢量的点积在某一点群的操作下应保持不变，有 $G(\vec{R}^* \cdot G^{-1}\vec{R}) = G\vec{R}^* \cdot GG^{-1}\vec{R} = G\vec{R}^* \cdot \vec{R} = n$，所以 $G\vec{R}^*$ 为倒易矢量。同理，$G^{-1}\vec{R}^*$ 也是倒易矢量。这就说明了倒空间中同样存在着点群对称性。

（7）正倒空间矢量的点积为一整数。

设正空间的点阵矢量 $\vec{R} = u\vec{a} + v\vec{b} + w\vec{c}$，倒空间中任一点阵矢量为 $\vec{R}^* = h\vec{a}^* + k\vec{b}^* + l\vec{c}^*$，则

$$\vec{R} \cdot \vec{R}^* = (u\vec{a} + v\vec{b} + w\vec{c}) \cdot (h\vec{a}^* + k\vec{b}^* + l\vec{c}^*) = uh + vk + wl = n(整数) \qquad (1-35)$$

（8）正空间的一簇平行晶面对应于倒空间中的一个直线点列。

1.6.4　倒易矢量的基本性质

性质 1　$\vec{g}_{hkl} = h\vec{a}^* + k\vec{b}^* + l\vec{c}^*$，倒易矢量 $\vec{g}_{hkl}$ 的方向垂直于正点阵中的晶面(hkl)。

证明：假设(hkl)为一晶面指数，表明该晶面离原点最近，且 h、k、l 为互质的整数。坐标轴为 $\vec{a}$、$\vec{b}$、$\vec{c}$，在三轴上的交点为 A、B、C，其对应的面截距值分别为 $\frac{1}{h}$、$\frac{1}{k}$、$\frac{1}{l}$，对应的矢量分别为 $\frac{1}{h}\vec{a}$、$\frac{1}{k}\vec{b}$ 和 $\frac{1}{l}\vec{c}$。显然 $\left(\frac{1}{h}\vec{a} - \frac{1}{k}\vec{b}\right)$、$\left(\frac{1}{k}\vec{b} - \frac{1}{l}\vec{c}\right)$ 和 $\left(\frac{1}{l}\vec{c} - \frac{1}{h}\vec{a}\right)$ 均为该晶面内的一个矢量。

由于 $\vec{g} \cdot \left(\frac{1}{h}\vec{a} - \frac{1}{k}\vec{b}\right) = (h\vec{a}^* + k\vec{b}^* + l\vec{c}^*) \cdot \left(\frac{1}{h}\vec{a} - \frac{1}{k}\vec{b}\right) = 0$，所以

$$\vec{g} \perp \left(\frac{1}{h}\vec{a} - \frac{1}{k}\vec{b}\right) \qquad (1-36)$$

同理可得

$$\vec{g} \perp \left(\frac{1}{k}\vec{b} - \frac{1}{l}\vec{c}\right) \qquad (1-37)$$

$$\vec{g} \perp \left(\frac{1}{l}\vec{c} - \frac{1}{h}\vec{a}\right) \qquad (1-38)$$

所以 $\vec{g}$ 垂直于晶面(hkl)内的任两相交矢量，即 $\vec{g} \perp (hkl)$。

性质 2　倒易矢量 $\vec{g}$ 的大小等于(hkl)晶面间距的倒数，即 $|\vec{g}| = \frac{1}{d_{hkl}}$。

证明：因为由性质 1 可知 $\vec{g}$ 为晶面(hkl)的法向矢量；其单位矢量为 $\frac{\vec{g}}{|\vec{g}|}$。同时该晶面又是距原点最近的晶面，所以原点到该晶面的距离即晶面间距 d_{hkl}。

由矢量关系可得晶面间距为该晶面的单位法向矢量与面截距交点矢量的点积:

$$d_{hkl} = \frac{\vec{g}}{|\vec{g}|} \frac{1}{h} \vec{a} = \left(\frac{\vec{g}}{|\vec{g}|} \right) \frac{1}{k} \vec{b} = \left(\frac{\vec{g}}{|\vec{g}|} \right) \frac{1}{l} \vec{c} \qquad (1\text{-}39)$$

因为

$$\left(\frac{\vec{g}}{|\vec{g}|} \right) \frac{1}{h} \vec{a} = \frac{(h\vec{a}^* + k\vec{b}^* + l\vec{c}^*)}{|\vec{g}|} \cdot \frac{1}{h} \vec{a} = \frac{1}{|\vec{g}|} \qquad (1\text{-}40)$$

同理可得

$$\left(\frac{\vec{g}}{|\vec{g}|} \right) \frac{1}{k} \vec{b} = \frac{(h\vec{a}^* + k\vec{b}^* + l\vec{c}^*)}{|\vec{g}|} \cdot \frac{1}{k} \vec{b} = \frac{1}{|\vec{g}|} \qquad (1\text{-}41)$$

$$\left(\frac{\vec{g}}{|\vec{g}|} \right) \frac{1}{l} \vec{c} = \frac{(h\vec{a}^* + k\vec{b}^* + l\vec{c}^*)}{|\vec{g}|} \cdot \frac{1}{l} \vec{c} = \frac{1}{|\vec{g}|} \qquad (1\text{-}42)$$

所以

$$d_{hkl} = \frac{1}{|\vec{g}|} \qquad (1\text{-}43)$$

当晶面不是距离原点最近的晶面,而是平行晶面中的一个,其干涉面指数为(HKL), $H=nh$, $K=nk$, $L=nl$,此时晶面的三个面的截距分别为 $\frac{1}{nh}$、$\frac{1}{nk}$、$\frac{1}{nl}$,同理可证:

$$\vec{g}_{HKL} = H\vec{a}^* + K\vec{b}^* + L\vec{c}^* = nh\vec{a}^* + nk\vec{b}^* + nl\vec{c}^* \qquad (1\text{-}44)$$

$$d_{HKL} = \frac{1}{n} d_{hkl} \qquad (1\text{-}45)$$

1.6.5 晶带定律

如 1.2.3 节所述,晶带是指空间点阵中平行于同一晶轴的所有晶面。当该晶轴通过坐标原点时将该晶轴称为晶带轴,晶带轴的晶向指数称为晶带指数。晶带的概念在晶体衍射分析中非常重要。

由晶带定义得,同一晶带的所有晶面的法线均垂直于晶带轴,晶带轴可由正点阵的矢量 $\vec{R}$ 表示,即 $\vec{R} = u\vec{a} + v\vec{b} + w\vec{c}$,任一晶带面(hkl)可由其倒易矢量 $\vec{g}_{hkl} = h\vec{a}^* + k\vec{b}^* + l\vec{c}^*$ 表征。则 $\vec{R} \perp \vec{g}_{hkl}$,即 $\vec{R} \cdot \vec{g}_{hkl} = 0$,所以 $(u\vec{a} + v\vec{b} + w\vec{c}) \cdot (h\vec{a}^* + k\vec{b}^* + l\vec{c}^*) = 0$。由此可得

$$uh + vk + wl = 0 \qquad (1\text{-}46)$$

该式表明晶带轴的晶向指数与该晶带的所有晶面的指数对应积的和为零。反过来,凡是属于[uvw]晶带的所有晶面(hkl),必须满足该关系式。该关系即为晶带定律。

显然,同一晶带轴的所有晶带面的法矢量共面,故其倒易点共面于倒易面(uvw)*。

设两个晶带面为 $(h_1k_1l_1)$ 和 $(h_2k_2l_2)$,晶带轴指数为[uvw],两晶带面均满足晶带定律,即形成下列方程组

$$\begin{cases} h_1u + k_1v + l_1w = 0 \\ h_2u + k_2v + l_2w = 0 \end{cases} \qquad (1\text{-}47)$$

解之得

$$[uvw] = u : v : w = (k_1l_2 - k_2l_1) : (l_1h_2 - l_2h_1) : (h_1k_2 - h_2k_1)$$

也可表示为

$$\begin{array}{cccccc} h_1 & k_1 & l_1 & h_1 & k_1 & l_1 \\ & \times & & \times & & \times \\ h_2 & k_2 & l_2 & h_2 & k_2 & l_2 \end{array}$$ 　（1-48）

$$[uvw] = u:v:w = (k_1l_2 - k_2l_1):(l_1h_2 - l_2h_1):(h_1k_2 - h_2k_1)$$

注意：

① 当 $h_1k_1l_1$、$h_2k_2l_2$ 顺序颠倒时，uvw 的符号相反，但两者的本质一致。

② 四轴制时，上述方法仍然适用，只是先将晶面指数中的第三指数暂时略去，由式（1-47）或式（1-48）求得三个指数后，再由式（1-5）转化为四指数式 $[uvtw]$。

因此，若已知某晶带轴上的两个晶带面 $(h_1k_1l_1)$ 和 $(h_2k_2l_2)$，可由式（1-48）求出该晶带轴 $[uvw]$。晶体中已知两个不平行但相交的晶向，可由两晶向矢量的叉乘获得由这两个晶向构成晶面的法向矢量；利用两矢量点积是否为零，可判断空间两个晶向或两个晶面是否相互垂直，某一晶向是否在某一晶面上（或平行于该晶面），某晶面是否属于某晶带等。利用矢量性质还可构建出一个新的晶向，新晶向在已知晶面内，且与已知晶面内某一已知晶向垂直；或构建出一个新晶面，新晶面垂直于已知晶面，且过已知晶面上某一已知晶向。

1.6.6　广义晶带定律

在倒易点阵中，同一晶带的所有晶面的倒易矢量共面，即倒易点阵中每一阵面上的阵点所表示的晶面均属于同一晶带轴。当阵面通过原点时，$uh + vk + wl = 0$

当倒易面不过原点，而是位于原点的上方或下方，如图 1-41 所示。此时不难证明：

$$uh + vk + wl = N \ （整数）\qquad（1-49）$$

当 $N>0$ 时，倒易面在原点上方；当 $N<0$ 时，倒易面在原点的下方。

显然当 $N=0$ 时，倒易面过原点，即为上面讨论的晶带定律。$uh+vk+wl=N$ 是零层晶带定律的广延，故称广义晶带定律。

由以上分析可知在倒空间中：

（1）倒易矢量的端点表示正空间中的晶面，端点坐标由不带括号的三位数表示；

（2）倒易矢量的长度表示正空间中晶面间距的倒数；

（3）倒易矢量的方向表示该晶面的法线方向；

（4）倒空间中的直线点列表示正空间中一个系列平行晶面；

（5）倒易面上的各点表示正空间中同一晶带的系列晶带面；

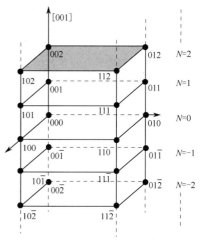

图 1-41　广义晶带定律示意图

（6）倒易面上各点表示正空间中单相多晶体的同一晶面族。

由倒空间及晶带定律可知，正空间的晶面 (hkl) 可用倒空间的一个点 hkl 来表示，正空间中同一根晶带轴 $[uvw]$ 的所有晶面可用倒空间的一个倒易面 $(uvw)^*$ 来表示，广义晶带中的不同倒易面可用 $(uvw)^*_N$ 来表示，这大大方便了本书后面的晶体衍射谱分析。

本章小结

本章全面复习了晶体的基本知识，内容如下。

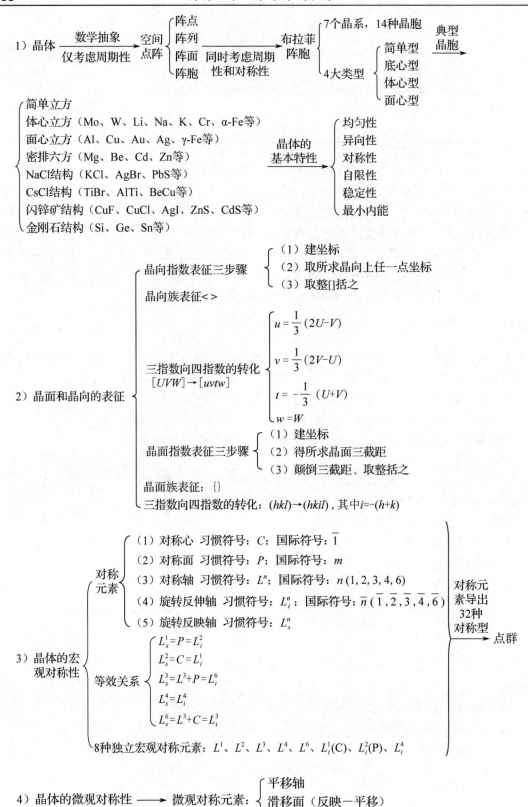

晶体的宏观和微观对称元素的组合体构成晶体的空间群。

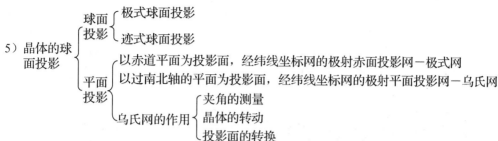

6）标准极图：以晶体的某一简单晶面为投影面，将各晶面的球面投影再投影所形成的极射赤面投影图。

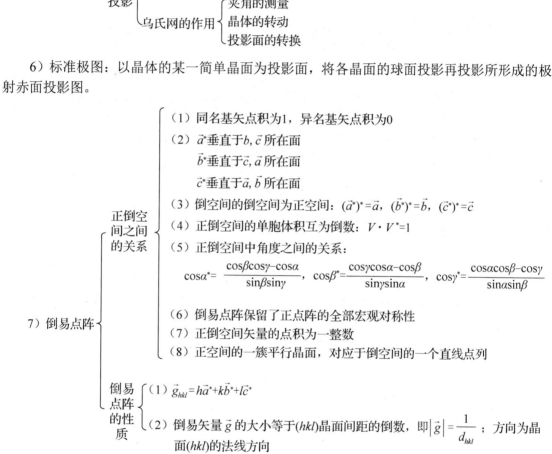

思考题

1.1　写出立方晶系中晶面族{110}、{123}的所有等价面。

1.2　在立方晶胞中画出(123)、(112)、$(11\bar{2})$、[110]、$[1\bar{2}0]$、$[\bar{3}21]$。

1.3　标注下图立方晶胞中各晶面和晶向的指数。

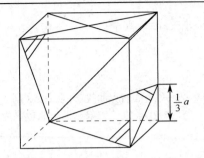 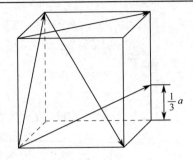

1.4 标注下图六方晶胞中各晶面和晶向的指数。

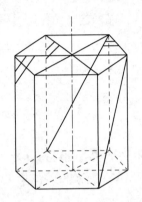 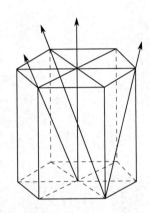

1.5 画出立方晶系中(001)的标准投影图，标出所有指数不大于 3 的所有点和晶带大圆。

1.6 用解析法证明晶带大圆上的极点系同一晶带轴，并求出晶带轴。

1.7 画出六方晶系中(0001)的标准投影图，并标出(0001)、$\{10\bar{1}0\}$、$\{11\bar{2}0\}$、$\{10\bar{1}2\}$ 等各晶面的大圆。

1.8 计算面心立方晶系的(110)、(111)、(100)等晶面的面间距和面密度。

1.9 解析法证明立方晶系中$[hkl]\perp(hkl)$。

1.10 如果空间某点坐标为(1,2,3)，通过对称轴的对称操作后到达另外一点(x,y,z)变换，设对称轴为二、三、四和六，试分别求出在不同对称轴作用下具体的(x,y,z)数值。

1.11 如果一空间点坐标为(x,y,z)，经 L_i^6 的作用，它将变换到空间的另一点(XYZ)，试给出两者的关系表达式。

1.12 区别以下几个易混淆的点群国际符号，并作出其对称元素的极射赤面投影：23 与 32，3m 与 m3，3m 与 $\bar{3}m$，6/mmm 与 6m，4/mmm 与 mmm。

1.13 对点群 $\bar{4}2m$ 和 $\bar{6}m2$ 进行极射赤面投影，两者之间的差别在哪里？按照国际符号规定的方向意义，说明两者点群中二次轴和对称面与晶轴之间的关系。

1.14 总结晶体对称分类（晶轴、晶系、晶类）的原则。

1.15 在立方晶系中(001)的标准投影图上，可找到{100}的 5 个极点，而在(011)和(111)的标准投影图上能找到的{100}极点却为 4 个和 3 个，为什么？

1.16 晶体上一对互相平行的晶面，它们在极射赤面投影图上表现为什么关系？

1.17 投影图上与某大圆上任一点间的角距均为 90°的点，称为该大圆的极点；反之，该大圆则称为该投影点的极线大圆，试问：

（1）一个大圆及其极点分别代表空间的什么几何因素？

（2）如何在投影图中求出已知投影点的极线大圆？

1.18　讨论并说明，一个晶面在与赤道平面平行、斜交和垂直的时候，该晶面的投影点与投影基圆之间的位置关系。

1.19　判别下列哪些晶面属于$[\bar{1}11]$晶带：$(\bar{1}\bar{1}0)$、(231)、(123)、(211)、(212)、$(\bar{1}01)$、$(1\bar{3}3)$、$(1\bar{1}2)$、$(\bar{1}\bar{3}2)$。

1.20　计算晶面$(\bar{3}11)$与$(\bar{1}\bar{3}2)$的晶带轴指数。

1.21　画出 Fe_2B 在平行于晶面(010)上的部分倒易点。Fe_2B 为正方晶系，点阵参数$a=b=0.510nm$，$c=0.424nm$。

1.22　试将(001)标准投影图转化成(111)标准投影图。

第2章 电子显微分析的基础

大家知道人眼能分辨的最小距离在 0.2mm 左右，用可见光（波长为 390～770nm）作为信息载体的光学显微镜，分辨率约为波长的一半，即 0.2μm 左右，其有效放大倍率仅约 1000 倍，无法满足人们对微观世界里原子尺度（原子间距 0.1nm 量级）的观察要求，以电子为信号载体的电子显微镜，如透射电子显微镜（TEM）、高分辨电镜（HRTEM）、扫描电镜（SEM）、扫描透射电镜（STEM）、分析型电镜（AEM）、电子背散射衍射（EBSD）等应运而生，随着电子波的波长的减小，电子显微镜的分辨率进一步提升，目前已达 0.01nm 量级。电镜与计算机结合可使操作、分析过程大为简化，特别是多种功能的巧妙组合，如扫描电镜中同时配带能谱分析仪、电子背散射衍射仪等，实现了材料的显微形貌、显微成分、显微结构和显微取向同时分析的目的，为材料研究提供了极大的方便。本章主要介绍电子显微分析的基础理论。

2.1 电子波的波长

电子是一种实物粒子，具有波粒二象性，其波长在一定条件下可变得很小，电场和磁场均能使其发生折射和聚焦，从而实现成像，因此电子波是一种理想的照明光源。由德布罗意的观点可知运动的电子具有波动性，其波长由波粒二象性方程可得

$$\lambda = \frac{h}{mv} \tag{2-1}$$

式中，h 为普朗克常数，约 6.626×10^{-34}J·s；m 为电子的质量；v 为电子的运动速度，其大小取决于加速电压 U，即

$$\frac{1}{2}mv^2 = eU \tag{2-2}$$

则

$$v = \sqrt{\frac{2eU}{m}} \tag{2-3}$$

式中，e 为电子电荷，其值为 1.6×10^{-19} 库仑。

所以

$$\lambda = \frac{h}{\sqrt{2emU}} \tag{2-4}$$

显然，提高加速电压，可显著降低电子波的波长，见表 2-1。当电子速度不高时，$m \approx m_0$，m_0 为电子的静止质量，当加速电压较高时，电子速度极高，此时需要对此进行相对论修整，即

$$m = \frac{m_0}{\sqrt{1 - \left(\frac{v}{c}\right)^2}} \tag{2-5}$$

式中，c 为光速。

表 2-1　不同加速电压时电子波的波长

加速电压 U/kV	电子波的波长 λ/nm	加速电压 U/kV	电子波的波长 λ/nm
1	0.0338	40	0.00601
2	0.0274	50	0.00536
3	0.0224	60	0.00487
4	0.0194	80	0.00418
5	0.0713	100	0.00370
10	0.0122	200	0.00251
20	0.00859	500	0.00142
30	0.00698	1000	0.00087

由于光学显微镜采用可见光为信息载体，其极限分辨率约为 200nm，而透射电子显微镜的信息载体为电子，且电子波的波长可随加速电压的增加而显著减小，由表 2-1 可知，在加速电压为 100～200kV 时，电子波的波长仅为可见光波长的 10^{-5}，因此透射电子显微镜的分辨率要比光学显微镜高出 5 个量级。

2.2　电子与固体物质的作用

当一束聚焦的电子沿一定方向入射到固体样品时，入射电子必然受到样品物质原子的库仑场作用，运动电子与物质发生强烈作用，并从相互作用的区域中发出多种与样品结构、形貌、成分等有关的物理信息，通过检测这些相关信息，就可以分析样品的表面形貌、微区的成分和结构。透射电镜、扫描电子显微镜、电子探针等，就是分别利用电子束与样品作用后产生的透射电子、二次电子、特征 X 射线所携带的物理信息进行工作的。电子与固体物质的作用包括入射电子的散射、入射电子对固体的激发和受激发的粒子在固体中的传播等。

2.2.1　电子散射

电子散射是指电子束受固体物质作用后，物质原子的库仑场使其运动方向发生改变的现象。根据发生散射前后电子的能量是否变化，电子散射又分为弹性散射和非弹性散射。电子能量不变的散射称为弹性散射，电子能量减小的散射称为非弹性散射。弹性散射仅仅改变了电子的运动方向，而没有改变电子波的波长。而非弹性散射不仅改变了电子的运动方向，同时还导致了电子波的波长增加。根据电子的波动特性，还可将电子散射分为相干散射和非相干散射。相干散射的电子在散射后波长不变，并与入射电子有确定的位相关系，而非相干散射的电子与入射电子无确定的位相关系。

电子散射源自物质原子的库仑场，这不同于光子在物质中的散射。而原子由原子核和核外电子两部分组成，这样物质原子对电子的散射可以看成是原子核和核外电子的库仑场分别对入射电子的散射，由于原子核又由质子和中子组成，每一个质子的质量为电子的 1836 倍，因此原子核的质量远远大于电子的质量，这样原子核和核外电子对入射电子的散射就具有不同的特征。

1. 弹性散射

当入射电子与原子核的作用为主要过程时，入射电子在散射前后的最大能量损失 ΔE_{max} 值可通过电子与原子碰撞遵守的动量和能量守恒定律推导获得，推导过程如下。

设电子的质量为 m，初始速度为 v_0，原子的质量为 M，电子和静止的原子碰撞后，电子的速度变为 v，原子的速度为 V，建立直角坐标系，各速度方向如图 2-1 所示。设电子初动能为 E_0，则电子碰撞前的能量为

$$E_0 = \frac{1}{2}mv_0^2 \tag{2-6}$$

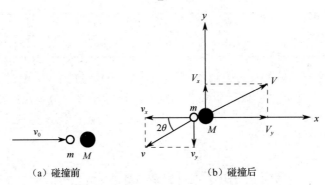

(a) 碰撞前　　　　　　　　　(b) 碰撞后

图 2-1　电子-原子碰撞过程示意图

根据动量守恒定律，x、y 方向分别有

$$\begin{cases} mv_0 = mv_x - MV_x \\ 0 = mv_y - MV_y \end{cases} \tag{2-7}$$

根据能量守恒定律，得

$$\frac{1}{2}mv_0^2 = \frac{1}{2}m(v_x^2 + v_y^2) + \frac{1}{2}M(V_x^2 + V_y^2) \tag{2-8}$$

设碰撞后电子速度方向与碰撞前速度方向夹角即散射角为 2θ，则

$$\frac{v_y}{v_x} = \tan(2\theta) \tag{2-9}$$

碰撞前后电子损失的能量 ΔE 为

$$\Delta E = E_0 - \frac{1}{2}m(v_x^2 + v_y^2) \tag{2-10}$$

由式（2-7）得

$$\begin{cases} V_x = \dfrac{m}{M}(v_x - v_0) \\ V_y = \dfrac{m}{M}v_y \end{cases} \tag{2-11}$$

将式（2-9）代入式（2-10）化简得

$$\Delta E = E_0 - \frac{1}{2}mv_x^2[1 + \tan^2(2\theta)] = E_0 - \frac{mv_x^2}{2\cos^2(2\theta)} \tag{2-12}$$

解之得
$$v_x = \cos(2\theta) \cdot \sqrt{\frac{2(E_0 - \Delta E)}{m}} \qquad (2\text{-}13)$$

将式（2-8）化简得
$$\frac{1}{2}mv_0^2 - \frac{1}{2}m(v_x^2 + v_y^2) = \Delta E = \frac{1}{2}M(V_x^2 + V_y^2) \qquad (2\text{-}14)$$

将式（2-11）代入式（2-14）式得
$$\Delta E = \frac{1}{2}M(V_x^2 + V_y^2) = \frac{m}{M}\left[\frac{1}{2}m(v_x^2 + v_y^2) - mv_xv_0 + \frac{1}{2}mv_0^2\right] = \frac{m}{M}(2E_0 - \Delta E - mv_xv_0) \qquad (2\text{-}15)$$

由式（2-6）得
$$v_0 = \sqrt{\frac{2E_0}{m}} \qquad (2\text{-}16)$$

将式（2-13）和式（2-16）代入式（2-15）得
$$\Delta E = \frac{m}{M}\left[2E_0 - \Delta E - m\cos(2\theta)\cdot\sqrt{\frac{2(E_0-\Delta E)}{m}}\sqrt{\frac{2E_0}{m}}\right] = \frac{m}{M}[2E_0 - \Delta E - 2\cos(2\theta)\cdot\sqrt{E_0(E_0-\Delta E)}] \qquad (2\text{-}17)$$

整理式（2-17）得
$$\cos(2\theta)\cdot\sqrt{E_0(E_0-\Delta E)} = E_0 - \frac{m+M}{m}\Delta E \qquad (2\text{-}18)$$

将上式两边平方得
$$(1-2\sin^2\theta)^2(E_0^2 - E_0\Delta E) = E_0^2 - \frac{M+m}{m}E_0\Delta E + \frac{1}{4}\left(\frac{M+m}{m}\right)^2\Delta E^2 \qquad (2\text{-}19)$$

原子质量 M=质子总质量+中子总质量+核外电子总质量≈质子总质量+中子总质量=质子数×质子质量+中子数×中子质量，由于质子质量≈中子质量，且质子质量=1836×电子质量 m，假设质子数+中子数=A，则 $M\approx 1836Am$，即
$$\frac{M+m}{m} = 1836A + 1 \approx 1836A \qquad (2\text{-}20)$$

将式（2-20）代入（2-19）式化简得
$$(1-4\sin^2\theta+4\sin^4\theta)(E_0^2-E_0\Delta E) \approx E_0^2 - 1836AE_0\Delta E + (918A)^2\Delta E^2$$
即
$$(918A)^2\Delta E^2 + (1836A-1+4\sin^2\theta-4\sin^4\theta)E_0\Delta E + (-4\sin^2\theta+4\sin^4\theta)E_0^2 = 0 \qquad (2\text{-}21)$$

由于 $\sin^2\theta \ll 1$，$\cos^2\theta \approx 1$，则可认为
$$(1836A-1+4\sin^2\theta-4\sin^4\theta) \approx 1836A,\ (-4\sin^2\theta+4\sin^4\theta)E_0^2 \approx -4E_0^2\sin^2\theta \qquad (2\text{-}22)$$
同时考虑到 ΔE 很小，可忽略 ΔE 的二次项，因此，上式可近似为
$$1836AE_0\Delta E - 4\sin^2\theta E_0^2 = 0 \qquad (2\text{-}23)$$

最后得到能量损失为
$$\Delta E = \frac{4E_0}{1836A}\sin^2\theta = 2.17\times10^{-3}\frac{E_0}{A}\sin^2\theta \qquad (2\text{-}24)$$

由于是弹性碰撞，不考虑碰撞过程中的热损，因此 ΔE 可认为是电子的最大能量损失 ΔE_{max}。显然，电子散射后的能量损失主要取决于散射角的大小，以 100keV 的电子为例，当散射角 $\theta<5°$ 即发生小角度散射时，ΔE_{max} 在 $10^{-3}\sim10^{-1}$eV 之间；背散射（$\theta\approx\pi/2$）时，ΔE_{max} 可达数个 eV。而入射电子的能量高达 100keV～200keV，散射电子的能量损失相比于入射时的

能量可以忽略不计，因此原子核对入射电子的散射可以看成弹性散射。

2．非弹性散射

当入射电子与核外电子的作用为主要过程时，由于两者的质量相同，发生散射作用时，入射电子将其部分能量转移给了原子的核外电子，使核外电子的分布结构发生了变化，引发特征 X 射线、二次电子等激发现象。这种激发是入射电子的作用而产生的，故又称为电子激发。电子激发属于一种非电磁辐射激发，它不同于电磁辐射激发，如光电效应等。入射电子被散射后其能量将显著减小，是一种非弹性散射。

3．散射的表征：散射截面

当入射电子被一孤立原子核散射时，如图 2-2（a）所示，散射的程度通常用散射角来表征，散射角 2θ 主要取决于原子核的电荷 Ze、电子的入射方向与原子核的距离 r_n、入射电子的加速电压 U 等因素，其关系为

$$2\theta = \frac{Ze}{Ur_n} \quad 或 \quad r_n = \frac{Ze}{U(2\theta)} \tag{2-25}$$

可见，对于一定的入射电子（U 一定）和原子核（Ze 一定），电子的散射程度主要取决于 r_n，r_n 愈小，核对电子的散射作用就愈大。凡入射电子作用在以核为中心，r_n 为半径的圆周之内时，其散射角均大于 2θ。我们通常用 πr_n^2（以核为中心、r_n 为半径的圆面积）来衡量一个孤立原子核把入射电子散射到 2θ 角度以外的能力，由于原子核的散射一般为弹性散射，因此该面积又称为孤立原子核的弹性散射截面，用 σ_n 表示。同理，当入射电子与一个孤立的核外电子作用时，如图 2-2（b）所示，其散射角与 U、e、r_e 的关系为

$$2\theta = \frac{e}{Ur_e} \quad 或 \quad r_e = \frac{e}{U(2\theta)} \tag{2-26}$$

式中，r_e 为电子的入射方向与核外电子的距离。

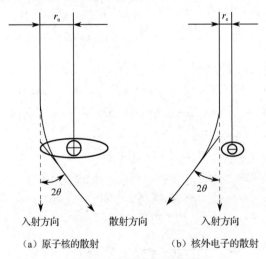

（a）原子核的散射　　　　（b）核外电子的散射

图 2-2　电子散射示意图

同样，我们用 πr_e^2 来衡量一个孤立的核外电子对入射电子散射到 2θ 角度以外的能力，并称之为孤立核外电子的散射截面，由于核外电子的散射是非弹性的，故又称之为非弹性散射截面，用 σ_e 表示。

一个孤立原子的总的散射截面为原子核的弹性散射截面 σ_n 和所有核外电子的非弹性散射截面 $Z\sigma_e$ 的和：

$$\sigma = \sigma_n + Z\sigma_e \tag{2-27}$$

其中，弹性散射截面与非弹性散射截面的比值为

$$\frac{\sigma_n}{Z\sigma_e} = \frac{\pi r_n^2}{Z\pi r_e^2} = \frac{\pi\left(\dfrac{Ze}{U(2\theta)}\right)^2}{Z\pi\left(\dfrac{e}{U(2\theta)}\right)^2} = Z \tag{2-28}$$

显然，同一条件下，一个孤立原子核的散射能力是其核外电子的 Z 倍。因此，在一个孤立原子中，弹性散射所占份额为 $\dfrac{Z}{1+Z}$；非弹性散射所占份额为 $\dfrac{1}{1+Z}$。由此可见，随着原子序数 Z 的增加，弹性散射的比重增加，非弹性散射的比重减小。因此，作用物质的元素愈轻，电子散射中非弹性散射比例就愈大，而作用物质的元素为重元素时主要是弹性散射。

4. 电子吸收

电子吸收是指入射电子与物质作用后，能量逐渐减少的现象。电子吸收是非弹性散射引起的，由于库仑场的作用，电子被吸收的速度远高于 X 射线。不同的物质对电子的吸收也不同，入射电子的能量愈高，其在物质中沿入射方向所能传播的距离就愈大，电子吸收决定了入射电子在物质中的传播路程，即限制了电子与物质发生作用的范围。

2.2.2　电子与固体物质作用时激发的物理信号

入射电子束与固体物质作用后，产生弹性散射和非弹性散射，弹性散射仅改变电子的运动方向，不改变其能量，而非弹性散射不仅改变电子的运动方向，还使电子的能量减小，发生电子吸收现象，电子束中的所有电子与物质发生散射后，有的因物质吸收而消失，有的改变方向溢出表面，有的则因非弹性散射，将能量传递给核外电子，引发多种电子激发现象，产生一系列物理信号，如二次电子、俄歇电子、特征 X 射线等，如图 2-3 所示。入射电子在物质中的作用因电子散射和吸收被限制在一定的范围内，该作用区的大小和形状主要取决于入射电子的能量、作用区域内物质元素的原子序数及样品的倾角等，其中入射电子的能量主要决定了作用区域的大小。不难理解，入射电子的能量大时，作用区域的尺寸就大，反之则小，且基本不改变其作用区域的形状。原子序数则决定了作用区的形状，原子序数低时，作用区域为液滴状，如图 2-4 所示，原子序数高时则为半球状。

1. 二次电子

在入射电子束与样品物质发生作用时，非弹性散射使原子核外的电子可能获得高于其电离的能量，挣脱原子核的束缚，变成自由电子，那些在样品表层（5～10nm），且能量高于材料逸出功的自由电子可能从样品表面逸出，成为真空中的自由电子，将其称为二次电子，如图 2-5 所示，其强度用 I_S 表示。二次电子的能量较小，一般小于 50eV，多为 2～5eV。二次电子除取样深度浅和能量较小外，还有以下特点。

（1）对样品表面形貌敏感。由于二次电子的产额 δ_{SE}（二次电子的电流强度与入射电子的电流强度的比）与入射电子束相对于样品表面的入射角 θ（入射方向与样品表面法线的夹角）

存在以下关系：$\delta_{SE} \propto 1/\cos\theta$，表面形貌愈尖锐，其产额就愈高，因此它常用于表面的形貌分析。但二次电子的产额与样品的原子序数没有明显的相关性，对表面的成分非常不敏感，不能用于成分分析。

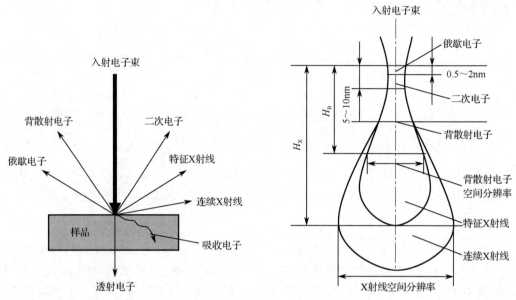

图 2-3　入射电子束与固体物质作用时产生的物理信号　图 2-4　轻元素的各种物理信号作用区域示意图

（2）空间分辨率高。由于二次电子产生的深度浅，此时的入射电子束还未有明显的侧向扩散，该信号反映的是与入射电子束直径相当、很小体积范围内的形貌特征，故具有高的空间分辨率。空间分辨率的高低一般与该信号的作用体积相当。目前，扫描电镜中二次电子像的空间分辨率在 3～6nm，在扫描透射电镜中可达 2～3nm。

（3）收集效率高。二次电子产生于样品的表层，能量很小，易受外电场的作用，只需在监测器上加一个 5～10kV 的电压，就可使样品上方的绝大部分二次电子进入检测器，因此二次电子具有较高的收集效率。

2．背散射电子

背散射电子是指入射电子作用样品后被反射回来的部分入射电子，其电流强度用 I_B 表示。背散射电子由弹性背散射电子和非弹性背散射电子两部分组成。弹性背散射电子是指从样品表面直接反射回来的入射电子，其能量基本未变；非弹性散射电子是指入射电子进入样品后，由于散射作用，其运行轨迹发生了变化，当散射角累计超过 90°，并能克服样品表面逸出功，又重返样品表面的入射电子。这部分背散射电子由于经历了多次散射，故其能量分布较宽，可从几 eV 到接近入射电子的能量。但电子显微分析中所使用的主要是弹性背散射电子及能量接近入射电子能量的那部分非弹性背散射电子。背散射电子具有以下特点。

（1）产额 η_{BSE} 对样品的原子序数敏感。由电子散射知识可知，电子散射与样品的原子序数密切相关，因此背散射电子的产额（背散射电子的电流强度与入射电子的电流强度之比）随原子序数 Z 增加而单调上升，在低原子序数时尤为明显，但与入射电子的能量关系不大，因此背散射电子常用于样品的成分分析。

（2）产额 η_{BSE} 对样品形貌敏感。当电子的入射角（入射方向与样品表面法线的夹角）增加时，入射电子在近表面传播的趋势增加，因而发生背散射的概率上升，背散射电子的产额增加，反之减小。一般在入射角小于 30° 时，随着入射角的增加，背散射电子的产额增加不明显，但当入射角大于 30° 时，背散射电子的产额显著增加，在大入射角时，所有元素的产额又趋于相同。

（3）空间分辨率低。由于背散射电子的能量与入射电子的能量相当，从样品上方收集到的背散射电子可能来自样品内较大的区域，因此这种信息成像的空间分辨率低，空间分辨率一般只有 50～200nm。

（4）信号收集效率低。因为背散射电子的能量高，受外电场的作用小，检测器只能收集到一定方向上且较小体积角范围内的背散射电子，所以信号收集效率低。为此常采用环形半导体检测器来提高收集效率。

3．吸收电子

吸收电子是指入射电子进入样品后，经多次散射能量耗尽，既无力穿透样品，又无力逸出样品表面的那部分入射电子，其电流强度用 I_A 表示。

当样品较厚时，入射电子无力穿透样品，此时由物质不灭定律可得，入射电子束的电流 I_0 应为二次电子、背散射电子和吸收电子的电流强度之和，即

$$I_0 = I_S + I_B + I_A \tag{2-29}$$

则

$$I_A = I_0 - (I_S + I_B) \tag{2-30}$$

由此可知，吸收电子与二次电子和背散射电子在数量上存在互补关系。原子序数增加时，背散射电子增加，吸收电子减少。同理，吸收电子像与二次电子像和背散射电子像的反差也是互补的。吸收电子的空间分辨率一般为 100～1000nm。

4．透射电子

当入射电子的有效穿透深度大于样品厚度时，就有部分入射电子穿过样品形成透射电子，其电流强度用 I_T 表示。显然，上述电子信号之间存在以下关系：$I_0 = I_S + I_B + I_A + I_T$。该信号反映了样品中电子束作用区域内的厚度、成分和结构，透射电子显微镜就是利用该信号进行分析的。

5．特征 X 射线

X 射线的产生原理是样品中原子的内层（如 K 层）电子受入射电子的激发而电离，留出空位，原子处于 K 激发态，外层高能级的电子回跃填补空位，并以 X 射线的形式辐射多余的能量。X 射线的能量是高能电子回跃前后的能级差，由莫塞莱定律可知，该能级差仅与原子序数有关，即 X 射线能量与产生该辐射的元素相对应，故该 X 射线称为特征 X 射线。由 K 激发态产生的称为 K 系特征 X 射线，同样若外来电子击出的是 L 层电子，则称为 L 激发态，将产生 L 系特征 X 射线，如图 2-5 所示。从样品上方检测出特征 X 射线的波长或能量，即可知道样品中所含的元素种类。若检测出的 X 射线的波长或能量有多种，则表明样品中含有多种元素。因此特征 X 射线可用于微区成分分析，电子探针就是利用样品上方收集到的特征 X 射线进行分析的。

6．俄歇电子

俄歇电子的产生过程类似于 X 射线，在入射电子将样品原子的内层（如 K 层）电子激发

形成空位后，原子处于 K 激发态，邻层（如 L 层）高能电子回迁，此时多余的能量不是以特征 X 射线的形式辐射，而是转移给同 L 层上的另一高能电子，该电子获得能量后发生电离，逸出样品表面形成二次电子，该二次电子称为 KLL 俄歇电子。如果是 L 激发态，M 层电子回迁至 L 层，释放的能量转移给同 M 层上的电子，该电子获得的能量电离逸出表面形成的俄歇电子称为 LMM 俄歇电子，如图 2-5 所示。

俄歇电子具有以下特点。

（1）具有特征能量。俄歇电子的能量取决于原子壳层的能级，因而具有特征值。

（2）能量极低，一般为 50～1500eV。

（3）产生深度浅。只有表层的 2～3 个原子层，即表层 1nm 以内范围，超出该范围所产生的俄歇电子因非弹性散射，逸出表面后不再具有特征能量。

（4）产额随原子序数的增加而减少。

俄歇电子特别适合于轻元素样品的表面成分分析。俄歇电子能谱仪就是靠俄歇电子这一信号进行分析的。

需要指出的是，X 射线和俄歇电子是样品原子的内层电子被入射电子击出，处于激发态后，外层电子回迁释放能量的两种结果，对于一个样品原子而言，两者只具其一，而对大量样品原子则由于随机性，两者可同时出现，只是出现的概率不同而已。

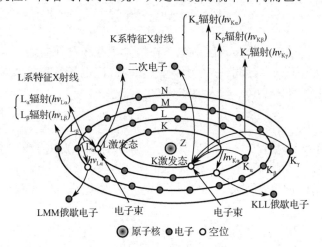

图 2-5　电子束与固体物质作用产生特征 X 射线、二次电子、俄歇电子原理示意图

7. 阴极荧光

当固体是半导体（本征或掺杂型）及有机荧光体时，入射电子束作用后将在固体物质中产生电子-空穴对，而电子-空穴对可以通过杂质原子的能级复合而发光，称该现象为阴极荧光。所发光的波长一般在可见光与红外光之间。阴极荧光产生的物理过程与固体的种类有关，并对固体中的杂质和缺陷的特征十分敏感，因此阴极荧光可用于鉴定物相、杂质和缺陷分布等方面的研究。

8. 等离子体振荡

金属晶体本身就是一种等离子体，呈电中性。它由离子实和价电子组成，离子实处于晶体点阵的平衡位置，并绕其平衡位置做晶格振动，而价电子则形成电子云弥散分布在点阵中。当电子束作用于金属晶体时，电子束四周的电中性被破坏，电子受排斥，并沿着垂直于电子束方向做径向离心运动，从而破坏了晶体的电中性，在电子束附近形成正电荷区，较远区形成负电荷区，正负吸引的作用又使电子云做径向向心运动，如此不断重复，造成电子云的集体振荡，这种现象称为等离子体振荡。等离子体振荡的能量是量子化的，因此入射电子的能量损失具有一定的特征值，并随样品的成分不同而变化。若入射电子在引起等离子体振荡后能逸出表面，则称这种电子为特征能量损失电子。利用该信号进行样品成分分析的技术称为能量分析电子显微技术；利用该信号进行成像分析的技术称为能量选择电子显微技术。两种技术均已在透射电子显微镜中得到应用。

除以上各种信号外，电子束与固体物质作用还会产生电子感生电导、电声效应等信号。电子感生电导是电子束作用半导体产生电子−空穴对后，在外电场的作用下产生附加电导的现象。电子感生电导主要用于测量半导体中少数载流子的扩散长度和寿命。电声效应是指当入射电子为脉冲电子时，作用样品后将产生周期性衰减声波的现象，电声效应可用于成像分析。

电子与固体物质作用后产生了一系列的物理信号，由此产生了多种不同的电子显微分析方法，常见的物理信号及其对应的电子显微分析分法如表 2-2 所示。

表 2-2　物理信号及其对应的电子显微分析分法

物 理 信 号	分 析 方 法	
二次电子	SEM	扫描电子显微镜
弹性散射电子	LEED	低能电子衍射
	RHEED	反射高能电子衍射
	TEM	透射电子显微镜
非弹性散射电子	EELS	电子能量损失谱
俄歇电子	AES	俄歇电子能谱
特征 X 射线	WDS	波谱
	EDS	能谱
X 射线的吸收	XRF	X 射线荧光
	CL	阴极荧光
离子、原子	ESD	电子受激解吸

2.3　电子衍射

电子衍射是指入射电子与晶体作用后，发生弹性散射的电子，由于其波动性，发生了相互干涉作用，在某些方向上得到加强，而在某些方向上被削弱的现象。在相干散射增强的方向产生了电子衍射波（束）。根据能量的高低，电子衍射又分为低能电子衍射和高能电子衍射。低能电子衍射（LEED）的电子能量较低，加速电压仅有 10～500V，主要用于表面的结构分析；而高能电子衍射（HEED）的电子能量高，加速电压一般在 100kV 以上，透射电子显微镜（TEM）采用的就是高能电子束穿透薄膜样品从而获取样品微区的形貌和结构信息。若高能电子束掠入样品，即形成反射高能电子衍射（RHEED）模式，用于分析表面结构。电子衍射几何原理类似于 X 射线衍射，但其物理本质并不相同。X 射线是电磁波，作用于物质时，物质原子的核外电子对其散射，而原子核的散射作用甚小可忽略不计。因此，对 X 射线衍射结果进行傅里叶分析可反映晶体中的电子密度分布规律。而电子束中的电子是带电的粒子，可看成德布罗意波，即电子波，作用于物质时，物质原子的核和核外电子所形成的静电库仑场对电子产生散射，对电子衍射结果进行傅里叶分析，反映的是晶体内静电场的电位分布情况。

　　电子衍射分为电子衍射的方向和电子衍射的强度，电子衍射的方向由劳埃方程组、布拉格方程和衍射矢量方程决定，电子衍射强度远高于 X 射线衍射，只要满足衍射条件，成像不成问题，且成像时间短。此外，电子衍射的目的是进行微区的结构分析和形貌观察，需要的是衍射斑点或衍射线的位置，而不是强度，因此电子衍射中主要分析的是其方向问题。电子衍射在材料科学中已得到广泛应用，主要用于材料的物相和显微结构分析、晶体位向的确定、晶体缺陷及其晶体学特征的表征等方面。

2.3.1　电子衍射的方向

　　电子衍射的方向判定与 X 射线相同，主要由三个方程：劳埃方程组、布拉格方程和衍射矢量方程决定。

1. 劳埃方程组

　　劳埃方程组的研究对象是晶体对 X 射线的衍射，同样适用于晶体对电子的衍射。

　　设三维衍射方向的单位矢量分别为 $\vec{a}$、$\vec{b}$ 和 $\vec{c}$，如图 2-6 所示，电子入射方向与 $\vec{a}$、$\vec{b}$ 和 $\vec{c}$ 方向的夹角分别为 α_0、β_0 和 γ_0，衍射线方向与 $\vec{a}$、$\vec{b}$ 和 $\vec{c}$ 方向的夹角分别为 α、β 和 γ，则该衍射矢量同时满足三维方向的衍射条件，即满足以下方程组：

$$\begin{cases} a\cos\alpha - a\cos\alpha_0 = h\lambda \\ b\cos\beta - b\cos\beta_0 = k\lambda \\ c\cos\gamma - c\cos\gamma_0 = l\lambda \end{cases} \tag{2-31}$$

或

$$\begin{cases} \vec{a}\cdot(\vec{s}-\vec{s}_0) = h\lambda \\ \vec{b}\cdot(\vec{s}-\vec{s}_0) = k\lambda \\ \vec{c}\cdot(\vec{s}-\vec{s}_0) = l\lambda \end{cases} \tag{2-32}$$

　　在方程组（2-31）和方程组（2-32）中，h、k、l 均为整数，一组 hkl 规定了一个衍射方向，即在空间中某方向上出现衍射。在衍射方向上各阵点间入射线和散射线间的波程差必为波长的整数倍。

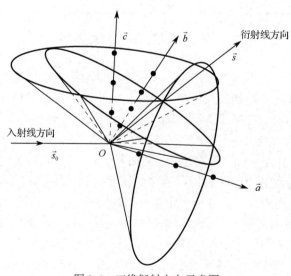

图 2-6　三维衍射方向示意图

　　方程组（2-31）和方程组（2-32）分别为劳埃方程组的标量式和矢量式，从理论上解决了电子衍射的方向问题。但方程组中除 α、β、γ 外，其余均为常数，由于在三维空间中还应满足方向余弦定理，即 $\cos^2\alpha_0 + \cos^2\beta_0 + \cos^2\gamma_0 = 1$ 和 $\cos^2\alpha + \cos^2\beta + \cos^2\gamma = 1$，因此研究电子衍射的方向需同时考虑 5 个方程，实际使用不便。

2. 布拉格方程

布拉格方程是对劳埃方程组的简化，同样适用于晶体对电子的衍射。

设电子束入射线和反射线的单位矢量分别为 $\vec{s}_0$ 和 $\vec{s}$，M 表示原子位，分别过 M_2 和 M 作入射矢量和反射矢量的垂线，垂足分别为 m 和 n，设 $\overrightarrow{M_2M} = \vec{r}$，由矢量知识可知 $(\vec{s} - \vec{s}_0)$ 垂直于反射晶面，方向朝上，其大小为 $|\vec{s} - \vec{s}_0| = 2\sin\theta$，如图 2-7 所示。相邻晶面的波程差为

$$\delta = M_2n - mM = \vec{r}\cdot\vec{s} - \vec{r}\cdot\vec{s}_0 = \vec{r}\cdot(\vec{s} - \vec{s}_0) = |\vec{r}|2\sin\theta\cos\alpha \qquad (2\text{-}33)$$

α 为 $\vec{r}$ 与 $(\vec{s} - \vec{s}_0)$ 的夹角，显然

$$|\vec{r}|\cos\alpha = d_{hkl} \qquad (2\text{-}34)$$

所以

$$\delta = 2d_{hkl}\sin\theta \qquad (2\text{-}35)$$

即得布拉格方程

$$2d_{hkl}\sin\theta = n\lambda \qquad (2\text{-}36)$$

其中，θ 为布拉格角，又称掠射角或衍射半角。

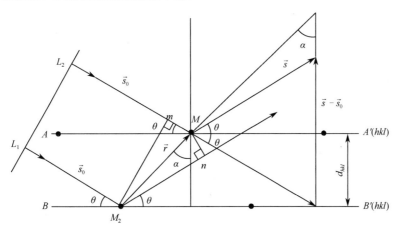

图 2-7　布拉格方程导出示意图

由以上推导过程可以看出，散射线在同一晶面上的光程差为零，满足干涉条件；而相邻平行晶面上的光程差为 $2d_{hkl}\sin\theta$，当发生干涉时，必须满足 $2d_{hkl}\sin\theta$ 为波长的整数倍，即布拉格方程是发生相干散射（衍射）的必要条件。

由布拉格方程得

$$\sin\theta = \frac{\lambda}{2d_{hkl}} \leqslant 1 \qquad (2\text{-}37)$$

$$\lambda \leqslant 2d_{hkl} \qquad (2\text{-}38)$$

可见，当电子波的波长小于两倍晶面间距时，才能发生衍射。常见晶体的晶面间距为 $0.2\sim0.4$nm，电子波的波长一般为 $0.00251\sim0.00370$nm，因此电子束在晶体中产生衍射是不成问题的，且其衍射半角 θ 极小，一般为 $10^{-3}\sim10^{-2}$rad。

3. 衍射矢量方程

衍射矢量方程可由劳埃方程组导出。

将晶面(hkl)置入坐标系中，设原点为 O，如图 2-8 所示，三个基矢量为 $\vec{a}$、$\vec{b}$、$\vec{c}$，三个面截距为 $\frac{1}{h}$、$\frac{1}{k}$、$\frac{1}{l}$，三个交点坐标为 $A\left(\frac{1}{h},0,0\right)$、$B\left(0,\frac{1}{k},0\right)$、$C\left(0,0,\frac{1}{l}\right)$。从原点出发作该晶面的法线 ON 与晶面的交点 P_{hkl}，坐标为(h,k,l)，法向单位矢量为 $\vec{n}$，则 $\overrightarrow{OA}=\frac{1}{h}\vec{a}$、$\overrightarrow{OB}=\frac{1}{k}\vec{b}$、$\overrightarrow{OC}=\frac{1}{l}\vec{c}$。显然 $\overrightarrow{AB}=\frac{1}{k}\vec{b}-\frac{1}{h}\vec{a}$、$\overrightarrow{BC}=\frac{1}{l}\vec{c}-\frac{1}{k}\vec{b}$ 和 $\overrightarrow{CA}=\frac{1}{h}\vec{a}-\frac{1}{l}\vec{c}$，均为该晶面内的一个矢量。

化简劳埃方程组的矢量式（2-32）得

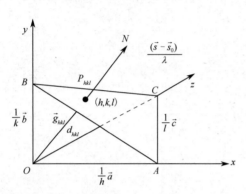

图 2-8 $\dfrac{(\vec{s}-\vec{s}_0)}{\lambda}$ 与晶面(hkl)之间的空间几何关系

$$\begin{cases} \dfrac{(\vec{s}-\vec{s}_0)}{\lambda}\cdot\dfrac{\vec{a}}{h}=1 \\[2mm] \dfrac{(\vec{s}-\vec{s}_0)}{\lambda}\cdot\dfrac{\vec{b}}{k}=1 \\[2mm] \dfrac{(\vec{s}-\vec{s}_0)}{\lambda}\cdot\dfrac{\vec{c}}{l}=1 \end{cases} \tag{2-39}$$

将方程组（2-39）两两相减得

$$\begin{cases} \dfrac{(\vec{s}-\vec{s}_0)}{\lambda}\cdot\left(\dfrac{\vec{a}}{h}-\dfrac{\vec{b}}{k}\right)=0 \\[2mm] \dfrac{(\vec{s}-\vec{s}_0)}{\lambda}\cdot\left(\dfrac{\vec{b}}{k}-\dfrac{\vec{c}}{l}\right)=0 \\[2mm] \dfrac{(\vec{s}-\vec{s}_0)}{\lambda}\cdot\left(\dfrac{\vec{c}}{l}-\dfrac{\vec{a}}{h}\right)=0 \end{cases} \tag{2-40}$$

式（2-40）表明矢量 $\dfrac{(\vec{s}-\vec{s}_0)}{\lambda}$ 分别与晶面（hkl）上的三个相交矢量 $\left(\dfrac{\vec{a}}{h}-\dfrac{\vec{b}}{k}\right)$、$\left(\dfrac{\vec{b}}{k}-\dfrac{\vec{c}}{l}\right)$、$\left(\dfrac{\vec{c}}{l}-\dfrac{\vec{a}}{h}\right)$ 垂直，即

$$\frac{(\vec{s}-\vec{s}_0)}{\lambda}\perp(hkl) \tag{2-41}$$

由图 2-8 可知，d_{hkl} 为矢量 $\dfrac{\vec{a}}{h}$、$\dfrac{\vec{b}}{k}$ 或 $\dfrac{\vec{c}}{l}$ 在单位矢量 $\dfrac{(\vec{s}-\vec{s}_0)}{\lambda}\Big/\left|\dfrac{(\vec{s}-\vec{s}_0)}{\lambda}\right|$ 上的投影，即

$$d_{hkl}=\frac{\vec{a}}{h}\cdot\frac{\vec{s}-\vec{s}_0}{\lambda}\Big/\left|\frac{\vec{s}-\vec{s}_0}{\lambda}\right|=\frac{\vec{b}}{k}\cdot\frac{\vec{s}-\vec{s}_0}{\lambda}\Big/\left|\frac{\vec{s}-\vec{s}_0}{\lambda}\right|=\frac{\vec{c}}{l}\cdot\frac{\vec{s}-\vec{s}_0}{\lambda}\Big/\left|\frac{\vec{s}-\vec{s}_0}{\lambda}\right|=1\Big/\left|\frac{\vec{s}-\vec{s}_0}{\lambda}\right| \tag{2-42}$$

即

$$\left|\frac{\vec{s}-\vec{s}_0}{\lambda}\right|=\frac{1}{d_{hkl}} \tag{2-43}$$

由式（2-41）和式（2-43）可知 $\dfrac{(\vec{s}-\vec{s}_0)}{\lambda}$ 为晶面（hkl）的倒易矢量，即

$$\frac{(\vec{s}-\vec{s}_0)}{\lambda}=\vec{g}_{hkl}^{*}=(h\vec{a}^{*}+k\vec{b}^{*}+l\vec{c}^{*}) \tag{2-44}$$

式（2-44）即衍射矢量方程，其物理意义是当单位衍射矢量与单位入射矢量的差为一个

倒易矢量时，衍射就可发生。

简化起见，令 $\vec{r}^* = (h\vec{a}^* + k\vec{b}^* + l\vec{c}^*)$，式（2-44）衍射矢量方程又可表示为

$$\frac{(\vec{s} - \vec{s}_0)}{\lambda} = \vec{r}^* \tag{2-45}$$

其实，衍射矢量方程、劳埃方程组和布拉格方程均是表示衍射条件的方程，只是角度不同而已。从衍射矢量方程也可方便地导出其他两个方程，即由矢量方程分别在晶胞的三个基矢 $\vec{a}$、$\vec{b}$、$\vec{c}$ 上投影即可获得劳埃方程组。若衍射矢量方程两边取标量、化简，则可得到布拉格方程，由此可见，衍射矢量方程可以看成衍射方向条件的统一式。

2.3.2　电子衍射的强度

电子衍射也类似于 X 射线衍射，由电子→原子→单胞→单晶→单相→多相等逐一推导可获得电子衍射的强度公式。电子衍射是相干弹性散射，电子束作用于物质时，物质的原子对电子束产生散射，而原子由原子核和核外电子组成，两者对电子分别产生弹性散射和非弹性散射，两者之比为原子序数 Z，随着原子序数的增加，原子核的散射截面增加，弹性散射占比增加，因此原子的散射主要是核散射。

1. 原子对电子的散射

原子对 X 射线的散射是由核外的电子和核中的质子散射产生的，作用是电磁场，中子不带电并对 X 射线无散射，因核的散射仅为电子散射的 $1/1836^2$，故可忽略不计，因此，原子散射仅为核外电子的散射，用散射因子 f_a 表征，为电子密度的函数，并定义为一个原子对 X 射线相干散射波的振幅与一个电子对 X 射线相干散射波的振幅的比值。原子对电子的散射同样是由原子核中带电的质子和核外电子产生的，作用是库伦静电场，由 2.2.2 节可知原子核的散射为弹性散射，核外电子的散射为非弹性散射。因此，原子对 X 射线和电子的散射原理不同。

设原子对电子的散射因子 f_a' 的计算式为

$$f_a' = \int_V \varphi(r) e^{i\varphi} dV(r) = \int_V \varphi(r) \exp\left[-\frac{2\pi}{\lambda} i\vec{r}.(\vec{s} - \vec{s}_0)\right] dV(r) \tag{2-46}$$

式中，λ 为电子波的波长；$\vec{s}$、$\vec{s}_0$ 分别为衍射单位矢量和入射单位矢量，$K = \dfrac{4\pi\sin\theta}{\lambda}$；$dV(r)$ 为原子中的体积单元；$\varphi(r)$ 为库伦场电位分布函数；$\vec{r}$ 为体积元的位置矢量。

f_a' 的计算式类似于原子对 X 射线的散射因子 f_a，f_a 为

$$f_a = \int_V \rho(r) e^{i\varphi} dV(r) = \int_V \rho(r) \exp\left[-\frac{2\pi}{\lambda} i\vec{r} \cdot (\vec{s} - \vec{s}_0)\right] dV(r) = \int_0^\infty 4\pi r^2 \rho(r) \frac{\sin Kr}{Kr} dr \tag{2-47}$$

式中，$\rho(r)$ 为电子密度分布函数。

f_a 与 f_a' 的计算公式相似，两者之间存在以下莫特（Mott）关系：

$$f_a' = \frac{m_0 e^2}{2h^2}\left[\frac{Z - f_a}{\left(\dfrac{\sin\theta}{\lambda}\right)^2}\right] = 2.38 \times 10^{-10} \left(\frac{\lambda}{\sin\theta}\right)^2 (Z - f_a) \tag{2-48}$$

式中，m_0 为电子静止质量；h 为普朗克常数；θ 为散射半角；e 为电子电荷；Z 为原子序数；λ 为入射电子波的波长。

也可制成不同元素的 $f_a' \sim \dfrac{\sin\theta}{\lambda}$ 函数表备查，f_a 与 f_a' 存在以下区别。

（1）原子对电子的散射因子 f_a' 远高于原子对 X 射线的散射因子，电镜应用中 $\dfrac{\sin\theta}{\lambda}$ 值一般为 $0.02 \sim 0.1 \text{nm}^{-1}$，$f_a' \approx (10^3 \sim 10^4) f_a$。因此电子衍射照相所需的曝光时间短（以秒计），且取样少；而 X 射线衍射照相所需的曝光时间长（以时计），取样也多。由于衍射强度与结构振幅的平方成正比，因此，同样条件下同一物质的电子衍射的强度比 X 射线衍射的强度大 $10^6 \sim 10^8$ 倍。

（2）f_a'、f_a 两者均随散射半角 θ 的增加而减弱，但 f_a' 减弱速度快。

（3）f_a'、f_a 两者均随原子序数 Z 的增加而增强，但 f_a' 增加速度慢，有时并不明显，因此，轻、重原子对电子的散射能力差别较小。

2. 单胞对电子的散射

如同单胞对 X 射线的散射，单胞对电子的散射振幅为单胞中所有原子对电子散射波振幅的合成，用结构振幅 F_{HKL} 表示，即

$$F_{HKL} = \sum_{j=1}^{n} f_j \mathrm{e}^{\mathrm{i}\varphi_j} \tag{2-49}$$

式中，f_j 为原子散射因子；φ_j 为相位差；F_{HKL} 为结构振幅；n 为单胞中的原子个数。

由于结构振幅 F_{HKL} 为复数，无法比较大小，需对其共轭化处理，即

$$
\begin{aligned}
F_{HKL}^2 &= F_{HKL} \times F_{HKL}^* = \sum_{j=1}^{n} f_j \mathrm{e}^{\mathrm{i}\varphi_j} \times \sum_{j=1}^{n} f_j \mathrm{e}^{-\mathrm{i}\varphi_j} = \left[\sum_{j=1}^{n} f_j \cos\varphi_j \right]^2 + \left[\sum_{j=1}^{n} f_j \sin\varphi_j \right]^2 \\
&= \left[\sum_{j=1}^{n} f_j \cos 2\pi (HX_j + KY_j + LZ_j) \right]^2 + \left[\sum_{j=1}^{n} f_j \sin 2\pi (HX_j + KY_j + LZ_j) \right]^2
\end{aligned}
\tag{2-50}
$$

当晶胞的结构类型不同时，各原子的位置矢量也不同，位相差也随之变化，F_{HKL}^2 反映了晶胞结构类型对散射强度的影响，故称 F_{HKL}^2 为结构因子。当 $F_{HKL}^2 = 0$ 时，即使满足衍射的方向条件，仍不能产生衍射，即发生消光，点阵的消光规律可通过表 1-1 和式（2-50）对称得到，与 X 射线衍射的消光规律相同，如表 2-3 所示。

表 2-3　常见点阵的消光规律

点阵类型	简单点阵							底心点阵		体心点阵			面心点阵	
消光规律 $F_{HKL}^2 = 0$	简单单斜	简单斜方	简单正方	简单立方	简单六方	菱方	三斜	底心单斜	底心斜方	体心斜方	体心正方	体心立方	面心立方	面心斜方
	无点阵消光							H、K 奇偶混杂，L 无要求		$H+K+L=$奇数			H、K、L 奇偶混杂	

注意：

① 结构因子 F_{HKL}^2 的大小与点阵类型、原子种类、原子位置和数目有关，而与点阵参数（a、b、c、α、β、γ）无关。

② 消光规律仅与点阵类型有关，同种点阵类型的不同结构具有相同的消光规律。例如，体心立方、体心正方、体心斜方结构的消光规律相同，即 $H+K+L$ 为奇数时三种结构均出现消光。

③ 当晶胞中有异种原子时，F_{HKL}^2 的计算与同种原子的计算一样，只是 f_j 分别用各自的散射因子代入即可。

④ 以上消光规律反映了点阵类型与衍射花样之间的具体关系，它仅取决于点阵类型，这种消光称为点阵消光。

常见的 4 种立方点阵晶体的衍射线分布如图 2-9 所示。

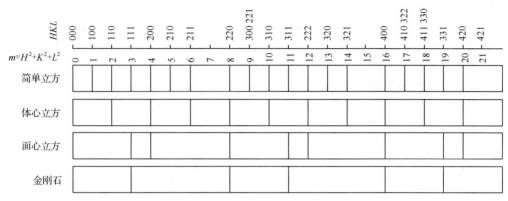

图 2-9　4 种立方点阵晶体的衍射线分布示意图

除点阵消光外，还有复杂点阵套构产生的附加消光，即结构消光，常见的结构消光规律如下。

1）金刚石结构

结构因子：
$$F_{HKL}^2 = 2F_F^2\left[1+\cos\frac{\pi}{2}(H+K+L)\right] \tag{2-51}$$

消光规律：

① 当 H、K、L 奇偶混杂时，$F_F^2=0$，故 $F_{HKL}^2=0$。

② 当 H、K、L 全偶，$H+K+L\neq4n$ 时，$H+K+L=2(2n+1)$，$F_{HKL}^2=2F_F^2(1-1)=0$（附加消光）。

2）密排六方结构

结构因子：
$$F_{HKL}^2 = 4f^2\cos^2\left(\frac{H+2K}{3}+\frac{L}{2}\right)\pi \tag{2-52}$$

消光规律：当 $H+2K=3n$，$L=2n+1$ 时，$F_{HKL}^2 = 4f^2\cos^2\left(n+\frac{2n+1}{2}\right)\pi = 4f^2\cos^2(4n+1)\frac{\pi}{2}=0$。

密排六方结构中的单位平行六面体原胞中含有两个原子，它属于简单六方布拉菲点阵，没有点阵消光，但在 $H+2K=3n$，$L=2n+1$ 时，$F_{HKL}^2=0$，出现了附加消光。

3）NaCl 结构

结构因子：
$$F_{HKL} = f_{Na}[1+\cos(H+K)\pi+\cos(K+L)\pi+\cos(L+H)\pi]+ \\ f_{Cl}[\cos(H+K+L)\pi+\cos L\pi+\cos K\pi+\cos H\pi] \tag{2-53}$$

消光规律：

① 当 H、K、L 奇偶混杂时，$H+K$、$H+L$、$K+L$ 必为两奇一偶，$H+K+L$、H、K、L 必为两奇两偶，故 $F_{HKL}^2=0$。

② 当 H、K、L 同奇时，$F_{HKL}^2=(4f_{Na}-4f_{Cl})^2=16(f_{Na}-f_{Cl})^2$。

③ 当 H、K、L 同偶时，$F_{HKL}^2=(4f_{Na}+4f_{Cl})^2=16(f_{Na}+f_{Cl})^2$。

NaCl 结构为面心点阵，基元由两个异类原子组成，此时消光规律与面心点阵相同，没有产生附加消光，只是衍射强度有所变化。

由上述复杂点阵的结构因子可知，当阵点不是一个单原子，而是一个原子集团时，基元内原子散射波间相互干涉也可能会导致消光，此外，布拉菲点阵通过套构后形成的复式点阵，出现了布拉菲点阵本身没有的消光规律，我们称这种附加的消光为结构消光。结构消光与点阵消光合称为系统消光。消光规律在衍射花样分析中非常重要，衍射矢量方程只是解决了衍射的方向问题，满足衍射矢量方程是发生衍射的必要条件，能否产生衍射花样还取决于结构因子，仅当 F_{HKL}^2 不为零时，面 (HKL) 才能产生衍射，因此，面 (HKL) 产生衍射的充要条件有两条：① 满足衍射矢量方程；② $F_{HKL}^2 \neq 0$。

3．单晶体对电子的散射

如同单晶体对 X 射线的散射，单晶体对电子的散射有一重要参数——干涉函数 G^2。

$$G^2 = \frac{\sin^2(N_1\pi\xi)}{\sin^2(\pi\xi)} \cdot \frac{\sin^2(N_2\pi\eta)}{\sin^2(\pi\eta)} \cdot \frac{\sin^2(N_3\pi\zeta)}{\sin^2(\pi\zeta)} \tag{2-54}$$

式中，N_1、N_2、N_3 为三维方向上的单胞数目，晶胞总数 $N=N_1 \times N_2 \times N_3$。由于晶胞之间的干涉作用，晶面对应于倒空间中的阵点不再固定，可以在一定的范围内流动，分别用流动坐标 ξ、η、ζ 表示，其流动范围为

$$\begin{cases} \xi = H \pm \dfrac{1}{N_1} \\[2mm] \eta = K \pm \dfrac{1}{N_2} \\[2mm] \zeta = L \pm \dfrac{1}{N_3} \end{cases} \tag{2-55}$$

显然倒易点的流动范围取决于晶体的 N_1、N_2、N_3 大小，而 N_1、N_2、N_3 又决定了晶体的形状，故称 G^2 为形状因子。常见形状因子的分布规律如图 2-10 所示。

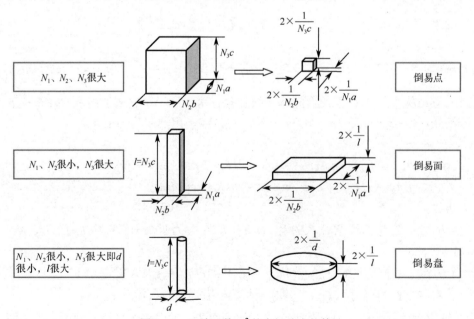

图 2-10　干涉函数 G^2 的空间分布规律

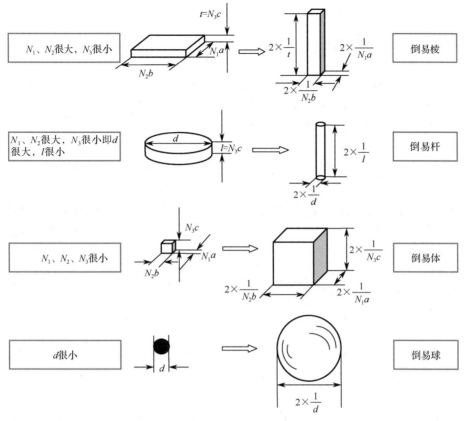

图 2-10　干涉函数 G^2 的空间分布规律（续）

2.3.3　电子衍射与 X 射线衍射的异同点

电子衍射的原理与 X 射线衍射的原理基本相似，根据与电子作用单元的尺寸不同，可分为原子对电子的散射、单胞对电子的散射和单晶体对电子的散射三种。原子对电子的散射又包括原子核和核外电子两部分的散射，这不同于原子对 X 射线的散射，因为原子中仅核外电子对 X 射线产生散射，而原子核对 X 射线的散射反比于自身质量的平方，相比于电子散射就可忽略不计了，同时也表明了原子对电子的散射强度远高于原子对 X 射线的散射强度；单胞对电子的散射也可以看成若干个原子对电子散射的合成，也有一个重要参数——结构因子 F_{HKL}^2，$F_{HKL}^2=0$ 时出现消光现象，遵循与 X 衍射相同的消光规律；单晶体对电子的散射也可看成三维方向规则排列的单胞对电子散射的合成，通过类似于 X 射线散射过程的推导，获得重要参数——干涉函数 G^2，并通过干涉函数的讨论，倒易点也发生类似于 X 射线衍射中发生的点阵扩展，扩展形态和大小取决于被观察样品的形状尺寸，但由于电子波有其本身的特性，两者存在以下区别。

1）电子波的波长短

通常加速电压为 100～200kV，电子波的波长一般为 0.00251～0.00370nm，而用于衍射分析的一般为软 X 射线，其波长为 0.05～0.25nm，因此电子波的波长远小于 X 射线。在同等衍射条件下，它的衍射半角 θ 就很小，一般为 $10^{-3}\sim10^{-2}$rad，衍射束集中在前方，且能参与衍射的晶面数远多于 X 射线，形成的衍射斑点数多；而 X 射线的衍射半角 θ 最大可以接近 $\frac{\pi}{2}$，参与衍射的晶面数少，形成的斑点少，若要增加衍射晶面数，则需转动晶体。

2）反射球的半径大

由于厄瓦尔德球的半径为电子波的波长的倒数，因此在衍射半角 θ 较小的范围内，反射球的球面可以看成平面，衍射图谱可视为倒易点阵的二维阵面在荧光屏上的投影，从而使晶体几何关系的研究变得简单方便，这为晶体的结构分析带来很大方便。

3）散射强度高

物质对电子的散射主要是原子核，而对 X 射线的散射是核外电子。物质对电子的散射比对 X 射线的散射强约 10^6 倍，电子在样品中的穿透距离十分有限，一般小于 $1\mu m$，而 X 射线的辐射深度较大，可达 $100\mu m$，故电子衍射适合研究微晶、表面、薄膜的晶体结构。电子衍射束的强度高，摄像时曝光时间短，仅数秒钟，而 X 射线则需一个小时以上，甚至数个小时。

4）微区结构和形貌可同步分析

电子衍射不仅可以进行微区结构分析，还可进行形貌观察，而 X 射线衍射却无法进行形貌分析。

5）采用薄晶样品

薄晶样品的倒易点阵为沿厚度方向的倒易杆，大大增加了反射球与倒易杆相截的机会，即使偏离布拉格方程的电子束也可能发生衍射。

6）衍射斑点位置精度低

由于衍射角小，测量衍射斑点的位置精度远比 X 射线低，因此不宜用于精确测定点阵常数。

7）相干散射的作用对象不同于 X 射线

X 射线衍射是指 X 光子作用于束缚紧的内层电子，能量全部转移给电子使之原位振动产生振动波，该波的波长与 X 光子的波长相等，X 射线束产生多个波长相同的振动波源，不同振动波之间由于波长相同，在一定条件下满足光程差为波长的整数倍，从而产生干涉现象，即 X 射线相干散射或衍射。此时 X 光子与电子的作用没有能量损耗，可以看成弹性散射。电子衍射是指电子作用于原子核发生弹性散射，不同电子波之间由于波长相同，在一定条件下满足波程差为波长的整数倍，产生干涉现象，即电子相干散射或衍射。

2.3.4 电子衍射的厄瓦尔德图解

与 X 射线中的厄瓦尔德图解一样，电子衍射的厄瓦尔德图解也可以由布拉格方程推演而来。将布拉格方程改写为

$$\sin\theta = \frac{\dfrac{1}{d_{hkl}}}{2 \times \dfrac{1}{\lambda}} \tag{2-56}$$

这样构筑直角三角形 PO^*G，如图 2-11 所示，并将斜边垂直向下，以斜边长为直径作圆，考虑全方位衍射时即可得厄瓦尔德球。

在图 2-11 中，P 为电子源，球心 O 为晶体的位置，PO 为电子束的入射方向，OG 为电子束的衍射方向，OO^* 为电子束的透射束方向，点 O^* 和点 G 分别为透射束和衍射束与球的交点，衍射晶面为 (hkl)，其晶面间距为 d_{hkl}，法线方向为 $\vec{N}_{hkl}$，$O^*G=1/d_{hkl}$，由几何知识可知 $\angle GOO^*=2\theta$。

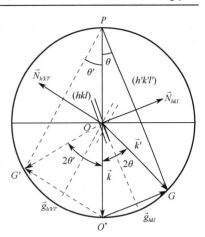

图 2-11　电子衍射的厄瓦尔德图解

令 $\overrightarrow{OO^*}=\vec{k}$，$k=1/\lambda$，$\vec{k}$ 为入射矢量；令 $\overrightarrow{OG}=\vec{k}'$，$k'=1/\lambda$，$\vec{k}'$ 为衍射矢量；令 $\overrightarrow{O^*G}=\vec{g}_{hkl}$，$g_{hkl}=\dfrac{1}{d_{hkl}}$，则 ΔOO^*G 构成矢量三角形，得

$$\vec{g}_{hkl}=\vec{k}'-\vec{k} \tag{2-57}$$

式（2-57）即电子衍射矢量方程或布拉格方程的矢量式。不难理解式（2-56）与式（2-57）具有同等意义，电子衍射的厄瓦尔德图解直观地反映了入射矢量、衍射矢量和衍射晶面之间的几何关系。

由图 2-11 可知，$\vec{g}_{hkl}//\vec{N}_{hkl}$，$\vec{g}_{hkl}\perp(hkl)$，又因为 $g_{hkl}=\dfrac{1}{d_{hkl}}$，所以由倒易矢量的定义可知 $\vec{g}_{hkl}$ 为衍射晶面 (hkl) 的倒易矢量。点 O^* 为倒易点阵的原点，点 G 为该衍射晶面所对应的倒易点，倒易点在球面上。

在球上任意取一点 G'，将点 G' 与点 O^*、点 P 相连构成直角三角形 $\Delta PG'O^*$，再连接点 O 和点 G'，同样导出布拉格方程的矢量式，此时的衍射晶面为 $(h'k'l')$，其对应的倒易矢量为 $\vec{g}_{h'k'l'}$。也就是说凡是倒易点在球面上的晶面，必然满足布拉格方程。反过来，凡满足布拉格方程的阵点必落在厄瓦尔德球上。厄瓦尔德球又称衍射球或反射球，一方面可以几何解释电子衍射的基本原理，另一方面也可用作衍射的判据。将厄瓦尔德球置于晶体的倒易点阵中，凡被球面截到的阵点，其对应的晶面均满足布拉格衍射条件。将点 O^* 与各被截阵点相连，可得各衍射晶面的倒易矢量，通过坐标变换，就可推测出各衍射晶面在正空间中的相对方位，从而了解晶体结构，这就是电子衍射要解决的主要问题。

2.3.5　电子衍射花样的形成原理及电子衍射的基本公式

电子衍射花样即电子衍射的斑点在正空间中的投影，其本质上是零层倒易面上的阵点经过空间转换后在正空间记录下来的图像。图 2-12 为电子衍射花样的形成原理图。所测样品位于反射球的球心 O 处，电子束从 PO 方向入射，作用于晶体的某晶面 (hkl) 上，若该晶面恰好满足布拉格衍射条件，则电子束将沿 OG 方向发生衍射并与反射球相交于点 G。设入射矢量为 $\vec{k}$，衍射矢量为 $\vec{k}'$，倒易原点为 O^*，由几何关系可知 $\vec{g}_{hkl}$ 的大小为 (hkl) 晶面间距的倒数，方向与晶面 (hkl) 垂直，$\vec{g}_{hkl}$ 为晶面 (hkl) 的倒易矢量，点 G 为衍射晶面 (hkl) 的倒易点。假设在样品下方 L 处，放置一张底片，就可让入射束和衍射束同时在底片上感光成像，在底片上形成两个像点 O' 和 G'，如图 2-12（a）所示。实际上点 O' 和 G' 也可以看成倒易点 O^* 和 G 在以球心 O 为发光源的照射下在底片上的投影。

当晶体中有多个晶面同时满足布拉格衍射条件时，即球面上有多个倒易点，从光源 O 点出发，在底片上分别成像，从而形成以点 O' 为中心，多个像点（斑点）分布四周的图谱，这就是该晶体的衍射花样谱，如图 2-12（b）所示。此时，点 O^* 和点 G 均是倒空间中的阵点，为虚拟存在点，而底片上的点 G' 和点 O' 则已经是正空间中的真实点了，这样反射球上的阵点通过投影转换到了正空间。

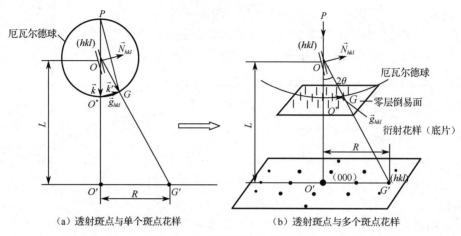

（a）透射斑点与单个斑点花样　　　　　（b）透射斑点与多个斑点花样

图 2-12　衍射花样的形成原理图

设底片上的斑点 G' 距中心点 O' 的距离为 R，底片距样品的距离为 L，由于衍射角很小，可以认为 $\vec{g}_{hkl} \perp \vec{k}$，这样 ΔOO^*G 相似于 $\Delta OO'G'$，因而存在以下关系

$$\frac{R}{L} = \frac{g_{hkl}}{\frac{1}{\lambda}} \qquad (2\text{-}58)$$

即

$$R = \lambda L g_{hkl} \qquad (2\text{-}59)$$

令 $\overrightarrow{O'G'} = \vec{R}$ 为透射斑点 O' 到衍射斑点 G' 的连接矢量，显然 $\vec{R} /\!/ \vec{g}_{hkl}$。

令 $K = L\lambda$，所以

$$\vec{R} = K\vec{g}_{hkl} \qquad (2\text{-}60)$$

式（2-60）即电子衍射的基本公式。式中，K 为相机常数，L 为相机长度。这样正倒空间就通过相机常数联系在一起了，即通过测定电子衍射花样（正空间），经过相机常数 K 的转换，获得倒空间的相应参数，再由倒易点阵的定义就可推测各衍射晶面之间的相对位向关系。

2.3.6　零层倒易面及非零层倒易面

由电子衍射的原理可知，衍射斑点为反射球上的倒易点在投影面上的投影，由于反射球的半径非常大，在衍射角范围内可视为平面，因此衍射斑点也可认为是过倒易原点的二维倒易面在底片上的投影。

如图 2-13 所示，设三个晶面 $(h_1k_1l_1)$、$(h_2k_2l_2)$、$(h_3k_3l_3)$ 为过同一晶带轴 $[uvw]$ 的晶带面，三个晶面对应的法向矢量分别为 $\vec{N}_{h_1k_1l_1}$、$\vec{N}_{h_2k_2l_2}$ 和 $\vec{N}_{h_3k_3l_3}$，晶带轴矢量为 $\vec{r} = u\vec{a} + v\vec{b} + w\vec{c}$，设点 O^* 为倒空间中的原点，过原点分别作三个晶面的倒易矢量 $\vec{g}_{h_1k_1l_1}$、$\vec{g}_{h_2k_2l_2}$ 和 $\vec{g}_{h_3k_3l_3}$，由倒易矢量的定义可知这三个倒易矢量共面，并共同垂直于晶带轴。我们把垂直于晶带轴方向，并过倒易原点的倒易面称为零层倒易面，表示为 $(uvw)_0^*$。不难看出，零层倒易面上各倒易矢量均与晶带轴矢量垂直，满足

$$\vec{g}_{hkl} \cdot \vec{r} = 0 \qquad (2\text{-}61)$$

即

$$\begin{cases} (h_1\vec{a}^* + k_1\vec{b}^* + l_1\vec{c}^*) \cdot (u\vec{a} + v\vec{b} + w\vec{c}) = 0 \\ (h_2\vec{a}^* + k_2\vec{b}^* + l_2\vec{c}^*) \cdot (u\vec{a} + v\vec{b} + w\vec{c}) = 0 \\ (h_3\vec{a}^* + k_3\vec{b}^* + l_3\vec{c}^*) \cdot (u\vec{a} + v\vec{b} + w\vec{c}) = 0 \end{cases} \tag{2-62}$$

得

$$h_1u + k_1v + l_1w = h_2u + k_2v + l_2w = h_3u + k_3v + l_3w = 0 \tag{2-63}$$

由此可见，零层倒易面上的所有阵点均满足

$$hu + kv + lw = 0 \tag{2-64}$$

式（2-64）即零层晶带定律。

非零层倒易面，如第 N 层，表示为 $(uvw)_N^*$，如图 2-14 所示，设 (HKL) 为该层上的一个阵点，则相应的倒易矢量 $\vec{g}_{HKL} = H\vec{a}^* + K\vec{b}^* + L\vec{c}^*$，因为 $\vec{r} = u\vec{a} + v\vec{b} + w\vec{c}$，所以

$$\vec{g}_{HKL} \cdot \vec{r} = (H\vec{a}^* + K\vec{b}^* + L\vec{c}^*) \cdot (u\vec{a} + v\vec{b} + w\vec{c}) = Hu + Kv + Lw \tag{2-65}$$

又因为

$$\vec{g}_{HKL} \cdot \vec{r} = |g| \cdot |r| \cos\alpha = |g| \cdot \cos\alpha \cdot |r| = N \cdot \frac{1}{d_{uvw}} \cdot |r| = N \cdot \frac{1}{d_{uvw}} \cdot d_{uvw} = N$$

或

$$\vec{g}_{HKL} \cdot \vec{r} = |g| \cdot |r| \cos\alpha = |g| \cdot \cos\alpha \cdot |r| = N \cdot d_{uvw}^* \cdot \frac{1}{d_{uvw}^*} = N$$

所以

$$\vec{g}_{HKL} \cdot \vec{r} = N \tag{2-66}$$

式（2-66）为广义晶带定律，N 为整数，当 N 为正整数时，倒易层在零层倒易面的上方，当 N 为负整数时，倒易层在零层倒易面的下方。

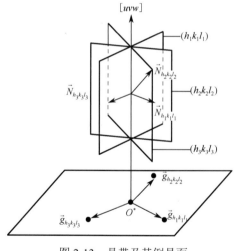

图 2-13　晶带及其倒易面

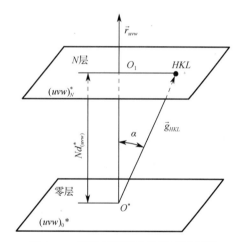

图 2-14　零层倒易面和非零层倒易面

需要指出的是，晶体的倒易点阵是三维分布的，过倒易原点的二维阵面有无数个，只有垂直于电子束入射方向，并过倒易原点的那个二维阵面才是零层倒易面。电子衍射分析时，主要以零层倒易面上的阵点为分析对象，衍射斑点花样实际上是零层倒易面上的阵点在底片上的成像，也就是说一张衍射花样图谱，反映了与入射方向同向的晶带轴上各晶带面之间的相对关系。

2.3.7　标准电子衍射花样

标准电子衍射花样是指零层倒易面上的阵点在底片上的成像。而零层倒易面上的阵点所对应的晶面属于同一晶带轴，因此一张底片上的花样反映的是同一晶带轴上各晶带面之间的

相互关系。标准电子衍射花样还可以通过作图法求得，具体步骤如下。

（1）作出晶体的倒易点阵（可暂不考虑系统消光），定出倒易原点。

（2）过倒易原点并垂直于电子束的入射方向，作平面与倒易点阵的相截面，保留截面上原点四周距离最近的若干阵点。

（3）结合消光规律，除去截面上的消光阵点，该截面即零层倒易面。各阵点指数即标准电子衍射花样的指数。

必须注意的是，标准电子衍射花样是零层倒易面在底片上的投影或比例图像，阵点指数与衍射斑点指数相同。此外，零层倒易面不仅取决于晶体结构，还取决于电子束的入射方向。若同一倒易点阵，不同的入射方向，则有不同的零层倒易面，也就有不同的标准电子衍射花样。

例 1　体心立方点阵的晶带轴分别为[001]和[$\bar{1}$10]，作出其零层倒易阵点图。

基本过程：作出正空间的体心立方点阵即图 2-15（a），标出晶带轴[001]，其点阵矢量为 $\vec{a}$、$\vec{b}$、$\vec{c}$；由正、倒空间基矢的关系，作出倒空间点阵，如图 2-15（b）所示，注意体心点阵的消光规律：$H+K+L=$ 奇数时，$F_{HKL}=0$，即指数的代数和为奇数时，该阵点不出现，得其倒空间的阵胞；此时倒易阵胞三维方向的单位矢量分别为 $2\vec{a}^*$、$2\vec{b}^*$ 和 $2\vec{c}^*$；零层倒易面的斑点及其斑点指数如图 2-15（c）所示，距中心原点最近的 8 个斑点转置后为图 2-15（d）。

同理，当晶带轴为[$\bar{1}$10]时，作出过原点并垂直于[$\bar{1}$10]方向的零层倒易面，可得距中心最近的 8 个斑点转置后的图，如图 2-15（e）所示。

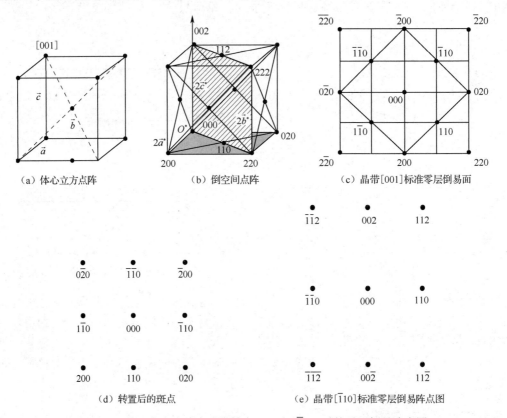

（a）体心立方点阵　　　　（b）倒空间点阵　　　　（c）晶带[001]标准零层倒易面

（d）转置后的斑点　　　　　　　　（e）晶带[$\bar{1}$10]标准零层倒易阵点图

图 2-15　体心立方点阵中晶带轴为[001]和[$\bar{1}$10]时的零层倒易阵点图

当晶体点阵为面心立方点阵时，如图 2-16（a）所示，由倒易点阵的定义和面心点阵的消光规律（指数奇偶混杂时不出现），作出倒易点阵的阵胞，该阵胞为体心立方结构，三维方向的单位矢量分别为 $2\vec{a}^*$、$2\vec{b}^*$ 和 $2\vec{c}^*$，如图 2-16（b）所示，当晶带轴方向分别为[001]和[$\bar{1}$10]时，其标准零层倒易阵点图分别为图 2-16（c）和图 2-16（d），图 2-16（d）转置后即图 2-16（e）。

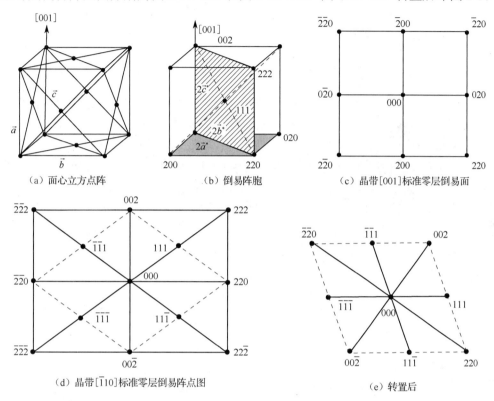

(a) 面心立方点阵　　　　　(b) 倒易阵胞　　　　　(c) 晶带[001]标准零层倒易面

（d）晶带[$\bar{1}$10]标准零层倒易阵点图　　　　　　（e）转置后

图 2-16　面心立方点阵中晶带轴为[001]和[$\bar{1}$10]时的零层倒易阵点图

例 2　绘出面心立方点阵 $(321)_0^*$ 的零层倒易面。

解法 1：

（1）试探。

当 $h_1=1$，$k_1=-1$，$l_1=-1$ 时，$3\times1+2\times(-1)+1\times(-1)=0$，即 $(h_1k_1l_1)$ 为面 $(1\bar{1}\bar{1})$ 合适，得第一个倒易矢量 $\vec{g}_{1\bar{1}\bar{1}}$。

（2）定 $(h_2k_2l_2)$。

设 $\vec{g}_{h_2k_2l_2} \perp \vec{g}_{1\bar{1}\bar{1}}$，则

$$\vec{g}_{h_2k_2l_2} \perp \vec{g}_{321} \text{ 即 } 3h_2+2k_2+l_2=0 \qquad (2\text{-}67)$$

$$\vec{g}_{h_2k_2l_2} \perp \vec{g}_{1\bar{1}\bar{1}} \text{ 即 } h_2-k_2-l_2=0 \qquad (2\text{-}68)$$

将式（2-67）和式（2-68）联立方程组，解之得其一组解：$h_2=1$，$k_2=-4$，$l_2=5$。由于 $1\bar{4}5$ 为消光点，故放大为 $2\bar{8}10$。

（3）作图。

由晶面间距公式得倒易矢量 $\vec{g}_{1\bar{1}\bar{1}}$ 和 $\vec{g}_{2\bar{8}10}$ 的长度分别为 $\sqrt{3}$ 和 $\sqrt{168}$，由于两者垂直，可由矢量合成法则及消光规律依次得到其他各倒易点，如图 2-17 所示。

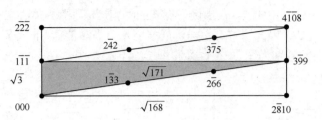

图 2-17　面心立方点阵 $(321)_0^*$ 的零层倒易面（解法 1）

当合成的新矢量指数含有公约数时，该矢量方向上可能含有多个倒易点，由消光规律确定其存在的可能性。如本例中矢量 $\vec{g}_{1\bar{1}1}$ 和 $\vec{g}_{2\bar{8}10}$ 合成得到矢量 $\vec{g}_{399}$ 时，因含有公约数，故该矢量方向上有两个倒易点 $1\bar{3}3$ 和 $2\bar{6}6$，由消光规律可知它们均不消光。

解法 1 存在的不足：①试探法确定第一个倒易矢量，有时较困难；②第二个矢量通过解方程组求得，有不确定解；③不适用于非立方点阵。为此，依据倒易面指数的形成过程，进行逆向运算可方便求解，且该法同样适用于非立方结构。

解法 2：

（1）由倒易面指数 321 逆向推得 3 个面的截距分别为 $\frac{1}{3}$、$\frac{1}{2}$ 和 1，作出该截面，3 个顶点分别为 $\frac{1}{6}00$、$0\frac{1}{2}0$ 和 001，如图 2-18（a）所示。

（2）同时将 3 个截距放大 6 倍（3、2、1 的最小公倍数），分别得 2、3 和 6，作出该倒易面，3 个顶点指数分别为 200、030、006，如图 2-18（a）所示。

（3）平移该倒易面的任一顶点至倒易原点 O^*，如顶点 200 移至原点 O^*，另两顶点同步位移，分别为 $\bar{2}30$ 和 $\bar{2}06$，并计算 3 个边长，分别为 $\sqrt{13}$、$\sqrt{40}$ 和 $\sqrt{45}$。

（4）由 3 个边长、矢量合成法则及消光规律可得其他各倒易点，如图 2-18（b）所示。结果与解法 1 相同。注意图中的 $2\bar{3}0$ 和 $\bar{2}30$ 均为消光点。

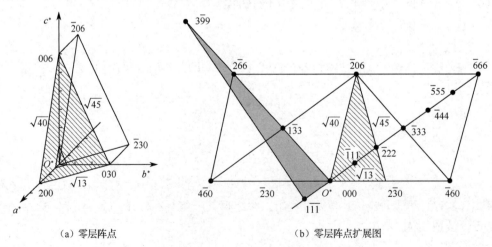

（a）零层阵点　　　　　　　　　　　　　（b）零层阵点扩展图

图 2-18　面心立方点阵 $(321)_0^*$ 的零层倒易面（解法 2）

例 3　制六方结构中与[010]方向垂直且过倒易原点的标准电子衍射花样。

对于六方结构的作图，三指数、四指数通用，按三指数作图更方便。由倒易矢量单位的

定义 $\vec{a}^* = \dfrac{\vec{b} \times \vec{c}}{\vec{a} \cdot (\vec{b} \times \vec{c})}$、$\vec{b}^* = \dfrac{\vec{c} \times \vec{a}}{\vec{b} \cdot (\vec{c} \times \vec{a})}$、$\vec{c}^* = \dfrac{\vec{a} \times \vec{b}}{\vec{c} \cdot (\vec{a} \times \vec{b})}$ 可知，$\vec{a}^*$ 垂直于 $\vec{b}$ 和 $\vec{c}$ 所在面；$\vec{b}^*$ 垂直于 $\vec{c}$ 和 $\vec{a}$ 所在面；$\vec{c}^*$ 垂直于 $\vec{a}$ 和 $\vec{b}$ 所在面。同理在六方结构中基矢量为 $\vec{a}_1$、$\vec{a}_2$、$\vec{c}$，其中 $\vec{a}_1$ 与 $\vec{a}_2$ 夹角为 120°，倒空间的基矢量分别为 $\vec{a}_1^* = \dfrac{\vec{a}_2 \times \vec{c}}{\vec{a}_1 \cdot (\vec{a}_2 \times \vec{c})}$、$\vec{a}_2^* = \dfrac{\vec{c} \times \vec{a}_1}{\vec{a}_2 \cdot (\vec{c} \times \vec{a}_1)}$、$\vec{c}^* = \dfrac{\vec{a}_1 \times \vec{a}_2}{\vec{c} \cdot (\vec{a}_1 \times \vec{a}_2)}$，可知 $\vec{a}_1^*$ 垂直于 $\vec{a}_2$ 和 $\vec{c}$ 所在面，$\vec{a}_2^*$ 垂直于 $\vec{c}$ 和 $\vec{a}_1$ 所在面，$\vec{c}^*$ 垂直于 $\vec{a}_1$ 和 $\vec{a}_2$ 所在面。因此，倒空间的 $\vec{a}_1^*$ 和 $\vec{a}_2^*$ 的矢量方向为正空间的 $\vec{a}_1$ 和 $\vec{a}_2$ 绕 $\vec{c}$ 转动 30°，而 $\vec{c}^*$ 与 $\vec{c}$ 轴平行。因此六方结构中，与[010]方向垂直过倒易原点的倒易面的斑点指数作图过程如下。

（1）作出六方点阵阵胞图，如图 2-19（a）所示，基矢量为 $\vec{a}_1$、$\vec{a}_2$、$\vec{c}$。

（2）由正倒空间基矢量之间的关系，得倒空间的基矢量 $\vec{a}_1^* = \dfrac{\vec{a}_2 \times \vec{c}}{\vec{a}_1 \cdot (\vec{a}_2 \times \vec{c})}$、$\vec{a}_2^* = \dfrac{\vec{c} \times \vec{a}_1}{\vec{a}_2 \cdot (\vec{c} \times \vec{a}_1)}$、$\vec{c}^* = \dfrac{\vec{a}_1 \times \vec{a}_2}{\vec{c} \cdot (\vec{a}_1 \times \vec{a}_2)}$。

（3）作出倒空间基矢量 $\vec{a}_1^*$、$\vec{a}_2^*$ 和 $\vec{c}^*$，标出[010]方向，如图 2-19（b）所示，作出其倒易面 $\vec{a}_1^* - O^* - \vec{c}^*$，由六方点阵的消光规律 $h+2k=3n$、$l=2n+1$ 得 001 和 00$\bar{1}$ 阵点消光。[010]方向与倒易面 $\vec{a}_1^* - O^* - \vec{c}^*$ 垂直，摆正即图 2-19（c）。

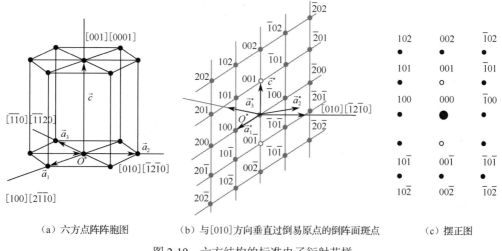

（a）六方点阵阵胞图　　（b）与[010]方向垂直过倒易原点的倒阵面斑点　　（c）摆正图

图 2-19　六方结构的标准电子衍射花样

2.3.8　偏移矢量

我们已经知道，当电子束的入射方向与某一晶带轴方向重合（对称入射）时，标准电子衍射花样就是该晶带轴的零层倒易面在底片上的投影成像。然而，尽管反射球的半径很大，但从几何意义上讲，零层倒易面上除原点外不可能有其他阵点落在球面上，如图 2-20 所示，也就是说从理论上讲，标准电子衍射花样只能有一个中心斑点，没有任何其他晶面参与衍射。若要让某一晶面或多个晶面参与衍射，就得让一个或多个阵点落在反射球面上，为此就需稍稍转动晶体一个 θ 角（非对称入射），如图 2-21 所示。然而，事实上保持对称入射时，仍可获得多个晶带面参与衍射的标准电子衍射花样，如图 2-22 所示，这是由于倒易点阵的阵点发生了扩展，其扩展规律和原理可参考 X 射线衍射部分，倒易点扩展后的形状和尺寸取决于样品的形状和尺寸，且扩展方向总是样品尺寸相对较小的方向，扩展后的尺寸是样品较小尺寸倒数的两倍。而衍射中使用的样品一般是薄膜样品，其倒易点将扩展成垂直于薄膜样品面的倒易杆，如图 2-10 所示。电子入射时，反射球可以同时截到多个倒易杆，从而形成以倒易原点为中心，多个阵点绕其周围的零层倒易面。样品厚度愈薄，其倒易杆愈长，被反射球截的机会就愈大。由于沿倒易杆长度方向上各点的强度不同，其分布规律如图 2-23 所示，这样，反射球与倒易杆相截的位置不同，其衍射斑的亮度、大小和形状也就不同。倒易杆的总长为 $2/t$，只要反射球能与倒易杆相截就可以产生衍射，出现衍射斑点，但此时的相截点已偏移了理论阵点（倒易杆中心），出现了一个偏移矢量 $\vec{s}$。矢量 $\vec{s}$ 的始点为倒易杆的中心，端点为球与倒易杆的截点。衍射角 2θ 也因此偏移了 $\Delta\theta$。$\Delta\theta$ 为正时，$\vec{s}$ 为正，反之为负。完全符合布拉格衍射条件时，$\Delta\theta=0$，$\vec{s}=0$。反射球与倒易杆相截的三种典型情况如图 2-24 所示。

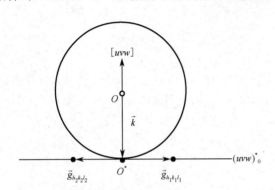

图 2-20 对称入射时零层倒易面与反射球

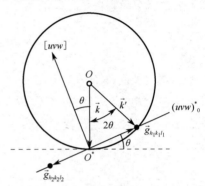

图 2-21 非对称入射时零层倒易面与反射球

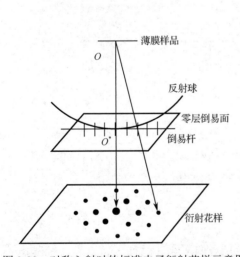

图 2-22 对称入射时的标准电子衍射花样示意图

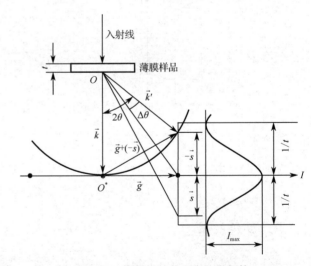

图 2-23 倒易杆与其强度分布规律

以图 2-24（a）方式入射时，即电子束的入射方向与晶带轴的方向一致（对称入射）时，此时 $\Delta\theta<0$，$\vec{s}<0$，衍射矢量方程为

$$\vec{k}'-\vec{k}=\vec{g}-\vec{s} \tag{2-69}$$

以图 2-24（b）方式入射时，即电子束的入射方向与晶带轴的方向不一致（非对称入射）时，此时 $\Delta\theta=0$，$\vec{s}=0$，精确符合布拉格衍射条件，此时衍射方程为

$$\vec{k}'-\vec{k}=\vec{g} \tag{2-70}$$

以图 2-24（c）方式非对称入射时，此时 $\Delta\theta>0$，$\vec{s}>0$，此时的衍射方程为

$$\vec{k}'-\vec{k}=\vec{g}+\vec{s} \tag{2-71}$$

偏移矢量 $\vec{s}$ 的变化范围为 $-\dfrac{1}{t}\sim\dfrac{1}{t}$，一旦超出范围，反射球就无法与倒易杆相截，衍射也就无法产生了。对称入射时，中心斑点四周各对称位置上的斑点形状、尺寸和强度（亮度）均相同。当零层倒易面的法线（晶带轴[uvw]）偏移入射方向时，即样品发生偏转时，只要偏转引起的偏移矢量 $\vec{s}$ 在许可的范围内，仍能保证反射球与倒易杆相截产生衍射，但此时衍射斑点的形状、尺寸和大小等不再像对称入射时那样了，此时斑点的位置将发生微量变动，因变动量微小，通常也可忽略不计。

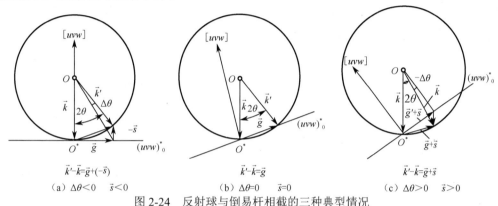

图 2-24　反射球与倒易杆相截的三种典型情况

注意：

① 电子衍射采用薄膜样品，倒易点发生了扩展，倒易杆的长度为样品厚度倒数的两倍。样品愈薄，倒易杆的长度愈长，与反射球相截的机会就愈大，产生衍射的可能性就愈大。

② 在样品较薄，倒易杆较长时，反射球可能同时与零层及非零层倒易杆相截，如图 2-25 所示，反射球与零层和第一层倒易杆同时相截，凡相截的倒易杆均可能成像，这样衍射花样成了零层和第一层倒易截面的混合像了。实际上，非零层成像的斑点距中心较远，且亮度较暗，较容易区分开来。我们把非零层倒易点的成像称为高阶劳埃带。

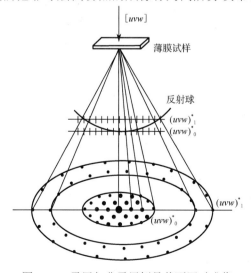

图 2-25　零层与非零层倒易截面同时成像

③ 注意以下因素：电子波长的波动，会使反射球的半径变化，反射球具有一定的厚度；波长愈小，反射球的半径愈大，在较小衍射角范围内时，反射球面愈接近于平面；电子束本身具有一定的发散度会促进电子衍射的发生。

本章小结

　　本章主要讨论了电子衍射的基本原理，它是透射电子显微镜的理论基础。与 X 射线衍射原理类似，电子衍射也分为衍射方向和衍射强度两部分，衍射原理同样可用厄瓦尔德球进行图解，存在倒易点的扩展现象，但由于电子波的波长较 X 射线短得多，以及电子荷电等特点，两者又存在诸多不同点。本章内容如下。

1）光学显微镜的分辨率：$r_0 = \dfrac{0.61\lambda}{n\sin\alpha} \approx \dfrac{1}{2}\lambda$，可见光的极限分辨率约为 200nm。

2）电子显微镜的分辨率：$\lambda = \dfrac{h}{\sqrt{2emU}}$，提高加速电压 U，可降低波长，提高分辨率。

3）电子与固体物质的作用形式
- 散射
  - 相干散射：散射前后电子束的能量不变，即电子束的波长不变
  - 非相干散射：散射后电子束的能量减小，波长增加
  - 散射的表征：散射截面
    - 核外电子的散射截面 πr_e^2，$r_e = \dfrac{e}{U(2\theta)}$ —非弹性散射
    - 原子核的散射截面 πr_n^2，$r_n = \dfrac{Ze}{U(2\theta)}$ —弹性散射
    - 原子的总的散射截面：$\sigma = \sigma_n + Z\sigma_e$
- 吸收

4）电子与固体物质作用激发的信息
- 二次电子：产生于浅表层（5～10nm），能量 $E<50\text{eV}$，产额对形貌敏感，用于形貌分析，空间分辨率为 3～6nm，是扫描电子显微镜的工作信号
- 背散射电子：产生于表层（0.1～1μm），能量可达数千至数万 eV，产额与原子序数敏感，一般用于形貌和成分分析。空间分辨率为 50～200nm
- 吸收电子：与二次电子和背散射电子互补，其空间分辨率为 100～1000nm
- 透射电子：穿出样品的电子，反映样品中电子束作用区域的结构、厚度和成分等信息，是透射电镜的工作信号
- 特征X射线：具有特征能量，反映样品的成分信息，是电子探针的工作信号
- 俄歇电子：产生于表层（1nm以内范围），能量范围为 50～1000eV，用于样品表面成分分析，是俄歇能谱仪的工作信号
- 阴极荧光：波长在可见光与红外光之间，对固体物质中的杂质和缺陷十分敏感，用于鉴定样品中杂质和缺陷的分布情况
- 等离子体振荡：能量具有量子化特征，可用于分析样品表面的成分和形貌

电子衍射方向：布拉格方程$2d\sin\theta=n\lambda$

电子衍射强度：
原子的散射：原子对电子的散射因子远大于原子对X射线的散射因子
单胞的散射：结构因子F_{HKL}^2，当$F_{HKL}^2\neq0$时将产生衍射花样，当$F_{HKL}^2=0$时系统消光，消光规律同X射线
单晶体的散射：干涉函数G^2，倒易阵点扩展
　　倒易球
　　倒易面
　　倒易杆
　　倒易点

5）电子衍射

厄瓦尔德球：电子衍射几何图解的有效工具。凡与厄瓦尔德球相截的倒易点均可能产生衍射

电子衍射基本公式：$\vec{R}=K\vec{g}_{hkl}$，$K=L\lambda$为相机常数。建立了正倒空间之间的关系，从而可在倒空间直接研究正空间中晶面之间的位向关系，分析晶体的微观结构

标准电子衍射花样：本质上是过倒易原点与入射电子方向垂直的倒易面上的未消光阵点的比例投影

偏移矢量：是一个附加矢量，沿倒易杆方向，有正负之分。显然，倒易杆愈长，偏移布拉格衍射条件的允许范围就愈大，参与衍射的阵点就愈多，衍射花样的复杂性也就愈高

6）电子衍射与X射线衍射的区别

（1）电子波的波长短

衍射半角θ小，一般在$10^{-3}\sim10^{-2}$rad左右，而X射线的衍射角最大可以接近$\frac{\pi}{2}$

（2）反射球的半径大

在θ较小的范围内，反射球的球面可以看成平面

（3）衍射强度高

电子衍射强度一般是X射线衍射强度的10^6倍，摄像曝光时间仅数秒钟即可，而X射线的则要一个小时以上，甚至数个小时

（4）微区结构和形貌可同步分析，X射线衍射无法进行微区形貌分析

（5）采用薄晶样品。其倒易阵点扩展为沿厚度方向的倒易杆，使偏离布拉格方程的晶面也可能发生衍射

（6）难以精确测定点阵常数，由于衍射角小，测量衍射斑点的位置精度远比X射线低，很难精确测定点阵常数

思考题

2.1　电子衍射与 X 射线衍射的异同点？

2.2　电子与固体物质作用产生的物理信号有哪些？各自的用途是什么？

2.3　原子对电子的散射与原子对 X 射线的散射有何差异？

2.4　为什么电子衍射的样品一般为薄膜样品？

2.5　标准电子衍射花样的本质是什么？

2.6　电子衍射中的厄瓦尔德球与 X 射线衍射中的厄瓦尔德球有何不同，对电子衍射产生

怎样的影响？

2.7　推导电子衍射的基本公式，简述其作用。

2.8　结合厄瓦尔德球及布拉格方程简述倒易点阵建立的意义。

2.9　证明晶面(hkl)对应的倒易矢量 $\vec{g}_{hkl}$ 可以表示为 $\vec{g}_{hkl} = h\vec{a}^* + k\vec{b}^* + l\vec{c}^*$。

2.10　分别绘出面心立方点阵和体心立方点阵的倒易点阵，设晶带轴指数为[100]，标出 $N=1，0，-1$ 时的倒易面，绘出零层衍射斑点花样。当晶带轴指数为[111]时，其零层倒易面上的斑点花样又如何？

2.11　绘出面心立方晶体(211)、$(211)_0^*$、$(211)_1^*$。

2.12　衍射斑点的形状取决于哪些因素？为何中心斑点一般呈圆点且最亮？

2.13　电子束对称入射时，理论上仅有倒易点阵的原点在反射球上，除中心斑点外，为何还可得到其他一系列斑点？

2.14　化合物 A_3B 为面心立方结构，它的单胞有 4 个原子。其中 B 原子位于(0,0,0)，A 原子位于(0,1/2,1/2)、(1/2,0,1/2)、(1/2,1/2,0)。A，B 原子对电子散射波的振幅分别为 f_A 和 $f_B(f_A \neq f_B)$，

（1）比较（110）和（111）的结构因子；

（2）如果 $f_B = 3f_A$，其结果又如何？

第3章 透射电子显微镜

透射电子显微镜（Transmission Electron Microscope，TEM）是运用透射电子束所携带的结构和形貌信息进行材料显微分析的，它是材料研究的核心手段。本章主要介绍透射电子显微镜的结构组成、工作原理、性能特点和应用等。

3.1 工作原理

图 3-1 为 JEM-2100F 型透射电子显微镜的外观照片，镜体内呈真空状态，它是在光学显微镜的基础上发展而来的，其工作原理与光学显微镜相似。图 3-2 分别为光学显微镜和透射电子显微镜的光路图。透射电子显微镜中由电子枪发射出来的电子，在阳极加速电压的作用下，经过聚光镜会聚成电子束作用在样品上，透过样品后的电子束携带样品的结构和成分信息，经物镜、中间镜和投影镜的聚焦、放大等过程，最终在荧光屏上形成图像或衍射花样。

一、主要参数

1. 点分辨率：0.19nm；

2. 线分辨率：0.14nm；

3. 加速电压：80kV，100kV，120kV，160kV，200kV；

4. 倾斜角：25°；

5. 分辨率：0.20nm。

二、性能特点

1. 高亮度场发射电子枪；

2. 束斑尺寸小于 0.5nm；

3. 新式侧插测角台，更容易倾转、旋转、加热和冷冻，无机械飘移；

4. 稳定性好、操作简便；

5. 由微处理器和 PC 两套系统控制，防止死机。

图 3-1　JEM-2100F 型透射电子显微镜

透射电子显微镜不同于光学显微镜，两者存在以下区别。

（1）透射电子显微镜的信息载体是电子束，而光学显微镜则为可见光；电子束波长可通过调整加速电压获得所需值。

（2）透射电子显微镜的透镜由线圈通电后形成的磁场构成，故名为电磁透镜，透镜焦距也可通过励磁电流来调节，而光学显微镜的透镜由玻璃或树脂制成，焦距固定，无法调节。

（3）透射电子显微镜在物镜和投影镜之间增设了中间镜，用于调节放大倍率或进行衍射操作。

（4）透射电子波的波长一般比可见光的波长低 5 个数量级，具有较高的图像分辨能力，并可同时分析材料微区的结构和形貌，而光学显微镜仅能分析材料微区的形貌。

（5）透射电子显微镜的成像须在荧光屏上显示，而光学显微镜可在毛玻璃或白色屏幕上显示。

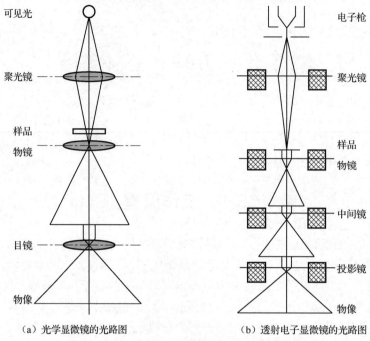

（a）光学显微镜的光路图　　　　　　　（b）透射电子显微镜的光路图

图 3-2　光学显微镜与透射电子显微镜的光路图

3.2　分辨率

分辨率是指成像物体上能分辨出来的两个物点间的最小距离。透射电子显微镜的分辨率远高于光学显微镜。

3.2.1　光学显微镜的分辨率

在光学显微镜中，由于光波的波动性，经透镜折射后发生相互干涉，会产生衍射效应，这样一个理想的物点，经透镜成像后，在像平面上形成的并不是一个点，而是一个中心最亮、周围环绕着明暗相间的同心圆环 Airy（埃利）斑，如图 3-3（a）所示。Airy 斑的强度大约 84%集中于中心亮斑上，其大小一般以第一暗环的半径 R_0 来表征，由衍射理论推导得

$$R_0 = \frac{0.61\lambda}{n\sin\alpha}M \tag{3-1}$$

式中，λ 为光波的波长；α 为透镜的孔径半角；n 为透镜物方介质的折射率；M 为透镜的放大倍率。

设样品上两个物点 S_1、S_2 经透镜成像后，在像平面上形成两个 Airy 斑，当两物点相距较远时，两个 Airy 斑也各自分开，当两物点靠近时，两个 Airy 也相互接近，直至发生部分重叠，如图 3-3（b）所示。当两斑的中心间距为 Airy 斑的半径 R_0 时，两个 Airy 斑叠加后的峰谷强度比峰顶强度降低 19%左右，此时仍能分辨出两个物点的像，如果两物点 S_1、S_2 进一步靠近，其对应的两个 Airy 斑的间距小于 R_0 值，人眼就无法分清两个物点的像。因此 R_0 为分清两像点的临界值。R_0 折算到物平面上时，两物点 S_1、S_2 的间距为

$$r_0 = \frac{R_0}{M} \tag{3-2}$$

即
$$r_0 = \frac{0.61\lambda}{n\sin\alpha} \tag{3-3}$$

式中，r_0 通常定义为透镜分辨率，即透镜能分辨物平面上两物点的最小间距。透镜分辨率又称透镜分辨本领。显然，透镜的分辨率取决于波长、介质及孔径半角。降低波长，提高 $n\sin\alpha$ 值有利于提高透镜的分辨率。对于光学显微镜，$n\sin\alpha$ 最大值约为 1.2（$n=1.5$、$\alpha=70°\sim75°$），上式可简化为

$$r_0 \approx \frac{\lambda}{2} \tag{3-4}$$

上式说明光学显微镜的分辨率主要取决于照明光源的波长，半波长是光学显微镜分辨率的理论极限，可见光的波长为 390～770nm，因此光学显微镜的极限分辨率为 200nm（0.2μm）左右。

一般情况下人眼的分辨率约为 0.2mm，光学显微镜的分辨率为 0.2μm，因此光学显微镜的有效放大倍率约为 1000 倍，即使光学显微镜的放大倍率可以做得更高，但高出的部分，只是改善了人眼观察时的舒适度，对提高分辨率没有贡献。通常光学显微镜的最高放大倍率为 1000～1500 倍。

从式（3-4）还可以看出，降低照明光源的波长，就可提高光学显微镜的分辨率。可见光只是电磁波谱中的一小部分，比其波长短的还有紫外线、X 射线和γ射线，由于紫外线易被多数物质强烈吸收，而 X 射线和γ射线无法折射和聚焦，因此它们均不能成为光学显微镜的照明光源。

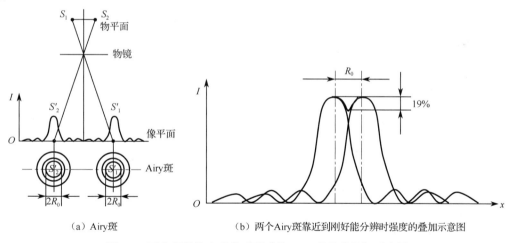

（a）Airy 斑　　　　　　　（b）两个 Airy 斑靠近到刚好能分辨时强度的叠加示意图

图 3-3　两个理想物点成像时形成的 Airy 斑及其叠加示意图

3.2.2　透射电子显微镜的分辨率

透射电子显微镜（简称透射电镜）的分辨率分为点分辨率和晶格分辨率两种。

1. 点分辨率

点分辨率是指透射电镜刚能分辨出两个独立颗粒间的间隙。点分辨率的测定方法如下。

（1）制样。采用重金属（金、铂、铱等）在真空中加热使之蒸发，然后沉积在极薄的碳膜上，颗粒直径一般为 0.5～1.0nm，控制得当时，颗粒在膜上的分布均匀，且不重叠，颗粒间隙为 0.2～1nm。

（2）拍片。将样品置入已知放大倍率为 M 的透射电镜中成像拍照。

（3）测量间隙，计算点分辨率。用放大倍率为 5～10 倍的光学放大镜观察所拍照片，寻找并测量刚能分清时颗粒之间的最小间隙，该间隙值除以总的放大倍率，即可得到该透射电镜的点分辨率。

图 3-4（a）为铂铱颗粒照片。图中颗粒间隙的最小值为 1mm，光学放大镜和透射电镜的放大倍率分别为 10 倍和 100000 倍，这样实际间隙就为 1nm，即该透射电镜的分辨率为 1nm。

需要指出的是，应采用重金属为蒸发材料，其目的是重金属的密度大、熔点高、稳定性好，经蒸发沉积后形成的颗粒尺寸均匀、分散性好，成像反差大，图像质量高，便于观察和测量。此外，还要已知透射电镜的放大倍率，才能测量透射电镜的点分辨率。

2．晶格分辨率

晶格分辨率，又称线分辨率。让电子束作用标准样品后形成的透射束和衍射束同时进入透射电镜的成像系统，因两电子束存在相位差，造成干涉，在像平面上形成反映晶面间距大小和晶面方向的干涉条纹像，在保证条纹清晰的条件下，最小晶面间距即透射电镜的晶格分辨率，图像上的实测面间距与理论面间距的比值即透射电镜的放大倍率。常用标准样品如表 3-1 所示。

表 3-1　常用标准样品

晶 体 材 料	衍 射 晶 面	晶面间距/nm
铜酞青	（001）	1.260
铂酞青	（001）	1.194
亚氯铂酸钾	（001）	0.413
金	（100）	0.699
	（200）	0.204
	（220）	0.144
钯	（111）	0.224
	（200）	0.194
	（400）	0.097

图 3-4（b）为标准样品为金晶体时电子束分别平行入射衍射面（200）和（220）时的晶格条纹示意图。晶面（200）的面间距 $d_{200}=0.204\text{nm}$，与之成 45° 的晶面（220）的面间距 $d_{220}=0.144\text{nm}$。

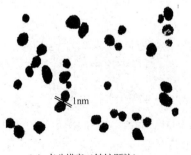

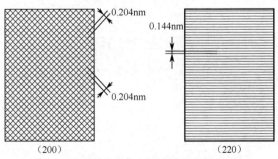

（a）点分辨率（铂铱颗粒）　　　　　　（b）晶格分辨率（晶格条纹示意图）

图 3-4　透射电镜分辨率的测定

注意：

① 晶格分辨率本质上不同于点分辨率。点分辨率由单电子束成像，与实际分辨能力的定义一致。晶格分辨率由双电子束的相位差所形成干涉条纹，反映的是晶面间距的比例放大像。

② 晶格分辨率的测定采用标准样品，其晶面间距均为已知值，选用晶面间距不同的标准样品分别进行测试，直至某一标准样品的条纹像清晰为止，此时标准样品的最小晶面间距即晶格分辨率。因此，晶格分辨率的测定较为繁琐，而点分辨率只需一个样品测定一次即可。

③ 同一透射电镜的晶格分辨率高于点分辨率。

④ 晶格分辨率的标准样品制备比较复杂。

⑤ 晶格分辨率测定时无须已知透射电镜的放大倍率。

3.3 电子透镜

电子波不同于光波，玻璃或树脂透镜无法改变电子波的传播方向，无法使之会聚成像，但电场和磁场却可以使电子束发生会聚或发散，达到成像的目的。电子透镜就是根据这一原理设计而成的。人们把用静电场做成的透镜称为静电透镜，用线圈通电产生的磁场做成的透镜称为电磁透镜。1927 年，物理学家布施（H Busch）成功地实现了电磁线圈对电子束的聚焦，为透射电镜的诞生奠定了基础。1931 年，德国科学家鲁斯卡（E Ruska）等成功制成了世界上第一台透射电子显微镜。电子透镜是透射电镜的核心部件，是区别于光学显微镜的显著标志之一。

3.3.1 静电透镜

两个电位不等的同轴圆筒构成一个最简单的静电透镜。图 3-5 为静电透镜的原理图，静电场方向由正极指向负极，静电场的等位面如图中的虚线所示。当电子束沿中心轴射入时，电子的运动轨迹为等位面的法线方向，使平行入射的电子束会聚于中心光轴上，就形成了最简单的静电透镜，透射电镜中的电子枪就属于这一类静电透镜。

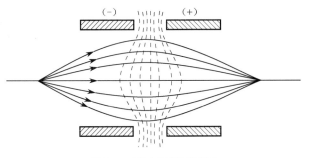

图 3-5 静电透镜原理图

3.3.2 电磁透镜

通电的短线圈构成一个简单的电磁透镜，简称磁透镜。图 3-6 为电磁透镜的聚焦原理图。

短线圈通电后，在线圈内形成图 3-6（a）的磁场，由于线圈较短，因此中心轴上各点的磁场方向均在变化，但磁场为旋转对称磁场。当入射电子束沿平行于电磁透镜的中心轴以速度 v 入射至点 I 处时，点 I 的磁场强度 B_I（磁力线的切线方向）分解为沿电子束的运动方向的分量 B_{Iz} 和径向方向分量 B_{Ir}，电子束在 B_{Ir} 的作用下，受到垂直于 B_{Ir} 和 v 所在平面的洛

仑兹力 F_t 的作用，如图 3-6（b）所示，电子沿受力方向运动，获得运动速度 v_t，F_t 的作用使电子束围绕中心轴作圆周运动。又因为 v_t 方向垂直于轴向磁场 B_z，使电子束受到垂直于 v_t 和 B_{1z} 所在平面的洛仑兹力 F_r 的作用，如图 3-6（c）所示，F_r 使电子束向中心轴靠拢，综合 F_t 和 F_r 的共同作用及入射时的初速度，电子束将沿中心方向螺旋会聚，如图 3-6（d）所示。电子束在电磁透镜中的运行轨迹不同于静电透镜，是一种螺旋圆锥会聚的曲线，这样电磁透镜的成像与样品之间会产生一定角度的旋转。实际电磁透镜是将线圈置于内环带有缝隙的软磁铁壳体中的，如图 3-7 所示。软磁铁可显著增强短线圈中的磁感应强度，缝隙可使磁场在该处更加集中，且缝隙愈小，集中程度愈高，该处的磁场强度就愈强。为了使线圈内的磁场强度进一步增强，还在线圈内加上了一对极靴。极靴采用磁性材料制成，呈锥形环状，置于缝隙处，如图 3-8（a）所示。极靴可使电磁透镜的实际磁场强度将更有效地集中到缝隙四周仅几毫米的范围内，如图 3-8（b）所示。

　　光学透镜成像时，物距 L_1、像距 L_2、焦距 f 三者满足以下成像条件：

$$\frac{1}{f} = \frac{1}{L_1} + \frac{1}{L_2}$$ （3-5）

光学透镜的焦距 f 无法改变，因此要满足成像条件，必须同时改变物距和像距。

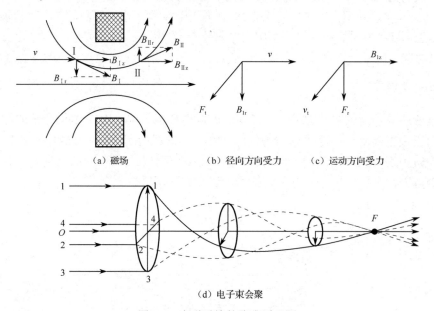

（a）磁场　　　　　　（b）径向方向受力　　　　（c）运动方向受力

（d）电子束会聚

图 3-6　电磁透镜的聚焦原理图

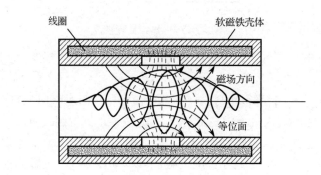

图 3-7　软磁铁为壳体的短线圈

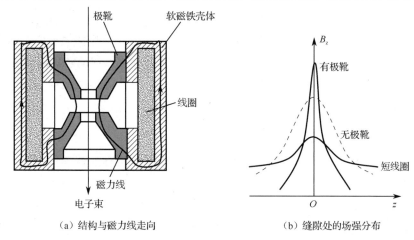

极靴　　软磁铁壳体

线圈

磁力线

电子束

（a）结构与磁力线走向

B_z

有极靴

无极靴

短线圈

O　　　z

（b）缝隙处的场强分布

图 3-8　带有极靴的电磁透镜及场强分布

电磁透镜成像时同样可以运用式（3-5），但电磁透镜的焦距 f 与多种因素有关，存在以下关系：

$$f \approx K \frac{U_r}{(IN)^2} \tag{3-6}$$

式中，K 为常数；I 为励磁电流；N 为线圈的匝数；U_r 为经过相对论修整过的加速电压，IN 合称安匝数。

由此可见：①电磁透镜的成像可以通过改变励磁电流来改变焦距以满足成像条件；②电磁透镜的焦距总是正值，不存在负值，这意味着电磁透镜没有凹透镜，全是凸透镜，即会聚透镜；③焦距 f 与加速电压成正比，即与电子速度有关，电子速度愈高，焦距愈长，因此，为了减小焦距波动，以降低色差，需稳定加速电压。

3.4　电磁透镜的像差

电磁透镜的像差主要由内外两种因素导致，由电磁透镜的几何形状（内因）导致的像差称为几何像差，几何像差又包括球差和像散两种；而由电子束波长的稳定性（外因）决定的像差称为色差（光的颜色取决于波长）。像差直接影响电磁透镜的分辨率，是电磁透镜的分辨率达不到理论极限值（波长之半）的根本原因。如常用的日立 H800 电镜，在加速电压为 200kV时，电子束波长达 0.00251nm，理论极限分辨率应为 0.0012nm 左右，实际上它的点分辨率仅为 0.45nm，两者相差数百倍。因此，了解像差及其影响因素十分必要，下面简单介绍球差、像散和色差的产生原因及其消除方法。

3.4.1　球差

球差是电磁透镜的近轴区磁场和远轴区磁场对电子束的折射能力不同导致的。因短线圈的原因，线圈中的磁场分布在近轴处的径向分量小，而在远轴区的径向分量大，因而近轴区磁场对电子束的折射能力（改变电子束方向的能力）低于远轴区磁场对电子束的折射能力，这样在光轴上形成远焦点 A 和近焦点 B。设 P 为光轴上的一物点，其像不是一个固定的点，如图 3-9 所示，若使像平面沿光轴在远焦点 A 和近焦点 B 之间移动，则在像平面上形成系列散焦斑，其中最小的散焦斑半径为 R_s，除以放大倍率 M 后即物平面上成像体的尺寸 $2r_s$，其大小为 $2R_s/M$（M 为电磁透镜的放大倍率）。这样，光轴上物点 P 经电磁透镜后本应在光轴上形成一个像点，但由于球差的原因却形成了等同于成像体 $2r_s$ 所形成的散焦斑。用 r_s 代表球差，其大小为

$$r_s = \frac{1}{4}C_s\alpha^3 \tag{3-7}$$

式中，C_s 为球差系数，一般为电磁透镜的焦距，约 $1\sim3$mm；α 为孔径半角。

从该式可知，减小球差系数和孔径半角均可减小球差，特别是减小孔径半角，可显著减小球差。

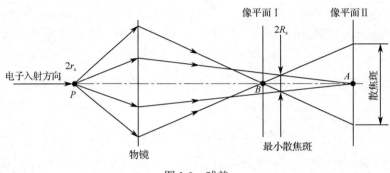

图 3-9　球差

3.4.2　像散

像散是由形成透镜的磁场非旋转对称引起的。极靴的内孔不圆、材质不匀、上下不对中及极靴孔被污染等原因，造成透镜磁场非旋转对称，呈椭圆形，椭圆磁场的长轴和短轴方向对电子束的折射率不一致，类似于球差，也导致了电磁透镜形成远近两个焦点 A 和 B。这样光轴上的物点 P 经透镜成像后不是一个固定的像点，而是在远近焦点间所形成的系列散焦斑，如图 3-10 所示。设最小散焦斑的半径为 R_A，折算到物点 P 上时的成像体尺寸 $2r_A$ 为 $2R_A/M$（M 为电磁透镜的放大倍率），这样散焦斑如同于 $2r_A$ 经透镜后所成的像，用 r_A 表示像散，其大小为

$$r_A = \Delta f_A\alpha \tag{3-8}$$

式中，Δf_A 为透镜因椭圆度造成的焦距差；α 为孔径半角。可见，像散取决于磁场的椭圆度和孔径半角，而椭圆度是可以通过配置对称磁场来得到校正的，因此，像散是可以基本消除的。

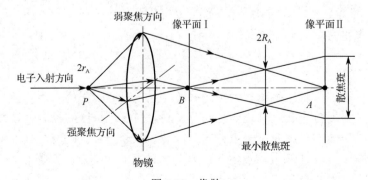

图 3-10　像散

3.4.3　色差

色差是由电子波的波长不稳定导致的。同一条件下，不同波长的电子聚焦在不同的位置，如图 3-11 所示，当电子波的波长最大时，电子能量最低，被磁场折射的程度大，聚焦于近焦点 B；反之，当电子波的波长最小时，电子能量就最高，被折射的程度也就最小，聚焦于远焦点 A。这样，当电子波的波长在其最大值与最小值之间变化时，光轴上的物点 P 成像后将形成系列散焦斑，其中最小的散焦斑半径为 R_C，折算到成像体上的尺寸 $2r_C$ 为 $2R_C/M$，用 r_C 表示色散，其大小为

$$r_C = C_C \alpha \left| \frac{\Delta E}{E} \right| \tag{3-9}$$

式中，C_C 为色差系数；α 为孔径半角；$\dfrac{\Delta E}{E}$ 为电子束的能量变化率。能量变化率与加速电压的稳定性和电子穿过样品时发生的弹性散射有关，一般情况下，薄样品的弹性散射影响可以忽略，因此，提高加速电压的稳定性可以有效地减小色差。

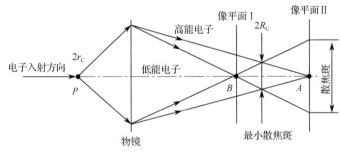

图 3-11　色差

上述像差分析中，除了球差，像散和色差均可通过适当的方法来减小甚至可基本消除它们对电磁透镜分辨率的影响，因此，球差成了像差中影响分辨率的控制因素。球差与孔径半角的三次方成正比，减小孔径半角可有效地减小球差，但是，孔径半角的减小却增加了埃利斑尺寸 r_0，降低了透镜分辨率，因此，孔径半角对透镜分辨率的影响具有双刃性，那么如何找到最佳的孔径半角呢？

在衍射效应中，分辨率与孔径半角的关系为 $r_0 = \dfrac{0.61\lambda}{n\sin\alpha}$，而在像差中，球差为控制因素，分辨率的大小近似为 $r_s = \dfrac{1}{4} C_s \alpha^3$，令 $r_0 = r_s$，得如下方程：

$$\frac{0.61\lambda}{N\sin\alpha} = \frac{1}{4} C_s \alpha^3 \tag{3-10}$$

因为在真空中，所以 $n=1$，又因为透射电镜的孔径半角很小，一般仅有 $10^{-2} \sim 10^{-3}$ rad，故 $\sin\alpha \approx \alpha$。解方程（3-10）得

$$\alpha^4 = 2.44 \left(\frac{\lambda}{C_s} \right) \tag{3-11}$$

所以

$$\alpha = \sqrt[4]{2.44} \left(\frac{\lambda}{C_s} \right)^{\frac{1}{4}} = 1.25 \left(\frac{\lambda}{C_s} \right)^{\frac{1}{4}} \tag{3-12}$$

此 α 为电磁透镜的最佳孔径半角，用 α_0 表示。

此时，电磁透镜的分辨率为

$$r_0 = \frac{1}{4}C_s\alpha_0^3 = \frac{1}{4}C_s 1.25^3\left(\frac{\lambda}{C_s}\right)^{\frac{3}{4}} = 0.488C_s^{\frac{1}{4}}\lambda^{\frac{1}{4}} \tag{3-13}$$

一般情况下，综合各种影响因素，电磁透镜的分辨率可统一表示为

$$r_0 = AC_s^{\frac{1}{4}}\lambda^{\frac{1}{4}} \tag{3-14}$$

其中 A 为常数，一般为 0.4～0.55。实际操作中，最佳孔径半角是通过选用不同孔径的光阑获得的。目前最高的电镜分辨率已达 0.1nm 左右。

注意，光学显微镜的分辨率主要是由衍射效应决定的，而透射电镜的分辨率除取决于衍射效应外，还与电镜的像差有关，为衍射分辨率 r_0 和像差分辨率（球差 r_s、像散 r_A 和色差 r_C）中的最大值。

3.5　电磁透镜的景深与焦长

3.5.1　景深

景深是指像平面固定，在保证像清晰的前提下，物平面沿光轴可以前后移动的最大距离，用 D_f 表示。如图 3-12（a）所示，理想情况下，即不考虑衍射和像差（球差、像散和色差）时，物点 P 位于光轴上的点 O 时，成像聚焦于像平面上一点 O'，当物点 P 上移至 A 点时，则聚焦点也由 O' 移到了 A' 点，由于像平面不动，此时物点在像平面上的像就由点 O' 演变为半径为 R 的散焦斑。如果衍射效应是决定电磁透镜分辨率的控制因素，r_0、M 分别为透镜的分辨率和放大倍率，那么只要 $\frac{R}{M} \leqslant r_0$，像平面上的像就是清晰的。同理，当物点 P 沿轴向向下移动至点 B 时，其理论像点在 B' 点，在像平面上的像同样由点演变成半径为 R 的散焦斑，只要 $R \leqslant M \cdot r_0$，像就是清晰的，这样物点 P 在光轴上 A、B 两点范围内移动时，均能成清晰的像，A、B 两点的距离就是该透镜的景深。

由图 3-12（a）所示的几何关系可得景深的计算公式为

$$D_f = \frac{2r_0}{\tan\alpha} \approx \frac{2r_0}{\alpha} \tag{3-15}$$

式中，r_0 为透镜的分辨率；α 为孔径半角。

由于孔径半角很小，且 D_f 相对于物距小得多，因此，可以认为物点在 O、A、B 点时的孔径半角均相同，即 $\alpha_A = \alpha_B = \alpha_O = \alpha$。在 $r_0 = 1$nm、$\alpha = 10^{-3} \sim 10^{-2}$rad 时，$D_f = 200 \sim 2000$nm，而透镜的样品厚度一般在 200nm 左右，因此上述的景深范围可充分保证样品上各微处的结构细节均能清晰可见。

3.5.2　焦长

焦长是指在样品固定（物平面不动），在保证像清晰的前提下，像平面可以沿光轴移动的最大距离范围，用 D_L 表示。

如图 3-12（b）所示，在不考虑衍射和像差（球差、像散和色差）的理想情况下，样品上

某物点 O 经透镜后成像于 O'。当像平面轴向移动时，在像平面上形成散焦斑，由 O' 向上移动时的散焦斑称为欠散焦斑，由 O' 向下移动时的散焦斑称为过散焦斑。假设透镜分辨率的控制因素为衍射效应，只要散焦斑的尺寸不大于 R_0，就可保证像是清晰的。

由图 3-12（b）所示的几何关系得

$$D_L = \frac{2r_0M}{\tan\beta} \approx \frac{2r_0M}{\beta} \tag{3-16}$$

式中，r_0 为透镜的分辨率；M 为透镜的放大倍率。

因为 $\beta = \dfrac{\alpha}{M}$，焦长可化简为

$$D_L = \frac{2r_0M^2}{\alpha} \tag{3-17}$$

如果 r_0=1nm、α=$10^{-3}\sim10^{-2}$rad、M=200 倍，那么 D_L=8～80mm；由于多级放大通常电镜的放大倍率可以很高，当 M=2000 倍时，同样光学条件下，其焦长可达 80～800mm。因此，尽管荧光屏和照相底片之间的距离很大，但是仍能得到清晰的图像，这为成像操作带来了方便。

由以上分析可知，电磁透镜的景深和焦长都反比于孔径半角 α，因此，减小孔径半角，如插入小孔光阑，就可使电磁透镜的景深和焦长显著增大。

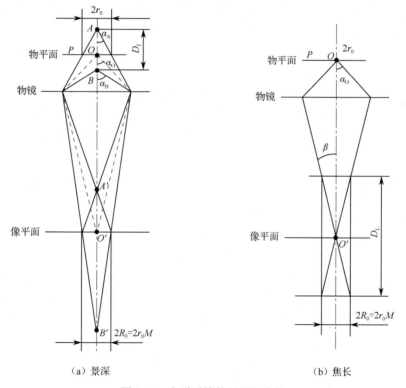

（a）景深　　　　　　　　（b）焦长

图 3-12　电磁透镜的景深与焦长

3.6　透射电镜的电子光学系统

透射电镜主要由电子光学系统、电源控制系统和真空系统三大部分组成，其中电子光学

系统为电镜的核心部分，它包括照明系统、成像系统和观察记录系统，以下主要介绍电子光学系统及其主要部件。

3.6.1　照明系统

照明系统主要由电子枪和聚光镜组成，电子枪发射电子形成照明光源，聚光镜将电子枪发射的电子会聚成亮度高、相干性好、束流稳定的电子束照射样品。

1. 电子枪

电子枪就是产生稳定电子束流的装置，根据产生电子束原理的不同，可分为热发射型和场发射型两大类。

1）热发射型电子枪

电子枪主要由阴极、阳极和栅极组成。阴极是由钨（W）丝或六硼化镧（LaB$_6$）单晶体制成的灯丝，在外加高压作用下发热，升至一定温度时发射电子，热发射的电子束为白色。图 3-13（a）为热发射型电子枪原理图。阴极由直径为 1.2mm 的钨丝弯制成 V 形，如图 3-14（a）所示，尖端的曲率半径为 100μm（发射截面），阴极发热体在外加高压的作用下升温至一定温度（2800K）时发射电子，电子通过栅极后穿过阳极小孔，形成一束电子流进入聚光镜系统。栅极围在阴极周围，通过偏置电阻与阴极相连，阳极接地，栅极电位比阴极低数百伏，栅极与偏置电阻联合主要起到以下作用：①改变阴极和阳极之间的等位场，使阴极发射的电子沿栅极区等位场的法线方向产生会聚作用，形成电子束截面，即电子枪交叉斑，也称透镜的第一交叉斑，束斑直径约为 50μm。由于电子束斑比阴极发射截面还小，单位面积的电子密度高，使照明电子束好像是从该处发出的，因此也称其为有效光源或虚光源；②稳定和控制束流，因为栅极电位比阴极更低，对阴极发射的电子产生排斥作用，所以可以控制阴极发射电子的有效区域。当束流量增大时，偏置电压增加，栅极电位更低，对阴极发射电子的排斥作用增强，使阴极发射有效区域减小，束流减弱；反之，则可增加阴极发射面积，提高束流强度，从而稳定束流。

在电镜最初的使用中，V 形钨丝热发射型电子枪一直占主导地位，但由于其发射面大，致使光源亮度低、束斑直径大和能量发散多，因此需开发更优的发射极材料。1969 年，布鲁斯（Broers）提出将六硼化镧单晶体用作发射极材料，并加工成锥状，如图 3-14（b）所示，由于其功函数远低于钨，因此发射率比钨高得多。当阴极的温度为 1800K 时所获得电子束亮度是 V 形钨丝在 2800K 时获得的 10 倍，而束斑直径仅为前者的 1/5。并且六硼化镧阴极尖端的曲率半径可以加工到很小（10～20μm），因而能在相同束流时获得比钨丝更细更亮的电子束斑光源，直径约为 5～10μm，从而进一步提高仪器的分辨率，特别适合于分析型透射电镜。与 V 形钨丝相比，六硼化镧的工作温度可相对低一些，但对真空度的要求高，加工困难，制备成本也高。

2）场发射型电子枪

场发射型电子枪同样也有三个极，分别为阴极、第一阳极和第二阳极，无须偏压（栅极）。在强电场作用下，发射极表面的势垒降低，由于隧道效应，内部电子穿过势垒从针尖表面发射出来，这种现象称为场发射。场发射的电子束可以是某一种单色电子束，其结构原理如图 3-13（b）所示。阴极与第一阳极的加速电压较低，一般为 3～5kV，可在阴极尖端产生高达 10^7～10^8V/cm 的强电场，使阴极发射电子。该电压不能太高，以免打钝灯丝。阴极与第二阳极的加速电压较高,一般为数十千伏甚至数万千伏,阴极发射的电子经第二阳极后被加速、聚焦成直径为 10nm 左右的电子束斑。

场发射又可分为冷场和热场两种,透射电镜一般多采用冷场。

冷场发射无须任何热能,室温下使用,阴极一般采用定向<111>生长的单晶钨,发射面为(310),针尖的曲率半径为 $0.1\sim0.5\mu m$,如图 3-14(c)所示,其功函数低、能量发散小($0.3\sim0.5eV$)和电子发射率高,但冷场发射存在以下不足:①对真空度要求极高。因低功函数要求表面干净,无外来原子,故要求具有极高的真空度($\sim10^{-5}Pa$ 或更高)。②需定期进行闪光处理。因冷场发射是在室温下进行的,发射极上易有残留气体吸附层,从而产生背底噪音,发射电流下降,电子束亮度降低,故需定期进行闪光处理,即瞬时加大发射电流,使发射极产生瞬间高温并出现闪光现象,以蒸发阴极表面吸附的分子层,净化发射表面。

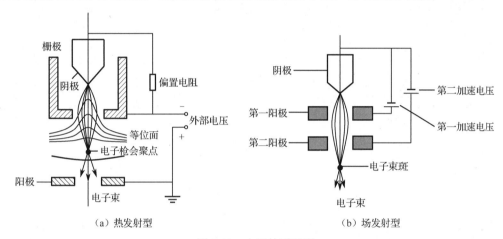

(a)热发射型 (b)场发射型

图 3-13 电子枪原理图

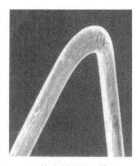  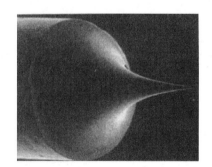

(a)热发射阴极(钨丝) (b)热发射阴极(LaB_6单晶体) (c)场发射阴极(单晶钨)

图 3-14 电子枪阴极形状

加热发射极进行热场发射即可克服以上冷场的不足。在强电场中,发射极表面势垒降低,在低于热发射温度时仍能发射电子,这种发射称为肖特基发射,利用该原理工作的电子枪称为肖特基电子枪。斯旺森(Swanson)于 20 世纪 70 年代开发了 ZrO/W(100)新型发射极材料,ZrO 融覆在 W 表面,ZrO 的逸出功小,仅 $2.7\sim2.8eV$,W(100)的逸出功为 4.5 eV,在外加高电场作用下,表面逸出功显著降低,加热至 $1600\sim1800K$(远低于热发射温度)时,已能发射电子,且发射表面干净、噪音低,光源亮度高、束斑直径小、稳定性好,成为高分辨电子显微镜的首选。该种电子枪又称扩展型肖特基电子枪。常用热发射型和场发射型电子枪特性见表 3-2。

表 3-2　常用热发射型和场发射型电子枪特性

性 能 特 性	热 发 射 型		场 发 射 型		
	W	LaB$_6$	热 场		冷 场
			ZrO/W(100)	W(100)	W(310)
亮度（200kV）/A·cm^{-2}·sr^{-1}	约 5×10^5	约 5×10^6	约 5×10^8	约 5×10^8	约 5×10^8
光源直径/μm	50	10	0.1～1	0.01～0.1	0.01～0.1
能量发散度/eV	2.3	1.5	0.6～0.8	0.6～0.8	0.3～0.5
真空度/Pa	10^{-3}	10^{-5}	10^{-7}	10^{-7}	10^{-8}
阴极温度/K	2800	1800	1800	1600	300
使用寿命/h	60～200	1000	>5000	>5000	>5000
发射电流/μA	约 100	约 20	约 100	20～100	20～100
维护（闪光处理）	无	无	无	无	定时进行
价格	便宜	中等	较高	较高	较高
稳定性	好	好	好	好	较好

2．聚光镜

从电子枪的阳极板小孔射出的电子束，通过聚光系统后进一步会聚、缩小，以获得一束强度高、直径小、相干性好的电子束。透射电镜一般都采用双聚光镜系统工作，如图 3-15 所示。第一聚光镜是强磁透镜，焦距 f 很短，放大倍率为 $\frac{1}{50}\sim\frac{1}{10}$，也就是说第一聚光镜是将电子束进一步会聚、缩小，第一级聚光后形成直径为 1～5μm 的电子束斑；第二聚光镜是弱透镜，焦距很长，其放大倍率一般为 2 倍左右，这样通过二级聚光后，就形成直径为 2～10μm 的电子束斑。

双聚光镜具有以下优点：①可在较大范围内调节电子束斑的大小；②当第一聚光镜的后焦点与第二聚光镜的前焦点重合时，电子束通过二级聚光后是平行光束，大大减小了电子束的发散度，便于获得高质量的衍射花样；③第二聚光镜与物镜间的间隙大，便于安装其他附件，如样品台等；④通过安置聚光镜光阑，可使电子束的孔径半角进一步减小，便于获得近轴光线，减小球差，提高成像质量。

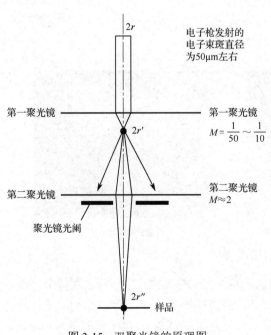

图 3-15　双聚光镜的原理图

电子枪发射的
电子束斑直径
为50μm左右

第一聚光镜　　　第一聚光镜 $M=\frac{1}{50}\sim\frac{1}{10}$

第二聚光镜　　　第二聚光镜 $M\approx2$

聚光镜光阑

2r''　样品

3.6.2　成像系统

成像系统由物镜、中间镜和投影镜组成。

1．物镜

物镜是成像系统中的第一个电磁透镜，强励磁短焦距（f=1～3mm），放大倍率 M_O 一般为 100～300 倍，分辨率高的可达 0.1nm 左右。

物镜是电子束在成像系统中通过的第一个电磁透镜，它的质量好坏直接影响到整个系统的成像质量。物镜未能分辨的结构细节，中间镜和投影镜同样不能分辨，它们只是将物镜的成像进一步放大而已。因此，提高物镜分辨率是提高整个系统成像质量的关键。

提高物镜分辨率的常用方法有：①提高物镜中极靴内孔的加工精度，减小上下极靴间的距离，保证上下极靴的同轴度。②在物镜后焦面上安置物镜光阑，以减小孔径半角，减小球差，提高物镜分辨率。

2．中间镜

中间镜是电子束在成像系统中通过的第二个电磁透镜，位于物镜和投影镜之间，弱励磁长焦距，放大倍率 M_I 在 0～20 倍之间。

中间镜在成像系统中具有以下作用。

（1）调节整个系统的放大倍率。设物镜、中间镜和投影镜的放大倍率分别为 M_O、M_I、M_P，总放大倍率为 M（$M=M_O \times M_I \times M_P$），当 M_I>1 时，中间镜起放大作用；当 M_I<1 时，则起缩小作用。

（2）进行成像操作和衍射操作。通过调节中间镜的励磁电流，改变中间镜的焦距，使中间镜的物平面与物镜的像平面重合，在荧光屏上可获得清晰放大的像，即所谓的成像操作，如图 3-16（a）所示；如果中间镜的物平面与物镜的后焦面重合，那么可在荧光屏上获得电子衍射花样，这就是所谓的衍射操作，如图 3-16（b）所示。

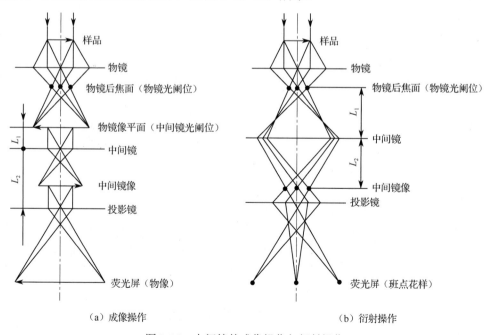

（a）成像操作　　　　　　　　　　（b）衍射操作

图 3-16　中间镜的成像操作与衍射操作

3. 投影镜

投影镜是成像系统中的最后一个电磁透镜，强励磁短焦距，其作用是将中间镜形成的像进一步放大，并投影到荧光屏上。投影镜具有较大的景深，即使中间镜的像发生移动，也不会影响在荧光屏上得到清晰的图像。

3.6.3 观察记录系统

观察记录系统主要由荧光屏和照相机构组成。荧光屏是在铝板上均匀喷涂荧光粉制得的，主要在观察分析时使用，当需要拍照时可将荧光屏翻转 90°，让电子束在照相底片上感光数秒钟即可成像。荧光屏与感光底片相距有数厘米，但由于投影镜的焦距很大，这样的操作并不影响成像质量，所拍照片依旧清晰。

整个电镜的光学系统均在真空中工作，但电子枪、镜筒和照相室之间相互独立，均设有电磁阀。可以单独抽真空。在更换灯丝、清洗镜筒、照相操作时，各操作均可分别进行，而不影响其他部分的真空状态。为了屏蔽镜体内可能产生的 X 射线，观察窗由铅玻璃制成，加速电压愈高，配置的铅玻璃就愈厚。此外，在超高压电子显微镜中，由于观察窗的铅玻璃增厚，直接从荧光屏观察微观细节比较困难，因此此时可运用安置在照相室中的 TV 相机来完成，曝光时间由图像的亮度自动确定。

3.7   主要附件

透射电镜的主要附件有样品倾斜装置、电子束平移和倾斜装置、消像散器、光阑和球差矫正器等。

3.7.1   样品倾斜装置

样品倾斜装置（样品台）是位于物镜的上下极靴之间承载样品的重要部件，如图 3-17 所示，它使样品在极靴孔内平移、倾斜、旋转，以便找到合适的区域或位向，进行有效观察和分析。

样品台根据插入透射电镜的方式不同分为顶插式和侧插式两种。顶插式样品台从极靴上方插入，具有以下优点：保证样品相对于光轴旋转对称，上下极靴间距可以做得很小，提高了电镜的分辨率；具有良好的抗振性和热稳定性。但其不足是：①倾角范围小，且倾斜时无法保证观察点不发生位移。②顶部信息收集困难，分析功能少。因此目前的透射电镜通常采用侧插式样品台，即样品台从极靴的侧面插入，这样顶部信息如背散射电子和 X 射线等收集方便，增加了分析功能。同时，样品倾斜范围大，便于寻找合适的方位进行观察和分析。但侧插式的极靴间距不能过小，这就影响了电镜分辨率的进一步提高。图 3-18 为双倾侧插式样品台的结构和工作示意图，通过样品杆的控制，使样品同时绕 x-x 和 y-y 轴转动，倾转的度数由镜筒外的刻度盘读出，从而实现双倾操作。

由于透射电镜的样品薄，强度低，电子束与样品作用后产生多种物理信息，特别是样品受热膨胀变形，造成样品损伤，影响成像质量，因此，对样品台提出以下要求：①样品夹持牢固，保证样品在平移、翻转过程中与样品座有良好的热和电的接触，减小样品的热变形和因电荷堆积产生的样品损伤。②样品移动翻转机构的精度要高，否则影响聚焦操作。

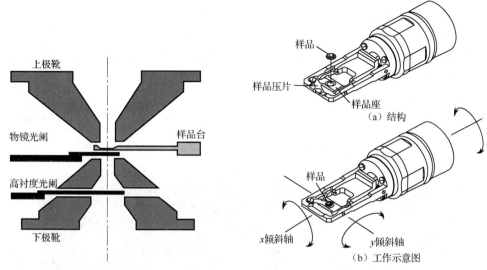

图 3-17 样品台在极靴中的位置（JEM-2010F）　图 3-18 双倾侧插式样品台的结构和工作示意图

3.7.2 电子束平移和倾斜装置

透射电镜是靠电磁偏转器来实现电子束的平移和倾斜的。图 3-19 为电磁偏转器的工作原理图，电磁偏转器由上下两个偏置线圈组成，通过调节线圈电流的大小和方向可改变电子束偏转的程度和方向。当上下偏置线圈的偏转角度相等，但方向相反时，如图 3-19（a）所示，就实现了电子束平移。若上偏置线圈使电子束逆时针偏转 θ 角，而下偏置线圈使之顺时针偏转 $\theta+\beta$ 角，如图 3-19（b）所示，则电子束相对于入射方向倾转 β 角，此时入射点的位置保持不变，这可实现中心暗场操作。

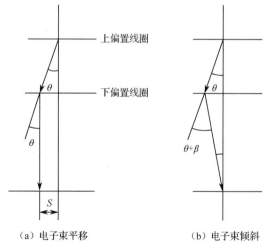

（a）电子束平移　　　　　　（b）电子束倾斜

图 3-19 电磁偏转器的工作原理图

3.7.3 消像散器

像散是由电磁透镜的磁场非旋转对称导致的，直接影响透镜的分辨率，为此，在透镜的上下极靴之间安装消像散器，就可基本消除像散。图 3-20 为电磁式消像散器的原理图及像散对电子束斑形状的影响。从图 3-20（b）和 3-20（c）可知未装消像散器时，电子束斑为椭圆形，加装消像散器后，电子束斑为圆形，基本上消除了聚光镜的像散对电子束的影响。

消像散器有机械式和电磁式两种，机械式消像散器在透镜的磁场周围对称放置位置可调的导磁体，调节导磁体的位置，就可使透镜的椭圆形磁场接近于旋转对称形磁场，基本消除该透镜的像散。另一种形式是电磁式消像散器，共有两组四对电磁体排列在透镜磁场的外围，如图 3-20（a）所示，每一对电磁体均为同极相对，通过改变电磁体的磁场方向和强度就可将电磁透镜的椭圆形磁场调整为旋转对称形磁场，从而消除像散的影响。

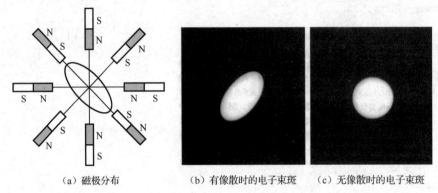

（a）磁极分布　　　　　　（b）有像散时的电子束斑　　　　（c）无像散时的电子束斑

图 3-20　电磁式消像散器原理图及像散对电子束斑形状的影响

3.7.4　光阑

光阑是为挡掉发散电子，保证电子束的相干性和电子束照射所选区域而设计的带孔小片。根据安装在电镜中的位置不同，光阑可分为聚光镜光阑、物镜光阑和中间镜光阑三种。

1. 聚光镜光阑

聚光镜光阑的作用是限制电子束的照明孔径半角。在双聚光镜系统中通常位于第二聚光镜的后焦面上。聚光镜光阑的孔径一般为 20～400μm，在做一般分析时，可选用孔径相对大一些的光阑，而在做微束分析时，则要选孔径小一些的光阑。

2. 物镜光阑

物镜光阑位于物镜的后焦面上，其作用是：①减小孔径半角，提高成像质量；②进行明场和暗场操作，当光阑孔套住衍射束成像时，为暗场成像操作；反之，当光阑孔套住透射束成像时，为明场成像操作。利用明暗场图像的对比分析，可以方便地进行物相鉴定和缺陷分析。

物镜光阑孔径一般为 20～120μm。孔径愈小，被挡电子愈多，图像的衬度就愈大，故物镜光阑又称衬度光阑。光阑孔四周开有环形不连续缝隙，目的是阻止散热，使孔受电子照射产生的热量不易散出，常处于高温状态，从而阻止污染物沉积堵塞光阑孔。

3. 中间镜光阑

中间镜光阑位于中间镜的物平面或物镜的像平面上，让电子束通过光阑孔限定的区域，对所选区域进行衍射分析，故中间镜光阑又称选区光阑。样品直径为 3mm，可用于观察分析的是中心透光区域，由于样品上待分析的区域一般仅为微米量级，若直接用光阑在样品上进行选择分析区域，则光阑孔的制备非常困难，同时光阑小孔极易被污染，因此，选区光阑一般放在物镜的像平面或中间镜的物平面上（两者在同一位置上）。例如，物镜的放大倍率为 100 倍，物镜像平面上的孔径为 100μm 的光阑相当于选择了样品上的 1μm 区域，这样光阑孔的制备及污染后的清理均容易得多。一般选区光阑的孔径为 20～400μm。

光阑一般由无磁性金属材料（Pt 或 Mo 等）制成，根据需要可制成 4 个或 6 个一组的系列光阑片，将光阑片安置在光阑支架上，分档推入镜筒，以便选择不同孔径的光阑。

注意：

① 衍射操作与成像操作是通过改变中间镜励磁电流的大小来实现的。调整励磁电流即改变中间镜的焦距，从而改变中间镜物平面与物镜后焦面之间的相对位置。当中间镜的物平面与物镜的像平面重合时，投影屏上将出现微区组织的形貌像，这样的操作称为成像操作；当中间镜的物平面与物镜的后焦面重合时，投影屏上将出现所选区域的衍射花样，这样的操作称为衍射操作。

② 明场操作与暗场操作是通过平移物镜光阑，分别让透射束或衍射束通过所进行的操作。仅让透射束通过的操作称为明场操作，所成的像为明场像；反之，仅让某一衍射束通过的操作称为暗场操作，所成的像为暗场像。

③ 选区操作是通过平移在物镜像平面上的选区光阑，让电子束通过所选区域进行成像或衍射的操作。

3.7.5　球差矫正器

TEM 模式下，样品被一束近平行的电子束照亮，经过样品结构调制的电子波通过一系列的电磁透镜放大后在像平面成像。由于电磁透镜本身的缺陷，电磁透镜对电子的折射能力随着电子束进入透镜的角度（即电子束与光轴之间的夹角）增大而提升，远离光轴区域比近光轴区域对电子束的折射能力更强，导致被样品高角度散射的电子聚焦在像平面前一定距离内，而像平面是由低角度散射电子的焦点定义的。一个理想的会聚透镜应该是能将物平面上的一点成像为像平面上的一点。而实际上，由于球差的存在，物平面上的一点在像平面上被扩展为一个盘，如图 3-21（a）所示。TEM 成像模式中，尽管有多个电磁透镜（聚光镜，物镜，中间镜和投影镜），但物镜是控制球差图像质量的核心因素，因此只需矫正物镜的球差即可提高透射电镜的分辨率，改善成像质量。因此，TEM 模式中球差矫正器安装在物镜和中间镜之间的位置，缩写为 AC-TEM，也可以称之为球差矫正 TEM 或 Image-Corrector。基本原理是通过在会聚透镜下增加一个发散透镜，用以补偿高散射角电子束的高折射能力。

在普通光学显微镜中，可以在系统中增加一个与凸透镜折射能力互补的凹透镜，如图 3-21（b）所示，凸透镜的球差可以得到矫正，从而大大减小系统中的球差，使得物点与像点大小完全一致，提高图像分辨率和成像质量。然而，所有的传统的电磁透镜都是球形对称的，实现的是凸透镜功能，只能对电子束进行会聚，无法使电子发散，因此必须重新设计电磁透镜，方可实现对电磁透镜的球差矫正。经过几代人的努力，终于在 20 世纪 90 年代初，德国科学家发明了第一代球差矫正器。球差矫正器采用多极子矫正装置和控制电磁透镜的聚焦中心，从而实现球差矫正。多极球差矫正器常见的有四极、六级和八极三种，如图 3-22 所示。

多极球差矫正器是通过多组可调节磁场的电磁透镜组对电子束的洛伦兹力作用，逐步调节透射电镜的球差，极数愈多，矫正的效果愈好，透射电镜的分辨率愈高，TEM 通过球差矫正，可使其分辨率由纳米级提升至亚埃米级。

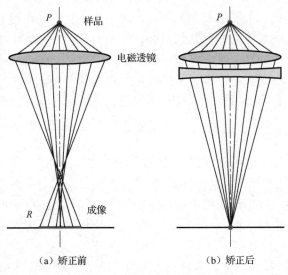

（a）矫正前　　　　　　　　（b）矫正后

图 3-21　球差矫正光路示意图

　　图 3-23 为球差矫正器中的电子轨迹。球差矫正器由 6 个完全相同的电磁透镜组组成，即 $Q_1O_1 \sim Q_6O_6$，位于物镜与中间镜之间，每个组都有 12 极，包括一个强四极和一个强八极，每一极上都有一个弱辅助线圈。强四极和强八极主要决定了通过矫正器的电子的运动轨迹。弱辅助线圈产生微小的多极矩，抵消寄生像差。发散的电子通过多极多组球差矫正器后，电子逐渐向光轴中心会聚，从而减小球差，提高了透射电镜的分辨率和成像质量。图中 Q、O 分别表示四极和八极电磁透镜。

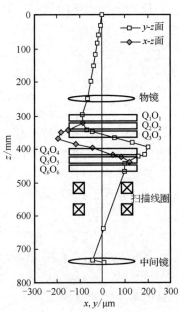

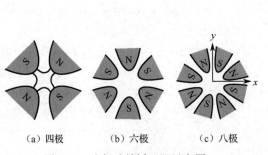

（a）四极　　　（b）六极　　　（c）八极

图 3-22　多极球差矫正器示意图　　　　　图 3-23　球差矫正器中的电子轨迹

3.8　透射电镜中的电子衍射

3.8.1　有效相机常数

由电子衍射的基本原理可知，凡在反射球上的倒易点均满足衍射的必要条件——布拉格方程，该阵点所表示的正空间中的晶面将参与衍射。透射电镜中的衍射花样即反射球上的倒易点在底片上的投影，由于实际电镜中除物镜外还有中间镜、投影镜等，其成像原理如图 3-24 所示。由三角形的相似原理得 $\Delta OAB \backsim \Delta O'A'B'$，这样，相机长度 L 和斑点距中心距离 R 相当于图中物镜焦距 f_0 和 r（物镜副焦点 A' 到主焦点 B' 的距离），进行衍射操作时，物镜焦距 f_0 起到了相机长度的作用，由于 f_0 将被中间镜、投影镜进一步放大，因此，最终的相机长度为 $f_0 M_{\mathrm{I}} M_{\mathrm{P}}$，$M_{\mathrm{I}}$ 和 M_{P} 分别为中间镜和投影镜的放大倍率。同样，r 也被中间镜和投影镜同倍放大，于是有

$$L' = f_0 M_{\mathrm{I}} M_{\mathrm{P}}; \quad R' = r\, M_{\mathrm{I}} M_{\mathrm{P}}$$

得
$$\frac{L'}{R'} = \frac{\dfrac{1}{\lambda}}{g} \tag{3-18}$$

所以
$$R' = L'\lambda g \tag{3-19}$$

令 $K' = L'\lambda$，得

$$R' = K'g \tag{3-20}$$

式中的 L' 和 K' 分别为有效相机长度和有效相机常数。但需注意的是式中的 L' 并不直接对应于样品至照相底片间的实际距离，因为有效相机长度随着物镜、中间镜、投影镜的励磁电流改变而变化，而样品到底片间的距离却保持不变，但由于透镜的焦长大，这并不会妨碍透射电镜成清晰图像。因此，实际上我们可不区分 K 与 K'、L 与 L' 和 R 与 R'，并用 K 直接取代 K'。

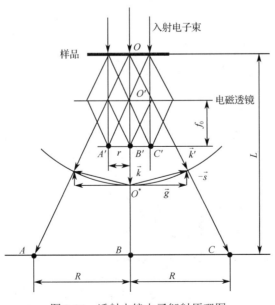

图 3-24　透射电镜电子衍射原理图

由此可见，透射电镜中的电子衍射花样仍然满足与电子衍射基本公式相似的公式，只是相

机长度和相机常数均放大了 $M_I M_P$ 倍，有效相机常数 $L'\lambda$ 有时也称为电子衍射的放大率，即厄瓦尔德球上的所有倒易点所形成图像的放大倍率。电子衍射花样中每一个斑点的矢量 $\vec{R}$，通过有效相机常数可直接换算成倒空间中的倒易矢量 $\vec{g}$，倒易矢量的端点即各衍射晶面所对应的倒易点，这样正空间中的衍射晶面就可通过其倒易点在底片上的投影斑点反映出来。

有效相机长度 $L'=f_0 M_I M_P$ 中的 f_0、M_I、M_P 分别取决于物镜、中间镜和投影镜的励磁电流，只有在三个电磁透镜的电流一定时，才能标定透射电镜的相机常数，从而确定 $\vec{R}$ 与 $\vec{g}$ 之间的比例关系。目前，由于计算机引入了自控系统，透射电镜的相机常数和放大倍率已可自动显示在底片的边缘，无须人工标定。

3.8.2　选区电子衍射

选区电子衍射就是对样品中感兴趣的微区进行电子衍射，以获得该微区电子衍射图的方法。选区电子衍射又称微区衍射，它是通过移动安置在中间镜上的选区光阑来完成的。

图 3-25 为选区电子衍射原理图。平行入射电子束通过样品后，由于样品薄，晶体内满足布拉格衍射条件的晶面组（hkl）将产生与入射方向成 2θ 角的平行衍射束。由透镜的基本性质可知，透射束和衍射束将在物镜的后焦面上分别形成透射斑点和衍射斑点，从而在物镜的后焦面上形成样品晶体的电子衍射谱，然后各斑点经干涉后重新在物镜的像平面上成像。如果调整中间镜的励磁电流，使中间镜的物平面分别与物镜的后焦面和像平面重合，那么该区的电子衍射谱和像分别被中间镜和投影镜放大，显示在荧光屏上。

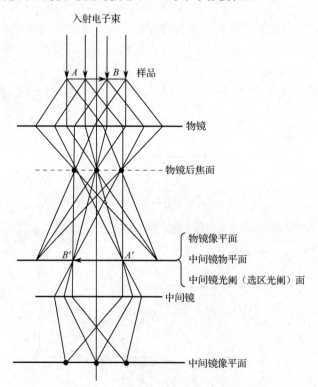

图 3-25　选区电子衍射原理图

显然，单晶体的电子衍射谱为对称于中心透射斑点规则排列的斑点群。多晶体的电子衍射谱则为以透射斑点为中心的衍射环。

如何获得感兴趣区域的电子衍射花样呢？即通过选区光阑（又称中间镜光阑）套在感兴趣的区域，分别进行成像操作或衍射操作，获得该区的像或电子衍射花样，实现所选区域的形貌分析和结构分析。具体的选区电子衍射操作步骤如下。

（1）由成像操作使物镜精确聚焦，获得清晰的形貌像。

（2）插入尺寸合适的选区光阑，套住被选视场，调整物镜电流，使光阑孔内的像清晰，保证了物镜的像平面与选区光阑面重合。

（3）调整中间镜的励磁电流，使光阑边缘像清晰，从而使中间镜的物平面与选区光阑的平面重合，这也使选区光阑面、物镜像平面和中间镜物平面三者重合，进一步保证了选区的精度。

（4）移去物镜光阑（否则会影响衍射斑点的形成和完整性），调整中间镜的励磁电流，使中间镜的物平面与物镜的后焦面共面，由成像操作转变为衍射操作。电子束经中间镜和投影镜放大后，在荧光屏上将产生所选区域的电子衍射图谱，对于高档的现代电镜，也可操作"衍射"按钮自动完成。

（5）需要照相时，可适当减小第二聚光镜的励磁电流，减小入射电子束的孔径角，缩小束斑尺寸，提高斑点清晰度。微区的形貌和电子衍射花样可存在同一张底片上。

3.9 常见的电子衍射花样

由前一章的电子衍射知识可知，电子束作用于晶体后，发生电子散射，相干的电子散射在底片上形成电子衍射花样。根据电子束能量的大小，电子衍射可分为高能电子衍射和低能电子衍射，本章主要介绍高能电子衍射（加速电压高于 100kV）。根据样品的结构特点可将电子衍射花样分为单晶电子衍射花样、多晶电子衍射花样和非晶电子衍射花样等，如图 3-26 所示。根据衍射花样的复杂程度又可分为简单电子衍射花样和复杂电子衍射花样。通过对衍射花样的分析，可以获得样品内部的结构信息。

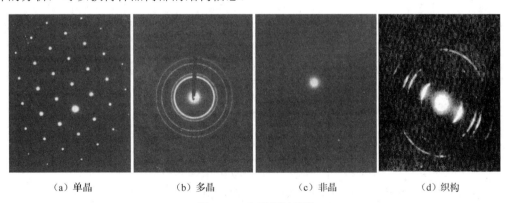

（a）单晶   （b）多晶   （c）非晶   （d）织构

图 3-26 电子衍射花样

3.9.1 单晶电子衍射花样

1. 单晶电子衍射花样的特征

由电子衍射的基本原理可知，若电子束的方向与晶带轴[uvw]的方向平行，则单晶体的电

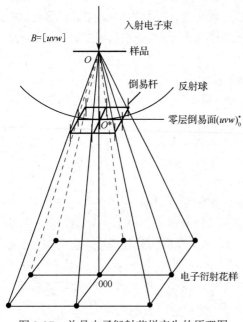

图 3-27　单晶电子衍射花样产生的原理图

子衍射花样（单晶电子衍射花样）实际上是垂直于电子束入射方向的零层倒易面上的阵点在荧光屏上的投影，电子衍射花样由规则的衍射斑点组成，如图 3-27 所示，斑点指数即零层倒易面上的阵点指数（去除结构因子为零的阵点）。

2. 单晶电子衍射花样的标定

电子衍射花样的标定即衍射斑点指数化，并确定衍射花样所属的晶带轴指数[uvw]，对未知其结构的标定还包括确定点阵类型。单晶电子衍射花样有简单和复杂之分，简单电子衍射花样即电子衍射谱满足晶带定律（$hu+kv+lw=0$），其标定通常又有已知晶体结构和未知晶体结构两种情况，而复杂电子衍射花样的标定不同于简单电子衍射花样的标定，过程较为繁琐，本节主要介绍简单电子衍射花样的标定。

1）已知晶体结构

标定步骤如下。

（1）确定中心斑点，测量距中心斑点最近的几个斑点的距离，并按距离由小到大依次排列：R_1、R_2、R_3、R_4、…，同时测量各斑点之间的夹角，依次为 φ_1、φ_2、φ_3、φ_4、…，各斑点对应的倒易矢量分别为 $\vec{g}_1$、$\vec{g}_2$、$\vec{g}_3$、$\vec{g}_4$、…。

（2）由已知的相机常数 K 和电子衍射的基本公式：$R=K\dfrac{1}{d}$，分别获得相应的晶面间距 d_1、d_2、d_3、d_4、…。

（3）由已知的晶体结构和晶面间距公式，结合 PDF 卡片，分别定出对应的晶面族指数 $\{h_1k_1l_1\}$、$\{h_2k_2l_2\}$、$\{h_3k_3l_3\}$、$\{h_4k_4l_4\}$、…。

（4）假定距中心斑点最近的斑点指数。若 R_1 最小，则设其晶面指数为晶面族 $\{h_1k_1l_1\}$ 中的一个，即从晶面族中任取一个 $(h_1k_1l_1)$ 作为 R_1 所对应的斑点指数。

（5）确定第二个斑点指数。第二个斑点指数由夹角公式校核确定，若晶体结构为立方晶系，则其夹角公式为

$$\cos\varphi_1 = \frac{h_1h_2 + k_1k_2 + l_1l_2}{\sqrt{(h_1^2 + k_1^2 + l_1^2)(h_2^2 + k_2^2 + l_2^2)}} \tag{3-21}$$

在晶面族 $\{h_2k_2l_2\}$ 中取一个 $(h_2k_2l_2)$ 代入公式计算夹角 φ_1，当计算值与实测值一致时，即可确定 $(h_2k_2l_2)$。当计算值与实测值不符时，则需重新选择 $(h_2k_2l_2)$，直至相符为止，从而定出 $(h_2k_2l_2)$。注意：$(h_2k_2l_2)$ 是晶面族 $\{h_2k_2l_2\}$ 中的一个，因此，第二个斑点指数 $(h_2k_2l_2)$ 的确定仍带有一定的任意性。

（6）由确定了的两个斑点指数 $(h_1k_1l_1)$ 和 $(h_2k_2l_2)$，通过矢量合成法 $\vec{g}_3 = \vec{g}_1 + \vec{g}_2$ 导出其他各斑点指数。

（7）定出晶带轴。由已知的两个矢量右手法则叉乘后取整即晶带轴指数：$[uvw]= \vec{g}_1 \times \vec{g}_2$，得

$$\begin{cases} u = k_1 l_2 - k_2 l_1 \\ v = l_1 h_2 - l_2 h_1 \\ w = h_1 k_2 - h_2 k_1 \end{cases} \tag{3-22}$$

（8）系统核查各过程，算出晶格常数。

例如，γ-Fe 某电子衍射谱如图 3-28 所示，已知 γ-Fe 为面心立方结构，a=0.36nm，衍射谱中 R_1=16.7mm、R_2=37.3mm、

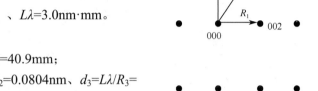

R_3=40.9mm、$\vec{R_1}\hat{\vec{R_2}}$=90°、$\vec{R_1}\hat{\vec{R_3}}$=65.9°、$L\lambda$=3.0nm·mm。

标定过程如下。

（1）R_1=16.7mm、R_2=37.3mm、R_3=40.9mm；

（2）d_1=$L\lambda/R_1$=0.1796nm、d_2=$L\lambda/R_2$=0.0804nm、d_3=$L\lambda/R_3$=0.0733nm。

图 3-28　γ-Fe 某电子衍射谱

（3）查阅 γ-Fe 的 PDF 卡片，可知 $\vec{R_1}$ 和 $\vec{R_2}$ 对应的晶面族指数分别为{200}和{420}。

（4）考虑到 $\vec{R_1}$ 垂直于 $\vec{R_2}$，即 $\cos\vec{R_1}\hat{\vec{R_2}} = \dfrac{\vec{R_1}\cdot\vec{R_2}}{|\vec{R_1}||\vec{R_2}|} = \dfrac{H_1 H_2 + K_1 K_2 + L_1 L_2}{\sqrt{(H_1^2+K_1^2+L_1^2)}\sqrt{(H_2^2+K_2^2+L_2^2)}} = 0$

故　　　　　　　　　　　$H_1 H_2 + K_1 K_2 + L_1 L_2 = 0$

由此令 $\vec{R_1}$ 对应晶面为(002)，$\vec{R_2}$ 对应晶面可取(240)，此时 $\vec{R_1}\cdot\vec{R_2}$=0，即 $\cos\vec{R_1}\hat{\vec{R_2}} = 0$，符合 $\vec{R_1}\perp\vec{R_2}$。

（5）由矢量合成 $\vec{R_3} = \vec{R_1} + \vec{R_2}$ 得 $\vec{R_3}$ 为(242)，即

$$\cos\vec{R_1}\hat{\vec{R_3}} = \frac{\vec{R_1}\cdot\vec{R_3}}{|\vec{R_1}||\vec{R_3}|} = \frac{H_1 H_3 + K_1 K_3 + L_1 L_3}{\sqrt{(H_1^2+K_1^2+L_1^2)}\sqrt{(H_3^2+K_3^2+L_3^2)}} = \frac{1}{\sqrt{6}} = 0.4081$$

$\vec{R_1}\hat{\vec{R_3}}$=65.91°，与测量值吻合。

（6）晶带轴指数$[uvw] = \vec{R_1} \times \vec{R_2} = [\bar{2}10]$

2）未知晶体结构

当晶体的点阵结构未知时，首先分析斑点的特点，确定其所属的点阵结构，然后再由前面所介绍的步骤标定其衍射花样。如何确定其点阵结构呢？主要从斑点的对称特点（见表 3-3）或 $1/d^2$ 值的连比规律（见表 3-4）来确定点阵的结构类型。斑点分布的对称性愈高，其对应晶系的对称性也愈高。如斑点花样为正方形时，则其点阵可能为四方或立方点阵，假如该点阵倾斜，斑点分布可能为正六边形，则可推断该点阵属于立方点阵，其他规则斑点及其指数标定可参见附录 A.6。

表 3-3　衍射斑点的对称特点及其可能所属晶系

斑点花样的几何图形	电子衍射花样	可能所属晶系
平行四边形		三斜、单斜、正交、四方、六方、三方、立方

续表

斑点花样的几何图形	电子衍射花样	可能所属晶系
矩形 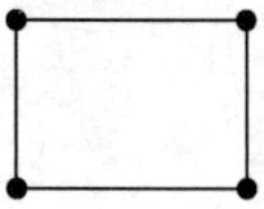	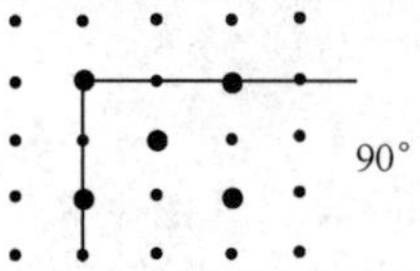 90°	单斜、正交、四方、六方、三方、立方
有心矩形 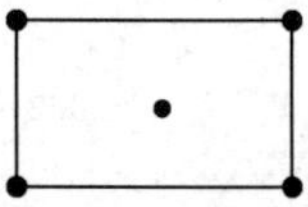	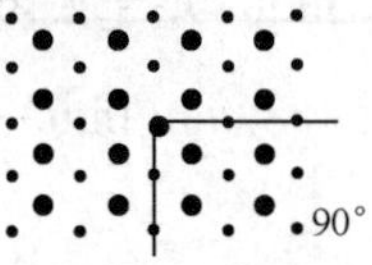 90°	单斜、正交、四方、六方、三方、立方
正方形	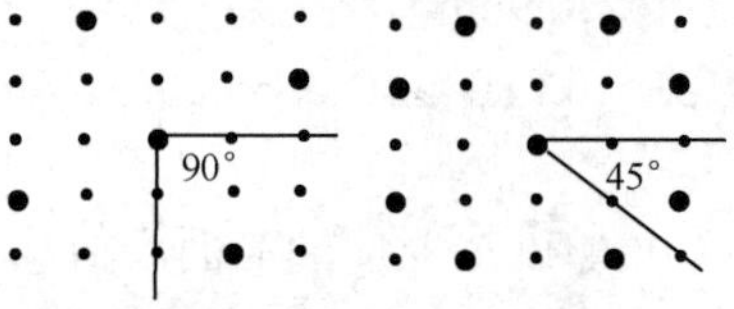 90°　45°	四方、立方
正六边形 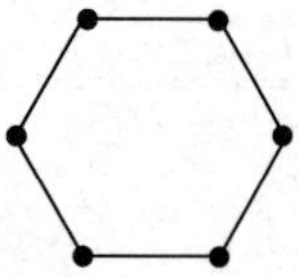	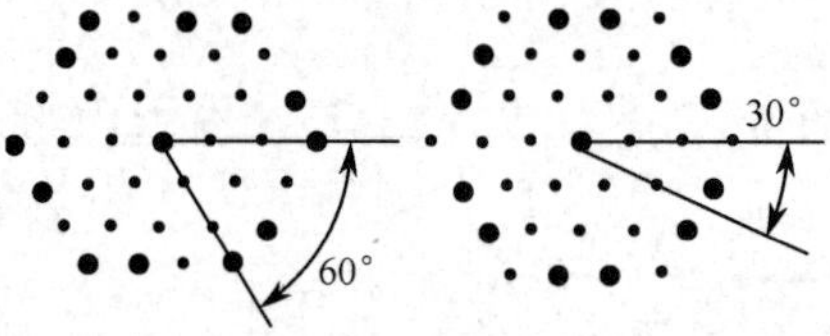 60°　30°	六方、三方、立方

注意：

① 有时衍射斑点相对于中心斑点对称得不是很好，因此，花样斑点构成的图形难以准确判定。

② 由于斑点的形状、大小的测量非常困难，故 $\dfrac{1}{d^2}$ 的计算也难以非常精确，其连比规律也不一定十分明显，可能会形成模棱两可的结果，此时，可与所测 d 值相近的 PDF 卡片进行比较计算，来推断晶体所属的点阵。

③ 第一个斑点指数可以从晶面族 $\{h_1k_1l_1\}$ 中任取，第二个斑点指数受到相应的 N 值及它与第一个斑点间的夹角约束，其他斑点指数可由矢量合成法获得，因此，单晶体的点阵花样指数存在不唯一性，其对应的晶带轴指数也不唯一；④可借助于其他手段如 X 射线衍射、电子探针等来进一步验证和核实所分析的结论。

表 3-4　$\dfrac{1}{d^2}$ 的连比规律及其对应的晶面指数

点阵结构	晶面间距	$\dfrac{1}{d^2}$ 的连比规律：$\dfrac{1}{d_1^2}:\dfrac{1}{d_2^2}:\dfrac{1}{d_3^2}:\dfrac{1}{d_4^2}:\cdots=N_1:N_2:N_3:N_4\cdots$									
简单立方	$\dfrac{1}{d^2}=\dfrac{h^2+k^2+l^2}{a^2}=\dfrac{N}{a^2}$（令 $N=h^2+k^2+l^2$）	N	1	2	3	4	5	6	8	9	10	11
		$\{hkl\}$	100	110	111	200	210	211	220	221 300	310	311

点阵结构	晶面间距	$\frac{1}{d^2}$ 的连比规律: $\frac{1}{d_1^2}:\frac{1}{d_2^2}:\frac{1}{d_3^2}:\frac{1}{d_4^2}:\cdots = N_1:N_2:N_3:N_4:\cdots$									
体心立方	$\frac{1}{d^2}=\frac{h^2+k^2+l^2}{a^2}=\frac{N}{a^2}$ （令 $N=h^2+k^2+l^2$）	N	2	4	6	8	10	12	14	16	18	20
		{hkl}	110	200	211	220	310	222	321	400	411 330	420
面心立方	$\frac{1}{d^2}=\frac{h^2+k^2+l^2}{a^2}=\frac{N}{a^2}$ （令 $N=h^2+k^2+l^2$）	N	3	4	8	11	12	16	19	20	24	27
		{hkl}	111	200	220	311	222	400	331	420	422	333 511
金刚石	$\frac{1}{d^2}=\frac{h^2+k^2+l^2}{a^2}=\frac{N}{a^2}$ （令 $N=h^2+k^2+l^2$）	N	3	8	11	16	19	24	27	32	35	40
		{hkl}	111	220	311	400	331	422	333 511	440	531	620
六方	$\frac{1}{d^2}=\frac{4}{3}\times\frac{h^2+hk+k^2}{a^2}+\frac{l^2}{c^2}$ （令 $N=h^2+hk+k^2,l=0$）	N	1	3	4	7	9	12	13	16	19	21
		{hkl}	100	110	200	210	300	220	310	400	320	410
简单四方	$\frac{1}{d^2}=\frac{h^2+k^2}{a^2}+\frac{l^2}{c^2}=\frac{N}{a^2}$ （令 $N=h^2+k^2,l=0$）	N	1	2	4	5	8	9	10	13	16	18
		{hkl}	100	110	200	210	220	300	310	320	400	330
体心四方	$\frac{1}{d^2}=\frac{h^2+k^2}{a^2}+\frac{l^2}{c^2}=\frac{N}{a^2}$ （令 $N=h^2+k^2,l=0$）	N	2	4	8	10	16	18	20	32	36	40
		{hkl}	110	200	220	310	400	330	420	440	600	620

3.9.2　多晶电子衍射花样

多晶体的电子衍射花样（多晶电子衍射花样）等同于多晶体的 X 射线衍射花样，为系列同心圆，即从反射球中心出发，经反射球与系列倒易球的交线所形成的系列衍射锥在平面底片上的感光成像。其花样标定相对简单，同样分以下两种情况。

1）已知晶体结构

具体步骤如下。

（1）测定各同心圆直径 D_i，算得各半径 R_i；

（2）由 R_i/K（K 为相机常数）算得 $1/d_i$；

（3）对照已知晶体 PDF 卡片上的 d_i 值，直接确定各环的晶面族指数 {hkl}。

2）未知晶体结构

具体步骤如下。

（1）测定各同心圆的直径 D_i，计得各系列圆半径 R_i；

（2）由 R_i/K（K 为相机常数）算得 $1/d_i$；

（3）由 $\dfrac{1}{d^2}$ 由小到大的连比规律（见表 3-4）推断出晶体的点阵结构；

（4）写出各环的晶面族指数 {hkl}。

3.10　几种特殊电子衍射花样

3.10.1　双晶带电子衍射花样

在单晶电子衍射花样中，同时出现两种不同类型特征的平行四边形斑点花样，显然它们分属于两个不同的晶带轴，该花样即双晶带电子衍射花样。产生双晶带电子衍射花样的原因有：①反射球具有一定的曲率半径，可与分属于不同晶带轴的倒易杆相截。②两晶带轴的夹角很小，两晶带轴指数相差很小。

当入射电子束与晶带轴 $[u_1v_1w_1]$ 和 $[u_2v_2w_2]$ 都形成一个小角度时，反射球就可能在透射束两边分别与两个倒易面上的阵点相截，如图 3-29 所示，因而出现两种不同类型的斑点花样，如图 3-30 所示。

注意：

双晶带电子衍射花样是单晶体在不同倒易层上的斑点（分属于两个不同的晶带轴）沿衍射束方向在荧光屏上的投影。而第 4 章的高阶劳埃斑点花样是同一根晶带轴不同倒易层上阵点的投影。

图 3-30 为某双晶带电子衍射花样。透射斑点 O 两侧 $Oabc$ 和 $Oade$ 分属于不同的晶带轴。其中 O、a 两点同时属于两个晶带轴，为共轭点。该类花样标定关键在于共轭点的指数选择。已知相机常数 K=169mm.nm，a=0.2920nm，结构为体心立方结构。具体标定方法如下。

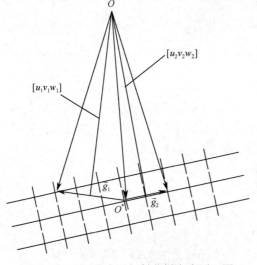

图 3-29　双晶带电子衍射花样产生原理图

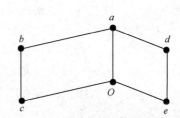

图 3-30　双晶带电子衍射花样

（1）测量个斑点的 R_i 值，由相机常数 K，分别计算各自对应的 d_i 值，列入表 3-5 中。

（2）先标定其中一套斑点花样 $Oabc$，分别标定为 (112)、$(\overline{3}10)$、$(\overline{2}22)$。

（3）再标定另一套斑点花样 $Oade$，其中点 a 已标为（112），同理点 d 可标定为 {330} 或 {411}；点 e 标为 {312}。由矢量法则和斑点位置的特点，可标点 d 为 $(4\overline{1}1)$，点 e 为 $(3\overline{2}\overline{1})$。

表 3-5　各斑点测量的参数值

斑点	R_i/mm	d_i/nm	{hkl}	(hkl)	[uvw]
a	14.2	0.1190	{112}	(112)	
b	20.0	0.0850	{222}	($\bar{2}22$)	$\vec{r} = [\bar{1}32]$
c	18.2	0.0930	{310}	($\bar{3}10$)	
a	14.2	0.1190	{112}	(112)	
d	24.6	0.0690	{330},{441}	($4\bar{1}1$)	$\vec{r} = [\bar{3}75]$
e	21.7	0.0780	{312}	($3\bar{2}\bar{1}$)	

（4）由标定的指数分别求出两晶带轴指数：$\vec{r}_1 = [\bar{1}\,32]$、$\vec{r}_2 = [\bar{3}\,75]$。

（5）验证。由图 3-29 可知 $\vec{g}_1 \cdot \vec{r}_2 > 0$、$\vec{g}_2 \cdot \vec{r}_1 > 0$，故 $\vec{g}_1$ 与 $\vec{r}_2$、$\vec{g}_2$ 与 $\vec{r}_1$ 夹角均小于 90°。$\vec{g}_1$、$\vec{g}_2$ 均在反射球的曲面内，表明指标化正确。

3.10.2　斑点指数标定的不唯一性

花样标定过程中常会出现花样标定存在不唯一性，即同一套斑点花样可能会有两套不同的指数。一般有 180° 不唯一性和重位不唯一性两种。

1）180° 不唯一性

当电子束方向（B）平行于反射晶面入射时，如果晶体绕 B 轴转动 180°，各反射晶面位置不变，导致电子衍射花样相同。此时斑点指数可以用(hkl)，也可用 ($\bar{h}\,\bar{k}\,\bar{l}$) 来标定。使斑点花样存在二次旋转轴，即使晶体本身并不存在二次旋转轴，斑点花样同样具有这样的对称关系。如果晶带轴[uvw]本身就是晶体的二次旋转轴，(hkl)和 ($\bar{h}\,\bar{k}\,\bar{l}$) 是由这个二次对称轴联系起来的，无须区分，任取其中一套花样指数都不改变晶体的取向，即晶体和花样均呈 180° 对称。如果晶带轴[uvw]不是晶体的二次旋转轴，此时(hkl)和 ($\bar{h}\,\bar{k}\,\bar{l}$) 有区别，分别代表两种不同的取向，此时衍射花样呈 180° 对称，而晶体则否，如图 3-31 所示。

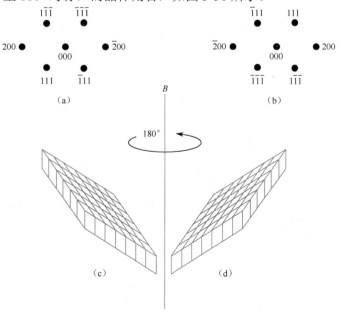

图 3-31　电子衍射花样 180° 不唯一性示意图

这种 180°不唯一性在晶体取向分析中需加以消除，消除的方法有：

（1）如果晶体存在二次旋转对称轴，且电子束方向平行于晶体的偶次轴（二次轴、四次轴），其电子衍射花样唯一。

（2）双晶带电子衍射中不存在这种 180°不唯一性。拍摄由两个不同晶带的零阶劳埃区所形成的花样，这种方法可唯一确定斑点花样，没有 180°不唯一性。

2）重位不唯一性

立方晶体中不同高指数，如$(h_1k_1l_1)$和$(h_2k_2l_2)$的反射面，若$h_1^2 + k_1^2 + l_1^2 = h_2^2 + k_2^2 + l_2^2$，两晶面间距相同，如面心立方结构中的(355)和(173)，体心立方结构中的(411)和(330)等，因此，同一个斑点可以由两个斑点指数表征，分别对应于不同的两种晶体位向，两者没有任何对称关系。这两种指数的标定仅有一种是正确的，代表正确的晶体位向。图 3-32 为 FCC 结构的铝样品的电子衍射花样，可以标定成两套不同的指数，分别属于两个不同的晶带 [815] 和 $[\overline{5}\,47]$，各斑点指数平方和均相等。它们是不同的晶体位向产生的，该类不唯一性称为重位不唯一性。可通过倾转样品消除该不唯一性。

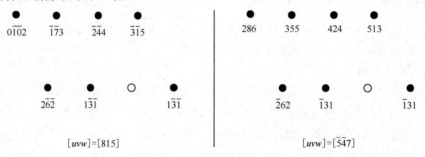

图 3-32　重位不唯一性示意图

是否需要消除这些不唯一性，应视具体的实验而定。如果需要精确确定晶粒之间析出相与基体间的取向关系，确定位错的柏氏矢量、位错环指向，以及确定用计算机模拟的柏氏矢量和位错线方向时，才要求指数标定唯一性。

3.10.3　晶体取向关系测定

材料研究中，经常涉及析出相、孪晶相等与基体的取向关系，这些取向关系一般用两晶体中一对平行晶面上的一对平行晶向来表征。如钢的马氏体相变中，马氏体与基体的取向关系表示为

$$(111)_\gamma // (110)_M \; ; \; [1\,\overline{1}0]_\gamma // [1\,\overline{1}1]_M$$

式中，γ 为奥氏体，M 为马氏体。

晶体取向关系的测定可采用 X 射线衍射法、菊池花样法及电子衍射斑点花样法等进行。本章主要介绍电子衍射斑点花样法，第 4 章将介绍菊池花样法测定。若样品厚度适当，没有点阵畸变，同时要求测量精度较高时，可采用菊池花样法进行测定。

具体步骤如下。

（1）制薄膜样品，采用透射电镜中的电子能谱分析等法对析出相进行物相鉴定。

（2）采用选区电子衍射技术分别获取基体和析出相叠加在一起的电子衍射花样，并分别进行标定，确定各自的晶带轴指数$[u_1v_1w_1]$、$[u_2v_2w_2]$。

（3）两晶带轴平行，即$[u_1v_1w_1]//[u_2v_2w_2]$。

（4）再由不同相的斑点所存在的共线关系，获得晶体中平行晶面的关系。或者画出基体和析出相两者叠加的标准极射赤面投影图，标出重要晶面的极，从而找出它们之间的取向关系。

（5）核对结果。薄膜样品倒易点的扩展、反射球固有曲率、样品的受热变形弯曲、$180°$不唯一性等均会导致取向出现误差，怎么办呢？选用不同晶带的电子衍射花样，重复上述分析，然后由多次重复出现的晶面平行关系定位两相间的取向关系。

图 3-33 为 Fe-Si-Ti 合金时效后的电子衍射花样，包括基体和析出相两套花样。分别标定基体和析出相的斑点花样，如图 3-33（a）所示，有下画线的为基体斑点花样，没有下画线的为析出相的斑点花样。基体是 BCC 的 α-Fe，$a=0.20866$nm，析出相是 FCC 的 Fe_2TiSi，$a=0.5714$ nm。经计算基体和析出相的晶带轴均为 $[\bar{1}\bar{1}0]$，由于两相均为零层倒易面上阵点的投影，因此两晶体的晶带轴平行，即 $[\bar{1}\bar{1}0]_{基体}//[\bar{1}\bar{1}0]_{析出相}$。

两相的晶带轴方向相同，具有同一个极点，以此为投影球的球心，$(\bar{1}\bar{1}0)$ 为投影赤平面，所有晶带面的极点位于同一个大圆上，各极点位置可由矢量夹角公式计算，其标准投影图如图 3-33（b）所示，由标准投影图上重叠极点可知 $(001)_{基体}//(001)_{析出相}$，$(00\bar{1})_{基体}//(00\bar{1})_{析出相}$，$(\bar{1}10)_{基体}//(\bar{1}10)_{析出相}$，$(1\bar{1}0)_{基体}//(1\bar{1}0)_{析出相}$。

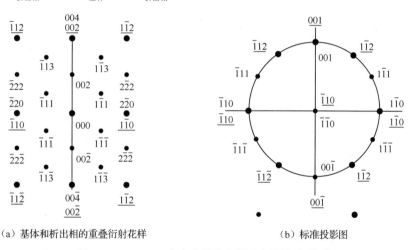

（a）基体和析出相的重叠衍射花样　　　　　　　（b）标准投影图

图 3-33　Fe-Si-Ti 合金中基体与析出相的取向关系

可直接从重叠衍射花样中看到重叠点：$[(004),(\underline{002})]$、$[(00\bar{4}),(\underline{00\bar{2}})]$、$[(\bar{2}\bar{2}0),(\underline{\bar{1}10})]$、$[(2\bar{2}0),(\underline{1\bar{1}0})]$。显然重叠点对应的晶面平行，即 $[(004)//(\underline{002})]$、$[(00\bar{4})//(\underline{00\bar{2}})]$、$[(\bar{2}\bar{2}0)//(\underline{\bar{1}10})]$、$[(2\bar{2}0)//(\underline{1\bar{1}0})]$。此外两相共线的斑点有 (004)、$(\underline{002})$、(002)、(000)、$(\underline{00\bar{2}})$、$(00\bar{4})$、$(\underline{00\bar{2}})$，同样它们对应的晶面平行，即 $(004)//(\underline{002})//(002)//(000)//(\underline{00\bar{2}})//(00\bar{4})//(\underline{00\bar{2}})$。

3.10.4　层错能测定

层错能是合金材料的一个重要物理特性，直接影响材料的力学性能、位错交滑移和相稳定性等。堆垛层错能决定的主要变形机制有滑移、交滑移、不全位错的滑移、孪生变形或应变引起的马氏体转化。层错能的计算可分为实验测定法和热力学计算法，热力学计算法有正规溶液模型法、Bragg-Williams 模型法和双亚点阵模型法。实验测定法有 X 射线衍射法（XRDM）、透射电镜法（TEMM）和嵌入原子法（EAM），本节主要介绍透射电镜法测定层错能。

　　不同柏氏矢量的位错相遇时将相互吸引形成位错结，如面心立方晶体的两组$\frac{a}{2}$[110]位错相互作用形成了位错结。位错结有两种形式：扩展结和收缩结，如图 3-34 所示。

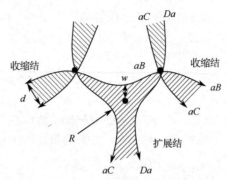

图 3-34　面心立方金属中的扩展结和收缩结

　　此时组成扩展结的不全位错的弯曲与以不全位错为边界的层错的表面张力相平衡，因此结点的曲率半径 R 与层错能 γ 直接相关，由于位错线张力为

$$T = \frac{Gb^2}{2} \tag{3-23}$$

式中，T 为位错线张力；G 为材料的切变模量；b 为位错的柏氏矢量大小。

层错能为

$$\gamma = \frac{Gb^2}{2R} \tag{3-24}$$

式中，R 为位错线的曲率半径。

　　为此，可以通过透射电镜获得位错的柏氏矢量大小 b、位错线的曲率半径 R 计算位错的层错能。

　　此外，弗里德（Fridel）提出过较为精确的计算 T 的公式，从而计算层错能，即

$$T = \frac{Gb^2}{4\pi K} \ln\left(\frac{R}{r_0}\right) \tag{3-25}$$

式中，r_0 是位错核心的半径，且认为 $r_0 \approx b$；K 为常数，螺旋型位错时 $K=1$，刃型位错时 $K=(1-v)$；v 为泊松比，据此豪威和斯迈得出另一层错能的计算公式

$$\gamma = \frac{Gb^2}{4\pi KR} \ln\left(\frac{R}{b}\right) \tag{3-26}$$

　　由于 R 的测量比较困难，布朗（Brown）提出了另一更简洁的计算公式

$$\gamma = \frac{nGb^2}{w} \tag{3-27}$$

式中，w 为结点宽度，即结点至边沿距离，这比测曲率半径 R 简单方便，且易于侧准，n 为常数，对螺旋型位错 $n=0.25$，刃型位错 $n=0.25(1-v)$。

　　需注意的是 w 是根据衍射照片来确定的，结点是投影像，故 w 应换算成三维空间中的真实宽度。

　　注意：

　　① 堆垛层错简称为层错。扩展位错是由一个全位错分解为两个不全位错，中间夹着一个

堆垛层错的整个位错组态，并以产生它的全位错命名，位错宽度为 d。图 3-35 为面心立方晶体中的 $\dfrac{a}{2}[\bar{1}10]$ 扩展位错。

② 体心立方晶体和密排六方晶体的层错能也可通过不全位错的节点宽度 w 进行测量，原理相同。

③ 层错能愈大，位错宽度 d 愈小，位错宽度 d 不同于位错节点宽度 w。

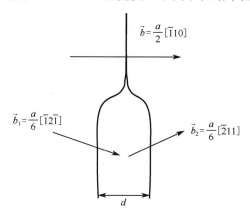

图 3-35　面心立方晶体中的 $\dfrac{a}{2}[\bar{1}10]$ 扩展位错

本章小结

透射电镜是材料微观结构分析和微观形貌观察的重要工具，是材料研究方法中最为核心的手段，但因透射电镜结构复杂、理论深奥，只有在未来的工作中才能逐渐理解和深入掌握。本章主要介绍了透射电镜的基本原理、结构，以及常见电子衍射花样的标定，内容如下。

1）透镜
- 有形透镜：光学显微镜系统中采用，其形状和焦距固定
- 无形透镜
  - 静电透镜：由电位不等的正负两极组成，电子束可以偏转会聚，用于透射电镜中的电子枪
  - 电磁透镜：是透射电镜中的核心部件，可使电子束绕磁透镜中心轴螺旋会聚，通过调整磁透镜中励磁电流的大小，可改变磁透镜的焦距

2）磁透镜的像差
- 几何像差
  - 球差：$r_\text{s}=\dfrac{1}{4}C_\text{s}\alpha^3$，减小孔径半角是减轻球差的最佳途径
  - 像散：$r_\text{A}=\Delta f_\text{A}\alpha$，可通过消像散器消除或减轻像散
- 色差：$r_\text{C}=C_\text{C}\alpha\left|\dfrac{\Delta E}{E}\right|$，通过稳压器可有效减轻色差

像差中像散和色差可通过适当措施得到有效控制甚至基本消除，唯有球差控制较难，又因球差正比于孔径半角的立方，所以减小孔径半角即让电子束平行于中心光轴入射是减轻球

差的首选方法。

3）最佳孔径半角：同时考虑球差和衍射效应所得的孔径半角，即 $\alpha = \sqrt[4]{2.44}\left(\dfrac{\lambda}{C_s}\right)^{\frac{1}{4}} =$

$1.25\left(\dfrac{\lambda}{C_s}\right)^{\frac{1}{4}}$，此时透射电镜的分辨率 $r_0 = AC_s^{\frac{1}{4}}\lambda^{\frac{1}{4}}$ （A=0.4～0.55）。

4）景深：$D_f = \dfrac{2r_0}{\tan\alpha} \approx \dfrac{2r_0}{\alpha}$，景深为观察样品的微观细节提供了方便。

5）焦长：$D_L = \dfrac{2r_0M^2}{\alpha}$，焦长为成像操作提供了方便。

6）分辨率 $\begin{cases} \text{点分辨率：首先让Pt或Au通过蒸发沉积在极薄碳支撑膜上，再让透射束} \\ \text{　　　　或衍射束两者之一进入成像系统摄取其颗粒像来确定} \\ \text{晶格分辨率：首先形成定向生长的单晶体薄膜，再让衍射束和透射束两} \\ \text{　　　　者平行于某一晶面方向进入成像系统，摄取该晶面的间距} \\ \text{　　　　条纹（晶格条纹）像来确定晶格分辨率} \end{cases}$

7）透射电镜的结构组成 $\begin{cases} \text{电子光学系统} \begin{cases} \text{照明系统：由电子枪、聚光镜、聚光镜光阑等组成。} \\ \text{　　　　作用：产生一束亮度高、相干性好、束流} \\ \text{　　　　稳定的电子束} \\ \text{成像系统} \begin{cases} \text{物镜} \\ \text{中间镜：调整中间镜励磁电流可完成成} \\ \text{　　　　像操作和衍射操作} \\ \text{投影镜} \end{cases} \\ \text{记录系统} \end{cases} \\ \text{电源控制系统} \\ \text{真空系统} \end{cases}$

8）光阑 $\begin{cases} \text{聚光镜光阑：限制照明孔径角，让电子束平行于中心光轴进入成像系统} \\ \text{物镜光阑：位于物镜的后焦面上，又称衬度光阑，可完成明场和暗场操作；} \\ \text{　　　　当光阑挡住衍射束，仅让透射束通过，所形成的像为明场像；} \\ \text{　　　　当光阑挡住透射束，仅让衍射束通过，所形成的像为暗场像} \\ \text{中间镜光阑：位于中间镜的物平面或物镜的像平面上，又称选区光阑，可完} \\ \text{　　　　成选区衍射操作} \end{cases}$

9）电子衍射花样的标定 $\begin{cases} \text{单晶电子衍射花样的标定：规则斑点} \\ \text{多晶电子衍射花样的标定：同心圆环} \end{cases}$

10）不同方法下样品的花样汇总（见表 3-6）

表 3-6　不同方法下样品的花样汇总

方　法	样　品				
	单相单晶	单相多晶	多　相	非　晶	织　构
XRDM	规则斑点（少）	数个尖锐峰	更多尖锐峰	漫散峰	若干个强峰
TEMM	规则斑点（多）	数个同心圆	更多同心圆	晕斑	不连续弧对

11）双晶带电子衍射花样：双晶带电子衍射花样的两套斑点花样分属于两个不同的晶带，不同于第 4 章复杂电子衍射花样中的高阶劳埃斑点花样，高阶劳埃斑点花样同属一个晶带轴。入射电子束方向与两晶带夹角均较小方可发生。公共斑点所对应的晶面同属于两个晶带，即平行于两晶带轴组成的平面。

12）斑点指数标定的不唯一性 {

180°不唯一性 {

（1）当电子束方向平行于反射晶面入射时，即使晶体本身并不存在二次旋转轴，斑点花样同样具有这样的对称关系

（2）晶带轴[uvw]本身就是晶体的二次旋转轴，晶体和花样均呈180°对称

（3）如果晶带轴[uvw]不是晶体的二次旋转轴，此时（$\bar{h}\bar{k}\bar{l}$）和（hkl）分别代表两种不同的取向，此时电子衍射花样呈180°对称，而晶体则否

（4）这种180°不唯一性在晶体取向分析中需加以消除，消除的方法有：①如果晶体存在二次旋转对称轴，且电子束方向B平行于晶体的偶次轴（二次轴、四次轴），其电子衍射花样唯一。②双晶带电子衍射中不存在这种180°不唯一性

重位不唯一性：立方晶体中不同高指数如（$h_1k_1l_1$）和（$h_2k_2l_2$）的反射面，若两晶面间距相同，同一个斑点可以由两个斑点指数表征，这两种指数的标定仅有一种是正确的，它们是由不同的晶体位向产生。该类不唯一性称重位不唯一性。可通过倾转试样消除该不唯一性

13）晶体取向关系测定：定出两相各自对应的电子衍射花样，分别标定之。然后由两相共线的斑点或重合的斑点，得斑点所对应的晶面平行。同时两套斑点花样分别属于各自相的晶带轴，这两晶带轴平行。

14）层错能测定：层错能是合金材料的一个重要物理特性，直接影响材料的力学性能、位错交滑移和相稳定性等。堆垛层错能决定的主要变形机制有滑移、交滑移、不全位错的滑移、孪生变形或应变引起的马氏体转化。层错能的计算可分为实验测定法和热力学计算法，热力学计算法有正规溶液模型法、Bragg-Williams 模型法和双亚点阵模型法。实验测定法有 X 射线衍射法（XRDM）、透射电镜法（TEMM）和嵌入原子法（EAM）等。

思考题

3.1　简述透射电镜与光学显微镜的区别与联系。

3.2   透射电镜的成像系统中采用电磁透镜而不采用静电透镜，为什么？

3.3   什么是电磁透镜的像差？有几种？各自产生的原因是什么？是否可以消除？

3.4   什么是最佳孔径半角？

3.5   什么是景深与焦长？

3.6   什么是电磁透镜的分辨本领？其影响因素有哪些？为什么电磁透镜要采用小孔径角成像？

3.7   简述点分辨率与晶格分辨率的区别与联系。

3.8   物镜和中间镜的作用各是什么？

3.9   透射电镜中的光阑有几种？各自的用途是什么？

3.10   简述选区衍射的原理和实现步骤。

3.11   题图 3-1 为 18Cr2N4WA 经 900℃油淬、400℃回火后在透射电镜下摄得的渗碳体选区电子衍射花样示意图，请进行花样指数标定。R_1=9.8mm，R_2=10.0mm，$L\lambda$=2.05mm·nm，ϕ=95°

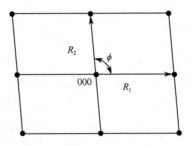

题图 3-1   渗碳体的选区电子衍射花样示意图

3.12   已知某晶体相为四方结构，a=0.3624nm，c=0.7406nm，求其晶面(111)的法线[uvw]。

3.13   多晶体的薄膜衍射衬度像为系列同心圆环，设现有 4 个同心圆环像，当晶体的结构分别为简单、体心、面心和金刚石结构时，请标定 4 个圆环的衍射晶面族指数。

第4章 复杂电子衍射花样

电子衍射花样的本质是过零层倒易面上的阵点投影。单晶电子衍射花样为规则斑点，多晶电子衍射花样为同心圆环；因为非晶体没有晶面，无法衍射，所以非晶电子衍射花样是一个大的晕斑；在织构时由于晶粒的取向分布，多晶电子衍射花样的同心圆环演变为对称分布的弧段。以上均是一般的电子衍射花样，相对简单。除此以外，还有一些复杂电子衍射花样，常见的有超点阵斑点花样、孪晶斑点花样、高阶劳埃斑点花样、二次衍射花样、菊池花样、会聚束电子衍射花样等。本章主要介绍常见复杂电子衍射花样的形成原理、特点及应用。

4.1 超点阵斑点花样

4.1.1 超点阵定义

某些成分接近于一定原子比（如 AB 或 AB_3）的无序固溶体，从高温缓慢冷却到某一临界温度以下时，溶质原子会从随机分布变为规则排列，进入确定位置，发生有序化转变，形成有序固溶体，该有序固溶体称为超结构或超点阵。对其进行 X 射线衍射会有附加衍射峰，电子衍射则会有附加衍射斑点。显然超点阵在高温时为无序固溶体，A、B 原子在每个阵点均可出现，其出现的概率为其原子占比。如 AB 时，A、B 的概率相等均为 1/2；AB_3 时，A 的概率为 1/4，B 的概率为 3/4。低温时超点阵发生有序化转变，原子各就其位，回到确定的位置上。

4.1.2 超点阵的分类

依据超点阵结构的不同可分为面心立方点阵、体心立方点阵和密排六方点阵三大类。

1. 面心立方点阵

高温时，原子无确定位置，在每个阵点上均可能出现，出现的概率为该原子在固溶体中的原子占比，此时的面心立方点阵可看成是由平均原子构成的，如图 4-1（a）所示。平均原子的散射因子为各原子出现的概率与其原子散射因子乘积的和，AB_3 时平均原子的散射因子为

$$f_{AB_3 平均} = \frac{1}{4} f_A + \frac{3}{4} f_B \tag{4-1}$$

AB 时平均原子的散射因子为

$$f_{AB 平均} = \frac{1}{2} f_A + \frac{1}{2} f_B \tag{4-2}$$

低温时，发生有序化转变，原子各就其位。面心立方点阵的 4 个原子分别占据各自的确定位置，如图 4-1（b）所示。AB_3 时，1 个 A 原子位于面心立方点阵的 8 个顶点位置，3 个 B 原子则在 6 个面心位置。AB 时，如图 4-1（c）所示，A 在 8 个顶点位置和上下面心位置，B 则在 4 个侧面面心位置。

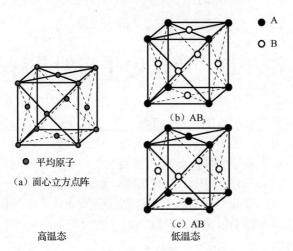

图 4-1 面心立方点阵 AB$_3$、AB 有序化前后结构示意图

2. 体心立方点阵

高温时，用平均原子表征，如图 4-2（a）所示，低温时，发生有序化转变，此时由 8 个体心立方点阵共 16 个原子组成一个大的立方体作为结构单元，如图 4-2（b）所示，在这个大的立方体中，8 个体心立方点阵的体心构成一个简单立方体。AB$_3$ 时，4 个 A 原子分别位于简单立方体上下顶面的对角位置，其余位置为 12 个 B 原子的位置。AB 时，8 个 B 原子分别占据 8 个体心位置，其余为 8 个 A 原子的位置，如图 4-2（c）所示。

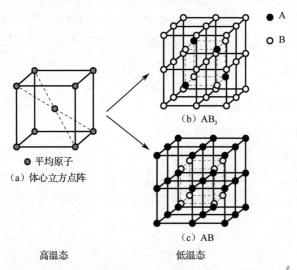

图 4-2 体心立方点阵 AB$_3$、AB 有序化前后结构示意图

3. 密排六方点阵

同理，高温时用平均原子表征，如图 4-3（a）所示；低温有序化后，AB$_3$ 由 4 个亚胞组成，AB 由 1 个亚胞组成，A、B 原子的位置分别如图 4-3（b）和图 4-3（c）所示。

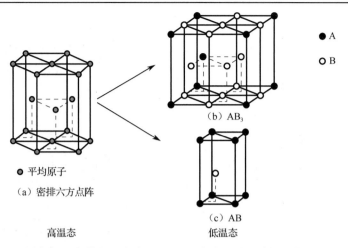

图 4-3　密排六方点阵 AB_3、AB 有序化前后结构示意图

4.1.3　面心立方点阵超点阵结构因子

1. AB_3 面心立方点阵

高温时，AB_3 面心立方点阵可看成是由同种原子即平均原子组成的，如图 4-1（a）所示，此时 4 个平均原子的坐标分别为 $(0,0,0)$、$(\frac{1}{2},0,\frac{1}{2})$、$(0,\frac{1}{2},\frac{1}{2})$、$(\frac{1}{2},\frac{1}{2},0)$。平均原子的散射因子为 $f_{AB_3\text{平均}} = \frac{1}{4}f_A + \frac{3}{4}f_B$。

代入公式计算结构因子为

$$F_{HKL}^2 = f_{AB_3\text{平均}}[1 + \cos(H+K)\pi + \cos(K+L)\pi + \cos(L+H)\pi]^2 \qquad (4\text{-}3)$$

讨论：

（1）当 H、K、L 全奇或全偶时，$F_{HKL}^2 = 16f_{AB_3\text{平均}}^2$。

（2）当 H、K、L 奇偶混杂时，$F_{HKL}^2 = 0$。

表明当 H、K、L 奇偶混杂时消光。

低温有序化后，如图 4-1（b）所示，AB_3 中 1 个 A 原子的位置为 $(0,0,0)$；3 个 B 原子的位置分别为 $(\frac{1}{2},0,\frac{1}{2})$、$(0,\frac{1}{2},\frac{1}{2})$、$(\frac{1}{2},\frac{1}{2},0)$，计算其结构因子为

$$F_{HKL}^2 = [f_A + f_B\cos(H+K)\pi + f_B\cos(K+L)\pi + f_B\cos(L+H)\pi]^2 \qquad (4\text{-}4)$$

讨论：

（1）当 H、K、L 全奇或全偶时，$F_{HKL}^2 = [f_A + 3f_B]^2$。

（2）当 H、K、L 奇偶混杂时，$F_{HKL}^2 = [f_A - f_B]^2 \neq 0$。

表明原先消光的斑点有序化后并未消光，只是强度显著降低，即产生了附加的弱衍射斑点。

2. AB 面心立方点阵

高温时，面心立方点阵由平均原子组成，如图 4-1（a）所示，4 个位置坐标为 $(0,0,0)$、$(\frac{1}{2},0,\frac{1}{2})$、$(0,\frac{1}{2},\frac{1}{2})$、$(\frac{1}{2},\frac{1}{2},0)$。此时平均原子的散射因子为 $f_{AB\text{平均}} = \frac{1}{2}f_A + \frac{1}{2}f_B$。计算其结构

因子为

$$F_{HKL}^2 = f_{AB平均}[1+\cos(H+K)\pi+\cos(K+L)\pi+\cos(L+H)\pi]^2 \qquad (4\text{-}5)$$

讨论：

（1）当 H、K、L 全奇或全偶时，$F_{HKL}^2 = 16f_{平均}^2$。

（2）当 H、K、L 奇偶混杂时，$F_{HKL}^2 = 0$。

表明当 H、K、L 奇偶混杂时消光，与 AB_3 面心立方点阵相同。

有序化后，如图 4-1（c）所示，AB 中 A 原子坐标为 $(0,0,0)$、$(\frac{1}{2},\frac{1}{2},0)$，B 原子坐标为 $(\frac{1}{2},0,\frac{1}{2})$、$(0,\frac{1}{2},\frac{1}{2})$。计算其结构因子为

$$F_{HKL}^2 = [f_A + f_A\cos(H+K)\pi + f_B\cos(K+L)\pi + f_B\cos(L+H)\pi]^2 \qquad (4\text{-}6)$$

讨论：

（1）当 H、K、L 全奇或全偶时，$F_{HKL}^2 = 4[f_A+f_B]^2$。

（2）当 H、K、L 奇偶混杂，$H+K$ 为奇数时，$F_{HKL}^2 = 0$；当 $H+K$ 为偶数时，$F_{HKL}^2 = 4[f_A-f_B]^2$。

表明原先消光的斑点，有序化后在 $H+K$ 为偶数时并未消光，仍有斑点，只是强度显著降低，即产生了附加的弱电子衍射斑点花样。

4.1.4　超点阵斑点花样产生原理

$AuCu_3$ 合金，在高于 395℃ 时为无序固溶体，此时的点阵结构如图 4-4（a）所示，各阵点的散射因子为 Au 和 Cu 的平均值 $f_{平均}$，由于阵胞中共有 1 个 Au 原子和 3 个 Cu 原子，因此，Au 和 Cu 原子在各阵点上出现的概率分别为 $\frac{1}{4}$ 和 $\frac{3}{4}$，这样 $f_{平均}=\frac{1}{4}f_{Au}+\frac{3}{4}f_{Cu}$，阵胞结构为面心立方点阵，4 个原子的位置坐标分别为 $\left(\frac{1}{2},\frac{1}{2},0\right)$、$\left(\frac{1}{2},0,\frac{1}{2}\right)$、$\left(0,\frac{1}{2},\frac{1}{2}\right)$、$(0,0,0)$，结构因子为式（4-3），则当 H、K、L 全奇或全偶时，$F_{HKL}^2 = 16\left(\frac{1}{4}f_{Au}+\frac{3}{4}f_{Cu}\right)^2$，系统无消光现象。当 H、K、L 奇偶混杂时，$F_{HKL}^2 = 0$，出现消光现象，如图 4-5（a）所示。降温有序化后，Au 原子的坐标为 $(0,0,0)$，3 个 Cu 原子的坐标分别为 $\left(\frac{1}{2},\frac{1}{2},0\right)$、$\left(\frac{1}{2},0,\frac{1}{2}\right)$、$\left(0,\frac{1}{2},\frac{1}{2}\right)$，如图 4-4（b）所示，原子的散射因子分别为 f_{Au} 和 f_{Cu}，则

$$F_{HKL}^2 = [f_{Au} + f_{Cu}\cos(H+K)\pi + f_{Cu}\cos(H+L)\pi + f_{Cu}\cos(K+L)\pi]^2 \qquad (4\text{-}7)$$

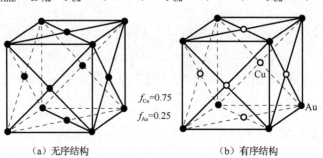

（a）无序结构　　　　　　　　　（b）有序结构

图 4-4　$AuCu_3$ 合金无序和有序时的结构

讨论：

（1）当 H、K、L 全奇或全偶时，$F_{HKL}^2 = [f_{Au} + 3f_{Cu}]^2$。

（2）当 H、K、L 奇偶混杂时，$F_{HKL}^2 = [f_{Au} - f_{Cu}]^2 \neq 0$。

AuCu$_3$ 有序化前的斑点花样如图 4-5（a）所示，有序化后，H、K、L 奇偶混杂时的结构因子并不为零，出现了衍射，但结构因子值相对较小，故其衍射斑点也相对较暗，如图 4-5（b）和图 4-5（c）所示。无序固溶体中因消光不出现的、通过有序化后出现了的斑点即超点阵斑点。

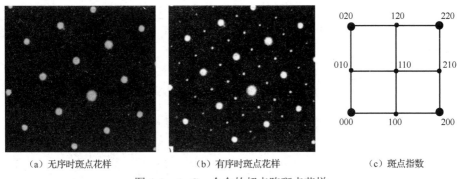

（a）无序时斑点花样　　　　（b）有序时斑点花样　　　　（c）斑点指数

图 4-5　AuCu$_3$ 合金的超点阵斑点花样

图 4-6 为镍基合金有序化后的显微组织和超点阵斑点花样，有序化后析出 γ′为 Ni$_3$(Al,Ti) 相，为面心立方结构，其超点阵斑点花样如图 4-6 右上角所示。

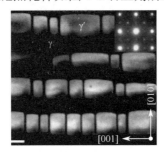

图 4-6　镍基 Ni-Al-Ti 高温合金有序化后 γ、γ′相 TEM 照片及其超点阵斑点花样

4.2　孪晶斑点花样

4.2.1　孪晶的定义与分类

材料在凝固、相变和形变过程中，晶体中的一部分在一定的切应力作用下沿着一定的晶面（孪晶面）和晶向（孪生方向）在一个区域内发生连续顺序的切变，形成孪晶。孪晶一般指两个晶体，即基体和孪晶。基体和孪晶可通过反映和旋转两种对称操作使两者重合。反映对称操作指基体和孪晶呈镜面对称，该镜面称为孪晶面，孪晶面的法线称为孪晶轴。旋转对称操作指孪晶可通过孪晶轴旋转 60°、90°、120°、180° 生成，其中旋转 180° 最为常见，旋转 180° 对称也称二次旋转对称。但在低对称性晶体中形成的孪晶就不能同时满足以上两种对称关系。孪晶是由晶体孪生产生的，孪生是晶体中另一种塑性变形的形式，即切变。孪生方向为切变方向，即孪晶原子由原位置移动至新位置的方向，孪生方向平行于孪晶面。但孪生

　　不同于滑移，它使一部分晶体发生均匀切变，而不像滑移那样集中在一些滑移面上进行；孪生变形后，晶体的变形部分与未变形部分呈镜面对称关系，孪晶部分的晶体取向发生了变化，但晶体结构和对称性并未改变，孪晶部分与基体保持着一定的对称关系。而滑移变形后晶体各部分的相对位向关系均未变化。

　　孪晶按产生方式的不同分为生长孪晶和形变孪晶两大类；按几何对称特征可分为反映孪晶和旋转孪晶。其中反映孪晶又可分为两种，一种是以孪晶面为镜面的反映对称，如图 4-7（a）所示；另一种是以垂直于孪生方向的晶面为镜面的反映对称，如图 4-7（b）所示。旋转孪晶也分为两种，一种是以孪晶轴为转轴的旋转对称，如图 4-7（c）所示；另一种是以孪生方向为转轴的旋转对称，如图 4-7（d）所示。

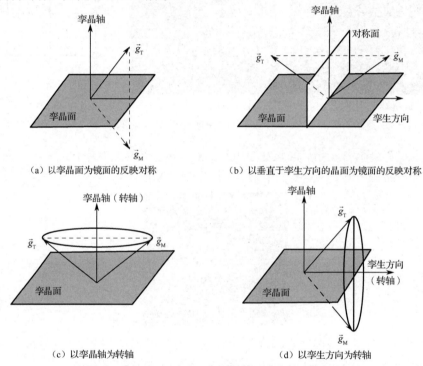

（a）以孪晶面为镜面的反映对称　　　　　（b）以垂直于孪生方向的晶面为镜面的反映对称

（c）以孪晶轴为转轴　　　　　　　　　（d）以孪生方向为转轴

图 4-7　孪晶的 4 种对称关系示意图

　　孪晶的基本要素又称孪生元素，包括孪晶面和孪生方向，用以表示孪晶的特征晶面和特征方向。常见金属及石墨的孪生元素如表 4-1 所示。

表 4-1　常见金属及石墨的孪生元素

材　　料	点阵结构	K_1	K_2	η_1	η_2
α-Fe，V，Nb，W，Mo，Cr	BCC	{112}	<$\bar{1}\bar{1}1$>	{11$\bar{2}$}	<111>
Cu，Au，Ag	FCC	{111}	<11$\bar{2}$>	{11$\bar{1}$}	<112>
Zn，Cd，Co，Mg，Zr，Ti，Be	HCP	{10$\bar{1}$2}	<$\bar{1}$011>	{10$\bar{1}$2}	<10$\bar{1}$1>
Co，Re，Zr，石墨	HCP	{11$\bar{2}$1}	<11$\bar{2}$6>	{0001}	<11$\bar{2}$0>
Mg	HCP	{10$\bar{1}$1}	<$\bar{1}$012>	{$\bar{1}$013}	<30$\bar{3}$2>
Zr，Ti	HCP	{11$\bar{2}$2}	<1123>	{$\bar{1}\bar{1}$24}	<22$\bar{4}$3>

　　注：FCC 为面心立方结构；BCC 为体心立方结构；HCP 为密排六方结构；K_1 为第一孪晶面，η_1 为第一孪生方向；K_2 为第二孪晶面，η_2 为第二孪生方向。

4.2.2 孪晶斑点花样产生原理

孪晶斑点花样的标定相对复杂，下面以面心立方晶体为例，说明孪晶指数标定的基本原理和过程。图 4-8 为面心立方晶体孪生变形过程的示意图，图 4-8（a）为孪晶面和孪生方向，孪晶面为晶面(111)，孪生方向为$[11\bar{2}]$。图 4-8（b）为孪生变形时晶面移动示意图，孪晶点阵与基体点阵镜面对称于晶面(111)，同样孪晶点阵也可看成晶面(111)下的基体点阵绕晶向[111]旋转180°形成，如图 4-9 所示。既然正空间中孪晶点阵与基体点阵存在镜面对称关系，其倒易点阵也应存在同样的镜面对称关系，故其电子衍射花样为基体和孪晶两套单晶斑点花样的重叠。

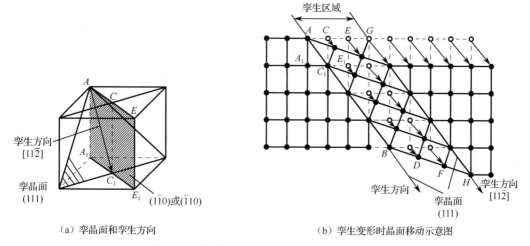

（a）孪晶面和孪生方向   （b）孪生变形时晶面移动示意图

图 4-8   面心立方晶体孪生变形过程的示意图

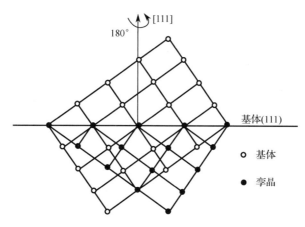

图 4-9   面心立方晶体面 $(1\bar{1}0)$ 上的原子排列及孪晶与基体的对称关系

设电子束方向为$[1\bar{1}0]_M$，其基体的斑点花样为与入射方向垂直，并过倒易原点的零层倒易面上阵点的投影，孪晶的斑点花样为对称于孪晶面的斑点，其作图步骤如下。

（1）作出面心立方点阵的倒易点阵，如图 4-10（a）所示。

（2）过倒易点阵的原点，作出垂直于$[1\bar{1}0]$方向的倒易面，并考虑消光规律，标注斑点指数，如图 4-10（b）所示。

（3）过倒易点阵的原点 O^*作 $\bar{g}_{111}$ 的垂直线，并以该直线为对称轴，作出基体斑点花样的镜面对称斑点，两套斑点的重叠即孪晶斑点花样，如图 4-10（c）所示。图 4-10（d）即某面心立方晶体在电子束方向与孪晶面平行时的孪晶斑点花样。

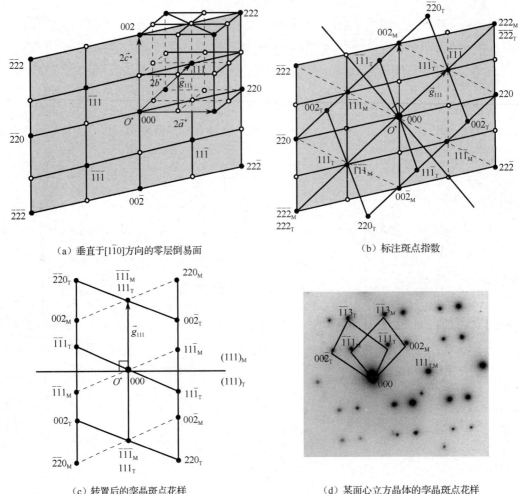

（a）垂直于[1$\bar{1}$0]方向的零层倒易面　　　　　　　（b）标注斑点指数

（c）转置后的孪晶斑点花样　　　　　　（d）某面心立方晶体的孪晶斑点花样

图 4-10　孪晶斑点花样作图过程示意图及某面心立方晶体的孪晶斑点花样

4.2.3　孪晶斑点花样理论推算

如果以 $\vec{g}_{111}$ 为轴旋转 180°，两套斑点也将重合。如果入射电子束的方向与孪晶面不平行，那么得到的衍射花样就不能直观地反映孪晶与基体之间取向的对称性，几何法标定孪晶斑点花样将非常困难，此时可采用矩阵代数法算出孪晶斑点指数，立方系的变换矩阵推导过程简述如下。

设孪晶面为(HKL)，孪晶轴即孪晶面的法线，为[HKL]，基体中的任一倒易矢量为 $\vec{g}_m$，其对应的倒易点指数为 hkl，孪晶后该点的指数为 $h^tk^tl^t$，对应的倒易矢量为 $\vec{g}_t$。

由孪晶的特点可知，孪晶中的倒易点可以通过基体中任一倒易矢量或倒易点绕孪晶轴旋转 180° 获得，如图 4-11 所示，有下列关系：

$$\begin{cases} |\vec{g}_t| = |\vec{g}_m| \\ \vec{g}_t + \vec{g}_m = \vec{n}[HKL] \end{cases} \tag{4-8}$$

$\vec{n}$ 为孪晶轴的单位矢量，大小取决于 H、K、L 的值，即

$$[hkl] + [h^tk^tl^t] = n[HKL] \tag{4-9}$$

式（4-9）可表示成分量式，即

$$\begin{cases} h + h^{\mathrm{t}} = nH \\ k + k^{\mathrm{t}} = nK \\ l + l^{\mathrm{t}} = nL \end{cases} \tag{4-10}$$

立方系中，$a=b=c$，$\alpha=\beta=\gamma=90°$，基体中的晶面间距为

$$d = \frac{a}{\sqrt{h^2 + k^2 + l^2}} \tag{4-11}$$

对于孪晶该式同样成立，即

$$d = \frac{a}{\sqrt{(nH - h)^2 + (nK - k)^2 + (nL - l)^2}} \tag{4-12}$$

比较式（4-11）与式（4-12）得

$$n = \frac{2(hH + kK + lL)}{H^2 + K^2 + L^2} \tag{4-13}$$

将式（4-13）代入式（4-10）得孪晶斑点指数：

$$\begin{cases} h^{\mathrm{t}} = -h + \dfrac{2H(hH + kK + lL)}{H^2 + K^2 + L^2} \\[2mm] k^{\mathrm{t}} = -k + \dfrac{2K(hH + kK + lL)}{H^2 + K^2 + L^2} \\[2mm] l^{\mathrm{t}} = -l + \dfrac{2L(hH + kK + lL)}{H^2 + K^2 + L^2} \end{cases} \tag{4-14}$$

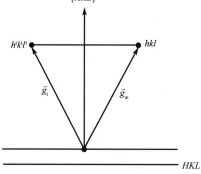

图 4-11　基体与孪晶的倒易点阵关系图

（1）对于体心立方晶体，孪晶面 $\{HKL\}=\{112\}$，即 $H=1$、$K=1$、$L=2$，代入式（4-13）得

$$n = \frac{1}{3}(hH + kK + lL) \tag{4-15}$$

将式（4-15）代入式（4-14）得体心立方晶体孪晶斑点指数的计算公式：

$$\begin{cases} h^{\mathrm{t}} = -h + \dfrac{1}{3}H(hH + kK + lL) \\[2mm] k^{\mathrm{t}} = -k + \dfrac{1}{3}K(hH + kK + lL) \\[2mm] l^{\mathrm{t}} = -l + \dfrac{1}{3}L(hH + kK + lL) \end{cases} \tag{4-16}$$

式中，(HKL) 为孪晶面，体心立方结构中的孪晶面是 {112}，共 12 个；(hkl) 是基体中将产生孪晶的晶面，$(h^t k^t l^t)$ 是晶面 (hkl) 产生孪晶后形成的孪晶面。

① 当 $hH + kK + lL = 3n$（n 为整数）时，式（4-16）变为

$$\begin{cases} h^t = -h + nH \\ k^t = -k + nK \\ l^t = -l + nL \end{cases} \tag{4-17}$$

即

$$\begin{bmatrix} h^t \\ k^t \\ l^t \end{bmatrix} = \begin{bmatrix} \bar{h} \\ \bar{k} \\ \bar{l} \end{bmatrix} + n \begin{bmatrix} H \\ K \\ L \end{bmatrix} \tag{4-18}$$

表明孪晶的 $(h^t k^t l^t)$ 对应的倒易点与基体的某一倒易点重合。

例如，体心立方点阵的孪晶面 $(HKL) = (\bar{1}12)$，设晶面 $(hkl) = (2\bar{2}2)$，则 $Hh + Kk + Ll = 0$，即 $n = 0$，所以 $\begin{bmatrix} h^t \\ k^t \\ l^t \end{bmatrix} = \begin{bmatrix} \bar{h} \\ \bar{k} \\ \bar{l} \end{bmatrix} + n \begin{bmatrix} H \\ K \\ L \end{bmatrix} = \begin{bmatrix} \bar{2} \\ 2 \\ \bar{2} \end{bmatrix}$，即 $(h^t k^t l^t) = (\bar{2}2\bar{2})$，即孪晶的倒易点 $(2\bar{2}2)$ 与基体衍射斑点 $(\bar{2}2\bar{2})$ 重合。

② 当 $hH + kK + lL = 3n \pm 1$ 时，式（4-16）变为

$$\begin{cases} h^t = nH - h \pm \dfrac{1}{3}H \\ k^t = nK - k \pm \dfrac{1}{3}K \\ l^t = nL - l \pm \dfrac{1}{3}L \end{cases} \tag{4-19}$$

也可表示为矩阵式，即

$$\begin{bmatrix} h^t \\ k^t \\ l^t \end{bmatrix} = \begin{bmatrix} nH - h \\ nK - k \\ nL - l \end{bmatrix} \pm \frac{1}{3} \begin{bmatrix} H \\ K \\ L \end{bmatrix} \tag{4-20}$$

表明在 $hH + kK + lL = 3n \pm 1$ 时，孪晶的 $(h^t k^t l^t)$ 对应的衍射阵点与基体衍射斑点不重合，而是位于基体某斑点的 1/3 处。

例如，体心立方点阵的孪晶面 $(HKL) = (11\bar{2})$，设晶面 $(hkl) = (011)$，则 $Hh + Kk + Ll = -1$，即 $n = 0$，所以 $\begin{bmatrix} h^t \\ k^t \\ l^t \end{bmatrix} = \begin{bmatrix} \bar{h} \\ \bar{k} \\ \bar{l} \end{bmatrix} - \frac{1}{3} \begin{bmatrix} H \\ K \\ L \end{bmatrix} = \frac{1}{3} \begin{bmatrix} \bar{1} \\ \bar{4} \\ \bar{1} \end{bmatrix}$，即 $(h^t k^t l^t) = \frac{1}{3}(\bar{1}\,\bar{4}\,\bar{1})$，即孪晶的衍射斑点 (011) 位于基体衍射斑点 $(\bar{1}\,\bar{4}\,\bar{1})$ 的 1/3 处。

（2）对于面心立方晶体，孪晶面 $(HKL) = (111)$，即 $H = K = L = 1$，代入式（4-13）得

$$n = \frac{2}{3}(hH + kK + lL) \tag{4-21}$$

将式（4-21）代入式（4-14）得面心立方晶体孪晶斑点指数的计算公式：

$$\begin{cases} h^t = -h + \dfrac{2}{3}H(hH + kK + lL) \\[2mm] k^t = -k + \dfrac{2}{3}K(hH + kK + lL) \\[2mm] l^t = -l + \dfrac{2}{3}L(hH + kK + lL) \end{cases} \tag{4-22}$$

面心立方晶体的孪晶面(HKL)是(111)，共有 4 个，其他同式（4-16）中的说明。

① 当 $hH + kK + lL = 3n$（n 为整数）时，

$$\begin{cases} h^t = -h + 2nH \\ k^t = -k + 2nK \\ l^t = -l + 2nL \end{cases} \tag{4-23}$$

也可表示为矩阵式，即

$$\begin{bmatrix} h^t \\ k^t \\ l^t \end{bmatrix} = \begin{bmatrix} \bar{h} \\ \bar{k} \\ \bar{l} \end{bmatrix} + 2n \begin{bmatrix} H \\ K \\ L \end{bmatrix} \tag{4-24}$$

表明孪晶$(h^t k^t l^t)$对应的倒易点从基体的倒易点$(\bar{h}\,\bar{k}\,\bar{l})$做 $2n<HKL>$位移，达到另一个基体倒易点处与之相重合，不产生新的衍射斑点。

例如，面心立方点阵的孪晶面$(HKL)=(111)$，设晶面 $(hkl) = (\bar{2}44)$，则 $Hh+Kk+Ll=6=3\times2$，即 $n=2$，所以 $\begin{bmatrix} h^t \\ k^t \\ l^t \end{bmatrix} = \begin{bmatrix} \bar{h} \\ \bar{k} \\ \bar{l} \end{bmatrix} + 2n \begin{bmatrix} H \\ K \\ L \end{bmatrix} = \begin{bmatrix} 2 \\ \bar{4} \\ \bar{4} \end{bmatrix} + 2\times2 \begin{bmatrix} 1 \\ 1 \\ 1 \end{bmatrix} = \begin{bmatrix} 6 \\ 0 \\ 0 \end{bmatrix}$，即 $(h^t k^t l^t) = (600)$，即孪晶的倒易点$(\bar{2}44)$

与基体的倒易点(600)重合。

② 当 $hH + kK + lL = 3n \pm 1$ 时，

$$\begin{cases} h^t = 2nH - h \pm \dfrac{2}{3}H \\[2mm] k^t = 2nK - k \pm \dfrac{2}{3}K \\[2mm] l^t = 2nL - l \pm \dfrac{2}{3}L \end{cases} \tag{4-25}$$

也可表示为矩阵式，即

$$\begin{bmatrix} h^t \\ k^t \\ l^t \end{bmatrix} = \begin{bmatrix} 2nH - h \\ 2nK - k \\ 2nL - l \end{bmatrix} \pm \dfrac{2}{3} \begin{bmatrix} H \\ K \\ L \end{bmatrix} \tag{4-26}$$

表明孪晶$(h^t k^t l^t)$对应的倒易点与基体的某一倒易点不重合，而是从基体某一倒易点出发，再做 $\pm\dfrac{2}{3}<111>$位移。由于式中$\dfrac{2}{3}$的存在，导致出现指数不是整数的孪晶斑点。

例如，面心立方点阵的孪晶面$(HKL)=(111)$，设晶面 $(hkl) = (11\bar{1})$，则 $Hh+Kk+Ll=+1$，即

$n=0$，所以 $\begin{bmatrix} h^t \\ k^t \\ l^t \end{bmatrix} = \begin{bmatrix} -h \\ -k \\ -l \end{bmatrix} + \dfrac{2}{3}\begin{bmatrix} 1 \\ 1 \\ 1 \end{bmatrix} = \begin{bmatrix} \bar{1} \\ \bar{1} \\ 1 \end{bmatrix} + \dfrac{2}{3}\begin{bmatrix} 1 \\ 1 \\ 1 \end{bmatrix} = \dfrac{1}{3}\begin{bmatrix} \bar{1} \\ \bar{1} \\ 5 \end{bmatrix}$，即 $(h^t k^t l^t) = \dfrac{1}{3}(\bar{1}\,\bar{1}\,5)$。此时孪晶 $(h^t k^t l^t)$ 对应的

衍射阵点位于基体衍射斑点 $(\bar{1}\,\bar{1}\,5)$ 的 1/3 处，基体和孪晶出现两套斑点花样。

4.3　高阶劳埃斑点花样

4.3.1　高阶劳埃斑点的定义

　　当晶体的点阵常数较大（即倒易面间距较小）或晶体样品较薄（即倒易杆较长）或入射束的波长较大（即反射球半径较小）时，反射球就可能同时与多层倒易面相截，产生多套重叠的电子衍射花样，不同层的电子衍射花样分布的区域不同，此时可用广义的晶带定律 $hu+kv+lw=N$ 来表征，其中 $[uvw]$ 为晶带轴指数，(hkl) 为一晶带面。当 $N=0$ 时，表示零层倒易面上的倒易点与反射球相截，所获得的衍射斑点称为零阶劳埃斑点或零阶劳埃带，当 $N\neq0$ 时，即非零层倒易面上的阵点与反射球相截所形成的斑点称为高阶劳埃斑点或高阶劳埃带。

　　高阶劳埃斑点的影响因素：①晶体的点阵常数。点阵常数愈大，其晶面间距愈大，对应的倒易面间距愈小。②样品在入射方向上的厚度。厚度愈小，倒易点阵扩展杆愈长。③加速电压。加速电压愈小，电子波的波长愈大，反射球半径愈小。④晶体取向。晶带轴偏移入射束方向愈大，愈易出现高阶劳埃斑点。⑤晶带轴指数 $[uvw]$。晶带轴指数愈大，与其垂直的倒易面间距愈小。⑥会聚束。会聚束使反射球具有一定厚度，并导致衍射斑点和衍射线粗化。

4.3.2　高阶劳埃斑点的分类与特征

1. 分类

　　高阶劳埃斑点的常见形式有三种：对称劳埃带、不对称劳埃带和重叠劳埃带，分别如图 4-12（a）、（b）、（c）所示。

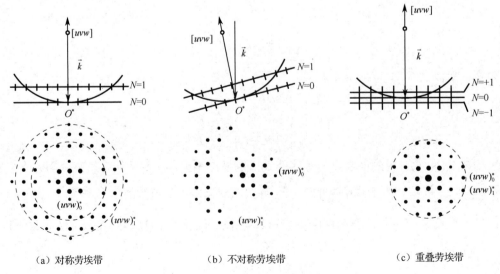

（a）对称劳埃带　　　　　　　（b）不对称劳埃带　　　　　　　（c）重叠劳埃带

图 4-12　3 种劳埃带的示意图

1）对称劳埃带

当入射电子束与晶带轴[uvw]的方向一致时，反射球与多层倒易面相截，形成半径不同并且同心的斑点圆环带，如图 4-12（a）所示，位于中心的小圆区为零阶劳埃带，其他圆环带的斑点为高阶劳埃带。带间一般情况下没有斑点，但有时会由于倒易杆拉长而形成很弱的斑点。

2）不对称劳埃带

入射电子束的方向与晶带轴[uvw]的方向不一致时，形成非对称劳埃带，此时的衍射斑点为同心圆弧带，如图 4-12（b）所示，根据圆弧带偏移透射斑点的距离，可以求出晶带轴偏移的角度。

3）重叠劳埃带

当晶体的点阵常数较大时，其倒易面间距较小，在晶体样品较薄时，其倒易杆较长，当上层倒易杆扩展到零层并与反射球相截时，形成高阶劳埃带并与零阶劳埃带重叠，如图 4-12（c）所示，斑点的分布规律相同，有时会有一点位移，因此，重叠劳埃带是对称劳埃带中的一种。

2．高阶劳埃斑点的特征

（1）同一高阶劳埃斑点构成的特征平行四边形与零阶劳埃斑点相同，但相对位置有一定的平移。

（2）对称入射时，高阶劳埃斑点形成以中心斑点为中心的系列圆环带，中心为零阶，以此类推。

（3）非对称入射时，高阶劳埃带分布在偏心圆环内。

（4）零阶劳埃斑点区与高阶劳埃斑点区可能存在无斑点区，也可能会重叠。

（5）高阶劳埃斑点指数与晶带轴指数满足晶带广义定律：$hu + kv + lw = N$。

4.3.3　高阶劳埃斑点花样在零层倒易面上的投影

由于电子束作用的是单晶体区域，其对应的倒易点规则排列，面心立方晶体的倒易点阵为体心点阵，单位矢量 $\vec{a}$、$\vec{b}$ 和 $\vec{c}$ 变为 $2\vec{a}^*$、$2\vec{b}^*$ 和 $2\vec{c}^*$，分别如图 4-13（a）和（b）所示。由于衍射斑点本质上是倒易点沿着衍射方向在底片上的投影，因此零层上倒易点沿衍射束方向的投影即通常的电子衍射花样。而高阶劳埃斑点花样是非零层倒易点沿衍射束方向在底片上的投影。由于透射电镜的散射角很小（$10^{-3} \sim 10^{-2}$rad），故可近似认为高阶劳埃斑点的配置是非零层的倒易点沿衍射束方向或相应的晶带轴方向在零层倒易面上的投影。图 4-13（c）为面心立方晶体的倒易点阵，晶带轴设定为最简单的 c 轴方向，即[001]，高阶劳埃层如 $(001)^*_{+1}$ 层上倒易点的排布规律与零层相同，其斑点指数分别如图 4-13（d）和（e）所示，均由平行四边形构成，只是相对于零层有一个水平位移，位移量为 $\vec{a}^* + \vec{b}^*$。只要标定一个高阶劳埃斑点指数，如(111)，其对应的倒易矢量就为 $\vec{g}_{111}$，零层上的投影为 A 点，通过投影的几何关系，求得 A 点坐标(x,y)，再通过该平移即可获得同阶其他劳埃斑点的指数。

当晶带轴指数较高，如为[uvw]时，设非零层(uvw)*上任一倒易点对应的晶面(hkl)满足晶带定律：$hu+kv+lw=N$（$N=0$，± 1，± 2，$\pm 3 \cdots$），晶面(hkl)对应的倒易点为 hkl，倒易矢量为 $\vec{g}_{hkl}$，其分解为垂直分矢量 $\vec{g}_\perp$ 和水平分矢量 $\vec{g}_{//}$，如图 4-14 所示，$\vec{g}_\perp$ 即倒易层面间距。因此，得

$$\vec{g}_{hkl} = \vec{g}_\perp + \vec{g}_{//} = h\vec{a}^* + k\vec{b}^* + l\vec{c}^* \tag{4-27}$$

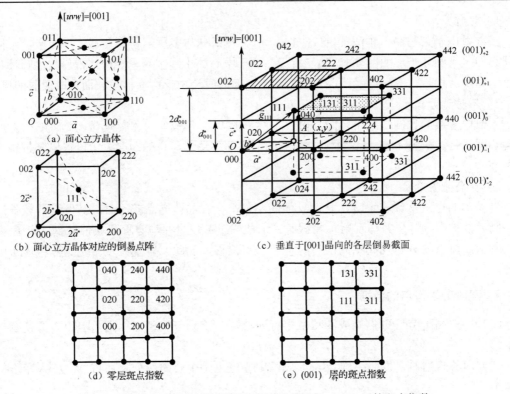

图4-13　面心立方晶体对应的倒易点阵及零层和 $(001)^*_{+1}$ 层的斑点指数

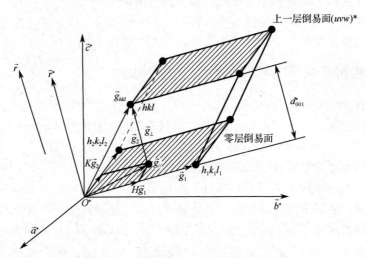

图4-14　非零层倒易点在零层上的投影示意图

倒易面 $(uvw)^*$ 的法线矢量为

$$\vec{r} = u\vec{a} + v\vec{b} + w\vec{c} \tag{4-28}$$

它是正空间矢量。作一倒易矢量 $\vec{r}^*$，使 $\vec{r}^* // \vec{r}$，此时，

$$\vec{r}^* = u^*\vec{a}^* + v^*\vec{b}^* + w^*\vec{c}^* \tag{4-29}$$

因为 $\vec{g}_\perp // \vec{r}^*$，所以，$\vec{g}_\perp = L\vec{r}^*$，式中 L 为比例系数。

由图4-14可知，$\vec{g}_\perp \cdot \vec{r} = \vec{g}_{hkl} \cdot \vec{r}$，即

$$L\vec{r}^* \cdot \vec{r} = \vec{g}_{hkl} \cdot \vec{r} = (h\vec{a}^* + k\vec{b}^* + l\vec{c}^*) \cdot (u\vec{a} + v\vec{b} + w\vec{c}) = hu + kv + lw = N$$

所以 $L\vec{r}^* \cdot \vec{r} = N$ ，即

$$L = \frac{N}{\vec{r}^* \cdot \vec{r}} \tag{4-30}$$

$$\vec{g}_\perp = L\vec{r}^* = \frac{N\vec{r}^*}{\vec{r}^* \cdot \vec{r}} \tag{4-31}$$

因为

$$\vec{g}_{//} = \vec{g}_{hkl} - \frac{N}{\vec{r}^* \cdot \vec{r}}\vec{r}^* = \vec{g}_{hkl} - \frac{N}{r^2}\vec{r}^* = h\vec{a}^* + k\vec{b}^* + l\vec{c}^* - \frac{N}{r^2}(u^*\vec{a}^* + v^*\vec{b}^* + w^*\vec{c}^*)$$

$$= \left(h - \frac{N}{r^2}u^*\right)\vec{a}^* + \left(k - \frac{N}{r^2}v^*\right)\vec{b}^* + \left(l - \frac{N}{r^2}w^*\right)\vec{c}^* \tag{4-32}$$

所以 $\vec{g}_{//}$ 在倒空间中三个坐标分别为 $\left[\left(h - \frac{N}{r^2}u^*\right), \left(k - \frac{N}{r^2}v^*\right), \left(l - \frac{N}{r^2}w^*\right)\right]$ ，但它不是零层倒易面上的坐标。

设 $\vec{g}_{//}$ 在零层倒易面上的坐标为 (H,K) ，且零层倒易面上两个阵点已分析确定，对应的倒易矢量分别为 $\vec{g}_1$ 和 $\vec{g}_2$ ，这样可将 $\vec{g}_{//}$ 在零层倒易面按 $\vec{g}_1$ 和 $\vec{g}_2$ 方向进行分解， $\vec{g}_{hkl}$ 可以表示为

$$\vec{g}_{hkl} = \vec{g}_\perp + \vec{g}_{//} = (H\vec{g}_1 + K\vec{g}_2) + L\vec{r}^* \tag{4-33}$$

式中，H、K、L 分别为 $\vec{g}_{hkl}$ 在 $\vec{g}_1$、 $\vec{g}_2$ 和 $\vec{r}^*$ 三个新倒易坐标系中的系数。

此时

$$\begin{cases} \vec{g}_1 = h_1\vec{a}^* + k_1\vec{b}^* + l_1\vec{c}^* \\ \vec{g}_2 = h_2\vec{a}^* + k_2\vec{b}^* + l_2\vec{c}^* \\ \vec{r}^* = u^*\vec{a}^* + v^*\vec{b}^* + w^*\vec{c}^* \end{cases} \tag{4-34}$$

因为　　　　　　　　$\vec{g}_{hkl} = h\vec{a}^* + k\vec{b}^* + l\vec{c}^* = H\vec{g}_1 + K\vec{g}_2 + L\vec{r}^*$

所以　$(Hh_1 + Kh_2 + Lu^*)\vec{a}^* + (Hk_1 + Kk_2 + Lv^*)\vec{b}^* + (Hl_1 + Kl_2 + Lw^*)\vec{c}^* = h\vec{a}^* + k\vec{b}^* + l\vec{c}^*$ （4-35）

得方程组

$$\begin{cases} Hh_1 + Kh_2 + Lu^* = h \\ Hk_1 + Kk_2 + Lv^* = k \\ Hl_1 + Kl_2 + Lw^* = l \end{cases} \tag{4-36}$$

解方程组（4-36）得

$$H = \frac{\begin{vmatrix} h - Lv^* & k_2 \\ l - Lw^* & l_2 \end{vmatrix}}{\begin{vmatrix} k_1 & k_2 \\ l_1 & l_2 \end{vmatrix}} \tag{4-37}$$

$$K = \frac{\begin{vmatrix} k_1 & k - Lv^* \\ l_1 & l - Lw^* \end{vmatrix}}{\begin{vmatrix} k_1 & k_2 \\ l_1 & l_2 \end{vmatrix}} \tag{4-38}$$

为使上式得到具体的解，还需将式中的 $\vec{r}^*$ 用已知量表征，即 u^*, v^*, w^* 用 u, v, w 和 $\vec{a}, \vec{b}, \vec{c}$ 表示。

设

$$\begin{cases} \vec{a} = \lambda_{11}\vec{a}^* + \lambda_{12}\vec{b}^* + \lambda_{13}\vec{c}^* \\ \vec{b} = \lambda_{21}\vec{a}^* + \lambda_{22}\vec{b}^* + \lambda_{23}\vec{c}^* \\ \vec{c} = \lambda_{31}\vec{a}^* + \lambda_{32}\vec{b}^* + \lambda_{33}\vec{c}^* \end{cases} \tag{4-39}$$

将方程组中每一方程两边分别点乘 $\vec{a},\vec{b},\vec{c}$，分别得 $\lambda_{11}=\vec{a}\cdot\vec{a}$，$\lambda_{12}=\vec{a}\cdot\vec{b}$，$\lambda_{13}=\vec{a}\cdot\vec{c}$；$\lambda_{21}=\vec{b}\cdot\vec{a}$，$\lambda_{22}=\vec{b}\cdot\vec{b}$，$\lambda_{23}=\vec{b}\cdot\vec{c}$；$\lambda_{31}=\vec{c}\cdot\vec{a}$，$\lambda_{32}=\vec{c}\cdot\vec{b}$，$\lambda_{33}=\vec{c}\cdot\vec{c}$，即方程（4-39）为

$$\begin{cases} \vec{a}=(\vec{a}\cdot\vec{a})\vec{a}^*+(\vec{a}\cdot\vec{b})\vec{b}^*+(\vec{a}\cdot\vec{c})\vec{c}^* \\ \vec{b}=(\vec{b}\cdot\vec{a})\vec{a}^*+(\vec{b}\cdot\vec{b})\vec{b}^*+(\vec{b}\cdot\vec{c})\vec{c}^* \\ \vec{c}=(\vec{c}\cdot\vec{a})\vec{a}^*+(\vec{c}\cdot\vec{b})\vec{b}^*+(\vec{c}\cdot\vec{c})\vec{c}^* \end{cases} \quad (4\text{-}40)$$

将式（4-40）代入式（4-28）得

$$\vec{r}=u\vec{a}+v\vec{b}+w\vec{c}$$

$$=u[(\vec{a}\cdot\vec{a})\vec{a}^*+(\vec{a}\cdot\vec{b})\vec{b}^*+(\vec{a}\cdot\vec{c})\vec{c}^*]+v[(\vec{b}\cdot\vec{a})\vec{a}^*+(\vec{b}\cdot\vec{b})\vec{b}^*+(\vec{b}\cdot\vec{c})\vec{c}^*]+$$
$$w[(\vec{c}\cdot\vec{a})\vec{a}^*+(\vec{c}\cdot\vec{b})\vec{b}^*+(\vec{c}\cdot\vec{c})\vec{c}^*] \quad (4\text{-}41)$$
$$=[u(\vec{a}\cdot\vec{a})+v(\vec{b}\cdot\vec{a})+w(\vec{c}\cdot\vec{a})]\vec{a}^*+[u(\vec{a}\cdot\vec{b})+v(\vec{b}\cdot\vec{b})+w(\vec{c}\cdot\vec{b})]\vec{b}^*+$$
$$[u(\vec{a}\cdot\vec{c})+v(\vec{b}\cdot\vec{c})+w(\vec{c}\cdot\vec{c})]\vec{c}^*$$

因为 $\vec{r}^*=u^*\vec{a}^*+v^*\vec{b}^*+w^*\vec{c}^*$，且 $\vec{r}^*//\vec{r}$，

所以
$$\begin{cases} u^*=u(\vec{a}\cdot\vec{a})+v(\vec{b}\cdot\vec{a})+w(\vec{c}\cdot\vec{a}) \\ v^*=u(\vec{a}\cdot\vec{b})+v(\vec{b}\cdot\vec{b})+w(\vec{c}\cdot\vec{b}) \\ w^*=u(\vec{a}\cdot\vec{c})+v(\vec{b}\cdot\vec{c})+w(\vec{c}\cdot\vec{c}) \end{cases} \quad (4\text{-}42)$$

这样 H、K、L 可分别由式（4-37）、式（4-38）和式（4-30）解得，从而获得高阶劳埃斑点在零层倒易面上的投影坐标，获得斑点的移动矢量，以此类推可得其他同层高阶劳埃斑点的坐标。

4.3.4　高阶劳埃斑点花样在零层倒易面上的标定

高阶劳埃斑点花样其实是不同倒易层上阵点的投影，标定高阶劳埃斑点花样的主要步骤如下。

（1）确定零阶劳埃斑点，通过作图法按常规电子衍射花样标定法进行标定，定出两个最短和次最短矢量 $\vec{g}_1$ 和 $\vec{g}_2$，由 $\vec{g}_1$ 和 $\vec{g}_2$ 确定晶体取向即晶带轴指数 $[uvw]$。

（2）根据晶体类型、消光条件，并由 $[uvw]$ 指数选定 N 值。

面心立方晶体：当 $[uvw]$ 指数和为奇数时，$N=\pm1$，±2，$\pm3\cdots$；

　　　　　　　　当 $[uvw]$ 指数和为偶数时，$N=\pm2$，±4，$\pm6\cdots$。

体心立方晶体：当 $[uvw]$ 指数全奇或全偶时，$N=\pm2$，±4，$\pm6\cdots$；

　　　　　　　　当 $[uvw]$ 指数为奇偶混杂时，$N=\pm1$，±2，$\pm3\cdots$。

密排六方晶体：N 恒取 ±1，±2，$\pm3\cdots$。

（3）由选定的 N 值和式（4-29）、式（4-42）确定 $\vec{r}^*$，再由式（4-30）算得 L 值。

（4）由式（4-37）和式（4-38）计算高阶劳埃斑点 (hkl) 在零层倒易面上投影点的坐标 (H,K)，以此类推可获得其他高阶劳埃斑点指数。

例：画出面心立方晶体的 $(211)^*$ 的零阶 $(211)_0^*$ 和一阶 $(211)_1^*$ 劳埃斑点花样。

解：（1）作出面心立方晶体的 $(211)^*$ 的零层倒易面，即零阶劳埃带。

已知倒易面 $(211)^*$ 的三个面截距坐标分别为 $(\frac{1}{2},0,0)$、$(0,1,0)$ 和 $(0,0,1)$，该截面 $hu+kv+lw=N=1$。由于 $u+v+w=4$ 为偶数，该面上的倒易点指数均为奇偶混杂，故而消光，因此

$N=1$ 时，无斑点产生，为此放大 2 倍，此时三截距坐标分别为(1,0,0)、(0,2,0)和(0,0,2)，除点 100 消光外，另两点 020，002 均存在。由广义晶带定律可知该倒易面各点满足广义晶带定律 $hu+kv+lw=N=2$，构成 $N=2$ 的一阶劳埃带，如图 4-15 所示。

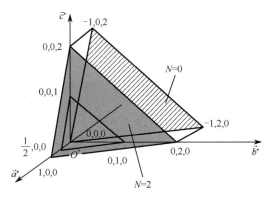

图 4-15　面心立方晶体的零层、$N=2$ 层斑点几何作图过程示意图

（2）移动该截面至原点处，对应的三个斑点指数分别为 000、$\overline{1}02$ 和 020，该截面即零层倒易面，阵点构成零阶劳埃带。

（3）通过矢量合成法则分别对零层倒易点矢量进行合成，结合面心立方点阵的消光规律，分别获得零阶和一阶劳埃斑点，如图 4-16（a）和（b）所示。

（4）取零层倒易面中两倒易点 $1\overline{1}\overline{1}$ 和 $02\overline{2}$ 为该阵面上的单位矢量 $\vec{g}_1$ 和 $\vec{g}_2$，则 $h_1=1$，$k_1=-1$，$l_1=-1$；$h_2=0$，$k_2=2$，$l_2=-2$。任取高阶劳埃带上的倒易点，如 002，即 $h=0$，$k=0$，$l=2$。再由立方晶系特点：$a=b=c$、$\alpha=\beta=\gamma=90°$ 和式（4-34）得

$$u^*=ua^2=2a^2, \quad v^*=va^2=a^2, \quad w^*=wa^2=a^2$$
$$\vec{r}^* \cdot \vec{r} = (u^*\vec{a}^* + v^*\vec{b}^* + w^*\vec{c}^*) \cdot (u\vec{a} + v\vec{b} + w\vec{c}) = (u^2 + v^2 + w^2)a^2 = 6a^2$$
$$L = \frac{N}{\vec{r}^* \cdot \vec{r}} = \frac{2}{(u^2 + v^2 + w^2)a^2} = \frac{1}{3a^2}$$
$$H = \frac{\begin{vmatrix} k - Lv^* & k_2 \\ l - Lw^* & l_2 \end{vmatrix}}{\begin{vmatrix} k_1 & k_2 \\ l_1 & l_2 \end{vmatrix}} = -\frac{1}{3}, \quad K = \frac{\begin{vmatrix} k_1 & k - Lv^* \\ l_1 & l - Lw^* \end{vmatrix}}{\begin{vmatrix} k_1 & k_2 \\ l_1 & l_2 \end{vmatrix}} = -\frac{1}{2}$$

所以由 $\vec{g}_{//} = H\vec{g}_1 + K\vec{g}_2$ 得零层倒易面上的二维坐标为 $\left(-\dfrac{2}{3}, -\dfrac{1}{2}\right)$，如图 4-16（c）所示，即可获得高阶劳埃斑点 002 在零层上的投影位置。同理可得四边形中其他三个斑点 020、$11\overline{1}$、$1\overline{1}1$ 的投影坐标分别为 $\left(-\dfrac{2}{3}, \dfrac{1}{2}\right)$、$\left(\dfrac{1}{3}, \dfrac{1}{2}\right)$ 和 $\left(\dfrac{1}{3}, -\dfrac{1}{2}\right)$，以及其他高阶劳埃斑点在零层倒易面上的投影位置。

注意：

① 该法作出的一阶劳埃斑点位置并不精确，因为它是按晶带轴方向进行的投影，并非严格意义上从衍射方向的投影。

② 零层上两倒易矢量 $\vec{g}_1$ 和 $\vec{g}_2$ 的模长为最短和次最短，也可以任选。此时仅需计算 H、K 即可，分别是以 $\vec{g}_1$ 和 $\vec{g}_2$ 为单位矢量的二维平面坐标系里的两坐标。

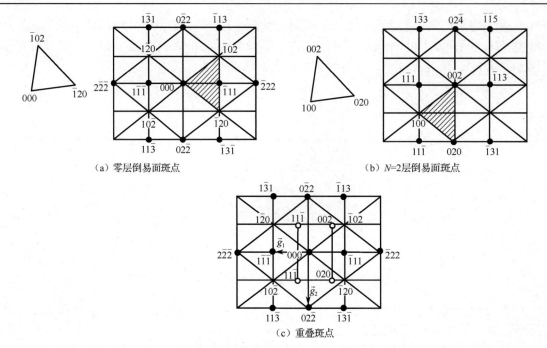

图 4-16   面心立方晶体的零层、N=2 层斑点示意图

4.3.5   高阶劳埃斑点花样的应用分析

1. 物相分析

面心立方点阵的 TiC 的晶带[112]，六方密排点阵的 Mo_2C 的晶带[1$\bar{1}$0] 和体心立方点阵的 chi 相的晶带[310]的电子衍射谱均为边长比为 1.6 左右的矩形，但从零阶劳埃斑点花样无法区分，如图 4-17 所示，但其高阶劳埃斑点位置不同，由此可将它们区分开来。

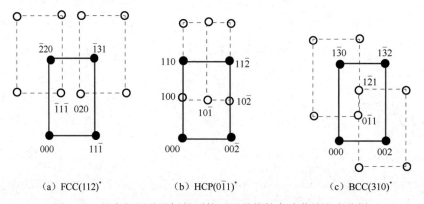

图 4-17   具有相同零层倒易面的不同晶体的高阶劳埃斑点花样

2. 入射方向的样品厚度和物相点阵常数的估计

对称入射即电子束方向与晶带轴方向平行时，B//[uvw]，如图 4-18（a）所示。设薄膜样品厚度为 t，其倒易点扩展成倒易杆，杆长为 $2/t$。其零阶和高阶劳埃斑点的分布如图 4-18（b）所示，中心区域为零阶劳埃斑点区，外侧则为高阶劳埃斑点区。设中心区域斑点分布的半径

外缘为 R_0，则该斑点为零层倒易杆的末端与反射球相截的投影，其对应的偏移矢量为 $\vec{s}$，大小为 $1/t$，该点的倒易矢量为 $\vec{g}_0$。

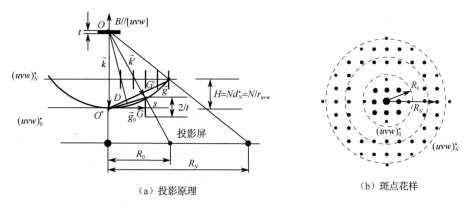

（a）投影原理　　　　　　　　　　（b）斑点花样

图 4-18　样品厚度和物相点阵常数的测量原理图

由于 $\Delta O^*GG' \backsim \Delta O^*DO$，

得

$$\frac{s}{g_0} = \frac{g_0/2}{k} \tag{4-43}$$

即

$$\frac{1/t}{1/d} = \frac{1/2d}{1/\lambda} \tag{4-44}$$

因为

$$\frac{R_0}{K} = g_0 = \frac{1}{d} \tag{4-45}$$

式中，K 为相机常数，$K=L\lambda$。

所以

$$t = \frac{2\lambda L^2}{R_0^2} \tag{4-46}$$

设 N 层距零层倒易面的间距为 H，N 层上恰好有一阵点在反射球上，反射球与倒易杆中心相截，此时的偏移矢量大小为零。设倒易矢量为 $\vec{g}$，R_N 为对应的衍射斑点距中心的距离。

由图 4-18（a）可得

$$\frac{H}{g} = \frac{g/2}{k} = \frac{g\lambda}{2} \tag{4-47}$$

因为

$$g = \frac{R_N}{K} = \frac{R_N}{L\lambda} \tag{4-48}$$

且

$$H = N/r_{uvw} \tag{4-49}$$

由式（4-49）解得

$$H = \frac{R^2}{2\lambda L^2} = \frac{N}{r_{uvw}} \tag{4-50}$$

式中，r_{uvw} 为矢量 $\vec{r} = u\vec{a} + v\vec{b} + w\vec{c}$ 的长度，计算式取决于晶体的结构，为

$$r_{uvw} = 2N\lambda \frac{L^2}{R^2} \tag{4-51}$$

当为立方晶系时，

$$r_{uvw} = a\sqrt{u^2 + v^2 + w^2} \tag{4-52}$$

将式（4-52）代入式（4-51）即可求得点阵常数 a。若为正交或四方点阵，$r_{uvw} = c$，可算出点阵常数 c。

4.4　二次衍射花样

4.4.1　二次衍射的定义

由于晶体对电子的散射能力强，因此衍射束的强度往往很强，它又将成为新的入射源，在晶体中产生二次衍射，甚至多次衍射。这样会使晶体中原本相对于入射束不参与衍射的晶面，在相对于衍射束时，却满足了衍射条件产生衍射，此时的电子衍射花样将是一次衍射、二次衍射甚至多次衍射所产生的斑点叠加。当二次衍射斑点与一次衍射斑点重合时，增加了这些斑点的强度，并使衍射斑点的强度分布规律出现异常；当两次衍射的斑点不重合时，在一次衍射斑点的基础上就会出现附加斑点，甚至出现相对于一次衍射本应消光的斑点，这些均为衍射分析增添了困难，在花样标定前应先将二次衍射花样区分。

4.4.2　二次衍射的产生原理

图 4-19（a）为产生二次衍射晶面示意图。设晶面$(h_1k_1l_1)$、$(h_2k_2l_2)$、$(h_3k_3l_3)$分别属于单晶体中三个不同的晶面族，入射电子束作用于晶面$(h_3k_3l_3)$时，消光不产生衍射，但作用于晶面$(h_1k_1l_1)$时产生了正常的一次衍射，一次衍射束又作用于晶面$(h_2k_2l_2)$时，恰好满足衍射条件，即产生了二次衍射。一定条件下，二次衍射束的方向与消光晶面$(h_3k_3l_3)$的衍射方向一致，使本不应出现的$(h_3k_3l_3)$消光斑点出现了。其实，这个斑点并非是晶面$(h_3k_3l_3)$自己的贡献，而是晶面$(h_2k_2l_2)$衍射的结果。该过程还可用反射球示意，如图 4-19（b）所示。设$(h_1k_1l_1)$、$(h_2k_2l_2)$、$(h_3k_3l_3)$三组晶面所对应的倒易矢量分别为$\vec{g}_1$、$\vec{g}_2$、$\vec{g}_3$，其对应的倒易点分别为 G_1、G_2、G_3，其中G_1、G_3 在反射球上，G_2 不一定在反射球上，$(h_3k_3l_3)$为消光晶面，不产生衍射，如图 4-19（b）中空心点所示，且$\vec{g}_3 = \vec{g}_1 + \vec{g}_2$，即 $h_3=h_1+h_2$，$k_3=k_1+k_2$，$l_3=l_1+l_2$。当入射电子束作用于晶面$(h_1k_1l_1)$上时，G_1 在反射球上，由于未发生消光，因此此时产生了方向平行于 OG_1 方向的一次衍射，一次衍射束的方向恰好满足晶面$(h_2k_2l_2)$的衍射条件，且未发生消光，即产生了二次衍射，二次衍射的方向平行于 OG_3。当晶面$(h_1k_1l_1)$的衍射束作为入射方向时，反射球的倒易原点应从O^*移到 G_1，此时的$\vec{g}_2$同步平移，由$\vec{g}_3 = \vec{g}_1 + \vec{g}_2$的矢量关系可知，晶面$(h_2k_2l_2)$的衍射方向与

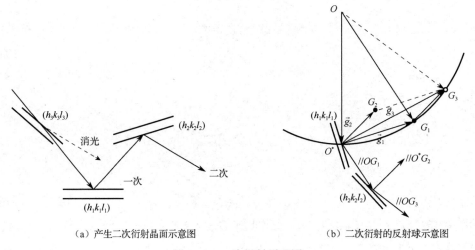

（a）产生二次衍射晶面示意图　　　　　（b）二次衍射的反射球示意图

图 4-19　二次衍射原理图

OG_3 重合，而晶面 $(h_3k_3l_3)$ 为消光晶面，本不产生衍射，但此时由于晶面 $(h_1k_1l_1)$ 上的一次衍射束在晶面 $(h_2k_2l_2)$ 上发生二次衍射，使本应消光的 OG_3 方向出现了衍射，显然，此时的衍射并不是晶面 $(h_3k_3l_3)$ 产生的，而是晶面 $(h_2k_2l_2)$ 贡献的。

注意：

① 超点阵中，出现了本应消光的斑点，那是由于晶体的结构因子发生了变化，且该斑点仍是原消光晶面衍射产生的，而二次衍射中出现的消光点，是由于其他晶面在一次衍射束的作用下发生二次衍射，并非原消光晶面产生的。

② 二次衍射可使金刚石和密排六方晶体中的消光点出现。金刚石结构为面心立方点阵沿其对角线移动 1/4 对角线长的复式点阵，其消光规律除面心点阵的消光规律（H、K、L 奇偶混杂消光）外，尚有附加消光规律，即 $h+k+l=4n+2$ 时消光，此时 [110] 晶带轴过倒易原点的零层倒易面如图 4-20 所示。$\bar{1}11$ 移至中心 000 时，消光点 $2\bar{2}2$、$\bar{2}\bar{2}2$ 出现衍射斑点，发生二次衍射。密排六方点阵为简单点阵套构形成的复式点阵，简单点阵无消光，套构后产生附加消光，即 $h+2k=3n$，$l=2n+1$ 时消光。[100] 晶带方向的零层倒易面如图 4-21 所示，001 和 00$\bar{1}$ 消光，当 010 为入射束时，两消光点均出现衍射斑点，发生二次衍射。

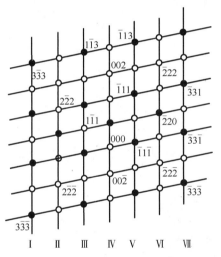

图 4-20 金刚石 [110] 晶带标准零层倒易面

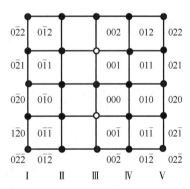

图 4-21 密排六方 [100] 晶带标准零层倒易面

③ 体心立方点阵和面心立方点阵中无二次衍射产生。体心立方点阵中，如图 4-22 所示，消光规律为 $h+k+l=$ 奇数，每列中总有消光和非消光点，第Ⅳ列中，由于中心点 010 为消光点，无衍射束存在，只有第Ⅴ列中 020 不消光，移至中心作为新的入射束时，消光点与衍射点未变，故无二次衍射产生。同理，在面心立方点阵中，如图 4-23 所示，第Ⅳ列全部消光，而第Ⅴ列与中心列Ⅲ的消光相同，故移动也不会改变中心列中各点的消光与衍射，故无二次衍射产生。

④ 消光斑点产生二次衍射，不是由原晶面衍射产生的，而是由新晶面衍射产生的。

⑤ 二次衍射产生的原因：样品具有一定的厚度；TEM 衍射的布拉格角很小。随着样品厚度的增加，衍射束增强，由于 TEM 衍射中布拉格角非常小，这些衍射束在方向上接近入射布拉格角，这些衍射束可以作为产生相同类型电子衍射花样的入射束。

二次衍射会使电子衍射花样复杂化，给花样分析带来困难。往往需要确定哪些斑点是二次衍射产生的。由于二次衍射起因于晶体的对称性，因此可通过将样品绕强衍射斑倾斜 10°左右以产生双束条件，即透射束和一支强衍射束，此时二次衍射会消失。若仅是部分强度起因于二次衍射，则强度会减弱。但是，如果是(hkl)、$(2h2k2l)$、$(3h3k3l)$等系列反射，二次衍射不会消失。若析出相厚度与样品相同，则二次衍射作用仅局限于两者的界面上，此时若用二次衍射斑形成中心暗场像，则界面呈亮像，据此区分二次衍射斑。

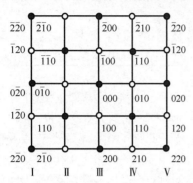

图 4-22　体心立方[001]晶带标准零层倒易面

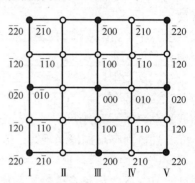

图 4-23　面心立方[001]晶带标准零层倒易面

4.5　菊池花样

4.5.1　菊池花样的定义

菊池于 1928 年用电子束穿透较厚样品（>0.1μm），及内部缺陷密度较低的完整单晶样品时，发现其衍射花样中除斑点花样外，还有亮暗平行线对，且亮线在衍射斑点花样区，暗线在透射斑点区或其附近。当厚度继续增加时，衍射斑点消失，仅剩大量亮暗平行线对，如图 4-24 所示。菊池认为这是电子经过非弹性散射失去较少能量，然后又受到弹性散射所致，这些亮暗线对称为菊池线对，菊池线对之间的区域又称菊池带。

图 4-24　菊池线对（单晶硅菊池图）

4.5.2　菊池花样的产生原理

入射电子在样品内受到的散射有两类：一类是弹性散射，即电子被散射前后的能量不变，由于晶体中的质点排列规则，可使弹性散射电子彼此相互干涉，满足布拉格衍射条件产生衍射环或衍射斑点；另一类是非弹性散射，即在散射过程中不仅方向发生改变，而且其能量减少，这是衍射花样中背底强度的主要来源。

样品较薄时，样品中的原子对电子束中电子的散射次数也少，原子对电子的单次非弹性散射，只引起入射电子损失极少的能量（<50eV），此时可近似认为其波长未发生变化。而对

于厚度大于 100nm 的样品，由于入射电子束与样品的非弹性散射次数增加、作用增强，使溢出样品的电子能量（波长）和方向都相差较大，因此在晶体内出现了在空间所有方向上传播的子波，形成均匀的背底强度，中间较亮、旁边较暗。并且散射角愈大，强度愈低。这些子波在符合布拉格衍射条件的情况下，同样可使晶面发生衍射，即再次发生相干散射，所以这也是一种动力学效应。

当电子束入射较厚晶体时，在点 O 受到非相干散射后成为球形子波的波源，非相干散射电子的强度和发生的概率均是散射角的函数。在入射束方向相同或接近方向上电子高度密集，散射电子强度极大，随着散射角的增大，其强度单调减小。如果以方向矢量的长度表示其强度，则从 O 点发出的散射波的强度分布为图 4-25（a）所示的液滴状，OQ 方向的电子散射强度高于 OP 方向，即 $I_{OQ}>I_{OP}$。由点 O 发出的散射波入射到晶体中的晶面 (HKL) 上，其中部分将满足布拉格衍射条件在 P、Q 处产生衍射，如图 4-25（b）所示，衍射线分别为 PP' 和 QQ'，假定晶面反射系数为 c，c 为透射束转给衍射束的能量分数，c 一般大于 1/2，其对应的衍射强度分别为

$$I_{PP}=(I_{OQ}-cI_{OQ})+cI_{OP}=I_{OQ}-c(I_{OQ}-I_{OP})< I_{OQ} \qquad (4\text{-}53)$$

$$I_{QQ}=(I_{OP}-cI_{OP})+cI_{OQ}=I_{OP}+c(I_{OQ}-I_{OP})> I_{OP} \qquad (4\text{-}54)$$

因为 $I_{OQ}>I_{OP}$，所以 PP' 方向的散射强度相对于入射波强度 I_{OQ} 减弱了，而 QQ' 方向相对于入射波强度 I_{OP} 增大了，如图 4-25（c）所示。

非相干散射电子相对于晶面族 $\{HKL\}$ 产生的可能衍射方向一定分布于以晶面 (HKL) 和 $(\overline{HKL})$ 的法线为轴、半顶角为 $90°-\theta$ 的衍射锥面上，且衍射束与入射束在同一个圆锥面上。这两个衍射锥面与厄瓦尔德球（接近于平面）相截，相截处为两条双曲线，因 θ 很小，样品至底片的距离（相机长度 L）较长，故双曲线近似为一对平行的直线，如图 4-25（d）所示。因为 $I_{OQ}>I_{OP}$，且 $c>1/2$，所以

$$I_{QQ}- I_{PP}=(2c-1)(I_{OQ}-I_{OP})>0 \qquad (4\text{-}55)$$

即总的背底沿着 QQ' 衍射增强，沿着 PP' 衍射减弱，这样就形成了一个菊池线对，背底增强的线称为增强线（亮线），背底减弱的线称为减弱线（暗线）。由于晶体中其他晶面也可产生类似的线对，因此，将形成许多亮暗线对构成的菊池线谱。从图 4-25（d）可以看出，菊池线对的间距 $R=L\times2\theta$，由于非弹性散射过程中波长的变化不大，因此衍射角的变化也不大，于是，菊池线对的间距 R 实际上等于衍射斑点 HKL 或 $\overline{HKL}$ 至中心斑点的距离，菊池线对的公垂线也与中心斑点和衍射斑点的连线平行，同时，菊池线对的中分线即衍射晶面 (HKL) 与底片的交线（又称晶面迹线）。如果已知相机常数 K，也可由菊池线对的间距 R 计算晶面间距 d。

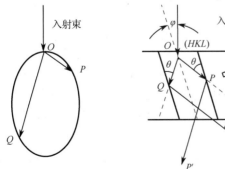
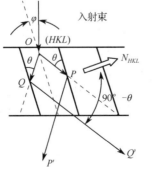
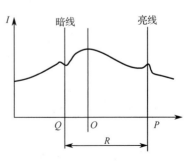

（a）非弹性散射电子强度分布示意图　　（b）菊池线对产生几何示意图　　（c）菊池衍射引起的背底强度变化

图 4-25　菊池线对的产生原理示意图

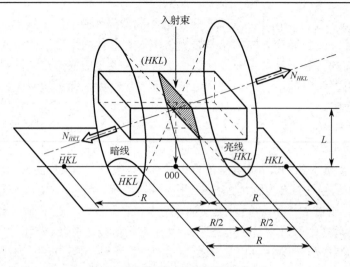

（d）菊池线对的产生及其衍射几何

图 4-25　菊池线对的产生原理示意图（续）

　　图 4-26 为不同入射条件下菊池线对的位置。对称入射时，即入射束平行于衍射晶面时，$\varphi=0°$，菊池线对出现在中心透射斑点两侧，衍射晶面的迹线正好过透射斑，如图 4-26（a）所示。理论上此时的背底强度净增与净减均为零，不应出现菊池线对，实际上在菊池线对间出现暗带（样品较厚）或亮带（样品较薄），可能是反常吸收效应所致的。非对称入射时，如 $\varphi=\theta$ 时，如图 4-26（b）所示，此时衍射晶面(HKL)的倒易点恰好在反射球上，菊池线对中亮线 P 和暗线 Q 正好分别通过衍射斑点 HKL 和透射斑点 000，此时菊池线对特征不太明显。当电子束以任意角入射时，菊池线对可位于透射斑的同侧，如图 4-26（c）所示，也可在两侧，如图 4-26（d）所示。一般情况下，菊池线对的位置相对于透射斑是不对称的，相对靠近中心斑点的为暗线，其电子强度低于背底强度，而远离中心斑点的为亮线，其电子强度高于背底强度。菊池线对始终对称分布在衍射晶面的迹线两侧。

　　菊池线对的位置对晶体取向十分敏感，样品做微小倾转时，菊池线对在像平面上以相机长度 L 绕倾斜轴扫动。从图 4-26（a）到图 4-26（b），样品倾转了 θ 角，菊池线对扫过 R/2，而衍射斑点位置却基本不变，但衍射斑点的强度发生了较大变化，这是由于反射球与倒易杆相截的位置发生了变化。与此同时，一些新的衍射斑点出现，一些原有的衍射斑点消失。如样品倾转 $\varphi=1°$，相机长度为 500mm，此时菊池线对扫过的位移 $x=L\times\varphi=500\times\dfrac{\pi}{180}=8.6mm$。故菊池线对可用于精确测定晶体取向，精度可达 0.1°，远高于衍射斑点所测的精度（3°）。

　　图 4-27 为面心立方晶体在电子束方向为[001]并对称入射时的菊池线对和相应的衍射斑点位置示意图。由于对称入射，菊池线对总是位于中心斑点和衍射斑点之间的中心位置。同一晶带轴的不同晶带面所产生的菊池线对的中线（迹线）必相交于一点，该交点是晶带轴与投影面的交点，又称菊池极。相交于同一个极点的菊池线对的中线所对应的晶面必属于同一个晶带。单晶体的一套斑点花样反映同一晶带轴的系列晶面，而菊池花样中可能存在多个晶带轴，即同一张菊池花样中可能有多个菊池极，图 4-28 即面心立方晶体含有多个菊池极的菊池图。

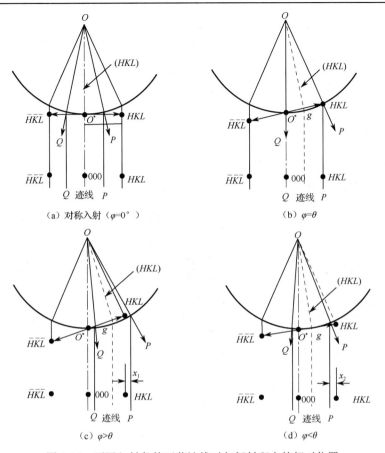

图 4-26 不同入射条件下菊池线对与衍射斑点的相对位置

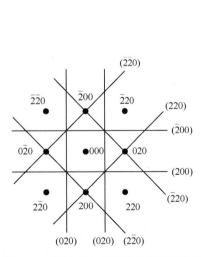

图 4-27 菊池极与衍射斑点位置示意图

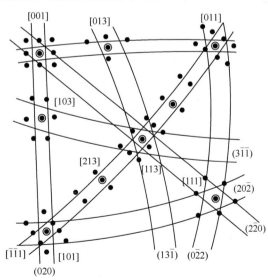

图 4-28 面心立方晶体菊池图

注意：

① 在菊池线谱中的衍射斑点和菊池线对均满足布拉格衍射条件，不同的是产生衍射斑点的入射电子束有固定的方向，而菊池线对是入射电子束中非弹性散射电子（前进方向改变，

且损失了部分能量）的衍射。

② 同一晶面可以不产生衍射斑点，但可能会产生菊池线对。菊池线对的出现与样品厚度和晶体的完整性有关，当晶体完整超薄时无菊池花样，仅有明锐的单晶电子衍射花样。在样品超过一定厚度且晶体完整时才会出现清晰的菊池花样，仅有一定厚度但晶体不完整时，菊池花样不清晰。随着样品厚度的增加，吸收增强，菊池花样和斑点花样均逐渐减弱直至消失。

4.5.3　菊池花样的应用——取向分析

由于电镜中的菊池花样对位置特别敏感，菊池线对的位置对晶体取向十分敏感，样品做微小倾转时，菊池线对在像平面上以相机长度 L 绕倾斜轴扫动，因此常被用于晶体取向分析。最为常见的是三菊池带法和两菊池带法。

1．三菊池带法

图 4-29 为三菊池带示意图，三菊池带法的具体步骤如下。

（1）在菊池线谱中找到相对独立的三个菊池极。

（2）分别测量三线对的间距，分别除以相机常数 K，即三个晶面间距，由 X 射线衍射的 PDF 卡片获得三个菊池线对对应的晶面指数 $\{H_iK_iL_i\}$（$i=1,2,3$），再由三者之间的夹角（α_{12}、α_{23}、α_{31}）关系确定三个菊池线对分别对应的精确的晶面指数（$h_il_il_i$）。

（3）由三个晶面指数 $(H_iK_iL_i)$（$i=1,2,3$）两两叉乘分别确定三个菊池极所代表的三个晶带轴指数 $[u_iv_iw_i]$（$i=1,2,3$）。

（4）薄膜样品表面的法线方向为 $[hkl]$，即电子束的反方向，设其与投影面的交点为 O，如图 4-29 所示，$\vec{n}_1$、$\vec{n}_2$、$\vec{n}_3$ 为三个晶面的法矢量，分别连接 OA、OB、OC，样品与投影面的间距为 L，即有效镜筒长度。设电子束与三个晶带轴 $O'A$、$O'B$ 和 $O'C$ 的夹角分别为 α、β、γ。令三晶带轴矢量为 $\vec{H}_i=[u_iv_iw_i]$，由已知 L 和测量的 OA、OB 和 OC，计算出 α、β、γ 分别为

$$\alpha = \arctan\frac{OA}{L} 、 \beta = \arctan\frac{OB}{L} 、 \gamma = \arctan\frac{OC}{L}$$

注意：投影面平行于样品表面。

（5）设 $\vec{N}$ 为电子束入射矢量，为样品表面的法线方向 $[hkl]$ 的反方向，联立方程组

$$\begin{cases} \cos\alpha = \dfrac{\vec{H}_1 \cdot \vec{N}}{|\vec{H}_1||\vec{N}|} \\[2mm] \cos\beta = \dfrac{\vec{H}_2 \cdot \vec{N}}{|\vec{H}_2||\vec{N}|} \\[2mm] \cos\gamma = \dfrac{\vec{H}_3 \cdot \vec{N}}{|\vec{H}_3||\vec{N}|} \end{cases} \tag{4-56}$$

求得 h、k、l。

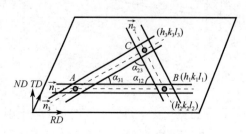

图 4-29　三菊池带示意图

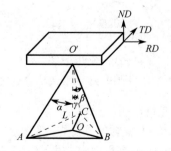

图 4-30　三晶带轴构成四面体示意图

（6）量出三条过花样中心的菊池带$(h_1k_1l_1)$、$(h_2k_2l_2)$、$(h_3k_3l_3)$与投影面上 RD 的夹角 β_1、β_2、β_3，列出三个夹角方程，解出三个未知量$[uvw]$，从而获得该菊池花样所对应的晶体取向(hkl) $[uvw]$。

2．两菊池带法

两根菊池带$(h_1k_1l_1)$和$(h_2k_2l_2)$的交点为 B 极点，如图 4-31 所示。B 点晶轴为$[uvw]$，设晶轴为 Z_p，以晶面$(h_2k_2l_2)$的法线为 X_p 组成的旋转矩阵 P 为

$$P = \begin{bmatrix} h_1 & r & u \\ k_1 & s & v \\ l_1 & t & w \end{bmatrix} \tag{4-57}$$

$[rst]$为 Z_p、X_p 叉乘得到 Y_p。由于该矩阵不是真正的样品坐标系（X-Y-Z）相对于晶体坐标系的关系，还要将该坐标系（X_p-Y_p-Z_p）转到与样品坐标系（X-Y-Z）重合，即分别绕 X_p、Y_p、Z_p 转动 α、β、γ 角（逆时为正），对应的旋转矩阵分别为

$$A = \begin{bmatrix} 1 & 0 & 0 \\ 0 & \cos\alpha & -\sin\alpha \\ 0 & \sin\alpha & \cos\alpha \end{bmatrix} \tag{4-58}$$

$$B = \begin{bmatrix} \cos\beta & 0 & -\sin\beta \\ 0 & 1 & 0 \\ \sin\beta & 0 & \cos\beta \end{bmatrix} \tag{4-59}$$

$$C = \begin{bmatrix} \cos\gamma & -\sin\gamma & 0 \\ \sin\gamma & \cos\gamma & 0 \\ 0 & 0 & 1 \end{bmatrix} \tag{4-60}$$

则取向矩阵为 $M = A \times B \times C \times P$，即

$$M = \begin{bmatrix} 1 & 0 & 0 \\ 0 & \cos\alpha & -\sin\alpha \\ 0 & \sin\alpha & \cos\alpha \end{bmatrix} \times \begin{bmatrix} \cos\beta & 0 & -\sin\beta \\ 0 & 1 & 0 \\ \sin\beta & 0 & \cos\beta \end{bmatrix} \times \begin{bmatrix} \cos\gamma & -\sin\gamma & 0 \\ \sin\gamma & \cos\gamma & 0 \\ 0 & 0 & 1 \end{bmatrix} \times \begin{bmatrix} h_1 & r & u \\ k_1 & s & v \\ l_1 & t & w \end{bmatrix} \tag{4-61}$$

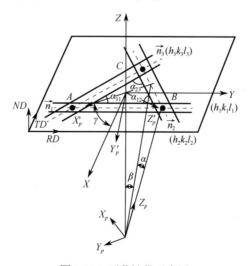

图 4-31　两菊池带示意图

4.6　会聚束电子衍射花样

会聚束电子衍射（Convergent Beam Electron Diffraction，CBED）最早是由 Kosset 和 Möllenstedt 提出并实现的，他们将会聚角大于 10^{-2}rad 的电子束入射到样品上，在直径小于 30nm 的区域做衍射而形成会聚束电子衍射花样。会聚束电子衍射花样具有很高的空间分辨率，可达 10^{-9}m。CBED 技术发展到现今，已经成为分析显微学的一个独立的重要分支，成为材料微观结构分析的一个重要手段，尤其是在研究材料的微观残余应变时有着独特之处。

4.6.1　会聚束电子衍射原理

当电子束平行入射样品时，将在物镜的后焦面上形成规则排列的斑点花样，中心斑点为透射束形成的透射斑点，其他则为衍射束形成的衍射斑点，如图 4-32（a）所示。当电子束以会聚方式入射样品时，其透射束和衍射束均为发散型圆锥，在物镜后焦面上形成相应的透射盘和衍射盘，如图 4-32（b）所示。盘的直径大小与盘间是否重叠取决于会聚角的大小。一个盘相当于平行束衍射花样中的一个斑点。

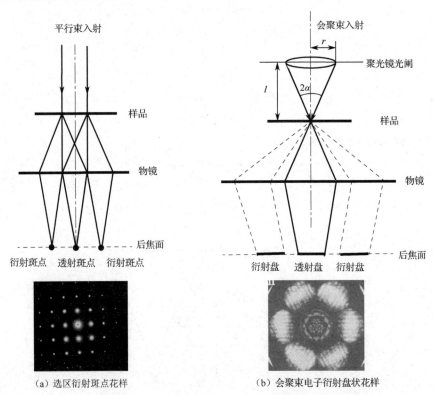

（a）选区衍射斑点花样　　　　　　　（b）会聚束电子衍射盘状花样

图 4-32　会聚束电子衍射花样形成原理图

4.6.2　会聚束电子衍射的三个重要参数

1. 会聚束斑尺寸

会聚束斑尺寸是指作用在样品上会聚束的斑点大小，会聚束斑愈小，其衍射过程受到晶体缺陷干扰的概率愈小，会聚束斑一般为 20～100nm。

2．会聚角

会聚角 2α 是指会聚束的夹角，有时用 α 表示会聚半角。会聚角的大小决定了衍射盘的尺寸，会聚角增加，衍射盘增大，盘间距减小，当会聚角增至一定值时，衍射盘将发生重叠现象，此时分析困难。衍射盘刚接触时的会聚角称为临界会聚角，表示为 $2\alpha_c$，如图 4-33 所示。

会聚角大小可通过第二聚光镜光阑调整，由图 4-32（b）所示的几何关系可得

$$\tan\alpha = k\frac{r}{l} \qquad (4\text{-}62)$$

式中，r 为聚光镜光阑的半径；l 为聚光镜光阑距样品的距离，为定值；k 为物镜前场与小聚光镜作用的系数。

显然当 k 恒定时，α 可通过聚光镜光阑调整，但一般是通过调整 k 而不是聚光镜光阑来选择不同的 α，实际操作时可由电镜上专设的 α 控制按钮进行。

3．相机常数

相机常数 K 的本质是正倒空间连接的纽带，为反射球与倒易点扩展体截面的放大倍率，因此相机常数越小，则放大倍率越小，可观察全图，而相机常数大时用于观察盘中的细节。

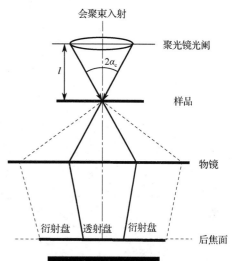

图 4-33　临界会聚时衍射盘示意图

会聚束电子衍射花样除斑点扩展成盘外，还会附带产生几种特殊的花样，常见的有零阶劳埃带、高阶劳埃带、菊池线、K-M 线、HOLZ 线、HOLZ 环、G-M 线等。

4.6.3　会聚束电子衍射中的重要花样

1．零阶劳埃带

零阶劳埃带（Zero Order Laue Zone，ZOLZ）为零层倒易面上倒易体与反射球相截后的投影，位于花样的中心区域。各衍射盘对应的晶面(hkl)满足晶带定律 $hu+kv+lw=0$，从零阶劳埃带花样可获得晶面距离、晶面夹角和晶带轴指数。

2．高阶劳埃带

高阶劳埃带（High Order Laue Zone，HOLZ）是非零层倒易面上的倒易体与反射球相截后的投影，此时 $Hu+kv+lw=N$，$N=1$ 时称为一阶劳埃带，$N=2$ 时称为二阶劳埃带，以此类推。选区衍射花样中一般很少出现高阶劳埃带，但在会聚束衍射中很容易出现。由于原子散射振幅随散射角度的增大而减小，入射会聚束中每一个方向都有一个反射球，从而与高层倒易面上的倒易体有更多相截的机会，因此会聚束衍射中易出现高阶劳埃带。

3．菊池线

菊池线（Kikuchi Line）与选区衍射花样一样，一定条件下同样会出现菊池线，且更为清晰、更为多见。由于会聚束照射样品的体积远小于选区衍射，使其中所含的应变、弯曲、点阵缺陷更少，选区衍射中的菊池线主要是非弹性散射电子发生布拉格衍射所致的，而在会聚束电子衍射中不仅有能损小的非弹性散射电子发生布拉格衍射产生的菊池线，还有因弹性散射而产生的菊池线，如图 4-34 所示，因此会聚束电子衍射花样中的菊池线相比于选区衍射更加明锐。

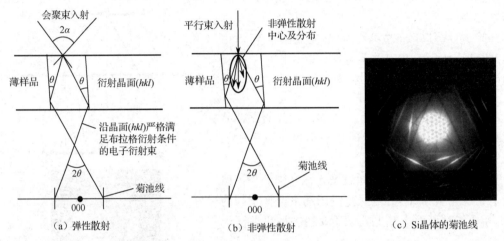

|（a）弹性散射|（b）非弹性散射|（c）Si晶体的菊池线|

图 4-34　会聚束中弹性散射与平行束中非弹性散射形成菊池线原理对比图及 Si 晶体的菊池线

注意：菊池线在衍射盘和透射盘的外侧并成对出现。会聚束电子衍射花样中菊池线的形成原理与通常衍射谱中出现的菊池线相同，原理也相同，只是会聚束电子衍射花样的菊池线由弹性散射和非弹性散射共同产生且更清晰。

4．K-M（Kossel-Mllenstedt）线

图 4-35（a）为双束形成 K-M 线（或称 K-M 条纹）的原理示意图。$O'O$ 为入射会聚束中的中心束，其反射球与倒易杆 hkl 中心点 G 相交，严格满足布拉格方程，在 $O'O$ 方向产生零透射束，在 $O'G$ 方向产生强衍射束，相应地在透射盘上形成暗点 T，在衍射盘内形成亮点 D。O_0O 是在 $O'OG$ 平面上偏移 $\Delta\theta$ 角的某一入射束，其反射球与倒易杆相交于 G_0，$GG_0=s$，不严格满足布拉格方程。在 O_0G_0 方向产生次强衍射束，在 O_0O 方向产生次弱透射束，相应地在衍射盘内点 D 附近产生次亮点 D_0，在透射盘内点 T 附近产生次暗点 T_0。由于不同入射方向的反射球交倒易杆 hkl 于不同位置，即 s 不同，因此衍射盘和透射盘内相应点的强度也不同。其动力学衍射强度公式为

$$I_\text{g} = \left(\frac{\pi t}{\xi_\text{g}}\right)^2 \frac{\sin^2(n\pi)}{(n\pi)^2} \tag{4-63}$$

$$n^2 = t^2(s^2 + \xi_\text{g}^{-2}) \tag{4-64}$$

式中，t 为样品厚度；ξ_g 为消光距离；I_g 为衍射强度。当 n 为整数时，衍射强度为零，相应地在透射盘内产生亮点 T_n（图 4-35（a）中的点 T_1），在衍射盘内产生暗点 D_n（图 4-35（a）中的点 D_1）。由此可知，凡是以 OG、OG_n 为弦的反射球均满足上述条件，这相当于 $\triangle O'OG$ 和

$\triangle O_1OG_n$ 分别以 OG、OG_n 为轴旋转一定角度,结果在透射盘内形成 TT 暗条纹和 T_nT_n（图 4-35 中的 T_1T_1）亮条纹,在衍射盘内形成 DD 亮条纹和 D_nD_n（图 4-35（a）中 D_1D_1）暗条纹。两者均垂直于产生衍射盘的倒易矢量 $\vec{g}$,即垂直于透射盘中心与衍射盘中心的连线。透射盘内强度沿 TT_n 方向的分布和衍射盘内沿 DD_n 方向的分布,相当于强度沿 n 方向的分布。

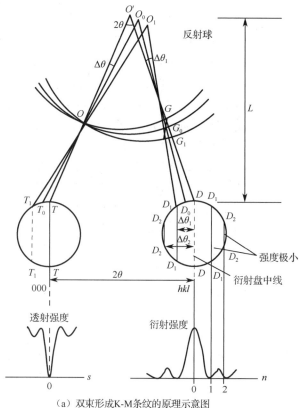

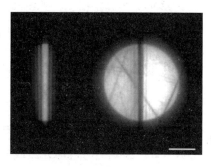

（a）双束形成K-M条纹的原理示意图　　　　　　（b）Si晶体（400）K-M条纹

图 4-35　K-M 条纹

设透射盘中心至衍射盘中心的间距 $TD=R$,透射盘内中线与第一支亮条纹间距 $T_1T=P_1$,衍射盘内中线与第一支暗条纹间距 $D_1D=Q_1$,则有

$$R \approx 2\theta L \approx g\lambda L \tag{4-65}$$

$$P_1 \approx Q_1 \approx \Delta\theta_1 L \approx s_1 L/g \tag{4-66}$$

$$Q_1/R = P_1/R = \Delta\theta_1/2\theta = s_1/g^2\lambda \tag{4-67}$$

将式（4-67）写成一般式,即

$$s_i = g^2\lambda Q_i/R = g^2\lambda\Delta\theta_i/2\theta \quad (i=1,2,3\cdots) \tag{4-68}$$

由于 Q_i、R 可在底片上测得,故知道 g 和 λ 后即可求出 s_i 和 L。

零阶劳埃带反射 $\vec{g}\left(\vec{g}=\dfrac{\vec{s}}{\Delta\theta}\right)$ 指数较低,且其相应的消光距离 ξ_g 较小,因此条纹较宽。

图 4-35（b）为 Si 晶体（400）K-M 条纹,透射盘近邻有多个衍射盘,每个倒易矢量为 $\vec{g}$ 的衍射盘都使透射盘产生垂直于 $\vec{g}$ 方向的 K-M 条纹。多个衍射盘作用的结果,使透射盘内产生近似为正多边形的 K-M 宽条纹,相邻衍射盘作用结果也干扰了各自盘内 K-M 条纹分布特征,从而使花样复杂化。

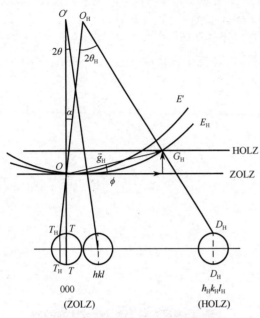

图 4-36 HOLZ 线形成的原理示意图

5. HOLZ 线

HOLZ 线的形成机制与 ZOLZ 中的 K-M 条纹形成机制相似，只不过前者是上一层倒易面上的倒易点产生的，后者是零层倒易面上倒易点产生的，由于前者产生的 HOLZ 线的 $\vec{g}$ 比后者大，相应的消光距离也大，所以 HOLZ 线比 K-M 条纹细，次级强度过低以致被背底所淹没。

图 4-36 为 HOLZ 线形成的原理示意图。$O_H O$ 是与中心束成 α 角的入射束，其反射球与上层倒易面上的倒易点 G_H 相交，$s=0$，严格满足布拉格方程，因而在相应的 HOLZ 衍射盘内产生亮点 D_H，相应地在透射盘内产生暗点 T_H。以 $OG_H = g_H$ 为弦的各反射球都满足这一条件，即相当于 OE_H 反射球绕 $\vec{g}_H$ 旋转一定角度，结果在 HOLZ 衍射盘内形成亮线 $D_H D_H$。在透射盘内形成暗线 $T_H T_H$。两者平行并垂直于高阶劳埃反射矢量 $\vec{g}_H$。

明暗线间距 $T_H D_H = R_H$，其对应的角间隔和面间距为

$$2\theta_H \approx R_H / L \tag{4-69}$$

$$d_H = L\lambda / R_H \tag{4-70}$$

显然，由式（4-70）可知透射盘中 HOLZ 线的位置只受入射电子束波长和晶格常数的影响。在电子束波长确定时，HOLZ 线的位置只受晶格常数的影响。所以，可通过 HOLZ 线的位置来确定晶格常数。

注意： HOLZ 线由晶格常数的微小而不均匀的变化而分裂，并可通过测量晶体的原子位移来表征。然而，它只能揭示二维空间即电镜样品 x-y 平面内的原子位移，未能揭示沿着电子束路径方向上的 z 轴原子位移信息。这些信息可以通过自干涉 HOLZ 线研究获得，即在成像系统中增加双棱镜发生自干涉图案，从而可以反映 z 轴原子位移信息。

6. HOLZ 环

会聚束中各方向入射束反射球与同一层倒易面各个方向倒易杆中心 hkl 相交所产生的不同方向的 HOLZ 亮线，将构成以透射盘为中心的圆环，称此圆环为 HOLZ 环。它是晶体点阵常数、应变场、加速电压的敏感函数，可用于确定晶体点阵常数的微小变化、晶体缺陷附近的应变场和入射束波长的实际值。当会聚角较大，导致衍射盘重叠时，低倍 HOLZ 暗线呈现出的对称性与晶体实际对称性完全相同，故可确定晶体的点群和所属晶系。

由图 4-36 可以看出，透射盘中 HOLZ 线 $T_H T_H$ 至透射盘中线 TT 间距离 $T_H T$ 与透射盘中线 TT 至相邻同阶衍射盘中线 DD 间距离 TD（$TD=R$）之间有如下关系：

$$T_H T / R = \alpha / 2\theta \tag{4-71}$$

由于 $O'O$ 垂直于零层倒易面，$\alpha + \phi + (90° - \theta_H) = 90°$，则有

$$\alpha = \theta_H - \phi \tag{4-72}$$

式中，ϕ 为产生 HOLZ 线倒易矢量 $\vec{g}_H$ 与零层倒易面间的夹角，与倒易面间距 H 的关系为

$$\phi \approx H/g_H \tag{4-73}$$

将式（4-72）和式（4-73）代入式（4-71），并利用布拉格近似式 $2\theta \approx g\lambda$，$2\theta_H = g_H\lambda$，得

$$\frac{T_H T}{R} = \frac{1}{2}\frac{g_H}{g} - \frac{H}{\lambda g g_H} \tag{4-74}$$

$T_H T$、R 可在底片上测得，所以一旦知道样品所属晶系和会聚束电子衍射花样的指数化后，便可用式（4-74）求出相应的点阵常数。

注意：HOLZ 线不同于 HOLZ，HOLZ 是高阶劳埃带，由中心透射盘和周边数个衍射盘组成，HOLZ 线是高阶劳埃带中暗场盘上一些相互交叉细的黑直线，与 HOLZ 环上某段相对应。

7．G-M（Gjönnes-Moodie）线

与斑点花样一样，会聚束电子衍射也会因二次或多次衍射在禁止衍射的位置上出现衍射盘，由于是先经过 HOLZ 衍射，然后折回 ZOLZ，所以在禁止衍射的位置上出现了以无强度黑带为中线的衍射盘，该黑带称为消光黑带，也可称为 G-M 线或 G-M 条纹，它是动力学反射的结果，它只在由螺旋轴和滑移面造成的"禁止衍射"位置的暗场盘中出现，其方向总与反射矢量投影方向平行，可用来测量晶体空间群。

4.6.4　会聚束电子衍射成像

1．明场像

明场像是指物镜光阑套住透射束斑成像所获得的图像。会聚束电子衍射花样中明场盘指透射盘本身。明场盘的对称性是指晶体的某一晶带轴严格平行于入射电子束方向时，透射盘内所记录的对称花样。它反映了晶体本身所具有的某种对称性。当晶体某一晶带轴与入射电子束方向不是严格平行时，明场盘内的对称性将有所降低，此时花样就不能严格反映晶体的对称性。

2．暗场像

暗场像是指物镜光阑套住衍射束斑成像所获得的图像。采用偏置线圈使选定的衍射束处在光路正中的物镜光阑中心孔而成的像为中心暗场像。会聚束电子衍射花样中的暗场盘指中心入射束满足布拉格衍射条件时所获得的衍射盘。暗场盘的对称性是指在严格满足布拉格衍射条件下双束 CBED 图中衍射盘内的花样强度所显示的对称性。

4.6.5　会聚束电子衍射花样的指数标定

会聚束电子衍射花样的指数标定主要是对 ZOLZ、HOZL 衍射盘和 HOZL 线的标定。而 ZOZL、HOZL 衍射盘的指数标定与斑点花样标定完全相同，可按斑点花样的标定步骤进行。下面主要介绍 HOZL 线的标定，其步骤如下。

（1）先按斑点指数标定法标定 ZOLZ 衍射盘的指数，确定其晶带轴指数 [uvw]。

（2）标定 HOZL 衍射盘指数，通常是一阶劳埃带（FOLZ）盘指数 $h_H k_H l_H$。

（3）由于透射盘中的 HOLZ 暗线垂直于 $\vec{g}_{hkl}$，且平行于 HOLZ 同 hkl 指数衍射盘中的 HOLZ

亮线的特征，在透射盘内过盘心作 HOLZ 暗线的垂直线，该垂直线通过某个 HOLZ 盘的盘心，该盘的指数即透射盘内 HOLZ 暗线的指数。

注意： HOLZ 两相邻衍射盘强激发使透射盘中 HOLZ 线失去与 FOLZ 的上述关系，此时，透射盘中两暗线重叠，可能显示成双曲线，对此，稍微改变一下操作电压就可将其分开。

以上步骤也可通过计算机模拟来指数化。

4.6.6 应用分析

会聚束电子衍射的应用较多，常见的有微小析出相的鉴定，位错柏氏矢量的测定，样品厚度、消光距离、残余应力、晶格常数等的测量，本书主要介绍前 4 种应用。

1. 微小析出相的鉴定

由于会聚束照射在样品上的束斑直径远比选区衍射的小，因此会聚束电子衍射具有更高的空间分辨率，可录下微小粒子晶带轴的衍射花样。此时可采用选区衍射花样所用的方法进行分析，测量斑点间距、面夹角，由相机常数计算面间距，与已知标准相点阵常数对比，可确定研究的物相。会聚束电子衍射与高分辨点阵像相结合，可用于大单胞复杂系结构分析。

2. 位错柏氏矢量的测定

如图 4-37 所示，当晶体中出现位错时，位错周边的晶格发生畸变，但图 4-37（a）中的 *ABCD* 和 *ADEG* 面所对应的 HOLZ 线仍与完整晶体一样呈单线，如图 4-37（b）所示。而其他晶面因位错存在而发生弯曲，如图 4-37（a）中的 *CDEF* 面所示。畸变的晶面对应的 HOLZ 线随之发生分裂，不再呈单线，而呈双曲线，如图 4-37（c）所示。在图 4-37（c）中，T_1T_1 电子束与未畸变晶面 *MM* 构成布拉格角产生相应的 HOLZ 线，而与 T_1T_1 成某一角度的 T_2T_2 电子束入射晶体时，当晶面 *NN* 无畸变时，T_2T_2 电子束与该晶面不构成布拉格角，不产生 HOLZ 线。但在 *NN* 面畸变时，恰好与 T_2T_2 构成布拉格衍射，因而产生 HOLZ 线。由于 T_1T_1 与 T_2T_2 两束成一定角度，且同为晶面(*hkl*)的衍射，故相应的 HOLZ 线呈双线。根据这一原理，若能找到两条指数不同、未分裂的 HOLZ 线，它们对应的倒易矢量分别为 $\vec{g}_1$、$\vec{g}_2$，则柏氏矢量 $\vec{b}$ 便可由下式求出，即

$$\vec{b} = \vec{g}_1 \times \vec{g}_2 \tag{4-75}$$

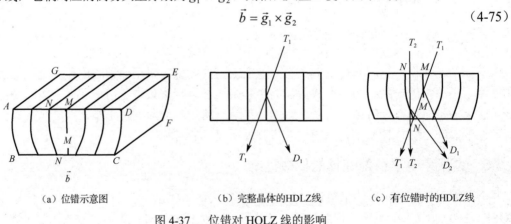

(a) 位错示意图   (b) 完整晶体的 HDLZ 线   (c) 有位错时的 HDLZ 线

图 4-37　位错对 HOLZ 线的影响

3. 入射束方向的样品厚度 *t* 和消光距离 ξ_g 的测量

采用双束会聚束电子衍射 *hkl* 衍射盘里的 K-M 条纹测定沿入射束方向的样品厚度 *t* 和消

光距离 ξ_g，分析步骤如下。

（1）选择适当的第二聚光镜光阑，使 000 盘与 hkl 盘不重叠；

（2）在所要测厚的区域，将样品倾斜成 hkl 为强盘的双束条件；

（3）调节物镜使 K-M 条纹清晰可见。

由式（4-63）可知，n 为整数时，衍射强度为零，在 hkl 盘上产生与之对应的 K-M 黑色条纹。将式（4-63）改成

$$\left(\frac{s}{n}\right)^2 = -\frac{1}{\xi_g^2}\frac{1}{n^2} + \frac{1}{t^2} \tag{4-76}$$

令 $y = \left(\dfrac{s}{n}\right)^2$，$k = \xi_g^{-2}$，$x = n^{-2}$，$b = t^{-2}$，则式（4-76）为截斜式直线方程，即

$$y = -kx + b \tag{4-77}$$

式中，k 为斜率，b 为 $x=0$ 时的 y 轴的截距，如图 4-38 所示。

因此，只要求出 s 值而 n 值又选择正确，通过绘制 $\left(\dfrac{s}{n}\right)^2 \sim \left(\dfrac{1}{n}\right)^2$ 图，如图 4-39 所示，就可得到与图 4-38 相似的图，从而得出 t 和 ξ_g 的值。

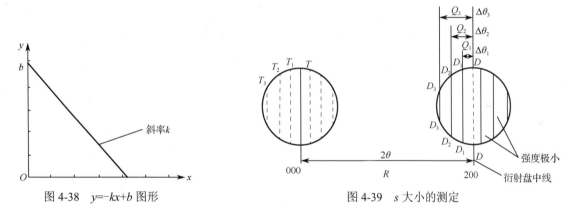

图 4-38　$y=-kx+b$ 图形　　　　　　　　　图 4-39　s 大小的测定

例：α-Al 的[110]方向选区电子衍射（SAED）结果如图 4-40（a）所示，加速电压为 200kV，电子束波长为 0.00251nm。图 4-40（a）中圆圈所示衍射斑为 Al 晶体的(022)晶面，晶面间距 $d_{022}=0.1432$nm。双束条件下 Al 晶体(022)晶面的会聚束电子衍射 K-M 条纹如图 4-40（b）所示，图中透射盘与衍射盘中心连线方向的强度分布如图 4-40（c）所示。

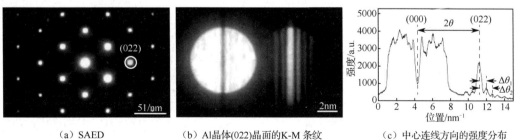

（a）SAED　　　　（b）Al 晶体(022)晶面的 K-M 条纹　　　　（c）中心连线方向的强度分布

图 4-40　CBED 方法测定样品的局部厚度与消光距离

图 4-40（c）中直射盘中心与(022)衍射盘中心的距离为 2θ（θ 为布拉格角），第 i 条暗条纹与盘中心的距离为 $\Delta\theta_i$。测量出 $\Delta\theta_1$、$\Delta\theta_2$、$\Delta\theta_3$…的值、二次测量值及平均值如表 4-2 所示。

表 4-2　加速电压为 200kV 时，Al 晶体(022)晶面的 K-M 条纹相关数据

	圆心距离	$\Delta\theta_1/nm^{-1}$	$\Delta\theta_2/nm^{-1}$	$\Delta\theta_3/nm^{-1}$	$\Delta\theta_4/nm^{-1}$	$\Delta\theta_5/nm^{-1}$
数据 1	6.925	0.361	0.848	1.389	1.876	2.417
数据 2	6.926	0.343	0.866	1.407	1.894	2.417
平均值	6.926	0.352	0.857	1.398	1.885	2.417

将表 4-2 中的数据 $\Delta\theta_1$、$\Delta\theta_2$、$\Delta\theta_3$、$\Delta\theta_4$、$\Delta\theta_5$ 分别代入式（4-68）得 s_1、s_2、s_3、s_4、s_5，建立 $\left(\dfrac{s_i}{n_i}\right)^2 \sim \left(\dfrac{1}{n_i}\right)^2$ 关系曲线，如图 4-41 所示。实验数据采用最小二乘法拟合，拟合后的直线方程为 $y=(-3.1362x+6.9344)\times10^{-5}nm^{-2}$，由此得出电子束入射方向样品的局部厚度为 $t=120.1nm$、$\xi_{hkl}=178.3nm$。

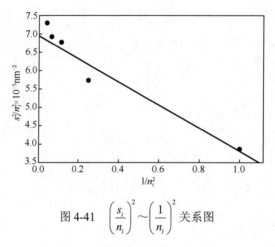

图 4-41　$\left(\dfrac{s_i}{n_i}\right)^2 \sim \left(\dfrac{1}{n_i}\right)^2$ 关系图

本章小结

复杂电子衍射花样在材料研究中比较常见，只是原理复杂，分析困难。本章内容如下。

1）超点阵斑点花样

超点阵在高温时为无序固溶体，从高温缓慢冷却到某一临界温度以下时，溶质原子会从随机分布变为规则排列，进入确定位置，发生有序化转变，形成有序固溶体。如果对其进行 X 射线衍射会有附加衍射峰，电子衍射则会有附加衍射斑点。无序固溶体的原子散射因子为平均散射因子，大小为各原子散射因子与其概率乘积的和。低温时超点阵发生有序化转变，原子各就其位，回到确定的位置上。依据超点阵的结构不同可分为面心立方点阵、体心立方点阵和密排六方点阵三大类。有序化后会产生附加斑点，但亮度较暗。

2）孪晶斑点花样

孪晶是材料在凝固、相变和形变过程中，晶体中的一部分在一定的切应力作用下沿着一定的晶面（孪晶面）和晶向（孪生方向）在一个区域内发生连续顺序的切变形成的。孪晶部分的晶体取向发生了变化，但晶体结构和对称性并未改变，孪晶部分与基体保持着一定的对称关系，其斑点花样同样遵循对称关系。

3）高阶劳埃斑点花样

当晶体的点阵常数较大（即倒易面间距较小）或晶体样品较薄（即倒易杆较长）或入射束的波长较大（即反射球半径较小）时，反射球就可能同时与多层倒易面相截，产生多套重叠的电子衍射花样，不同层的电子衍射花样分布的区域不同，此时可用广义的晶带定律 $hu+kv+lw=N$ 来表征，其中 $[uvw]$ 为晶带轴指数，(hkl) 为一晶带面。当 $N=0$ 时，零层倒易面上的倒易点与反射球相截所获得的衍射斑点称为零阶劳埃斑点或零阶劳埃带，当 $N\neq0$ 时，非零层倒易面上的阵点与反射球相截所形成的斑点称为高阶劳埃斑点或高阶劳埃带。高阶劳埃斑点的常见形式有三种：对称劳埃带、不对称劳埃带和重叠劳埃带。

4）二次衍射花样

由于晶体对电子的散射能力强，故衍射束的强度往往很强，它又将成为新的入射源，在晶体中产生二次衍射，甚至多次衍射。这样会使晶体中原本相对于入射束不参与衍射的晶面，在相对于衍射束时，却满足了衍射条件产生衍射，此时的电子衍射花样将是一次衍射、二次衍射甚至多次衍射所产生斑点的叠加。

注意：

① 超点阵中，出现了本应消光的斑点，那是由于晶体的结构因子发生了变化，且该斑点仍是原消光晶面衍射产生的，而二次衍射中出现的消光点，是由于其他晶面在一次衍射束的作用下发生二次衍射，并非原消光晶面产生的。

② 二次衍射可使金刚石和密排六方晶体中出现消光点。

③ 体心立方点阵和面心立方点阵中无二次衍射产生。

④ 消光斑点产生二次衍射，不是原晶面衍射产生的，而是新晶面衍射产生的。

⑤ 二次衍射产生的原因为样品具有一定的厚度；TEM 衍射的布拉格角很小。随着样品厚度的增加，衍射束增强，由于 TEM 衍射中布拉格角非常小，这些衍射束在方向上接近入射布拉格角，因此这些衍射束就可以作为产生相同类型衍射花样的入射束。

5）菊池花样

电子经过非弹性散射失去较少能量，然后又受到弹性散射，产生的亮暗线对称为菊池线对，菊池线对之间的区域又称菊池带。

注意：

① 在菊池线谱中的衍射斑点和菊池线对均满足布拉格衍射条件，不同的是产生衍射斑点的入射电子束有固定的方向，而菊池线对是入射电子束中非弹性散射电子（前进方向改变，且损失了部分能量）的衍射。

② 同一晶面可以不产生衍射斑点，但可能会产生菊池线对。菊池线对的出现与样品厚度和晶体的完整性有关，当晶体完整超薄时无菊池花样，仅有明锐的单晶电子衍射花样。在样品超过一定厚度且晶体完整时才会出现清晰的菊池花样，仅有一定厚度但晶体不完整时，菊池花样不清晰。随着样品厚度的增加，吸收增强，菊池花样和斑点花样均逐渐减弱直至消失。

6）会聚束电子衍射花样

会聚束电子衍射指电子束以会聚的方式而非平行入射样品，此时其透射束和衍射束均为发散型圆锥，在物镜后焦面上形成相应的透射盘和衍射盘。盘的直径大小与盘间是否重叠取决于会聚角的大小。一个盘相当于平行束电子衍射花样中的一个斑点。会聚束电子衍射花样有三个重要参数：①会聚束斑尺寸；②会聚角 2α；③相机常数 K。会聚束电子衍射花样常见的有零阶劳埃带、高阶劳埃带、菊池线、K-M 线、HOLZ 线、HOLZ 环、G-M 线等。主要应用于微小析出相的鉴定，位错柏氏矢量的测定，入射束方向的样品厚度 t 和消光距离 ξ_g 的测量。

思考题

4.1　常见的复杂点阵有哪些？

4.2　超点阵的种类有哪些？各自的特点是什么？

4.3　什么是平均原子？其散射因子如何表征？

4.4　什么是孪晶？其斑点花样有何特征？

4.5　高阶劳埃斑点有几种？各自产生的机理是什么？

4.6　什么是二次衍射？衍射花样与超点阵有何不同？

4.7　什么是菊池花样？是弹性散射还是非弹性散射？

4.8　什么是菊池极？每个极反映了什么？

4.9　试说明菊池线测样品取向关系比斑点花样精度高的原因。

4.10　什么是会聚束电子衍射？其形成原理是什么？

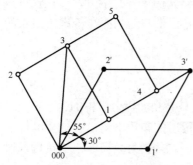

题图 4-1　α和γ相的衍射花样

4.11　常见的会聚束电子衍射花样有哪些？

4.12　会聚束电子衍射花样的应用有哪些？

4.13　会聚束电子衍射的主要参数有哪些？

4.14　HOLZ 线为何会分裂？

4.15　会聚束电子衍射中为何会产生菊池线？与传统的 TEM 中菊池花样有何区别？

4.16　由选区电子衍射获得某碳钢α、γ相的衍射花样，如题图 4-1 所示，已知相机常数 $K=3.36$mm·nm，两套衍射斑点的 R 值、α和γ相的晶面间距如题表 4-1、题表 4-2 和题表 4-3 所示。

题表 4-1　R 值

序号	1	2	3	4	5	1′	2′	3′
R(mm)	16.5	23.2	28.7	33.2	40.5	26.5	26.5	46.0

题表 4-2　α相的晶面间距

HKL(α)	110	200	211	220	310	222	321
d(nm)	0.2027	0.1433	0.1170	1.1013	1.0906	0.0823	0.0766

题表 4-3　γ相的晶面间距

HKL(γ)	111	200	220	311	222	400	331	420	422
d(nm)	0.2070	0.1793	0.1268	0.1081	0.1035	0.0896	0.0823	0.0802	0.0732

（1）试确定它们的物相；（2）并由此验证它们符合α-γ的 N-W 取向关系：$(001)_\alpha$//$(0\overline{2}2)_\gamma$；$[\overline{1}10]_\alpha$//$[\overline{1}11]_\gamma$；$(110)_\alpha$//$(422)_\gamma$。

第5章 透射电子显微镜的成像分析

透射电镜的成像理论非常复杂，一般分为成像运动学和动力学两种。一般成像采用运动学理论即可得到解释，而一些复杂的图像则需采用动力学理论才能获得圆满解释。本章主要介绍图像衬度理论、理想晶体中等倾条纹和等厚条纹、非理想晶体中各类缺陷的成像原理，并简单介绍电镜的成像动力学理论。

5.1 透射电镜的图像衬度理论

5.1.1 衬度的概念与分类

电子衍射花样为我们分析材料的结构提供了有力依据，同时电子衍射还可提供材料形貌信息，那么在电镜中的显微图像是如何形成的呢？这就需要衬度理论来解释。衬度指两像点间的明暗差异，差异愈大，衬度就愈高，图像就愈明晰。电镜中的衬度（Contrast）可表示为

$$C = \frac{I_1 - I_2}{I_1} = \frac{\Delta I}{I_1} \tag{5-1}$$

式中，I_1、I_2 分别为两像点成像电子的强度。衬度源于样品对入射电子的散射，当电子束（波）穿透样品后，其振幅和相位均发生了变化，因此，电子显微图像的衬度（简称像衬度）可分为振幅衬度和相位衬度，这两种衬度对同一幅图像的形成均有贡献，只是其中一个占主导而已。根据产生振幅差异的原因，振幅衬度又可分为质厚衬度和衍射衬度。

1. 相位衬度

当晶体样品较薄时，可忽略电子波的振幅变化，让透射束和衍射束同时通过物镜光阑，由于样品中各处对入射电子的作用不同，致使它们在穿出样品时相位不一，再经相互干涉后便形成了反映晶格点阵和晶格结构的干涉条纹像，如图 5-1 所示，并可测定物质在原子尺度上的精确结构。这种主要由相位差所引起的强度差异称为相位衬度，晶格分辨率的测定及高分辨像就是采用相位衬度来进行分析的。

2. 质厚衬度

质厚衬度是样品中各处的原子种类不同或厚度、密度差异所造成的衬度。图 5-2 为质厚衬度形成的原理示意图，高质厚处的原子序数或样品厚度较其他处高，由于高序数的原子对电子的散射能力强于低序数的原子，因此成像时电子被散射出光阑的概率大，参与成像的电子强度低，与其他处相比，该处的图像暗；同理，样品厚处对电子的吸收相对较多，参与成像的电子就少，导致该处的图像暗。非晶体主要靠质厚衬度成像。

电子被散射到光阑孔外的概率可表示为

$$\frac{\mathrm{d}N}{N} = -\frac{\rho N_\mathrm{A}}{A}\left(\frac{Z^2 e^2 \pi}{V^2 \alpha^2}\right) \times \left(1 + \frac{1}{Z}\right)\mathrm{d}t \tag{5-2}$$

式中，α为散射角；ρ为物质密度；e 为电子电荷；A 为原子质量；N_A 为阿伏伽德罗常数；Z为原子序数；V 为电子枪加速电压；t 为样品厚度。由上式可知样品愈薄、原子序数愈小，加速电压愈高，电子被散射到光阑孔外的概率愈小，通过光阑孔参与成像的电子就愈多，该处的图像就愈亮。

但需指出的是，质厚衬度取决于样品中不同区域参与成像的电子强度的差异，而不是成像的电子强度，对于相同样品，提高电子枪的加速电压，电子束的强度提高，样品各处参与成像的电子强度同步增加，质厚衬度不变。仅当质厚变化时，质厚衬度才会改变。

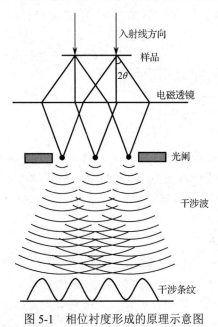

图 5-1　相位衬度形成的原理示意图　　　　图 5-2　质厚衬度形成的原理示意图

3. 衍射衬度

图 5-3 为衍射衬度形成的原理示意图，设样品仅由 A、B 两个晶粒组成，其中晶粒 A 完全不满足布拉格衍射条件，而晶粒 B 中为简化起见也仅有一组晶面(hkl)满足布拉格衍射条件，其他晶面均远离布拉格衍射条件，这样入射电子束作用后，将在晶粒 B 中产生衍射束 I_{hkl}，形成衍射斑点 hkl，而晶粒 A 因不满足衍射条件，无衍射束产生，仅有透射束 I_0，此时，移动物镜光阑，挡住衍射束，仅让透射束通过，如图 5-3（a）所示，晶粒 A 和 B 在像平面上成像，其电子束强度分别为 $I_A\approx I_0$ 和 $I_B\approx I_0-I_{hkl}$，晶粒 A 的亮度远高于晶粒 B。若以晶粒 A 的强度为背景强度，则晶粒 B 像的衍射衬度为 $\left(\dfrac{\Delta I}{I_A}\right)_B=\dfrac{I_A-I_B}{I_A}\approx\dfrac{I_{hkl}}{I_A}$。这种由满足布拉格衍射条件的程度不同造成的衬度称为衍射衬度。并把这种挡住衍射束，让透射束成像的操作称为明场操作，所成的像称为明场像。

如果移动物镜光阑挡住透射束，仅让衍射束通过成像，得到所谓的暗场像，此成像操作称为暗场操作，如图 5-3（b）所示。此时两晶粒成像的电子束强度分别为 $I_A\approx 0$ 和 $I_B\approx I_{hkl}$，像平面上晶粒 A 基本不显亮度，而晶粒 B 由衍射束成像且亮度高。若仍以晶粒 A 的强度为背景强度，则晶粒 B 像的衍射衬度为 $\left(\dfrac{\Delta I}{I_A}\right)_B = \dfrac{I_A - I_B}{I_A} \approx \dfrac{I_{hkl}}{I_A} \to \infty$，但由于此时的衍射束偏离了中心光轴，其孔径半角相对于平行于中心光轴的电子束要大，因而电磁透镜的球差较大，图像的清晰度不高，成像质量低，为此，通过调整偏置线圈，使入射电子束倾斜 $2\theta_B$ 角，如图 5-3（c）所示，晶粒 B 中的晶面组($\bar{h}\,\bar{k}\,\bar{l}$)完全满足衍射条件，产生强烈衍射，此时的衍射斑点移动到了中心位置，衍射束与透镜的中心轴重合，孔径半角大大减小，所成像比暗场像更加清晰，成像质量得到明显改善。我们称这种成像操作为中心暗场操作，所成像为中心暗场像。

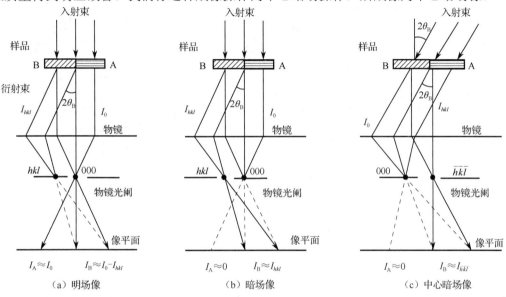

图 5-3　衍射衬度形成的原理示意图

由以上分析可知，通过物镜光阑和电子束的偏置线圈可实现明场、暗场和中心暗场三种成像操作，其中暗场像的衍射衬度高于明场像的衍射衬度，中心暗场的成像质量又因孔径角的减小比暗场高，因此在实际操作中通常采用暗场或中心暗场进行成像分析。以上三种操作均是通过移动物镜光阑来完成的，因此物镜光阑又称衬度光阑。需要指出的是，进行暗场或中心暗场成像时，采用衍射束进行成像，衍射束的强度要低于透射束，但其产生的衬度却比明场像高。

5.1.2　衍射衬度运动学理论与应用

衍射衬度（简称衍衬）理论所讨论的是电子束穿出样品后透射束或衍射束的强度分布，从而获得各像点的衬度分布。衍衬理论可以分析和解释衍射成像的原理，也可由该理论预示晶体中一些特定结构的衬度特征。由电子束与样品的作用过程可知，电子束在样品中可能要发生多次散射，且透射束和衍射束之间也将发生相互作用，因此，穿出样品后的衍射强度的计算过程非常复杂，需要对此简化。根据简化程度的不同，衍衬理论可分为衍衬运动学理论和衍衬动力学理论两种。当考虑衍射的动力学效应，即透射束与衍射束之间的相互作用和多重散射所引起的吸收效应时，衍衬理论为动力学理论。当不考虑动力学效应时，衍衬理论为运动学理论。衍衬运动学理论尽管做了较大程度的简化，在一定的条件下可以对一些衍衬现象作出定性和直观的解释，但由于其过于简化，仍有一些衍衬现象无法解释，因此，该理论的运用仍具有一定的局限性。而衍衬动力学理论简化较少，衍射强度的计算更加严密，可以解释一些衍衬运动学理论无法解释的衍衬现象，但该理论的推导过程烦琐，本书暂不做介绍，感兴趣的读者可参考相关文献。衍衬运动学理论只是衍衬动力学理论的一种近似。

1. 基本假设

衍衬运动学理论的两个基本假设：

① 衍射束与透射束之间无相互作用，无能量交换；

② 不考虑电子束通过样品时引起的多次反射和吸收。

以上两个基本假设在一定的条件下是可以满足的，当样品较薄、偏移矢量较大时，由强度分布曲线可知衍射束的强度远小于透射束的强度，因此，可以忽略透射束与衍射束之间的能量交换。由于样品很薄，同样可以忽略电子束在样品中的多次反射和吸收。在满足上述两个基本假设后，运动学理论还做了以下两个近似。

1）双光束近似

电子束透过样品后，除一束透射束外还有多个衍射束。双光束近似是指在多个衍射束中，仅有一束接近于布拉格衍射条件（仍有偏离矢量 $\vec{s}$），其他衍射束均远离布拉格衍射条件，衍射束的强度均为零，这样电子束透过样品后仅存在一束透射束和一束衍射束。

双光束近似可以获得以下关系：$I_0=I_T+I_g$，式中 I_0、I_T、I_g 分别表示入射束、透射束和衍射束的强度。透射束和衍射束保持互补关系，即透射束增强时，衍射束减弱，反之则反。通常设 $I_0=1$，这样，$I_T+I_g=1$，当算出 I_g 时，即可知道 I_T。

2）晶柱近似

晶柱近似是把单晶体看成一系列晶柱平行排列构成的散射体，各晶柱又由晶胞堆砌而成，晶柱贯穿晶体厚度，晶柱与晶柱之间不发生交互作用。假设样品厚度 t 为 200nm，当加速电压为 100kV 时，电子束波长 λ 为 0.0037nm，晶面间距 d 为 0.1nm 量级，由布拉格方程可知，θ 很小，仅有 $10^{-3}\sim10^{-2}$rad，可见衍射束与透射束在穿过样品后，两者间的距离为 $t\times2\theta$，约 1nm。在这样薄的晶体内，无论透射波振幅还是衍射波振幅，都可看成包括透射波和衍射波在内的晶柱内的原子或晶胞散射振幅的叠加。每个晶柱被看成晶体的一个成像单元。只要算出各晶柱出口处的衍射束的强度（衍射强度）或透射束的强度（透射强度），就可获得晶体下表面各成像单元的衬度分布，从而建立晶体下表面上每点的衬度和晶柱结构的对应关系，这种处理方法即晶柱近似。通过晶柱近似后，每一晶柱下表面的衍射强度即可认为是电子束在晶柱中散射后离开下表面时的强度，该强度可以通过积分法获得。

图 5-4 为晶体的双光束近似和晶柱近似的示意图，样品厚度为 t，通过双光束近似和晶柱近似后，就可计算晶体下表面各物点的衍射强度 I_g，从而解释暗场像的衬度，也可由 $I_T=1-I_g$，获得各物点的 I_T，解释明场像的衬度。晶体有理想晶体和实际晶体之分，理想晶体中没有任何缺陷，此时的晶柱为垂直于晶体表面的直晶柱，而实际晶体由于存在缺陷，晶柱发生弯曲，因此，理想晶体和实际晶体的衍射强度计算有区别，下面分别讨论之，并解释一些常见的衍射图像。

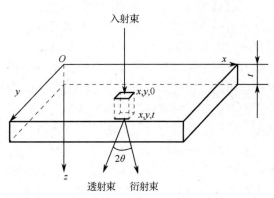

图 5-4　晶体的双光束近似和晶柱近似

2. 理想晶体的衍射强度

理想晶体又称完整晶体，没有任何缺陷，晶柱为垂直于样品表面的直晶柱。图 5-5（a）为理想晶体中晶柱底部的衍射强度计算示意图。电子波进入晶柱多次散射后，从晶柱底部穿出，设入射束的强度为 I_0，衍射强度和透射强度分别为 I_g 和 I_T。薄晶体的厚度为 t；偏移矢量为 $\vec{s}$；入射矢量和衍射矢量分别为 $\vec{k}$ 和 $\vec{k}'$；$\vec{r}$ 为晶胞的位置矢量，$\vec{r} = x\vec{a} + y\vec{b} + z\vec{c}$，$x$、$y$、$z$ 为位置坐标；$\vec{g}$ 为倒易矢量，$\vec{g} = h\vec{a}^* + k\vec{b}^* + l\vec{c}^*$；衍射几何如图 5-5（b）所示，由费涅尔（Fresnel）衍射原理可得在衍射方向上衍射波振幅的微分为

$$\mathrm{d}\phi_g = \frac{\mathrm{i}\pi}{\xi_g} e^{-\mathrm{i}\varphi} \cdot \mathrm{d}r = \frac{\mathrm{i}\pi}{\xi_g} \exp[-2\pi\mathrm{i}(\vec{k}' - \vec{k}) \cdot \vec{r}] \cdot \mathrm{d}r \tag{5-3}$$

式中，ϕ_g 为衍射波振幅；φ 为散射波的相位，$\varphi = 2\pi(\vec{k}' - \vec{k}) \cdot \vec{r}$；$\xi_g$ 为消光距离。

消光距离是衍衬理论中的一个动力学概念，精确满足布拉格衍射条件时，由于晶柱中衍射波和透射波之间的相互作用，引起衍射强度（或透射强度）在晶柱深度方向上发生周期性的振荡，如图 5-5（c）所示，这个沿晶柱深度方向的振荡周期即消光距离，其大小为相邻最大或最小振幅间的距离，可表示为

$$\xi_g = \frac{\pi V_c \cos\theta}{\lambda n F_g} \tag{5-4}$$

式中，V_c 为晶胞体积；F_g 为晶胞的结构因子；λ 为入射波的波长；θ 为衍射半角；n 为单位面积上的晶胞数。消光距离具有长度量纲，与晶体的成分、结构、加速电压等有关，多数金属晶体低指数反射的消光距离为数十纳米。

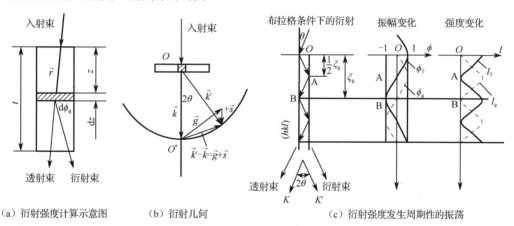

（a）衍射强度计算示意图　（b）衍射几何　　（c）衍射强度发生周期性的振荡

图 5-5　理想晶体中晶柱的衍射强度及消光距离示意图

只需求得相位 φ，晶柱底部的衍射波振幅就可由式（5-3）在 $0 \sim t$ 范围内的积分获得。由图 5-5（b）可知 $\vec{k} - \vec{k}' = \vec{g} + \vec{s}$，因此

$$\varphi = 2\pi(\vec{k}' - \vec{k}) \cdot \vec{r} = 2\pi(\vec{g} + \vec{s}) \cdot \vec{r} = 2\pi\vec{g} \cdot \vec{r} + 2\pi\vec{s} \cdot \vec{r} \tag{5-5}$$

因为 $\vec{g} = h\vec{a}^* + k\vec{b}^* + l\vec{c}^*$，$\vec{r} = x\vec{a} + y\vec{b} + z\vec{c}$，$\vec{s} // \vec{r} // z$ 轴，所以 $\vec{g} \cdot \vec{r} = hx + ky + lz$，因为 x, y, z 为胞的位置坐标，为单位矢量的整数倍，故为整数，设为 n。

由于 $\vec{s} \cdot \vec{r} = |\vec{s}| \cdot |\vec{r}| \cos\alpha$，$\alpha$ 为 $\vec{s}$ 与 $\vec{r}$ 的夹角，显然 $\alpha = 0°$，因此，$\vec{s} \cdot \vec{r} = |\vec{s}| \cdot |\vec{r}| \cos\alpha = sr$。

得 $$\varphi = 2n\pi + 2\pi sr \tag{5-6}$$

由于仅需考虑晶柱深度方向上的衍射，因此 dr=dz。

这样晶柱底部的衍射波振幅为

$$\phi_g = \frac{i\pi}{\xi_g} \int_0^t e^{-i\varphi} dr = \frac{i\pi}{\xi_g} \int_0^t e^{-i(2n\pi + 2\pi sr)} dr = \frac{i\pi}{\xi_g} \int_0^t e^{-i(2n\pi + 2\pi sz)} dz$$

$$= \frac{i\pi}{\xi_g} \left(\int_0^t e^{-i2n\pi} dz \cdot \int_0^t e^{-i2\pi sz} dz \right)$$

$$= \frac{i\pi}{\xi_g} \int_0^t e^{-i2\pi sz} dz$$

$$= \frac{i\pi}{\xi_g} \cdot \frac{1}{-2\pi is} (e^{-2\pi ist} - 1)$$

$$= \frac{1}{2s\xi_g} (1 - e^{-2\pi ist}) = \frac{1}{2s\xi_g} (e^{\pi ist} \cdot e^{-\pi ist} - e^{-\pi ist} \cdot e^{-\pi ist})$$

$$= \frac{1}{2s\xi_g} e^{-\pi ist} (e^{\pi ist} - e^{-\pi ist})$$

$$= \frac{1}{2s\xi_g} e^{-\pi ist} [(\cos \pi st + i\sin \pi st) - (\cos(-\pi st) + i\sin(-\pi st))]$$

$$= \frac{1}{2s\xi_g} \cdot 2i\sin \pi st \cdot e^{-\pi ist}$$

$$= \frac{1}{s\xi_g} \cdot i\sin \pi st [(\cos(-\pi st) + i\sin(-\pi st))] \tag{5-7}$$

$$= \frac{1}{s\xi_g} \cdot \sin \pi st [\sin \pi st + i\cos \pi st]$$

因 ϕ_g 为复数，其共轭复数为

$$\phi_g^* = \frac{1}{s\xi_g} \sin \pi st [\sin \pi st - i\cos \pi st] \tag{5-8}$$

所以衍射波振幅的平方为

$$|\phi_g|^2 = \phi_g \cdot \phi_g^* = \frac{\pi^2}{\xi_g^2} \cdot \frac{\sin^2(\pi st)}{(\pi s)^2} \tag{5-9}$$

因为衍射强度正比于其振幅的平方，所以晶柱底部的衍射强度可以表示为

$$I_g = \frac{\pi^2}{\xi_g^2} \cdot \frac{\sin^2(\pi st)}{(\pi s)^2} \tag{5-10}$$

式（5-10）是在理想晶柱（直晶柱）和运动学假设的基础上推导而来的，即理想晶体衍射强度的运动学方程。该式表明理想晶体的衍射强度 I_g 主要取决于样品厚度 t 及偏移矢量的大小 s。

运动学理论认为衍射强度和透射强度是互补的，所以理想晶体透射强度运动学方程为

$$I_T = 1 - I_g = 1 - \frac{\pi^2}{\xi_g^2} \cdot \frac{\sin^2(\pi st)}{(\pi s)^2} \tag{5-11}$$

3. 衍射强度运动学方程的应用

衍射强度运动学方程可以解释晶体中常见的两种衍衬像：等厚条纹和等倾条纹。

1）等厚条纹（I_g-t）

如果晶体保持在固定的位向，即衍射晶面的偏移矢量的大小 s 为恒定值时，式（5-10）可以表示为

$$I_g = \frac{1}{(s\xi_g)^2} \cdot \sin^2(\pi s t) \qquad (5\text{-}12)$$

根据该式可以绘制衍射强度 I_g 与样品厚度 t 之间的关系曲线（如图 5-6 所示），显然，衍射强度随样品厚度呈周期性变化，变化周期为 $\frac{1}{s}$，即消光距离 $\xi_g = \frac{1}{s}$。当样品厚度 $t = n \times \frac{1}{s}$ 时，$I_g=0$；当 $t = \left(n + \frac{1}{2}\right) \times \frac{1}{s}$ 时，I_g 取得最大值，即

$$I_{g\max} = \frac{1}{(s\xi_g)^2} \qquad (5\text{-}13)$$

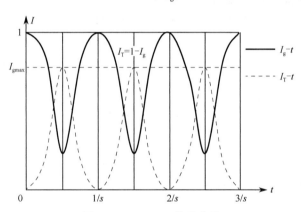

图 5-6　I_g-t，I_T-t 关系曲线

由衍射衬度形成的原理可知，暗场像的强度为衍射强度，明场像的强度为透射强度。在双光束中两者互补，因此，图 5-6 中的虚线为透射强度随样品厚度变化的关系曲线且 $I_T=1-I_g$。由于衍射强度随样品厚度呈周期性变化，因此它可以定性解释晶体中厚度变化区域所出现的条纹像。图 5-7 为晶界处出现的条纹像，这是由于晶粒与晶粒在晶界处形成了楔形结合，如图 5-8 所示，晶界处的厚度连续变化，当上方晶粒（晶体 1）符合衍射条件（但有一定的 s 存在），而下方晶粒（晶体 2）远离衍射条件（s 甚大），电子束穿过样品时，上方晶体发生衍射，而下方晶体无衍射，这样样品下表面的衍射强度可看成是上方晶体产生的，衍射强度呈周期性变化，在晶界处出现了明暗相间的条纹像。由于每一条纹所对应的样品厚度相等，因此，该图像又称等厚条纹像。并且根据亮暗条纹的数目及变化周期可以估算样品厚度。如图 5-8 所示，暗场时，由衍射强度 I_g 成像，当 $I_g=0$ 时为暗线，I_g 为最大值时为亮线，变化周期为 $\frac{1}{s}$，即消光距离 $\xi_g = \frac{1}{s}$，该图共有 4 条暗线，样品厚度 $t = \left(4 + \frac{1}{2}\right) \times \xi_g = \left(4 + \frac{1}{2}\right) \times \frac{1}{s}$。

等厚条纹还可出现在孪晶界、相界面等晶体厚度连续变化的区域。

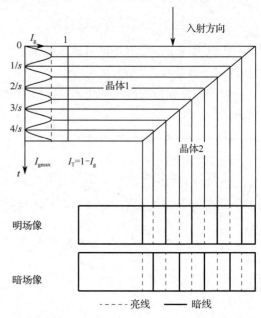

图 5-7　晶体中晶界处的等厚条纹像　　　　图 5-8　楔形晶界的明、暗场像的示意图

2）等倾条纹（I_g-s）

当样品厚度 t 一定时，衍射强度随偏移矢量的大小 s 呈周期性变化，此时衍射强度与 s 的关系可表示为

$$I_g = \frac{(\pi t)^2}{(\xi_g)^2} \cdot \frac{\sin^2(\pi st)}{(\pi st)^2}$$ （5-14）

等倾条纹的变化规律类似于干涉函数，如图 5-9 所示。变化周期为 $\frac{1}{t}$，在 $s = \pm\frac{1}{t}$，$\pm\frac{2}{t}$，$\pm\frac{3}{t}$ … 时，衍射强度 I_g 为零，在 $s=0$，$\pm\frac{3}{2}t$，$\pm\frac{5}{2}t$ … 时，衍射强度取得极值，其中 $s=0$ 时取得最大值 $I_g = \frac{(\pi t)^2}{\xi_g^2}$，由于衍射强度相对集中于 $-\frac{1}{t} \sim +\frac{1}{t}$ 的一次衍射峰区，而二次衍射峰已很弱，因此，$-\frac{1}{t} \sim +\frac{1}{t}$ 为产生衍射的范围，当偏移矢量 $\vec{s}$ 超出该范围时，衍射强度近似为零，无衍射产生，该界限也为倒易杆的长度 $\frac{2}{t}$，可见晶体样品愈薄，其倒易杆愈长，产生衍射的条件愈宽。当样品在电子束作用下，受热膨胀或受某种外力作用而发生弯曲时，衍衬图像上可出现平行条纹像，各条纹上的偏移矢量 $\vec{s}$ 相同，故称为等倾条纹，如图 5-10 所示。等倾条纹呈现两条平行的弯曲条纹，这是由于衍射强度集中分布于 $-\frac{1}{t} \sim +\frac{1}{t}$，其他区域近乎为零，且在 $s = \pm\frac{1}{t}$ 时，衍射强度 $I_g=0$，故暗场时，在 $s = \pm\frac{1}{t}$ 处分别形成暗线，组成弯曲平行条纹像，很显然，每一条纹上的偏移矢量 $\vec{s}$ 相同，即样品的弯曲倾斜程度相同。其他区域因无衍射强度而不出现衍衬图像。

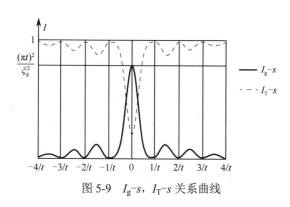

图 5-9　I_g-s，I_T-s 关系曲线

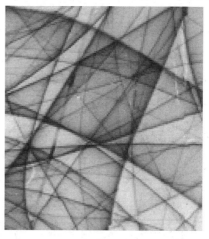

图 5-10　TiAl 膜暗场像中的弯曲等倾条纹

注意：

① 等倾条纹一般为两条平行的亮线（明场）或暗线（暗场），平行线的间距取决于晶体样品厚度，厚度愈薄，则间距愈宽。此外，同一区域可能有多组这样取向不同的等倾条纹像，这是由于满足衍射的晶面族有多个。每组平行条纹的间距不相同，但各组平行条纹分别具有相同的偏移矢量，即同一倾斜程度。而等厚条纹为平行的多条纹，平行条纹的条数及条纹间距取决于样品厚度和消光距离的大小。

② 等倾条纹又称弯曲消光条纹，随着样品弯曲程度的变化，等倾条纹会发生移动，特别是样品受电子束照射发热时，即使样品不动，只要稍许改变晶体样品的取向，就有等倾条纹扫过现象。

5.1.3　非理想晶体的衍射衬度

非理想晶体又称不完整晶体，晶体中存在缺陷，晶格发生畸变，晶柱不再是理想晶体的直晶柱，而呈弯曲状态，如图 5-11 所示，缺陷矢量用 $\vec{R}$ 表征，这样晶柱中的位置矢量应为理想晶柱的位置矢量 $\vec{r}$ 和缺陷矢量 $\vec{R}$ 的和，用 $\vec{r}'$ 表示，即 $\vec{r}' = \vec{r} + \vec{R}$，相应的相位角 φ' 为

$$\varphi' = 2\pi(\vec{k}' - \vec{k}) \cdot \vec{r}' = 2\pi(\vec{g} + \vec{s}) \cdot (\vec{r} + \vec{R}) = \varphi + 2\pi\vec{g} \cdot \vec{R} + 2\pi\vec{s} \cdot \vec{R} \tag{5-15}$$

因为 $\vec{s}$ 与 $\vec{R}$ 近似垂直，所以 $\vec{s} \cdot \vec{R}$ 可忽略不计，即

$$\varphi' = \varphi + 2\pi\vec{g} \cdot \vec{R} \tag{5-16}$$

令 $\alpha = 2\pi\vec{g} \cdot \vec{R}$，则

$$\varphi' = \varphi + \alpha \tag{5-17}$$

这样晶柱底部的衍射波振幅为

$$\phi_\text{g} = \frac{\mathrm{i}\pi}{\xi_\text{g}} \int_0^t \mathrm{e}^{-\mathrm{i}\varphi'} \mathrm{d}r' = \frac{\mathrm{i}\pi}{\xi_\text{g}} \int_0^t \mathrm{e}^{-\mathrm{i}(\varphi+\alpha)} \mathrm{d}z = \frac{\mathrm{i}\pi}{\xi_\text{g}} \int_0^t \mathrm{e}^{-\mathrm{i}\varphi} \cdot \mathrm{e}^{-\mathrm{i}\alpha} \mathrm{d}z \tag{5-18}$$

式中的 α 为非理想晶体中存在缺陷而引入的附加相位角，这样晶柱底部的衍射波振幅会因缺陷矢量的不同而不同，从而产生衬度像。但缺陷能否显现，还取决于 $\vec{g} \cdot \vec{R}$ 的值。在给定的缺陷（$\vec{R}$ 一定）下，通过倾转样品台，可选择不同的 $\vec{g}$ 成像，当 $\vec{g} \cdot \vec{R} = n$（$n$ 为整数）时，$\alpha = 2n\pi$，$\varphi' = \varphi + \alpha = 2n\pi + \varphi$，此时，晶柱底部的衍射波振幅与理想晶体相同，缺陷无衬度，不显现缺陷像。

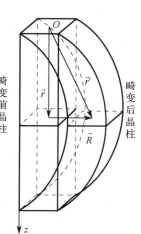

畸变前晶柱　　畸变后晶柱

图 5-11　缺陷矢量 $\vec{R}$

5.1.4　非理想晶体的缺陷成像分析

晶体缺陷根据其存在的范围大小可分为点、线、面、体 4 种缺陷，本节主要介绍层错（面缺陷）、位错（线缺陷）和第二相粒子（体缺陷）的衍射衬度像。

1. 层错

层错是平面型缺陷，一般发生在密排面上，层错两侧的晶体均为理想晶体，且保持相同位向，两者间只是发生了一个不等于点阵平移矢量的位移 $\vec{R}$，层错的边界为不全位错。

例如，在面心立方晶体中，层错面为密排面(111)，层错时的位移有以下两种。

（1）沿垂直于面(111)方向上的移动，缺陷矢量 $\vec{R}=\pm\dfrac{1}{3}<111>$，表示下方晶体沿<111>方向向上或向下移动，相当于抽出或插入一层面(111)，可形成内禀层错或外禀层错。

（2）在面(111)内的移动，缺陷矢量 $\vec{R}=\pm\dfrac{1}{6}<112>$，表示下方晶体沿<112>方向向上或向下切变位移，也可形成内禀层错或外禀层错。

设层错的缺陷矢量为 $\vec{R}=\pm\dfrac{1}{6}<112>$，则

$$\alpha=2\pi(h\vec{a}^*+k\vec{b}^*+l\vec{c}^*)\cdot\frac{1}{6}(1\vec{a}+1\vec{b}+2\vec{c})=\frac{\pi}{3}(h+k+2l) \tag{5-19}$$

根据面心立方晶体的消光规律（h、k、l 奇偶混杂时消光）可得 α 的可能取值为 $0,2\pi,\pm\dfrac{2\pi}{3}$。

显然在 α 为 0 和 2π 时，层错无衬度，不显现层错像。因此，可能显现的只是 $\alpha=\pm\dfrac{2\pi}{3}$ 时的层错。

下面简要讨论层错衬度的一般特征。层错衬度的特征根据层错的存在形式可分为平行于薄膜样品表面、倾斜于薄膜样品表面、垂直于薄膜样品表面和重叠层错 4 种形式，其中层错垂直于薄膜样品表面时，层错不显现衬度，因而不可见，下面仅讨论其他 3 种层错。

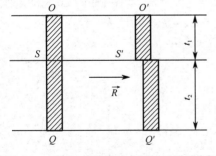

图 5-12　平行于薄膜样品表面的层错示意图

1）平行于薄膜样品表面的层错

图 5-12 为平行于薄膜样品表面的层错示意图，OQ 为理想晶体的晶柱，$O'Q'$ 为含有层错的晶柱，层错上方晶体 $O'S$ 和下方晶体 SQ' 均为理想晶体，厚度分别为 t_1 和 t_2，两者间沿层错面平移了一缺陷矢量 $\vec{R}$，$\vec{R}$ 平行于薄膜样品表面。

由非理想晶体衍射波振幅计算式（5-18）可得

$$\begin{aligned}
\varphi_g' &= \frac{i\pi}{\xi_g}\int_0^t e^{-i\varphi'}dr' = \frac{i\pi}{\xi_g}\int_0^t e^{-i(\varphi+\alpha)}dz = \frac{i\pi}{\xi_g}\int_0^t e^{-i\varphi}\cdot e^{-i\alpha}dz \\
&= \frac{i\pi}{\xi_g}\int_0^{t_1} e^{-i\varphi}dz + \frac{i\pi}{\xi_g}\int_{t_1}^{t_2} e^{-i(\varphi+\alpha)}dz \\
&= \frac{i\pi}{\xi_g}\left[\int_0^{t_1} e^{-2\pi isz}dz + e^{-i\alpha}\int_{t_1}^{t_2} e^{-2\pi isz}dz\right]
\end{aligned} \tag{5-20}$$

现以振幅-相位图讨论之。

令 $\dfrac{\mathrm{i}\pi}{\xi_g}\displaystyle\int_0^{t_1}\mathrm{e}^{-2\pi\mathrm{i}sz}\mathrm{d}z=A(t_1)$，$\dfrac{\mathrm{i}\pi}{\xi_g}\displaystyle\int_{t_1}^{t_2}\mathrm{e}^{-2\pi\mathrm{i}sz}\mathrm{d}z=A(t_2)$，$\dfrac{\mathrm{i}\pi}{\xi_g}\mathrm{e}^{-\mathrm{i}\alpha}\displaystyle\int_{t_1}^{t_2}\mathrm{e}^{-2\pi\mathrm{i}sz}\mathrm{d}z=A'(t_2)$，在振幅-相位图中，层错上方晶体 t_1 的变化，相当于点 S 在振幅圆 O_1 上运动，层错下方晶体 t_2 的变化相当于点 Q 在振幅圆 O_2 上运动，振幅圆半径为单位长度，如图 5-13 所示。因为 $\phi_g=\dfrac{\mathrm{i}\pi}{\xi_g}\displaystyle\int_0^{t_1}\mathrm{e}^{-2\pi\mathrm{i}sz}\mathrm{d}z+\dfrac{\mathrm{i}\pi}{\xi_g}\displaystyle\int_{t_1}^{t_2}\mathrm{e}^{-2\pi\mathrm{i}sz}\mathrm{d}z$，$\phi'_g=\dfrac{\mathrm{i}\pi}{\xi_g}\displaystyle\int_0^{t_1}\mathrm{e}^{-2\pi\mathrm{i}sz}\mathrm{d}z+\dfrac{\mathrm{i}\pi}{\xi_g}\mathrm{e}^{-\mathrm{i}\alpha}\displaystyle\int_{t_1}^{t_2}\mathrm{e}^{-2\pi\mathrm{i}sz}\mathrm{d}z$，则 $\phi_g=A(t_1)+A(t_2)$，$\phi'_g=A(t_1)+A'(t_2)$。

（1）在 $\alpha=0$ 或 2π 时，$\mathrm{e}^{-\mathrm{i}\alpha}=1$，振幅-相位的关系如图 5-13（a）所示，两振幅圆重合，此时 $A(t_1)+A(t_2)=A(t_1)+A'(t_2)$，即 $\phi'_g=\phi_g$，表明缺陷不显现衬度。

（2）在 $\alpha=\pm\dfrac{2\pi}{3}$ 时，$\mathrm{e}^{-\mathrm{i}\alpha}\neq1$，缺陷能否显现衬度取决于层错上方晶体的振幅 $A(t_1)$，此时，有以下两种情况（以 $\alpha=-\dfrac{2\pi}{3}$ 为例）。

① 当 $t_1=n\cdot\dfrac{1}{s}$（n 为整数，s 为偏移矢量的大小），$A(t_1)=\displaystyle\int_0^{t_1}\mathrm{e}^{-2\pi\mathrm{i}sz}\mathrm{d}z=0$ 时，点 O、S 重合，如图 5-13（b）所示，振幅圆 O_1 顺时针偏转 $\dfrac{2\pi}{3}$ 即振幅圆 O_2（$\alpha=+\dfrac{2}{3}\pi$ 时逆时针转动），因 $A(t_2)=A'(t_2)$，故 $\phi'_g=\phi_g$，此时缺陷不显现衬度。

② 当 $t_1\neq n\cdot\dfrac{1}{s}$，$A(t_1)=\displaystyle\int_0^{t_1}\mathrm{e}^{-2\pi\mathrm{i}sz}\mathrm{d}z\neq0$ 时，如图 5-13（c）所示，振幅圆 O_2 同样是振幅圆 O_1 顺时偏转 $\dfrac{2\pi}{3}$ 的所在位置，虽然 $A(t_2)=A'(t_2)$，但 $A(t_1)\neq0$，故 $A(t)\neq A'(t)$，即 $\phi_g\neq\phi'_g$，此时缺陷显现衬度，层错区显示为均匀的亮带或暗带。

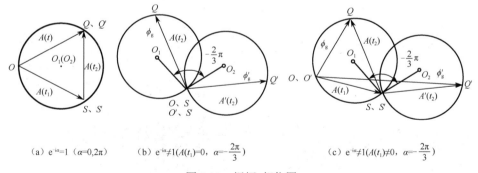

（a）$\mathrm{e}^{-\mathrm{i}\alpha}=1$（$\alpha=0,2\pi$）　　（b）$\mathrm{e}^{-\mathrm{i}\alpha}\neq1$（$A(t_1)=0$，$\alpha=-\dfrac{2\pi}{3}$）　　（c）$\mathrm{e}^{-\mathrm{i}\alpha}\neq1$（$A(t_1)\neq0$，$\alpha=-\dfrac{2\pi}{3}$）

图 5-13　振幅-相位图

综上所述，当层错平行于薄膜样品表面，且 $\alpha=2n\pi$（n 为整数）时，层错不显现衬度；在 $\alpha\neq2n\pi$ 时，层错将显现衬度，表现为均匀的亮带或暗带。成暗场像时，当 $A'(t)>A(t)$ 时，层错为亮带，当 $A'(t)<A(t)$ 时，层错为暗带；但在特定的深度（$t_1=n\cdot\dfrac{1}{s}$）时，$A(t_1)=0$，层错区的亮度与无层错区相同，层错不显现衬度。

2）倾斜于薄膜样品表面的层错

当层错面倾斜于薄膜样品表面时，如图 5-14 所示，层错与上下表面的交线分别为 T 和 B，其衬度讨论类似于层错平行于薄膜样品表面的讨论。由于层错晶柱被分割成上方晶柱 t_1 和下方晶柱 t_2 两部分，在振幅-相位图中，t_1 的变化相当于点 S 在振幅圆 O_1 上运动，t_2 的变化相当于点 Q' 在振幅圆 O_2 上运动。合成振幅同样可表示为

$$\phi'_g = \frac{i\pi}{\xi_g}\int_0^{t_1} e^{-2\pi isz}dz + e^{-i\alpha}\frac{i\pi}{\xi_g}\int_{t_1}^{t_2} e^{-2\pi isz}dz \qquad (5-21)$$

当 $t_1 = n\cdot\frac{1}{s}$ 时，$A(t_1)=0$，$A(t)=A'(t)$，层错不显现衬度。当 $t_1 \neq n\cdot\frac{1}{s}$ 时，$A(t) \neq A'(t)$，层错将显现衬度。但此时的衬度类似于厚度连续变化所产生的等厚条纹，显示为亮暗相间的条纹，条纹方向平行于层错与上、下表面的交线方向，其深度周期为 $\frac{1}{s}$。

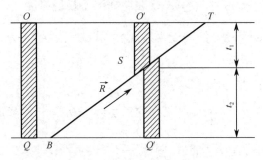

图 5-14   倾斜于薄膜样品表面的层错示意图

层错条纹不同于等厚条纹，存在以下几点区别：①层错条纹出现在晶粒内部，一般为直线状态，而等厚条纹发生在晶界，一般为顺着晶界变化的弯曲条纹；②层错条纹的数目取决于层错倾斜的程度，倾斜程度愈小，层错导致厚度连续变化的晶柱深度愈小，条纹数目愈少，在不倾斜（即平行于表面）时，条纹仅为一条等宽的亮带或暗带，层错条纹与等厚条纹的深度周期均为 $\frac{1}{s}$；③层错的亮暗带均匀，且条带亮度基本一致，而等厚条纹的亮度渐变，由晶界向晶内逐渐变弱。

层错条纹也不同于孪晶像，孪晶像是亮暗相间、宽度不等的平行条带，同一衬度的条带处在同一位向，而另一衬度的条带为相对称的位向；层错一般为等间距的条纹像，位于晶粒内，在层错平行于样品表面时，条纹表现为一条等宽的亮带或暗带。图 5-15 为层错、孪晶及等厚条纹的衍射衬度像。

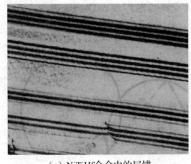

（a）NiTiHf合金中的层错

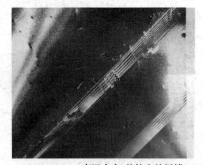

（b）Nimonic高温合金γ基体中的层错

图 5-15   层错、孪晶及等厚条纹的衍射衬度像

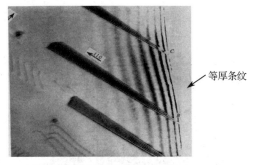

（c）单斜ZrO$_2$中的孪晶　　　　　　　　　（d）Ni基超合金中的层错与等厚条纹

图 5-15　层错、孪晶及等厚条纹的衍射衬度像（续）

3）重叠层错

在较厚的样品晶体中，与层错面平行的相邻晶面上也可能存在层错，即出现重叠层错，此时层错的条纹像衬度完全取决于它们各自附加相位角在重叠区的合成情况。当附加相位角的合成值为 0 或 $2n\pi$ 时，重叠层错在重叠区无衬度，即在重叠区不显现层错条纹像，出现层错条纹断截；而当附加相位角的合成值不为 0 或 $2n\pi$ 时，层错将在重叠区产生衬度，显现层错条纹像。图 5-16 为面心立方晶体中重叠层错示意图，图 5-16（a）为两种同类型层错重叠（ $\alpha_1 = \alpha_2 = -\dfrac{2}{3}\pi$ ），重叠部分附加相位角 $\alpha = +\dfrac{2}{3}\pi$ ，有条纹衬度；图 5-16（b）为三种同类型层错重叠（ $\alpha_1 = \alpha_2 = \alpha_3 = -\dfrac{2}{3}\pi$ ），显然，二重部分的合成相位角 $\alpha = +\dfrac{2}{3}\pi$ ，层错显现衬度，而三重部分 $\alpha = 0$ ，不显现层错条纹像；图 5-16（c）为两种相反类型的层错重叠（ $\alpha_1 = -\dfrac{2}{3}\pi$ 、 $\alpha_2 = +\dfrac{2}{3}\pi$ ），此时 $\alpha = 0$ ，同样在重叠部分不显现衬度，无层错条纹像出现。图 5-17 即不锈钢中的重叠层错，有的部位因合成相位角为 0 或 2π 的整数倍，不显现衬度，层错消失，如图中的 P 区，有的区域发生重叠后仍显现衬度，如 L 区、T 区等。

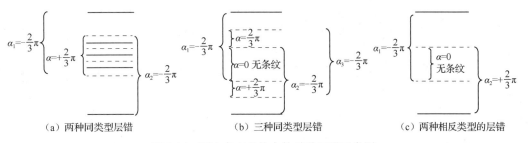

（a）两种同类型层错　　　　　　　　　（b）三种同类型层错　　　　　　　　　（c）两种相反类型的层错

图 5-16　面心立方晶体中的重叠层错示意图

总之，层错能否显现，关键在于附加相位角 α 的大小。而 $\alpha = 2\pi \vec{g} \cdot \vec{R}$ ，对于确定的层错而言，缺陷矢量 $\vec{R}$ 为定值，因此，还可通过选择不同的操作矢量 $\vec{g}$ ，获得不同的层错衬度。

2．位错

位错的存在，使晶格发生畸变，由非理想晶体的运动学方程可知，缺陷矢量将产生附加相位角，产生衬度，位错有螺旋型位错、刃型位错和混合型位错三种。不管何种位错均可引起位错附近的晶面发生一定程度的畸变，位错线两侧的晶面畸变方向相反，离位错线愈远畸变愈小。若采用这些畸变晶面作为操作反射，其衍射强度将产生变化从而产生衬度。螺旋型位错的柏氏矢量 $\vec{b}$ 与位错线平行，刃型位错的柏氏矢量 $\vec{b}$ 与位错线垂直，混合型位错的柏氏矢量 $\vec{b}$ 与位错线相交，即既不平行也不垂直。刃型和螺旋型位错的衬度像均为直线状，而混合型位错则为曲线状。由于混合型位错均可分解为螺旋型位错和刃型位错的组合，故下面仅讨论螺旋型位错和刃型位错。

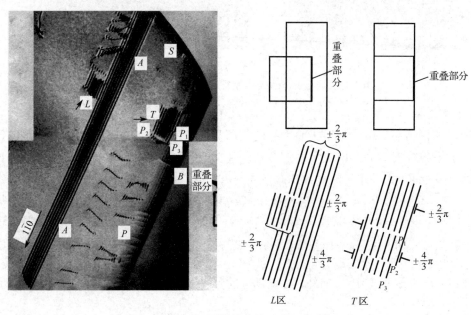

图 5-17　不锈钢中的重叠层错

1）螺旋型位错

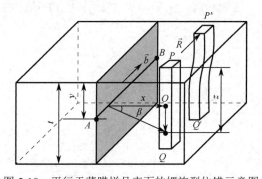

图 5-18　平行于薄膜样品表面的螺旋型位错示意图

图 5-18 为平行于薄膜样品表面的螺旋型位错示意图，AB 为螺旋型位错中心线，其柏氏矢量为 $\vec{b}$，理想晶柱为 PQ，位错线距表面的距离为 y，晶柱的深度为 z，晶柱距位错线的水平距离为 x，样品厚度为 t。

螺旋型位错周围的应变场使晶柱 PQ 畸变为 $P'Q'$，晶柱中的不同部位产生的扭曲不同，其缺陷矢量 $\vec{R}$ 也不相同，$\vec{R}$ 的方向与 $\vec{b}$ 平行，大小取决于晶柱距位错线的水平位置 x 及其角坐标 β。

绕位错线一周，缺陷矢量 $\vec{R}$ 应为一个柏氏矢量 $\vec{b}$，因此，在晶柱中，当角坐标为 β 时，$\vec{R}$ 的大小为

$$|\vec{R}| = \frac{\beta}{2\pi} \cdot |\vec{b}| \tag{5-22}$$

即

$$\vec{R} = \frac{\beta}{2\pi} \cdot \vec{b} \tag{5-23}$$

角坐标 β 可以通过位置参量表示为

$$\beta = \arctan \frac{z - y}{x} \tag{5-24}$$

这样
$$\vec{R} = \frac{\beta}{2\pi} \cdot \vec{b} = \frac{\vec{b}}{2\pi} \cdot \arctan \frac{z-y}{x} \tag{5-25}$$

缺陷矢量 $\vec{R}$ 为位置坐标和柏氏矢量的函数。附加相位角为

$$\alpha = 2\pi \vec{g}_{hkl} \cdot \vec{R} = 2\pi \vec{g}_{hkl} \cdot \frac{\vec{b}}{2\pi} \cdot \arctan \frac{z-y}{x} = \vec{g}_{hkl} \cdot \vec{b} \cdot \arctan \frac{z-y}{x} = \vec{g}_{hkl} \cdot \vec{b} \cdot \beta \tag{5-26}$$

由于 $\vec{b}$ 可表示为正空间中晶格常数的矢量合成，$\vec{g}_{hkl}$ 为倒空间矢量，因此 $\vec{g}_{hkl} \cdot \vec{b} = n$（$n$ 为整数）。式（5-26）可表示为

$$\alpha = n \cdot \beta = n \cdot \arctan \left(\frac{z-y}{x} \right) \tag{5-27}$$

当 $n=0$ 时，$\alpha=0$，螺旋型位错存在，此时 $\vec{g}_{hkl} \perp \vec{b}$，不显现衬度；当 $n \neq 0$ 时，$\alpha \neq 0$，此时求得晶柱的合成衍射波振幅为

$$\phi_g' = \frac{i\pi}{\xi_g} \int_0^t e^{-i(\varphi+\alpha)} dz = \frac{i\pi}{\xi_g} \int_0^t e^{-2\pi i s z} e^{-in \arctan \frac{z-y}{x}} dz \tag{5-28}$$

而理想晶柱的衍射波振幅 $\phi_g = \dfrac{i\pi}{\xi_g} \int_0^t e^{-i(\varphi)} dz$，显然 $\phi_g \neq \phi_g'$，因此，螺旋型位错显现衬度。

由式（5-28）可得螺旋型位错的衍射强度分布曲线，当 s 为正时，强度分布曲线如图 5-19 所示，可发现：①其强度分布是不对称的，强度峰分布在 x 为负的一边，表明位错的衍衬像与位错线的真实位置不重合，有一个偏移。②当 $n=1$ 和 $n=2$ 时，衍射强度为单峰分布，在 $n=3$ 和 $n=4$ 时，出现多峰，表明将出现多重像；③在 s 一定时，离位错远的一侧，曲线平缓，即像的衬度下降得慢些。

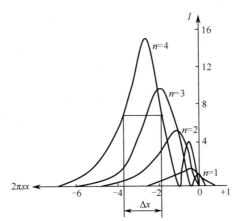

图 5-19　不同 x 及 n 时的衍射强度分布曲线

当 s 改变符号时，位错像将分布在另一边。一般情况下位错像的宽度为其强度峰的半高宽 Δx，且 $\Delta x \sim \left(\dfrac{1}{\pi s} \right)$，可见位错线宽随 s 的减小而增大。在 $s=0$ 时，运动学理论失效，需由动力学理论解释。

由以上分析可知 $\vec{g}_{hkl} \cdot \vec{b} = 0$ 成了位错能否显现的判据，电镜分析中，可利用该判据测定位错的柏氏矢量。具体的方法如下。

（1）调好电镜的电流中心和电压中心，使倾动台良好对中。

（2）明场下观察到位错，拍下相应选区的电子衍射花样。

（3）衍射模式下，缓缓倾动样品，观察衍射谱强斑点的变化，得到一个新的强斑点时，停下来回到成像模式，检查所分析位错是否消失，如果消失，此新斑点作为 $\vec{g}_{h_1k_1l_1}$。

（4）反向倾动样品，重复步骤（2），得到使同一位错再次消失的另一强斑点，即 $\vec{g}_{h_2k_2l_2}$。

（5）联立方程组：

$$\begin{cases} \vec{g}_{h_1k_1l_1} \cdot \vec{b} = 0 \\ \vec{g}_{h_2k_2l_2} \cdot \vec{b} = 0 \end{cases} \tag{5-29}$$

求得位错的柏氏矢量 $\vec{b}$ 为

$$\vec{b} = \begin{vmatrix} \vec{a} & \vec{b} & \vec{c} \\ h_1 & k_1 & l_1 \\ h_2 & k_2 & l_2 \end{vmatrix} \tag{5-30}$$

面心立方晶体中的滑移面、衍射操作矢量 $\vec{g}_{hkl}$ 和位错线的柏氏矢量 $\vec{b}$ 三者之间的关系如表 5-1 所示。

表 5-1　面心立方晶体位错的 $\vec{g}_{hkl} \cdot \vec{b}$ 的值

$\vec{g}_{hkl}$	$\vec{b}$					
	$1\bar{1}1, \bar{1}11$ $\frac{1}{2}[110]$	$111, 11\bar{1}$ $\frac{1}{2}[\bar{1}10]$	$\bar{1}11, 11\bar{1}$ $\frac{1}{2}[101]$	$111, 1\bar{1}1$ $\frac{1}{2}[10\bar{1}]$	$1\bar{1}1, 11\bar{1}$ $\frac{1}{2}[011]$	$111, \bar{1}11$ $\frac{1}{2}[0\bar{1}1]$
111	1	0	1	0	1	0
$\bar{1}11$	0	1	0	$\bar{1}$	1	0
$1\bar{1}1$	0	$\bar{1}$	1	0	0	1
$11\bar{1}$	1	0	0	1	0	$\bar{1}$
200	1	$\bar{1}$	1	1	0	0
020	1	1	0	0	1	$\bar{1}$
002	0	0	1	$\bar{1}$	1	1

图 5-20 为面心立方晶体中不同操作矢量下的位错像示意图，图中右下角插入衍射成像所用的操作矢量。$\vec{g}_{020}$ 成像时，出现 A、B、C、D 位错像；$\vec{g}_{200}$ 成像时，C、D 位错像消失，但新出现 E 位错像；$\vec{g}_{11\bar{1}}$ 成像时，A、C 位错像消失，仅存 B、D、E 位错像，其柏氏矢量分析如下。

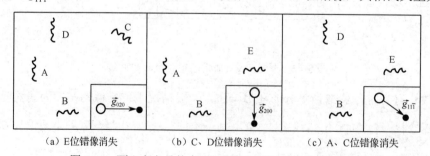

（a）E位错像消失　　　（b）C、D位错像消失　　　（c）A、C位错像消失

图 5-20　面心立方晶体中不同操作矢量下的位错像示意图

由图 5-20 可知共有 A、B、C、D、E 5 根位错像，图 5-20（a）显示 $\vec{g}_{020}$ 成像时，E 位错像消失，由表 5-1 得消光位错的柏氏矢量：$\frac{1}{2}[101]$、$\frac{1}{2}[10\bar{1}]$；图 5-20（b）显示 $\vec{g}_{200}$ 成像时，

C、D 位错像消失，同样由表 5-1 得消光位错的柏氏矢量：$\frac{1}{2}[011]$、$\frac{1}{2}[0\bar{1}1]$；图 5-20（c）显示 $\vec{g}_{11\bar{1}}$ 成像时，A、C 位错像消失，同样由表 5-1 得消光位错的柏氏矢量：$\frac{1}{2}[\bar{1}10]$、$\frac{1}{2}[101]$、$\frac{1}{2}[011]$。对比分析得 A、B、C、D、E 位错像的柏氏矢量分别为 $\frac{1}{2}[\bar{1}10]$、$\frac{1}{2}[110]$、$\frac{1}{2}[011]$、$\frac{1}{2}[0\bar{1}1]$、$\frac{1}{2}[10\bar{1}]$。

2）刃型位错

刃型位错是晶体在滑移过程中产生的，为多余原子面与滑移面的交线。刃型位错的存在必然导致其四周晶格畸变，引起衍射条件发生变化，进而导致刃型位错产生衬度像。图 5-21 为刃型位错像的形成原理图，(hkl) 为晶体的一组衍射晶面，没有刃型位错时，其偏移矢量为 $\vec{s}_0$，假定 $\vec{s}_0 > 0$，以它作为操作反射用于成像，此时各点衍射强度相同，无衬度产生。设此时的衍射强度为 I_0，当晶体中出现刃型位错 D 时，必然使位错线附近的衍射晶面 (hkl) 发生位向变化，产生额外偏移矢量 $\vec{s}'$，显然，距位错线愈远，$\vec{s}'$ 愈小。设在 D 的左侧 $\vec{s}' < 0$，在 D 的右侧 $\vec{s}' > 0$，如图 5-21（a）所示。由于在没有位错时，各处的偏移矢量 $\vec{s}_0$ 相同且均大于零，D 处出现位错后，左侧附加偏移矢量小于零，从而使位错左侧的总偏移矢量 $\vec{s}_0 + \vec{s}' < \vec{s}_0$，当 $\vec{s}_0 + \vec{s}' = 0$，如 D′ 处严格满足布拉格衍射条件，该处的衍射强度增至最高值，$I_D = I_{\max}$，如图 5-21（b）所示。而在位错线的右侧，总偏移矢量 $\vec{s}_0 + \vec{s}' > \vec{s}_0$，衍射强度下降，如 B 处的 $I_B < I_0$。在远离位错线的区域，如 A、C 等处，晶格未发生畸变，衍射强度保持原值 I_0。这样由于刃型位错在 D 处出现后，使位错线附近的衍射强度发生了变化，位错线的左侧衍射强度增强，右侧衍射强度减弱，而远离位错线的衍射强度未变，从而形成了新的衍射强度分布，如图 5-21（c）所示，显然，暗场成像时，在位错线的左侧位置将产生亮线，明场时产生暗线，如图 5-21（d）所示。由以上分析可知，刃型位错像也总是出现在其真实位置的一侧，该侧的总偏移矢量减小，甚至为零。

由于位错像是位错四周的晶格畸变所产生的应变场导致的，因此，位错衬度又称应变场衬度。由位错附近的衍射强度分布可知，衍射峰具有一定的宽度，并距位错中心有一定的距离，因此，位错像也具有一定的宽度（3～10nm），位错像偏离位错中心的距离一般与位错像的宽度在同一个量级。当位错倾斜于样品表面时，位错像显示为点状（又称位错头）或锯齿状。当位错平行于样品表面时，位错像一般显示为亮度均匀的线。图 5-22 为 α-Al$_2$O$_3$，TiB$_2$/Al 铝基体中的位错像，图 5-23 为不锈钢中的位错组态。

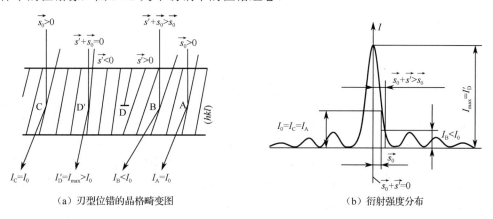

　　（a）刃型位错的晶格畸变图　　　　　　　　　　（b）衍射强度分布

图 5-21　刃型位错像的形成原理图

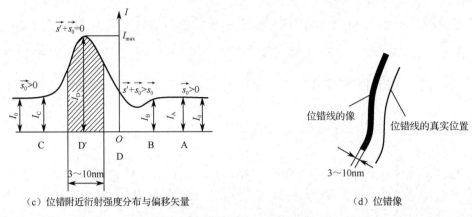

（c）位错附近衍射强度分布与偏移矢量　　　　　　（d）位错像

图 5-21　刃型位错像的形成原理图（续）

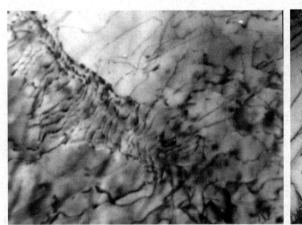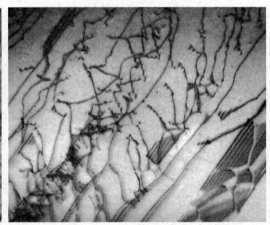

图 5-22　α-Al₂O₃，TiB₂/Al 铝基体中的位错像　　　图 5-23　不锈钢中的位错组态

注意：

① 螺旋型位错和刃型位错均不在其真实位置。螺旋型位错中偏移矢量 $\vec{s}$ 为正时，像在真实位置的负方向侧，当偏移矢量 $\vec{s}$ 改变符号时，像将分布在另一边。刃型位错像的位置取决于偏移矢量和附加偏移矢量的和。

② 位错像的宽度为其强度峰的半高宽 Δx，且 Δx 正比于 $\dfrac{1}{\pi s}$，因此随着 s 的减小位错像宽增大，在 $s=0$ 时，位错像宽为无穷宽，显然运动学理论失效，需由动力学理论解释。

③ 同 n 值时，刃型位错的强度主峰离中心位置更远，半高宽更大，如图 5-24 所示，即表明同 n 值时的刃型位错比螺旋型位错偏离中心更远，位错线的像更宽。在衍射条件完全相同的条件下，理论推导可得刃型位错的附加相位角 $\alpha = n \cdot \arctan 2\left(\dfrac{z-y}{x}\right)$，为螺旋型位错的 2 倍，表明刃型位错像的宽度为螺旋型位错像的 2 倍。

④ 常见三种位错的不可见性判据如表 5-2 所示，其中刃型位错的不可见性判据除满足螺旋型位错的不可见性判据 $\vec{g} \cdot \vec{b} = 0$ 外，还应满足 $\vec{g} \cdot (\vec{b} \times \vec{u}) = 0$（$\vec{u}$ 为沿位错线方向的单位矢量）。当然同时满足很困难，一般残余衬度不超过远离位错处基体衬度的 10%，就可认为衬度消失。

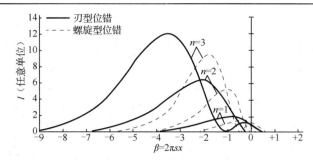

图 5-24　不同 n 值时刃型、螺旋型位错衬度曲线（位错中心在 $x=0$ 处）

表 5-2　常见三种位错的不可见性判据

位 错 类 型	不可见性判据
螺旋型	$\vec{g} \cdot \vec{b} = 0$
刃型	$\begin{cases} \vec{g} \cdot \vec{b} = 0 \\ \vec{g} \cdot (\vec{b} \times \vec{u}) = 0 \end{cases}$
混合型	$\begin{cases} \vec{g} \cdot \vec{b} = 0 \\ \vec{g} \cdot \vec{b}_{e} = 0 \\ \vec{g} \cdot (\vec{b} \times \vec{u}) = 0 \end{cases}$

注：表中 $\vec{b}_{e}$ 为位错的刃型分量；$\vec{u}$ 为沿位错线方向的单位矢量。

3．第二相粒子

　　第二相粒子是一种体缺陷，从基体中析出，使基体晶格发生畸变，显示衬度像，但影响其衬度的因素较多，如析出相的形状、大小、位置、基体的结构、第二相与基体的位向关系及界面处的浓度梯度或缺陷等，因此第二相的衬度分析较为复杂，所以我们主要采用运动学理论进行一般的定性解释。

　　图 5-25 为第二相粒子衬度产生原理图。设第二相粒子为球形颗粒，其四周基体晶格由于粒子的存在发生畸变，基体的理想晶柱发生弯曲，产生缺陷矢量 $\vec{R}$，运用运动学方程可以计算理想晶柱和弯曲晶柱底部的衍射波振幅，两者将存在差异，使粒子显现衬度。很显然，基体中过粒子中心的所有垂直晶面和水平晶面均未发生畸变，这些晶面上不存在任何缺陷矢量，不显现缺陷衬度。在粒子与基体的界面处，基体晶格的畸变程度最大，然后随着距粒子中心距离的增加，基体晶格畸变的程度逐渐减小直至消失。因此，各晶柱底部的衍射强度分布反映的是应变场的存在范围，并非粒子的真实大小。粒子愈大，应变场就愈大，其像的形貌尺寸也就愈大。该衬度是基体畸变造成的间接反映粒子像的衬度，又称间接衬度或基体衬度。

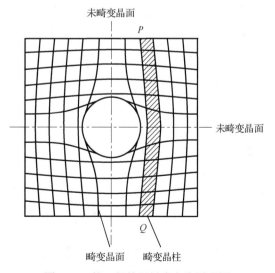

图 5-25　第二相粒子衬度产生原理图

　　由于基体中过粒子中心的垂直晶面未发生任何畸变，电子束平行于该晶面入射时，即以该晶面为操作矢量 $\vec{g}$ 时，在明场像中，将形成过应变场中心并与操作矢量 $\vec{g}$ 垂直的线状亮区，该亮线将像分割成两瓣，如图 5-26 所示。选用不同的操作矢量 $\vec{g}$ 时，亮线的方向也将随之变化。

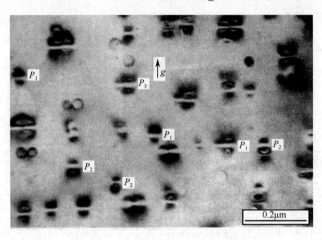

图 5-26　不锈钢中析出相的明场像

　　需要指出的是，薄膜样品中，当第二相粒子与基体完全非共格或完全共格，但无错配度时，粒子不会引起基体晶格发生畸变，此时第二相粒子衬度像产生的原因是：①粒子与基体的结构及位向差异；②粒子与基体的散射因子不同。

　　由于衍衬运动学理论是建立在两个基本假设的基础上的，因此，它存在着一定的不足，如理想晶体底部的衍射强度为 $I_{\mathrm{g}} = \dfrac{\pi^2}{\xi_{\mathrm{g}}^2} \cdot \dfrac{\sin^2(\pi st)}{(\pi s)^2}$，主要取决于样品厚度 t 和偏移矢量的大小 s，在 $s \to 0$ 时，衍射强度取得最大值：$I_{\mathrm{gmax}} = \dfrac{(\pi t)^2}{\xi_{\mathrm{g}}^2}$，如果样品厚度 t 大于 $\dfrac{\xi_{\mathrm{g}}}{\pi}$ 时，则 $I_{\mathrm{g}} > 1$，而 $I_0 = 1$，显然不合理了。为此，运动学理论假定双束之间无作用，即要求 $I_{\mathrm{gmax}} \ll 1$，此时，样品厚度应远远小于 $\dfrac{\xi_{\mathrm{g}}}{\pi}$，为极薄样品。此外，由 $I_{\mathrm{g}} = \dfrac{\pi^2}{\xi_{\mathrm{g}}^2} \cdot \dfrac{\sin^2(\pi st)}{(\pi s)^2}$ 关系式导出 s 为常数时的衍射强度极大值为 $I_{\mathrm{gmax}} = \dfrac{1}{(s\xi_{\mathrm{g}})^2}$，在 $(s\xi_{\mathrm{g}})^2 < 1$ 时，同样会出现 $I_{\mathrm{g}} > 1$ 的不合理现象，因此，要求 $I_{\mathrm{gmax}} \ll 1$ 时，$(s\xi_{\mathrm{g}})^2$ 足够大，对于加速电压为 100kV 的电子来说，一般材料低指数的消光距离 ξ_{g} 为 15～50nm，这就要求 s 较大。为了克服运动学理论存在的不足，动力学理论应运而生，但由于其推导过程复杂，下面仅做简单介绍，感兴趣的读者可参考相关文献。

5.2　衍射衬度动力学简介

　　由图 5-5 可以看出，$\mathrm{d}z$ 晶片在透射波方向和衍射波方向引起的振幅变化都由两部分组成，一部分是自身原方向散射，另一部分是来自另一支波的衍射，其振幅方程为

透射波：
$$\frac{\mathrm{d}\phi_{\mathrm{T}}}{\mathrm{d}z} = \frac{\mathrm{d}\phi_{\mathrm{T}}^{(1)}}{\mathrm{d}z} + \frac{\mathrm{d}\phi_{\mathrm{T}}^{(2)}}{\mathrm{d}z} = \frac{\pi \mathrm{i}}{\xi_{\mathrm{T}}}\phi_{\mathrm{T}} + \frac{\pi \mathrm{i}}{\xi_{\mathrm{g}}}\phi_{\mathrm{g}}\exp(2\pi \mathrm{i}sz) \tag{5-31}$$

衍射波：
$$\frac{\mathrm{d}\phi_\mathrm{g}}{\mathrm{d}z} = \frac{\mathrm{d}\phi_\mathrm{g}^{(2)}}{\mathrm{d}z} + \frac{\mathrm{d}\phi_\mathrm{g}^{(1)}}{\mathrm{d}z} = \frac{\pi\mathrm{i}}{\xi_\mathrm{T}}\phi_\mathrm{T} + \frac{\pi\mathrm{i}}{\xi_\mathrm{g}}\phi_\mathrm{T}\exp(-2\pi\mathrm{i}sz) \tag{5-32}$$

式中，(1)、(2)分别为入射方向和衍射方向；ξ_T 为 $\vec{g}=0$ 时的消光距离，指数项为衍射引起的相位变化，两指数因子差一符号是因为前者的散射是 $\vec{k}-\vec{k}'$，后者的散射是 $\vec{k}'-\vec{k}$，$\vec{k}$ 和 $\vec{k}'$ 分别是入射波矢和衍射波矢。解由式（5-31）和（5-32）组成的方程组，并略去对电子显微像特征无影响的项，得振幅公式：

$$\phi_\mathrm{g} = \frac{\mathrm{i}}{\sigma_\mathrm{r}\xi_\mathrm{g}}\sin(\pi\sigma_\mathrm{r}z) \tag{5-33}$$

$$\phi_\mathrm{T} = \cos(\pi\sigma_\mathrm{r}z) - \mathrm{i}\frac{s}{\sigma_\mathrm{r}}\sin(\pi\sigma_\mathrm{r}z) \tag{5-34}$$

式中，$\sigma_\mathrm{r} = \overline{s} = \dfrac{\sqrt{1+w^2}}{\xi_\mathrm{g}} = \dfrac{1}{\xi_\mathrm{g}^w}$，$w = s\xi_\mathrm{g}$；相应的强度公式为

$$|\phi_\mathrm{g}|^2 = \frac{\pi^2}{\xi_\mathrm{g}^2}\frac{\sin^2(\pi\sigma_\mathrm{r}z)}{(\pi\sigma_\mathrm{r})^2} \tag{5-35}$$

$$|\phi_\mathrm{T}|^2 = \cos^2(\pi\sigma_\mathrm{r}z) + \frac{s^2}{\sigma_\mathrm{r}^2}\sin^2(\pi\sigma_\mathrm{r}z) \tag{5-36}$$

当 $s=0$ 时，式（5-35）和式（5-36）变为

$$|\phi_\mathrm{g}|^2 = \sin^2\left(\frac{\pi z}{\xi_\mathrm{g}}\right) \tag{5-37}$$

$$|\phi_\mathrm{T}|^2 = \cos^2\left(\frac{\pi z}{\xi_\mathrm{g}}\right) \tag{5-38}$$

从而克服了运动学的不足。并且在 $s^2 \gg \xi_\mathrm{g}^{-2}$ 时，$\sigma_\mathrm{r} = \dfrac{\sqrt{1+w^2}}{\xi_\mathrm{g}} = \sqrt{s^2 + \xi_\mathrm{g}^{-2}} \approx s$，此时动力学就演变为了运动学。

以上动力学和运动学中的电子在晶体中的散射均为弹性散射，其实入射的电子还受核外电子的非弹性散射，从而导致吸收效应。

吸收是非弹性散射引起的，考虑吸收时强度衰减，需在强度公式中增加一项衰减指数因子 $\exp(\mu z)$，μ 为衰减系数。由于强度等于振幅乘以其共轭复数，由此推知其振幅必定有一个与吸收相对应的虚数指数因子。而只有对入射电子起作用的晶体势函数中有虚数项才有产生虚数指数因子的可能。因此用数学描述吸收问题时，便在晶体式上加一虚数项，而使振幅方程变为

透射波：
$$\frac{\mathrm{d}\phi_\mathrm{T}}{\mathrm{d}z} = \pi\mathrm{i}\left(\frac{1}{\xi_\mathrm{T}} + \frac{\mathrm{i}}{\xi_\mathrm{T}'}\right)\phi_\mathrm{T} + \pi\mathrm{i}\left(\frac{1}{\xi_\mathrm{g}} + \frac{\mathrm{i}}{\xi_\mathrm{g}'}\right)\phi_\mathrm{g}\exp(2\pi\mathrm{i}sz) \tag{5-39}$$

衍射波：
$$\frac{\mathrm{d}\phi_\mathrm{g}}{\mathrm{d}z} = \pi\mathrm{i}\left(\frac{1}{\xi_\mathrm{T}} + \frac{\mathrm{i}}{\xi_\mathrm{T}'}\right)\phi_\mathrm{g} + \pi\mathrm{i}\left(\frac{1}{\xi_\mathrm{g}} + \frac{\mathrm{i}}{\xi_\mathrm{g}'}\right)\phi_\mathrm{g}\exp(-2\pi\mathrm{i}sz) \tag{5-40}$$

求解后再略去对显微像特征无影响的项可得

$$\phi_\mathrm{T} = \cos[\pi(\sigma_\mathrm{r} + \mathrm{i}\sigma_\mathrm{i})z] - \mathrm{i}\frac{s}{\sigma_\mathrm{r}}\sin[\pi(\sigma_\mathrm{r} + \mathrm{i}\sigma_\mathrm{i})z] \tag{5-41}$$

$$\phi_g = \frac{i}{\sigma_r \xi_g} \sin[\pi(\sigma_r + i\sigma_i)z] \tag{5-42}$$

式中，$\sigma_i \equiv \dfrac{1}{\xi_g' \sqrt{1+w^2}}$，$\xi_g'$ 为异常吸收距离，与取向有关；ξ_0' 为正常吸收距离，与取向无关。两者的值愈大表明吸收愈小。

当 $s=0$ 时，$w = s\xi_g = 0$，$\sigma_r = \dfrac{\sqrt{1+w^2}}{\xi_g} = \dfrac{1}{\xi_g}$，$\sigma_i = \dfrac{1}{\xi_g'\sqrt{1+w^2}} = \dfrac{1}{\xi_g'}$，则式（5-41）和式（5-42）变为

$$\phi_T = \cos\left[\pi\left(\frac{1}{\xi_g} + \frac{i}{\xi_g'}\right)z\right] \tag{5-43}$$

$$\phi_g = \sin\left[\pi\left(\frac{i}{\xi_g} + \frac{i}{\xi_g'}\right)z\right] \tag{5-44}$$

分别乘以两者的共轭复数即可得其强度，但两者之和不再为 1，即明场和暗场不再互补。

图 5-27 为等厚条纹的运动学、动力学强度曲线。当样品较薄时，吸收项可以忽略，此时异常吸收动力学公式演化为动力学公式，无吸收的动力学在 $s \neq 0$ 时演变为运动学。图 5-27（a）为运动学强度曲线，$s \neq 0$，且 s 较大时意味着衍射强度远小于透射强度，仅考虑一根衍射束，即双光速近似。图 5-27（b）为动力学强度曲线，无异常吸收，且 $s=0$，衍射强度与透射强度相当，两者相互转换。图 5-27（c）为动力学强度曲线，有异常吸收，且 $s=0$，衍射强度与透射强度均随样品厚度 t 的增加而下降。

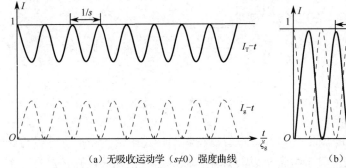

（a）无吸收运动学（$s \neq 0$）强度曲线

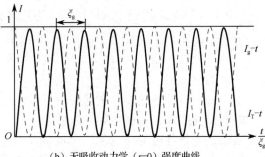

（b）无吸收动力学（$s=0$）强度曲线

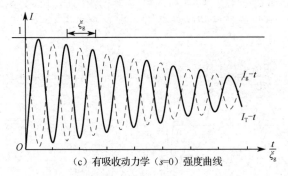

（c）有吸收动力学（$s=0$）强度曲线

图 5-27　等厚条纹的运动学、动力学强度曲线

图 5-28 为等倾条纹的运动学、动力学强度曲线。从图 5-28（a）可以看出，在运动学条件下，条纹宽度为 2/t，t 增加时条纹间距减小。暗场像中心条纹最亮，两侧为强度减弱的次亮条纹，±s 对称。由于衍射强度较弱，往往只能看出中心条纹，次亮条纹则较难看出，明场像更为如此。

图 5-28（b）为不考虑吸收时，动力学强度曲线，与运动学结果相似，强度也是±s 对称，且含有一系列逐次衰减的次极大。不过衰减速度远小于运动学，此时图像上常能看到许多平行的靠得很近的条纹，这些条纹组成一个条纹带。

图 5-28（c）为考虑吸收时，动力学强度曲线。此时的强度不再对称分布，而是 $s>0$ 侧高于 $s<0$ 侧。故拍摄明场像时选在 $s>0$ 侧，暗场像时选 $s≈0$ 处，此处强度最高。

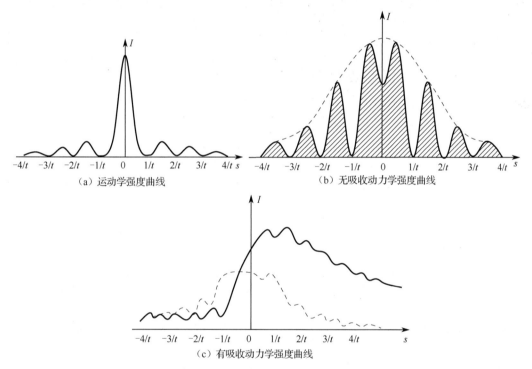

图 5-28　等倾条纹的运动学、动力学强度曲线

5.3　非完整晶体衬度

上面介绍的是理想晶体（完整晶体）中两个典型形貌的等厚条纹与等倾条纹。实际上晶体结构非常复杂，存在晶界、相界、孪晶界，并且晶体中存在点、线、面、体等缺陷，为非理想晶体（非完整晶体），此时的形貌怎样分析？

非完整晶体中存在缺陷，使得晶体局部发生畸变，畸变的程度用缺陷矢量 $\vec{R}$ 表示，缺陷的存在使畸变区与未畸变区处在不同的衍射条件下，造成不同的衍射强度，从而产生衬度。反映在振幅方程上即增加了一个相位因子，即振幅方程为

$$\frac{\mathrm{d}\phi_\mathrm{T}}{\mathrm{d}z} = \pi\mathrm{i}\left(\frac{1}{\xi_\mathrm{T}} + \frac{\mathrm{i}}{\xi_\mathrm{T}'}\right)\phi_\mathrm{T} + \pi\mathrm{i}\left(\frac{1}{\xi_\mathrm{g}} + \frac{\mathrm{i}}{\xi_\mathrm{g}'}\right)\phi_\mathrm{g}\exp[2\pi\mathrm{i}(sz + \vec{g}\cdot\vec{R})] \tag{5-45}$$

$$\frac{d\phi_g}{dz} = \pi i\left(\frac{1}{\xi_T} + \frac{i}{\xi_T'}\right)\phi_g + \pi i\left(\frac{1}{\xi_g} + \frac{i}{\xi_g'}\right)\varphi_g \exp[(-2\pi i(sz + \vec{g}\cdot\vec{R})] \tag{5-46}$$

只要将不同的缺陷矢量 $\vec{R}$ 代入方程，解方程组即可得振幅，然后乘其共轭复数即可得缺陷引起的衍射强度，从而获得其衍衬像特征。

非完整晶体相比于完整晶体仅多了一个因缺陷矢量 $\vec{R}$ 而产生的附加相位角 α，$\alpha = 2\pi\vec{g}\cdot\vec{R}$。当 $\vec{g}\cdot\vec{R}$ 为整数或零时，虽然存在缺陷也不显现衬度，即缺陷看不见。但操作矢量 $\vec{g}$ 可以选择，因此 $\vec{g}\cdot\vec{R}$ 可以不为零，这样缺陷就可显现衬度。$\vec{g}\cdot\vec{R}$ 等于零更具特殊意义。当 $\vec{g}\cdot\vec{R}=0$ 时，意味着 $\vec{g}\perp\vec{R}$，因为 $\vec{g}$ 为反射晶面的法矢量，这表明缺陷矢量 $\vec{R}$ 在反射面内，不改变反射面的衍射条件，不产生衬度，看不见缺陷。$\vec{g}\cdot\vec{R}=0$ 是确定缺陷矢量 $\vec{R}$ 的基础。

已知

$$\phi_T' = \phi_T \exp\left[\frac{-\pi iz}{\xi_T}\right] \tag{5-47}$$

$$\phi_g' = \phi_g \exp[-\pi iz/\xi_T + 2\pi i(sz + \vec{g}\cdot\vec{R})] \tag{5-48}$$

将式（5-47）和式（5-48）代入式（5-45）和式（5-46）得

$$\frac{d\phi_T'}{dz} = -\frac{\pi}{\xi_T'}\phi_T' + \pi i\left(\frac{1}{\xi_g} + \frac{i}{\xi_g'}\right)\phi_g' \tag{5-49}$$

$$\frac{d\phi_g'}{dz} = \pi i\left(\frac{1}{\xi_g} + \frac{i}{\xi_g'}\right)\phi_T' + \pi\left[2i\left(s + \vec{g}\cdot\frac{d\vec{R}}{dz}\right)\right]\phi_g' \tag{5-50}$$

当 $\vec{g}\cdot\vec{R} \neq 0$ 时，缺陷矢量 $\vec{R}$ 不在反射面内，会引起反射面畸变，产生附加相位因子，即附加相位角。式（5-50）中引入了 $\vec{g}\cdot\dfrac{d\vec{R}}{dz}$。反射面局部扭转，使偏移参数的有效值为 $s + \vec{g}\cdot\dfrac{d\vec{R}}{dz}$。对于确定的操作矢量 $\vec{g}$，s 愈小，$\vec{g}\cdot\dfrac{d\vec{R}}{dz}$ 对衍射波振幅的影响愈大，因此，通常在等倾条纹中，在 $s \approx 0$ 时，缺陷衬度最好。对于给定的 s 值，采用高指数的操作矢量 $\vec{g}$，使 $\vec{g}\cdot\dfrac{d\vec{R}}{dz}$ 增大，也可使缺陷衬度明显。

注意：在完整晶体中，反射面内无畸变，结构振幅 F_g 为常数，消光距离 $\xi_g = \dfrac{\pi V_c}{\lambda F_g}$，在操作矢量 $\vec{g}$ 一定时，ξ_g 也为定值常数，故其对衬度特征无贡献。但在不完整晶体中，由于某些缺陷的存在，改变了 ξ_g 的常数性质，从而影响衬度。由于 $\xi_g \propto F_g^{-1}$，这种衬度称为结构振幅衬度。

5.4 透射电镜的样品制备

透射电镜是利用电子束穿过样品后的透射束和衍射束进行工作的，因此，为了让电子束顺利透过样品，样品就必须很薄，一般为 $50\sim200nm$。样品的制备方法较多，常见的有三种：复型法、聚焦离子束刻蚀法和薄膜法。其中复型法，是利用非晶材料将样品表面的结构和形貌复制成薄膜样品的方法。由于受复型材料本身的粒度限制，无法复制比自己还小的细微结构。此外，复型样品仅仅反映的是样品表面形貌，无法反映内部的微观结构（如晶体缺陷、界面等），因此，复型法在应用方面存在较大的局限性。聚焦离子束刻蚀法是运用聚焦离子束在 SEM 帮助下微加工直接制成电镜薄膜样品的方法，如图 5-29 所示。薄膜法则是从要分析的样品中取样，制成薄膜样品的方法。利用电镜可直接观察样品内的精细结构。动态观察时，还可直接观察到相变及其形核长大过程、晶体中的缺陷随外界条件变化而变化的过程等。结合电子衍射分析，还可同时对样品的微区形貌和结构进行同步分析。本节主要介绍薄膜法。

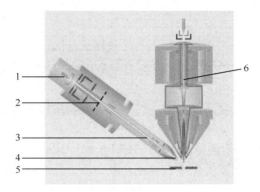

1-离子源　2-可调光阑　3-离子束　4-物镜　5-样品台　6-电子枪

图 5-29　聚焦离子束刻蚀法

5.4.1　基本要求

为了保证电子束能顺利穿透样品，就应使样品厚度足够的薄，虽然可以通过提高电子束的电压，来提高电子束的穿透能力，增加样品厚度，以减轻制样难度，但这样会导致电子束携带样品不同深度的信息太多，彼此干扰，且电子的非弹性散射增加，成像质量下降，为分析带来麻烦。但样品厚度也不能过薄，否则会增加制备难度，并使表面效应更加突出，成像时产生许多假象，也为电镜分析带来困难。因此，样品厚度应当适中。薄膜样品的具体要求如下。

（1）材质相同。从大块材料中取样，保证薄膜样品的组织结构与大块材料相同。

（2）薄区要大。供电子束透过的区域要大，便于选择合适的区域进行分析。

（3）具有一定的强度和刚度。因为在分析过程中，电子束的作用会使样品发热变形，增加分析难度。

（4）表面保护，保证样品表面不被氧化，特别是活性较强的金属及其合金，如 Mg 及 Mg 合金，在制备及观察过程中极易被氧化，因此在制备时要做好气氛保护，制好后立即进行观察分析，分析后真空保存，以便重复使用。

（5）厚度适中。一般为 50～200nm，便于图像与结构分析。

5.4.2　薄膜样品的制备过程

1. 切割

当样品为导体时，可采用线切割法从大块样品上割取厚度为 0.3～0.5mm 的薄片。线切割的基本原理是以样品为阳极，金属线为阴极，并保持一定的距离，利用极间放电使导体熔化，往复移动金属丝来切割样品，该法的工作效率高。

当样品为绝缘体，如陶瓷材料时，只能采用金刚石切割机进行切割，工作效率低。

2．预减薄

预减薄常有两种方法：机械研磨法和化学反应法。

1）机械研磨法

其过程类似于金相样品的抛光，目的是消除因切割导致的粗糙表面，并减至100μm左右。也可采用橡皮将样品压在金相砂纸上，以手工方式轻轻研磨，同样可达到减薄目的。但在机械或手工研磨过程中，难免会产生机械损伤并导致样品升温，因此，该阶段样品不能磨至太薄，一般不应小于100μm，否则损伤层会贯穿样品深度，为分析增加难度。

2）化学反应法

将切割好的金属薄片浸入化学试剂中，使样品表面发生化学反应而被腐蚀，由于合金中各组成相的活性差异，应合理选择化学试剂。化学反应法具有速度快、样品表面没有机械损伤和硬化层等特点。化学减薄后的样品厚度应控制在20～50μm，为进一步的终减薄提供有利条件，但化学减薄要求样品应能被化学液腐蚀，故一般为金属样品。此外，经化学减薄后的样品应充分清洗，一般可采用丙酮、清水反复超声清洗，否则得不到满意的结果。

3．终减薄

根据样品能否导电，终减薄的方法通常有两种：电解双喷法和离子减薄法。

1）电解双喷法

当样品导电时，可采用电解双喷法抛光减薄，其装置原理图如图5-30所示。将预减薄的样品落料成直径为3mm的圆片，装入装置的样品夹持器中，与电源的正极相连，样品两侧各有一个电解液喷嘴，均与电源的负极相连，两喷嘴的轴线上设置有一对光导纤维，其中一个与光源相连，另一个与感光件相连，电解液由耐酸泵输送，通过两侧喷嘴喷向样品进行腐蚀，一旦样品中心被电解液腐蚀穿孔，光敏元器件将接收到光信号，切断电解液泵的电源，停止喷液，制备过程完成。电解液有多种，最常用的是10%高氯酸酒精溶液。

电解双喷法工艺简单，操作方便，成本低廉；中心薄处范围大，便于电子束穿透；但要求样品导电，且一旦制成，需立即取下样品放入酒精液中漂洗多次，否则电解液会继续腐蚀薄区，损坏样品，甚至使样品报废。若不能及时上电镜观察，则需将样品放入甘油、丙酮或无水酒精中保存。

2）离子减薄法

离子减薄法的装置原理图如图5-31所示，离子束在样品的两侧以一定的倾角（5°～30°）同时轰击样品，使之减薄。离子减薄所需时间长，特别是陶瓷、金属间化合物等脆性材料，所需时间一般在十几小时，甚至更长，工作效率低，为此，常采用挖坑机（dimple仪）先对样品中心区域挖坑减薄，然后再进行离子减薄，单个样品仅需1h左右即可制成，且薄区广泛，样品质量高。离子减薄法可适用于各种材料。当样品为导电体时，也可先电解双喷减薄，再离子减薄，同样可显著缩短减薄时间，提高观察质量。

对于粉末样品，可先在专用铜网上形成支撑膜（火棉胶膜或碳膜），再将粉末在溶剂中超声分散后滴在铜网上静置、干燥，即可用于电镜观察。为防粉末脱落，可在粉末上再喷一层碳膜。

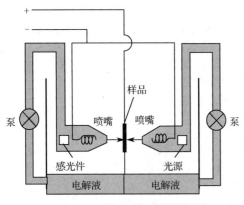

图 5-30　电解双喷法装置原理图

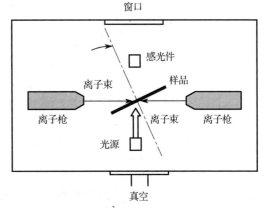

图 5-31　离子减薄法装置原理图

本章小结

　　本章主要介绍了透射电子显微镜的衬度理论、成像动力学和运动学理论。衬度分为两类：振幅衬度和相位衬度。其中振幅衬度又分为质厚衬度和衍射衬度。振幅衬度是研究晶体缺陷的有效手段；质厚衬度主要研究非晶体成像；相位衬度取决于多束衍射波在像平面干涉成像时的相位差，可在原子尺度显示样品的晶体结构和晶体缺陷，直观地看到原子像和原子排列，用于高分辨成像。本章内容如下。

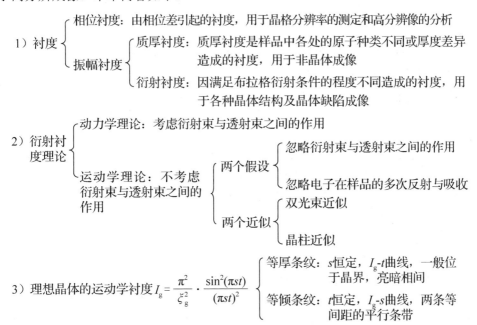

1）衬度
- 相位衬度：由相位差引起的衬度，用于晶格分辨率的测定和高分辨像的分析
- 振幅衬度
  - 质厚衬度：质厚衬度是样品中各处的原子种类不同或厚度差异造成的衬度，用于非晶体成像
  - 衍射衬度：因满足布拉格衍射条件的程度不同造成的衬度，用于各种晶体结构及晶体缺陷成像

2）衍射衬度理论
- 动力学理论：考虑衍射束与透射束之间的作用
- 运动学理论：不考虑衍射束与透射束之间的作用
  - 两个假设
    - 忽略衍射束与透射束之间的作用
    - 忽略电子在样品的多次反射与吸收
  - 两个近似
    - 双光束近似
    - 晶柱近似

3）理想晶体的运动学衬度 $I_g = \dfrac{\pi^2}{\xi_g^2} \cdot \dfrac{\sin^2(\pi st)}{(\pi st)^2}$
- 等厚条纹：s 恒定，I_g-t 曲线，一般位于晶界，亮暗相间
- 等倾条纹：t 恒定，I_g-s 曲线，两条等间距的平行条带

4）非理想晶体的运动学衬度 $\phi_g = \dfrac{\mathrm{i}\pi}{\xi_g} \int_0^t \mathrm{e}^{-\mathrm{i}\varphi'} \mathrm{d}r' = \dfrac{\mathrm{i}\pi}{\xi_g} \int_0^t \mathrm{e}^{-\mathrm{i}(\varphi+\alpha)} \mathrm{d}z$，$\alpha = 2\pi \vec{g} \cdot \vec{R}$

层错 {
平行于薄膜样品表面：显现衬度时衍衬像为均匀的亮带或暗带

不平行于薄膜样品表面：显现衬度时衍衬像为位于晶粒内部亮暗相间的直条纹
}

5）缺陷的衍射衬度像 {

位错 {
螺旋型位错：附加相位角 $\alpha=2\pi\vec{g}_{hkl}\cdot\vec{R}=\vec{g}_{hkl}\cdot\vec{b}\cdot\beta=n\cdot\beta$。$n=0$ 时，不显现衬度；$n\neq0$ 时，显现衬度，并可由此选择不同的操作矢量 $\vec{g}_{hkl}$，联立方程组，

可求得位错的柏氏矢量 $\vec{b}=\begin{bmatrix} \vec{a} & \vec{b} & \vec{c} \\ h_1 & k_1 & l_1 \\ h_2 & k_2 & l_2 \end{bmatrix}$

刃型位错：像位于真实位置的一侧。
}

第二相粒子：像中有一根与操作矢量方向垂直的亮带
}

6）薄膜样品制备 {
导体：电解双喷法或离子减薄法

绝缘体：离子减薄法
}

7）粉末样品制备：粉末在溶剂中超声分散，滴至铜网支撑膜上静置、干燥。

思考题

5.1　什么是衬度？衬度的种类有哪些？各自的应用范围是什么？

5.2　说明衍射成像的原理。什么是明场像、暗场像和中心暗场像？三者之间的衬度关系如何？

5.3　衍射衬度运动学理论的基本假设是什么？两假设的基本前提又是什么？如何来满足这两个基本假设？

5.4　如何运用理想晶体衍射运动学的基本方程 $I_g=\dfrac{\pi^2}{\xi_g^2}\cdot\dfrac{\sin^2(\pi st)}{(\pi s)^2}$ 解释等厚条纹像和等倾条纹像？

5.5　当层错滑移面不平行于薄膜样品表面时，出现了亮暗相间的条纹，试运用衍射衬度运动学理论解释该条纹像与理想晶体中的等厚条纹像的区别。为什么？

5.6　当层错滑移面平行于薄膜样品表面时，出现亮带或暗带，试运用衍射衬度运动学理论解释该亮带或暗带与李晶像的区别。

5.7　如何通过调整中间镜的励磁电流的大小，分别实现透射电镜的成像操作和衍射操作？

5.8　什么是螺旋型位错缺陷的不可见性判据？如何运用不可见性判据来确定螺旋型位错的柏氏矢量？

5.9　若要观察样品中基体相与析出相的组织形貌，同时又要分析其晶体结构和共格界面的位向关系，请简述合适的电镜操作方式和具体的分析步骤。

第6章　薄晶体的高分辨像

高分辨电子显微技术是一种基于相位衬度原理的成像技术。入射电子束穿过很薄的晶体样品，被散射的电子在物镜的背焦面处形成携带晶体结构的衍射花样，随后衍射花样中的透射束和衍射束的干涉在物镜的像平面处重建晶体点阵的像。这样两个过程对应着数学上的傅里叶变换和逆变换。物镜的球差在电镜衍射分析中为不利因素，需通过减小孔径半角来减小它，然而它成了高分辨像衬度的重要来源，同样有的高分辨电子显微像（简称高分辨像）并非真实像，需采用模拟法进一步验证。本章主要介绍高分辨成像的原理及其应用。

高分辨操作是同时让物镜光阑及透射束和一个或多个衍射束通过，共同达到像平面干涉成像的操作。此时，由于样品为薄膜样品，厚度极小，电子波通过样品后的振幅变化忽略不计，因此像衬度是由透射波和衍射波的相位差引起的相位衬度，忽略其振幅衬度。

物镜光阑可以完成 4 种操作：明场操作、暗场操作、中心暗场（需在偏置线圈的帮助下）操作及高分辨操作。前三种操作靠的是单束成像，获得振幅衬度，形成衍衬像，而高分辨操作则是多束成像，获得相位衬度，形成相位像。

注意：

① 任何像衬度的产生均包含振幅衬度和相位衬度，振幅衬度又包含衍衬衬度和质厚衬度，两者只是贡献程度不同而已。

② 衍衬成像靠的是满足布拉格方程程度不同导致的强度差异，可由干涉函数的分布曲线获得解释，它只能是透射束或衍射束单束通过物镜光阑成像；而高分辨像靠的是相位差异导致的强度差异，是需多束（至少两束）通过物镜光阑后相互干涉形成的像。

③ 高分辨像衬度的主要影响因素是物镜的球差和欠焦量，其中选择合适的欠焦量是成像的关键。

高分辨电子显微镜（HRTEM）与透射电镜（TEM）存在以下区别。

（1）成像束：HRTEM 为多电子束成像，而 TEM 则为单电子束成像。

（2）结构要求：HRTEM 对极靴、光阑的要求高于 TEM。

（3）成像：HRTEM 仅有成像分析，包括一维、二维的晶格像和结构像，而 TEM 除了成像分析还可衍射分析。

（4）样品要求：HRTEM 样品厚度一般小于 10nm，可视为弱相位体，即电子束通过样品时振幅几乎无变化，只发生相位改变，而 TEM 样品厚度通常为 50～200nm。

（5）像衬度：HRTEM 像衬度主要为相位衬度，而 TEM 则主要为振幅衬度。

6.1　高分辨像的形成原理

高分辨成像过程分为两个环节和三个重要函数，即样品透射函数、衬度传递函数和像面波函数。

（1）电子波与样品的相互作用，电子波被样品调制，在样品的下表面形成透射波，又称物面波，它反映了入射波穿过样品后相位变化情况，其数学表达为样品透射函数 $A(x,y)$。

（2）透射波经物镜成像，经多级放大后显示在荧光屏上，该过程又分为两步：从透射波函数到物镜后焦面上的衍射斑点（衍射波函数），再从衍射斑点到像平面上成像，这两个过程为傅里叶的正变换与逆变换。该过程的数学表达为衬度传递函数 $S(u,v)$，最终成像的像面波函数为 $B(x,y)$。

6.1.1　样品透射函数

不考虑相对论修正的情况下，由高压 U 加速的电子波的波长为 $\lambda = \dfrac{h}{\sqrt{2meU}}$，电子进入晶体时，如图 6-1 所示，由于晶体中的原子规则排列，原子由核和核外电子组成，规则排列的核和核外电子具有周期性分布的晶体势场 $V(x,y,z)$，电子波的波长将随电子的位置而变化，入射后电子波的波长 λ' 为

$$\lambda' = \frac{h}{\sqrt{2me(U + V(x,y,z))}} \tag{6-1}$$

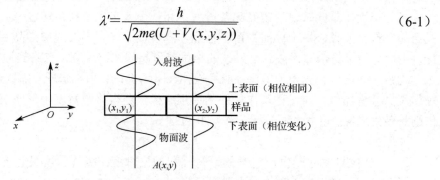

图 6-1　样品透射函数形成示意图

每穿过厚度为 $\mathrm{d}z$ 的晶体片层时，电子波经历的相位改变为

$$\mathrm{d}\phi = 2\pi \frac{\mathrm{d}z}{\lambda'} - 2\pi \frac{\mathrm{d}z}{\lambda} = 2\pi \frac{\mathrm{d}z}{\lambda}\left[\sqrt{\frac{U + V(x,y,z)}{U}} - 1\right] \tag{6-2}$$

考虑到 $\dfrac{V(x,y,z)}{U} \ll 1$，运用 $\sqrt{1 + \dfrac{V(x,y,z)}{U}} \approx 1 + \dfrac{V(x,y,z)}{2U}$

得

$$\mathrm{d}\phi \approx 2\pi \frac{\mathrm{d}z}{\lambda} \cdot \frac{1}{2}\frac{V(x,y,z)}{U} = \frac{\pi}{\lambda U}V(x,y,z)\mathrm{d}z \tag{6-3}$$

令 $\sigma = \dfrac{\pi}{\lambda U}$，即

$$\mathrm{d}\phi = \sigma V(x,y,z)\mathrm{d}z \tag{6-4}$$

$$\phi = \sigma\int V(x,y,z)\mathrm{d}z = \sigma\varphi(x,y) \tag{6-5}$$

式中，σ 为相互作用常数，不是散射横截面，而是弹性散射的另一种表述；$V(x,y,z)$ 为晶体势函数；ϕ 为相位；$\varphi(x,y)$ 为样品的晶体势场在 z 方向上的投影并受晶体结构调制的波函数。

入射波透出样品时的相位取决于入射的位置 (x,y)，从样品底部透射出来的电子波又称物面波，包含透射束和若干衍射束，其相位反映了不同通路晶体势场的分布，或者说透射函数携带了晶体结构的二维信息。

由式（6-5）可知总的相位差仅依赖于晶体的势函数 $V(x,y,z)$。如果考虑晶体对电子波的吸收效应，则应在样品透射函数的表达式中增加吸收函数 $\mu(x,y)$，即

$$A(x,y) = \mathrm{e}^{\mathrm{i}\phi} = \exp[\mathrm{i}\sigma\varphi(x,y) + \mu(x,y)] \tag{6-6}$$

而对于薄晶体，可以认为仅有相位改变，忽略吸收因素，即

$$A(x,y) = e^{i\phi} = \exp[i\sigma\varphi(x,y)] \tag{6-7}$$

由于样品极薄，可认为是弱相位体，此时 $\varphi(x,y) \ll 1$，这一模型可进一步简化。按指数函数展开该式，忽略高阶项，即可得样品透射函数的近似表达式：

$$A(x,y) = 1 + i\sigma\varphi(x,y) \tag{6-8}$$

式（6-8）即弱相位体近似，它表明对于极薄样品，透射函数的振幅与晶体的投影势呈线性关系。弱相位体近似被广泛应用于高分辨电子显微技术的计算机模拟。

入射波透过薄膜样品后产生的物面波作用于物镜，物镜成像经历两次傅里叶变换过程（如图 6-2 所示）。

（1）第一次傅里叶变换：物镜将物面波分解成各级衍射波（透射波可看成零级衍射波），在物镜后焦面上得到衍射谱。入射波通过样品，相位受到样品晶体势的调制，在样品的下表面得到物面波 $A(x,y)$，物面波携带晶体的结构信息，经物镜作用后，在其后焦面上得到衍射波 $Q(u,v)$，此时物镜起到频谱分析器的作用，即将物面波中的透射波（看成零级）和各级衍射波分开。频谱分析器的原理主要利用了数学上的傅里叶变换。

（2）第二次傅里叶变换：各级衍射波相干重新组合，得到保留原有相位的像面波 $B(x,y)$，在像平面处得到晶格条纹像，即进行了傅里叶逆变换。若物镜是一个理想透镜，无像差，则从样品到后焦面，再从后焦面到像平面的过程，分别经历了两次傅里叶变换。设像面波函数为 $B(x,y)$，则理论上

$$B(x,y) = F^{-1}\{Q(u,v)\} = F^{-1}\{F(A(x,y))\} = A(x,y) \tag{6-9}$$

表明像是物的严格再现。对于相位体而言，此时的像强度为

$$I(x,y) = A(x,y)A^*(x,y) = e^{i\varphi}e^{-i\varphi} = e^0 = 1 \tag{6-10}$$

这表明对于理想透镜，相位体的像不可能产生任何衬度。实际上物镜存在球差、色差、像散（离焦）及物镜光阑、输入光源的非相干性等因素，此时可产生附加相位，从而形成像衬度，看到晶格条纹像。研究表明操作时有意识地引入一个合适的欠焦量，即让像不在准确的聚焦位置，可使高分辨像的质量更好。这些因素的集合体即衬度传递函数。

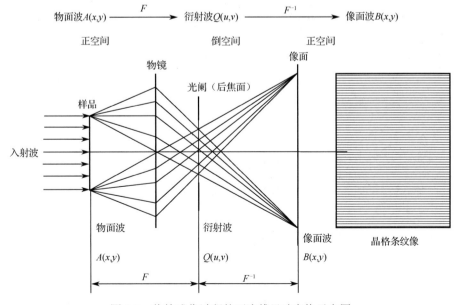

图 6-2　物镜成像过程的两次傅里叶变换示意图

6.1.2　衬度传递函数 $S(u,v)$

衬度传递函数 $S(u,v)$ 为一个相位因子，它综合了物镜的球差、欠焦量及物镜光阑等诸多因素对像衬度（相位）的影响，是多种影响因素的综合反映。以下主要讨论三个因素（欠焦量、球差、物镜光阑）对附加相位的影响，而其他因素可通过适当的措施得到解决，如物镜的色差可通过稳定加速电压，减小电子波的波长的波动得到解决，入射波的相干性可通过聚光镜光阑减小入射孔径角得到保证等。

1. 欠焦量

理论焦面为正焦面（$\Delta f=0$）；加大电镜电流，聚焦度增大，聚焦在理论焦面之前称为欠焦（$\Delta f<0$）；反之，减小电镜电流，在理论焦面之后聚焦称为过焦（$\Delta f>0$），欠焦与过焦统称为离焦，如图 6-3（a）所示。

欠焦引起的相位差可由光程差获得。如图 6-3（b）所示，作 $OD=OG$，则 ΔODG 为等腰三角形，此时，欠焦光程差为

$$AG = DA \times \sin\theta = \Delta f \times \tan 2\theta \times \sin\theta = \Delta f \times 2\theta \times \theta = 2\Delta f\theta^2 \tag{6-11}$$

相位差为

$$\chi_1 = \frac{2\pi}{\lambda}AG = \frac{\pi}{\lambda}\Delta f(2\theta)^2 \tag{6-12}$$

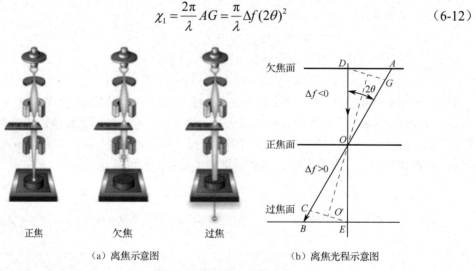

| （a）离焦示意图 | （b）离焦光程示意图 |

图 6-3　离焦原理图

2. 球差

在图 6-4 中，衍射角（2θ）及 δ 都是很小的角度，可以认为 $BD-BC=DC\cdot\sin\delta=\mathrm{d}R\cdot\delta$，这里 $\delta=\dfrac{\mathrm{d}R}{f}$，依据球差定义 $\mathrm{d}R=C_s(2\theta)^3$（$C_s$ 为球差系数），且 $2\theta=\dfrac{R}{f}$，于是

$$微量光程差 = BD-BC = C_s\left(\frac{R}{f}\right)^3 \cdot \frac{\mathrm{d}R}{f} = C_s\frac{R^3}{f^4}\mathrm{d}R \tag{6-13}$$

则球差引起的微小相位差为

$$d\chi_2 = \frac{2\pi}{\lambda}(BD - BC) = \frac{2\pi}{\lambda} \cdot C_s \cdot \frac{R^3}{f^4}dR \qquad (6\text{-}14)$$

该表达式只表示了衍射光束 AB 受球差的影响情况，晶体衍射时尚有诸多与 AB 平行的衍射束分布在半径 R 的范围内，且都受球差影响。因此总体的影响效果必须通过积分来获得，于是在取 $[0,R]$ 范围时，球差对衍射束的影响为

$$\chi_2 = \frac{2\pi C_s}{\lambda f^4}\int_0^R R^3 dR = \frac{2\pi C_s}{\lambda} \cdot \frac{R^4}{4f^4} = \frac{\pi C_s}{2\lambda} \cdot \left(\frac{R}{f}\right)^4 \qquad (6\text{-}15)$$

即

$$\chi_2 = \frac{\pi}{\lambda} \cdot \frac{1}{2}C_s \cdot (2\theta)^4 \qquad (6\text{-}16)$$

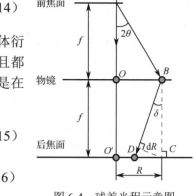

图 6-4　球差光程示意图

欠焦和球差引起的综合附加相位为

$$\chi = \chi_1 + \chi_2 = \frac{\pi}{\lambda}\Delta f (2\theta)^2 + \frac{\pi}{\lambda} \cdot \frac{1}{2}C_s(2\theta)^4 \qquad (6\text{-}17)$$

又根据衍射几何图，得（透射电镜中 2θ 很小）：

$$\frac{1}{\lambda} \times (2\theta) = |\vec{g}| = \sqrt{u^2 + v^2} \qquad (6\text{-}18)$$

将 $2\theta = \lambda\sqrt{u^2 + v^2}$ 代入，得到由离焦和球差引起的相位差为

$$\chi(u,v) = \pi\Delta f \lambda(u^2 + v^2) + \frac{\pi}{2} \cdot C_s\lambda^3(u^2 + v^2)^2 \qquad (6\text{-}19)$$

3. 物镜光阑

物镜光阑对相位衬度的影响用物镜光阑函数 $A(u,v)$ 表示，其大小取决于后焦面距中心的距离，即

$$A(u,v) = \begin{cases} 1 & \sqrt{u^2 + v^2} \leqslant r \\ 0 & \sqrt{u^2 + v^2} > r \end{cases} \qquad (6\text{-}20)$$

式中，r 为物镜光阑的半径。

显然，在光阑孔径范围内时取 1，而在光阑孔径外时取 0，即衍射波被光阑挡住，不参与成像，故通常情况下取 $A(u,v) = 1$。

这样，综合其他因素，得衬度传递函数为

$$S(u,v) = A(u,v)\exp[i\chi(u,v)]B(u,v)C(u,v) \qquad (6\text{-}21)$$

式中，$\chi(u,v)$ 为物镜的球差和离焦量综合影响所产生的相位差；$A(u,v)$ 为物镜光阑函数；$B(u,v)$ 为照明束发散度引起的衰减包络函数；$C(u,v)$ 为物镜色差效应引起的衰减包络函数。

由于照明束发散度和物镜的色差可分别通过聚光镜的调整和稳定电压得到有效控制，因此可忽略。这样衬度传递函数可表示为

$$S(u,v) = \exp[i\chi(u,v)] = \cos\chi + i\sin\chi \qquad (6\text{-}22)$$

说明：物镜的像差共有三种，包括球差、色差和像散。其中色差通过稳定电压得到控制，甚至消除，而球差是无法消除的，是影响成像的关键因素。物镜的像散即焦距差，又称离焦量，这里有意保留并适度调整它，可使高分辨像成得更好。

注意：电镜的欠焦或过焦称为离焦，可通过调整电镜的励磁电流来实现。在正焦基础上加大电镜电流，聚焦面上移，处于欠焦态；反之减小电镜电流，聚焦面下移，处于过焦态。

6.1.3　像平面上的像面波函数 $B(x,y)$

像面波函数通过衍射波函数 $Q(u,v)$ 的傅里叶逆变换获得，可以表示为

$$B(x,y)=[1-\sigma\varphi(x,y)\cdot F^{-1}\sin\chi]+\mathrm{i}[\sigma\varphi(x,y)\cdot F^{-1}\sin\chi] \qquad (6\text{-}23)$$

如不考虑像的放大倍率，像平面上观察到的像强度为像平面上电子散射振幅的平方。设其共轭函数为 $B^*(x,y)$，则像强度为

$$I(x,y)=B(x,y)\cdot B^*(x,y) \qquad (6\text{-}24)$$

略去其中 $\sigma\varphi$ 的高次项，可得

$$I(x,y)=1-2\sigma\varphi(x,y)\cdot F^{-1}\sin\chi \qquad (6\text{-}25)$$

令 $I_0=1$，则像衬度为

$$\frac{I-I_0}{I_0}=I-1=-2\sigma\varphi(x,y)\cdot F^{-1}\sin\chi \qquad (6\text{-}26)$$

式（6-26）中的函数 $\sin\chi$ 十分重要，它直接反映了物镜的球差和离焦量对高分辨像的影响结果，有时也把 $\sin\chi$ 称为衬度（相位）传递函数。在 χ 的两个影响因素中，球差的影响在一定条件下可基本固定，此时，主要取决于离焦量的大小，故离焦量成了高分辨相位衬度的核心影响因素。离焦量对 $\sin\chi$ 函数的影响可用曲线来分析，但曲线较复杂，需由作图法获得。

当 $\sin\chi=-1$ 时，像衬度为 $2\sigma\varphi(x,y)$，可见像衬度与晶体的势函数投影成正比，反映样品的真实结构，故 $\sin\chi=-1$ 是高分辨成像的追求目标，即在高分辨成像时追求 $\sin\chi$ 在倒空间中有尽可能宽的范围接近于-1。从 χ 的影响因素来看，关键在于离焦量 Δf，图 6-5 是不同离焦量时的 $\sin\chi$ 曲线。

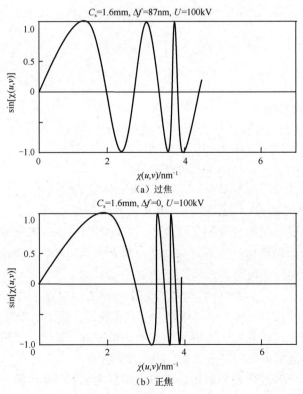

图 6-5　离焦量对曲线的影响

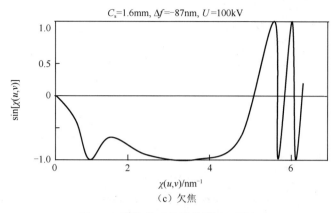

$C_s=1.6\text{mm}, \Delta f=-87\text{nm}, U=100\text{kV}$

（c）欠焦

图 6-5　离焦量对曲线的影响（续）

三种情况下，欠焦时 $\sin\chi$ 有一个较宽的-1 平台，因为 $\sin\chi=-1$ 时意味着衍射波函数受影响小，能得到清晰可辨、不失真的像。-1 平台的宽度愈大愈好，即只有在弱相位体和最佳欠焦（-1 平台最宽）时拍摄的高分辨像才能正确反映晶体的结构。实际上弱相位体的近似条件较难满足，当样品中含有重元素或厚度超过一定值时，弱相位体的近似条件就不再满足，此时尽管仍能拍到清晰的高分辨像，但像衬度与晶体结构投影已经不是一一对应的关系了，有时甚至会出现衬度反转。同样，改变离焦量也会引起衬度改变，甚至反转，此时只能通过计算机模拟与实验像的仔细匹配解释。此外，对于非周期特征的界面结构高分辨像，也需要建立结构模型后计算模拟像来确定界面结构，计算机模拟已成了高分辨电子显微学研究中的一个重要手段。

特别需要注意的是，高分辨成像时采用了孔径较大的物镜光阑，让透射束和至少一根衍射束进入成像系统，它们之间的相位差形成干涉图像。透射束的作用是提供一个电子波波前的参考相位。

6.1.4　最佳欠焦条件及电镜最高分辨率

1. 最佳欠焦条件——Scherzer 欠焦条件（谢尔策条件）

使 $\sin\chi=-1$ 的平台最宽时的欠焦量即最佳欠焦量（或称为最佳欠焦条件），又称 Scherzer 欠焦量（或称 Scherzer 欠焦条件）。欠焦量可由下式表示：

$$\Delta f = kC_s^{\frac{1}{2}}\lambda^{\frac{1}{2}} \tag{6-27}$$

式中，$k=\sqrt{1-2n}$；n 为零或负整数。一般取 $C_s^{\frac{1}{2}}\lambda^{\frac{1}{2}}$ 为欠焦量的度量单位，称为 Sch。

注意：相位成像追求的是最佳欠焦，此时具有良好的衬度；而衍衬成像追求的是严格正焦。

2. 电镜最高分辨率

电镜最高分辨率是指最佳欠焦条件下的电镜分辨率，可由 $\sin\chi$ 曲线中第一通带（$\sin\chi$ 绝对值为-1 的平台）与横轴的交点值的倒数获得。

电镜最高分辨率通常可表示为

$$\delta = k_1 C_s^{\frac{1}{4}}\lambda^{\frac{3}{4}} \tag{6-28}$$

式中，k_1 取值为 0.6～0.8，一般取 $C_s^{\frac{1}{4}}\lambda^{\frac{3}{4}}$ 为分辨率的单位，称为 G1。

图 6-6 为 JEM2010 透射电镜在加速电压为 200kV、球差系数 C_s=0.5mm 时的 sin χ 函数曲线。

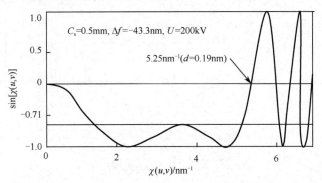

图 6-6　JEM2010 透射电镜最佳欠焦条件下的 sin χ 函数曲线

曲线上 sin χ 值为 -1 的平台（称为通带）展得愈宽愈好，展得最宽时的欠焦量即最佳欠焦量。在最佳欠焦条件下，电镜的点分辨率为 0.19nm。第一通带与横轴的右交点值为 5.25nm^{-1}，该值是倒易矢量的绝对值，颠倒后为 0.19nm。其含义为在符合弱相位体的条件下，像中不低于 0.19nm 间距的结构细节可以认为是晶体投影势的真实再现，该值为电镜最高分辨率。

6.1.5　第一通带宽度（sinχ =-1）的影响因素

设 $\dfrac{1}{d}=|\vec{g}|=\sqrt{u^2+v^2}$，代入式（6-19）得

$$\chi = \pi\Delta f \lambda \frac{1}{d^2} + \frac{\pi}{2}\cdot C_s\lambda^3\frac{1}{d^4} = \frac{\lambda\pi}{d^2}\left(\Delta f + \frac{1}{2}\cdot C_s\frac{\lambda^2}{d^2}\right) \tag{6-29}$$

由于电子波的波长 λ 是由电镜加速电压 U 决定的，由式（6-29）可知影响函数 sin χ 第一通带宽度的主要因素为离焦量 Δf、加速电压 U 和球差系数 C_s，现分别进行讨论。

1. 离焦量

以 200kV 的透射电镜 JEM2010 为例，高分辨时球差系数取 C_s =1.0mm（HR 结构型），将电子波的波长 λ =0.00251nm 代入式（6-29）得 χ，则

$$\sin\chi = \sin\frac{0.0078854}{d^2}\left(\frac{3.15005}{d^2}+\Delta f\right) \tag{6-30}$$

以 $\dfrac{1}{d}$ 为横坐标画出该曲线，分别取 Δf = 0，±30nm，±60nm，±90nm，计算机作图如图 6-7 所示。这里首先取 Δf =0，是为了说明正焦时，相位传递函数的曲线形态。离焦量取 Δf =±30nm 和 ±90nm，是作为比较量而特意选择的。

离焦量 Δf = −61nm（欠焦）是该条件下的最佳值，所以这里选择了与该离焦量接近的 Δf =±60nm 作为参考值，描述离焦量对传递函数的影响。该图表明，欠焦情况下，Δf = −60nm 时，接近 sin χ = −1 条件下出现了较宽的"平台"，显然，在这段曲线内，样品各点的反射电子波因相位传递函数而引起附加相位的变化可以近似地看成是相同的。在该"平台"对应的 $\left(\dfrac{1}{d_1}\sim\dfrac{1}{d_2}\right)$ 区域内，确保了附加相位差对晶格干涉条纹（一级）像的影响已降到了最低，可以

认为物镜此时能够将样品的物点相位信息无畸变地传递下去，使样品的物点细节无畸变地同相位相干形成几乎理想的干涉像。一旦越过这一台阶区域，曲线波动变得复杂，附加相位差的不同会引起晶格条纹像分析与解释上的困难。

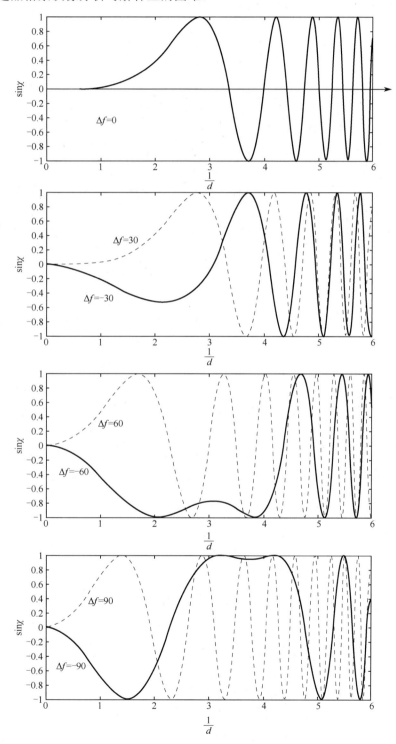

图 6-7　不同离焦量对函数 $\sin\chi$ 曲线形态影响的比较

最佳离焦量的计算如下。

如果想获得曲线上最大范围的"平台"区域，就必须找出最佳的离焦量 Δf_{opt}。为了表达式或计算上的方便，将式（6-29）中的 $\frac{1}{d}$ 用 x 代替，则

$$\sin\chi = \sin\pi\lambda\left(\frac{C_s\lambda^2}{2}x^4 + \Delta fx^2\right)\qquad(6\text{-}31)$$

欲获得 $\sin\chi = -1$ 的理想值，则

$$\pi\lambda\left(\frac{C_s\lambda^2}{2}x^4 + \Delta fx^2\right) = 2n\pi - \frac{\pi}{2}\quad(n=0, \pm1, \pm2, \pm3\cdots)\qquad(6\text{-}32)$$

解得

$$x^2 = \frac{1}{C_s\lambda^2}[-\Delta f \pm \sqrt{\Delta f^2 + (4n-1)C_s\lambda}]\qquad(6\text{-}33)$$

取

$$\Delta f = -\sqrt{(4n-1)C_s\lambda}\quad(n \leqslant 0)\qquad(6\text{-}34)$$

得

$$x^2 = \frac{-\Delta f}{C_s\lambda^2}\qquad(6\text{-}35)$$

再将 Δf 的值代入，得 $x^2 = \sqrt{\dfrac{4n-1}{C_s\lambda^3}}$。将该值代入式（6-31），能使 $\sin\chi = -1$ 成立。因此式（6-34）对应的离焦量是较合适的，能够使干涉条纹像衬度较清晰。实际上，常取 $\sqrt{C_s\lambda}$ 作为高分辨电子显微学中欠焦量的一个单位，称作 Sch（纪念 Scherzer 对相位衬度理论的贡献）。显然，由式（6-34）可知，合适的离焦量可取值较多，例如，$n=0,-1,-2$，对应的 $\Delta f = -1\text{Sch}, -\sqrt{5}\text{Sch}, -\sqrt{9}\text{Sch}$。

事实上，式（6-34）只是上述方程解的特例。当取 $n=1,2,3$，及对应的 $\Delta f = -\sqrt{3}\text{Sch}$，$-\sqrt{7}\text{Sch}$，$-\sqrt{11}\text{Sch}$ 时，这些值的各自对应点虽然使 $\sin\chi = -1$，但不能保证曲线较宽平台的出现。现分别选择这些数值定量地作图（如图6-8所示），当 Δf 取式（6-35）中某些数值时，虽然 $\sin\chi = -1$，但曲线上几乎不出现较宽的平台或平台对应 x 值的范围较小，这就严重地限制了晶格条纹像的适用分析范围。稍一偏离该条件会导致像衬度的变化或消失，不便于实际操作。

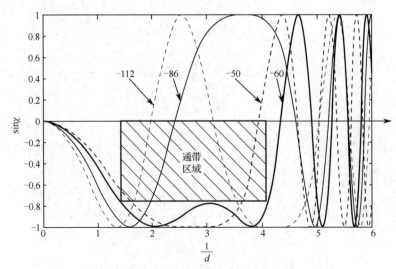

图6-8　不同离焦量时的 $\sin\chi$ 函数曲线

一般总是希望平台在 x 值较小（对应的 d 值较大）的区域内呈现，即 $\sin\chi$ 首次出现的平台是实验追求的条件，这个区域内的欠焦条件才是最佳的。由图 6-8 不难看出，最佳欠焦量 Δf 在 $[-1\mathrm{Sch}, -\sqrt{3}\mathrm{Sch}]$ 区间内，对应的分别是 $\sin\left(-\dfrac{\pi}{2}\right)=-1$（$n=0$）和 $\sin\left(-\dfrac{3}{2}\pi\right)=-1$（$n=1$）的情况，即图 6-8 中 $\Delta f=-50\,\mathrm{nm}\,(-1\mathrm{Sch})$ 的曲线和 $\Delta f=-86\,\mathrm{nm}\,(-\sqrt{3}\mathrm{Sch})$ 的曲线，图中 $\Delta f=-112\,\mathrm{nm}\,(-\sqrt{5}\mathrm{Sch})$ 的曲线所对应的 $n=-1$。

虽然在 $\Delta f=-\sqrt{1}\mathrm{Sch}$ 和 $\Delta f=-\sqrt{3}\mathrm{Sch}$ 条件下，$\sin\chi$ 函数曲线上都展现了较宽的第一平台，但两者都不是最宽的平台，最佳离焦量 Δf_{opt} 对应最宽的平台通带尚未找到。当 Δf_{opt} 取得最佳值时，必须保证 $\sin\chi=-1$。对式（6-31）中的 x 求一阶导数，并令 $\sin'\chi=0$，求极值，则

$$\cos\pi\lambda\left(\frac{C_{\mathrm{s}}\lambda^2}{2}x^4+\Delta fx^2\right)\cdot\pi\lambda(2C_{\mathrm{s}}\lambda^2x^3+2\Delta fx)=0 \tag{6-36}$$

由 $2C_{\mathrm{s}}\lambda^2x^3+2\Delta fx=0$ 得

$$x^2=\frac{-\Delta f}{C_{\mathrm{s}}\lambda^2} \tag{6-37}$$

式（6-35）与式（6-37）虽然形式上完全一致，但其含义完全不同，前者是确定了 Δf 值之后，求得的 x^2 的值，该值代入式（6-31）后满足 $\sin\chi=-1$；而后者中的 Δf 有待确定，是未知的，将该式代入式（6-31）得

$$\sin\chi=\sin\left(-\frac{\pi}{2}\cdot\frac{\Delta f^2}{C_{\mathrm{s}}\lambda}\right) \tag{6-38}$$

这里追求的是通过确定 Δf 获得最大范围内的通带区域。当 $\sin\chi$ 存在极值时，由图 6-8 中 $\Delta f=-60\,\mathrm{nm}$ 的曲线可知，$\sin\chi=-1$ 的两个极小值之间有一个极大值。这个极大值是很值得注意的，该值过大将严重影响"平台"的形状，甚至使平台消失。为了保证该通带平台的合适长度和足够高度（图 6-8 中实线矩形），以获得可以直接解释的高分辨晶格相衬，要求此时 $\sin\chi$ 函数有足够的稳定性，一般要求 $|\sin\chi|\geqslant|-1|\cdot70\%=0.7$。可取 $\left|\sin\left(-\dfrac{\pi}{2}\cdot\dfrac{\Delta f^2}{C_{\mathrm{s}}\lambda}\right)\right|=\dfrac{\sqrt{2}}{2}$，于是 $-\dfrac{\pi}{2}\cdot\dfrac{\Delta f^2}{C_{\mathrm{s}}\lambda}=-\dfrac{3}{4}\pi$（在 $\left[-\dfrac{\pi}{2},-\dfrac{3\pi}{2}\right]$ 之间），所以

$$\Delta f_{\mathrm{opt}}=-\sqrt{\frac{3}{2}C_{\mathrm{s}}\lambda} \tag{6-39}$$

这就是最佳离焦量的表达式。理论上，从离焦量与像差引起衍射波的相位移动方面，也能获得如下的结论：当式（6-31）中 $\sin\chi=\sin\left[-\left(\dfrac{3}{4}\pi+2n\pi\right)\right]$ 成立时，$\sin\chi$ 将会得到更宽的平台。将式（6-39）代入式（6-31）得

$$\sin\chi=\sin\pi\lambda\left(\frac{C_{\mathrm{s}}\lambda^2}{2}x^4-\sqrt{\frac{3}{2}C_{\mathrm{s}}\lambda}x^2\right) \tag{6-40}$$

若令 $\pi\lambda\left(\dfrac{C_{\mathrm{s}}\lambda^2}{2}x^4-\sqrt{\dfrac{3}{2}C_{\mathrm{s}}\lambda}x^2\right)=-n\pi-\dfrac{\pi}{2}$（$n$ 取 0 或正整数），则

$$\frac{C_s\lambda^2}{2}x^4-\sqrt{\frac{3}{2}C_s\lambda}x^2+\frac{2n+1}{2\lambda}=0 \tag{6-41}$$

得

$$x^2=\frac{\sqrt{3}\pm\sqrt{1-4n}}{\lambda\sqrt{2C_s\lambda}} \tag{6-42}$$

显然当 $n=0$ 时

$$x_1=\sqrt{\frac{\sqrt{3}-1}{\lambda\sqrt{2C_s\lambda}}} \tag{6-43}$$

$$x_2=\sqrt{\frac{\sqrt{3}+1}{\lambda\sqrt{2C_s\lambda}}} \tag{6-44}$$

再将式（6-39）的最佳离焦量 Δf_{opt} 代入式（6-37）得

$$x_3=\sqrt{\frac{\sqrt{3}}{\lambda\sqrt{2C_s\lambda}}} \tag{6-45}$$

所以，此时"平台"部分存在三个极值点，式（6-43）和式（6-44）对应两个极小值 $\sin\chi=-1$，式（6-45）对应上述两个极小值中间存在的一个极大值点。正是这三个极值点的存在，才使得"平台"最宽。另外，将 x 还原成 $\frac{1}{d}$，由式（6-40）得

$$\sin\chi=\sin\frac{\lambda\pi}{d^2}\left(\frac{C_s\lambda^2}{2}\frac{1}{d^2}-\sqrt{\frac{3}{2}C_s\lambda}\right) \tag{6-46}$$

在最佳离焦量条件下，该表达式对应的曲线是相位传递函数的完整表达。对于每一台高分辨电镜（C_s 为固定值），在特定加速电压下（λ 固定值）工作时，式（6-46）将是晶格干涉条纹像成像的重要依据。曲线中首次出现的"平台"（通带）范围及其相应的 d 值或 $\frac{1}{d}$ 值与式（6-43）、式（6-44）或（6-45）相对应，该平台直接关系到所得高分辨像能否被直接解释。

2. 加速电压

加速电压是电子波的波长的决定性因素，加速电压越大，则相应的被加速电子波的波长就越小。虽然研究表明，电子波的波长与物镜的球差系数有一定的对应关系，但这里仍然假设电子波的波长变化时，球差系数为常量，令 $C_s=1.0mm=10^6nm$，在 Scherzer 欠焦条件下，由式（6-46）得

$$\sin\chi=\sin\frac{\lambda\pi}{d^2}\left(\frac{5\times10^5\lambda^2}{d^2}-10^3\sqrt{1.5\lambda}\right) \tag{6-47}$$

分别在加速电压为 100kV、200kV、500kV 和 1000kV 时，将相应的波长 $\lambda=0.00371nm$、0.00251nm、0.00142nm 和 0.00087nm 代入上式，以 $\frac{1}{d}$ 为横坐标，作图 6-9。该图表明，随着电子波的波长的减小，类似于"弹簧"的 $\sin\chi$ 曲线将被逐渐拉开，尤其是第一平台部分变得更宽了，且平台扩展后，靠右端 $\frac{1}{d}$ 的值趋于增大，d 值更小，使晶格条纹的分辨率更高。因此，增加电镜的加速电压，能使相位传递函数的平台增宽，高分辨电镜可观察研究的晶面间距极限更小，分辨能力提高，较容易获得高清晰的晶格像或结构像。

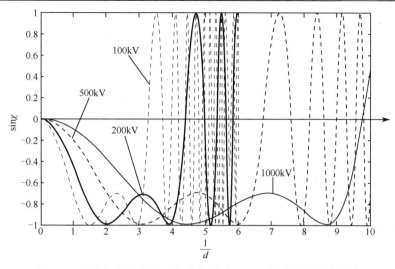

图 6-9　最佳离焦量条件下加速电压对 $\sin\chi$ 函数曲线形态的影响

3. 球差系数

参照上述方法，忽略加速电压与物镜球差系数的某种对应关系。在 200kV 的条件下，将 λ =0.00251nm 代入式（6-46）得

$$\sin\chi = \sin\left(0.02484\frac{C_s}{d^4} - 0.483845\frac{\sqrt{C_s}}{d^2}\right) \qquad （6-48）$$

将物镜球差系数 C_s =2.0, 1.6, 1.2, 0.8nm 分别代入上式，并作图 6-10。可见，球差系数减小，也能够使第一"平台"区域拉宽，使电镜的分辨率提高。

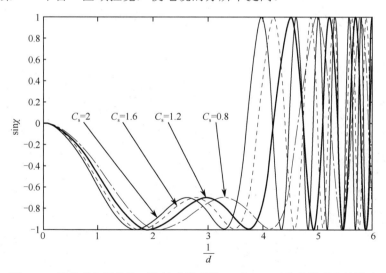

图 6-10　最佳离焦量条件下物镜球差系数 C_s 对 $\sin\chi$ 函数曲线形态的影响

一般情况下，物镜的球差系数是恒定不变的，随电镜出厂时已经有了固定的数值，最短波长的选择也是有限的，因此，相位传递函数的影响因素中，离焦量是最有效的可调节参数，合适的欠焦量是获得清晰的可直接解释的晶格条纹像或结构像的关键。

6.2　高分辨像举例

根据衍射条件和样品厚度的不同，高分辨像可以大致分为晶格条纹像、一维结构像、二维晶格像（单胞尺寸的像）、二维结构像（原子尺度上的晶体结构像）及特殊的高分辨像等。下面通过图片说明前 4 种高分辨像的成像条件与特征。

6.2.1　晶格条纹像

成像条件：一般的衍射衬度像或质厚衬度像都是采用物镜光阑只选择电子衍射花样上的透射束（对应明场像）或某一衍射束（对应暗场像）成像的。如果使用较大的物镜光阑，在物镜的后焦面上，同时让透射束和某一衍射束（非晶样品对应其"晕"的环上一部分）这两束波相干成像，就能得到一维方向上强度呈周期性变化的条纹花样，从而形成"晶格条纹像"，如图 6-11 所示。

（a）非晶样品典型的无序点状衬度

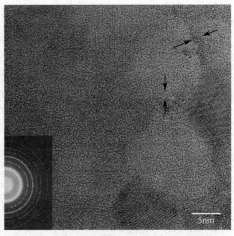
（b）样品中非晶组分和小晶粒形态分布

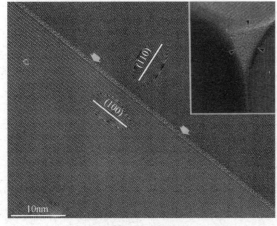
（c）Si₃N₄-SiC陶瓷中的平直晶界与三叉晶界

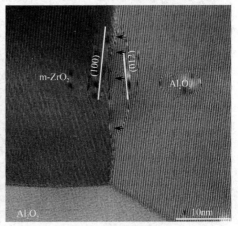
（d）Al₂O₃-ZrO₂复合陶瓷的三叉晶界

图 6-11　几种常见的晶格条纹像应用举例

晶格条纹像的成像条件较低，不要求电子束对准晶带轴并准确平行于晶格平面，样品厚度也不是极薄，可以在不同样品厚度和聚焦条件下获得，无特定衍射条件，拍摄比较容易。

因此，这是高分辨像分析与观察中最容易的一种。但是，正是由于成像时衍射条件的不确定性，使得拍摄的条纹像与晶体结构的对应性方面存在困难，几乎无法推定晶格条纹像上的暗区域是否对应着晶体中的某原子面。

晶格条纹像可用于观察对象的尺寸、形态，区分非晶态和结晶区，在基体材料中区分夹杂物和析出物，但不能得出样品晶体结构的信息，不可模拟计算。图 6-11 展示了几种典型晶格条纹像，下面分别说明图片中所包含的信息及衬度特点。

图 6-11（a）是软磁材料（称为 FINEMET）经液态急冷而获得的非晶样品的高分辨电子显微照片。该图呈现高分辨条件下非晶材料所特有的"无序点状衬度"，这种衬度特征均匀地分布在整个非晶态样品区域。

图 6-11（b）是软磁材料的非晶样品，经 550℃，1h 热处理后结晶状态（程度）的高分辨晶格条纹像，其左下方为该样品的电子衍射花样。根据电子衍射花样和图示的衬度分布状况分析可知，样品中的大部分非晶组分已经转化为微小的晶体，尚有少量的非晶组分存在（存在宽化的德拜环）。其中非晶存在单元的辨别可以通过与图 6-11（a）的比较而获得。高分辨晶格条纹像揭示了该颗粒必然是晶体，并且显示了该颗粒的形态特征。还有两点需要重申，已经显示高分辨晶格条纹像的晶粒，因彼此之间满足衍射条件程度不同，所以产生的晶格条纹有的清晰，有的模糊；还有一些已经结晶的颗粒因所处位向的不利而没有显示其应有的衬度（看不见条纹），只形成"单调衬度"。图中箭头所示的中间区域为非晶态衬度，箭头本身所处的几个颗粒恰是已结晶的但没有形成晶格条纹的情况，即形成所谓的"单调衬度"。不显现晶格条纹但已经结晶的微小颗粒，由于各自所处的位向关系不同，因此彼此之间存在衬度上的差异，有的颗粒衬度深一点，有的则浅一点。所以，高分辨晶格条纹像可以判别非晶样品内已结晶颗粒的形状、大小与分布特点等。

图 6-11（c）显示的是用 HIP（热等静压）方法烧结制备的 Si_3N_4-SiC 陶瓷中 Si_3N_4 晶界结合状态（照片是用 400kV 高分辨电镜拍摄的）。从图中可以看到，两个 Si_3N_4 晶粒的交接界面上和其三叉晶界上都有一定量的非晶组分存在。另外，就界面上已显示的非晶区域而言，不难看出非晶的衬度较均匀，没有其他杂质存在，相邻晶粒是通过非晶薄层直接结合的。图中展示的两个主要晶粒都恰能显示其各自的晶格条纹像，这种成像条件并不太容易获得。

图 6-11（d）的高分辨晶格条纹像，为高纯度原料粉（不加添加剂）高温常压下烧结法制备的 Al_2O_3-ZrO_2（ZrO_2 占 24vol%，vol%为增强体的体积分数表征）复合陶瓷样品，经离子减薄制样后在 400kV 的透射电镜（JEM-4000EX，C_s=1.0mm）上观察得到的。该图片是为了研究不具备特定取向关系的混乱晶界结合状况而选择的。由于不同的位向关系，图中两个 Al_2O_3 晶粒，右上方的晶粒呈现清晰的晶格条纹像，而左下方的晶粒则无晶格条纹，只显示"单调衬度"。在这两个 Al_2O_3 晶粒与 ZrO_2 晶粒共同组成的三叉晶界上，没有杂质相的出现，表明这种材料的晶界和相界面是没有界面相直接结合的。在垂直方向上 Al_2O_3 晶粒与 ZrO_2 晶粒的相界面，虽然在箭头所示地方晶格条纹彼此之间有些偏离，但仍然可看到 ZrO_2 晶粒的（100）面与 Al_2O_3 晶粒的（012）面位向偏差不大，即在混乱取向的相界面上都能各自形成比较稳定的晶界。

6.2.2　一维结构像

1. 成像条件

通过样品的双倾操作，使电子束仅与晶体中的某一晶面族发生衍射作用，形成图 6-12（b）

所示的电子衍射花样，衍射斑点相对于原点强度分布是对称的。当使用大光阑让透射束与多个衍射束共同相干成像时，就获得了图 6-12（a）所示的晶体的一维结构像。虽然这种图像也是干涉条纹，与晶格条纹像很相似，但它包含了晶体结构的某些信息，通过模拟计算，可以确定其中像衬度与原子列的一一对应性，如图 6-12（a）或（c）中的亮条纹对应原子列。

2. 图像特征

图 6-12 中的（c）为（a）的局部放大，其中的数字代表亮（白）条纹的数目，也表明了其中原子面的个数。该图是 Bi 系超导氧化物（Bi-Sr-Ca-Cu-O）的一维结构像，明亮的细线条对应 Cu-O 的原子层，从中可以知道该原子面的数目和排列规律，对于弄清多层结构等复杂的层状堆积方式是有效的。

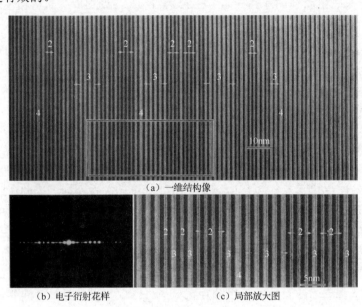

（a）一维结构像

（b）电子衍射花样　　　　（c）局部放大图

图 6-12　Bi 系超导氧化物的一维结构像（400kV）应用举例

6.2.3　二维晶格像

1. 成像条件

当入射电子束沿平行于样品某一晶带轴入射时，能够得到衍射斑点及强度都关于原点对称的电子衍射花样。此时透射束（原点）附近的衍射波携带了晶体单胞的特征（晶面指数），在透射波与附近衍射波（常选两束）相干成像所生成的二维图像中，能够观察到显示单胞的二维晶格像。该像只含单胞尺寸的信息，而不含有原子尺寸（单胞内的原子排列）的信息，称其为"晶格像"。

2. 图像特征

二维晶格像只利用了少数的几束衍射波，可以在各种样品厚度或离焦条件下观察到，即使在偏离 Scherzer 欠焦条件下也能进行分析。因此，大部分学术论文中发表的高分辨像几乎都是这种晶格像。需要特别注意的是，二维晶格像拍摄条件要求较宽松，较容易获得规则排列的明（或暗）的斑点，但是，很难从这种图像上直接确定或判断其"明亮的点"是对应原子位置，还是对应没有原子的空白处。因为计算机模拟结果表明，随着离焦量的改变或样品厚度的变化，图像上的黑白衬度可能会有数次反转，所以确定其明亮的点是否对应原子的位置，必须根据拍摄条件，辅助以计算机模拟花样与之比较。

3. 用途

二维晶格像的最大用途就是直接观察晶体内的缺陷。图 6-13（a）是电子束沿 SiC 的[110]晶带轴入射而获得的二维晶格像，参与干涉的光束为 000、002、$1\bar{1}0$。图中箭头所示的是孪晶界，S 为层错的位置，b-c、d-e 为位错，连线 f-g-h-i-j-k-l 显然是一个倾斜晶界。

在图 6-13（b）所示的 Al-Si 合金（w_{Si}=20%，气体喷雾法制备）粉末晶格像中，标注字母的区域为 Si 晶体，其余为 Al 晶体（基体）。此时，入射电子束平行于 Al 的[110]轴和 Si 的[110]轴，两种晶体的交接界面几乎垂直于纸面，能较好地显示界面结构。在 Si 晶体区域的内部存在由 5 个孪晶界组成的围绕[110]轴的多重孪晶结构。由于 Si 晶体是从 Al 基体上析出的，因此存在一定的位向关系，A、E 畴分别与基体界面很整齐地对应排列（两个($1\bar{1}1$)面平行）。而 B、C 畴与 Al 基体无取向关系存在，且界面上有非晶组分。图 6-13（c）上的长轴为 TiN晶体的[001]，短轴为[$\bar{1}10$]，除 D 晶体外，A、B、C 皆与 Si₃N₄ 有确定的位向关系。

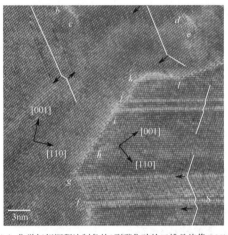

（a）化学气相沉积法制备的β型碳化硅的二维晶格像(200kV)

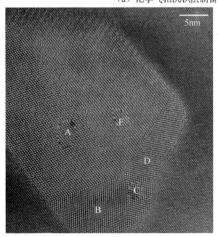

（b）气体喷雾法制备的Al-Si合金粉末

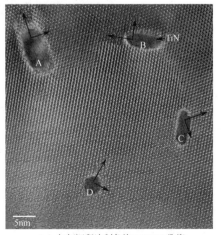

（c）气相沉积法制备的Si₃N₄-TiN陶瓷

图 6-13　二维晶格像（分析晶体缺陷、晶界状况、析出相等）的应用举例

需注意的是，二维晶格像可用于分析位错、晶界、相界、析出和结晶等信息，但二维晶格像的花样随着欠焦量、样品厚度及光阑尺寸的变化而变化，不能简单指定原子的位置。在不确定的成像条件下不能得到晶体的结构信息，需计算机辅助分析。

6.2.4　二维结构像

1. 成像条件

在分辨率允许的范围内，用透射束与尽可能多的衍射束通过光阑共同干涉而成像，就能够获得含有样品单胞内原子排列正确信息的图像，参与成像的衍射波数目越多，像中所包含的有用信息也就越多。但是，结构像只在参与成像的波与样品厚度保持比例关系激发的薄区域（常要求样品厚度小于 8nm）才能观察到，在样品的厚区域是不能获得结构像的。但对于由轻原子构成的低密度物质，样品较厚的区域也能观察到结构像，特别对于没有强反射、产生许多低角反射、具有较大单胞结构的物质，其结构像所要求的厚度也大一些。一般认为，对于含有比较重的元素或密度较大的合金，拍摄结构像是困难的。

2. 图像特征

图 6-14 是几种二维结构像的应用举例，结构像的最大特点就是图像上有原子的地方是暗的，没有原子的地方是亮的，每一个小的暗区域能够与投影的原子列一一对应。这样，把势高（原子）的地方对应暗、势低（原子的间隙）的地方对应亮的图像称为二维结构像或晶体结构像。它与二维晶格像是不同的。

注意：二维结构像是严格控制条件下的二维晶格像，严格条件为样品极薄、入射束严格平行于某晶带轴和最佳欠焦量等。此外，晶体结构和原子位置并不能简单从图像上看到，欠焦量和样品厚度控制着晶格像的亮暗分布，需采用计算机的图像模拟分析技术，才能确定晶体结构和原子位置。

图 6-14（a）和（b）为沿 c 轴入射的氮化硅的二维结构像，在 400kV 条件下沿[001]方向展现了原子列的排布规律。图 6-14（a）和（b）中右上方的插图为计算机模拟像，右下方为原子的排列像，从中可以看到原子在图像中暗区域内的具体位置，同时也在原子尺度上展示了 α-Si_3N_4 与 β-Si_3N_4 原子有规则的排列方式不同。

图 6-14（c）和（d）都为超导氧化物的二维结构像，在 400kV 条件下分别展现了原子列的排布规律。在图 6-14（c）$Tl_2Ba_2CuO_6$ 超导氧化物的二维结构像中，大的暗点对应于重原子 Tl、Ba 的位置，小的暗点对应于原子 Ca、Cu 的位置。如果将这些分析结果再与化学成分分析、XRD 分析的结论相对照，就可以唯一地确定阳离子的原子排列方式或较精确的原子坐标，甚至氧离子的排列等。在图 6-14（d）$YBa_2Cu_3O_7$ 超导氧化物解理表面的二维结构像中，阳离子对应的是黑点，从其排列就能够直接知道解理表面的结构，即图示的解理表面是沿 Ba 面和 Cu 面之间展开的。

所谓的准晶（Quasicrystal），可以认为是一种具有与通常晶体周期不同的准周期（Quasiperiod）结构，它既不同于长程无序的非晶体，也不同于一般的晶体。这种独特的结构是 1984 年 Shechtman 等人在用液体急冷法制备 Al-Mn（x_{Mn}=14%）合金时首次发现的。后来，又在许多合金系中发现了各种亚稳相或稳定相的准晶结构。准晶大致可分为两种，一种是具有三维准周期排列的正二十面体准晶（Icosahedral Quasicrystal）；另一种是在一个方向上具有周期排列、在垂直于这个方向上的平面内具有准周期排列的二维准晶，又称正十边形准晶（Decagonal Quasicrystal）。

图 6-14（e）和（f）为正十边形准晶的两种近似晶体的二维结构像。准晶是机械脆性的，用粉碎法很容易得到薄样品。图 6-14（e）为电子束平行于原子柱的轴入射而拍摄的二维结构像，可以看到环形衬度（中心暗，环亮）。其左下方的插图是沿 Al_3Mn 结晶相的柱体轴投影的原子排列模型（左）和它的计算机模拟像，由此可以知道像的环状衬度与原子柱对应。原子柱投影图中央的原子对应于环形衬度中央的暗点，中央的原子和周围的十边形原子环之间就对应着亮的环形衬度，即原子的位置暗，没有原子的间隙亮。图 6-14（f）是由原子柱构成的六边形单元（H-单元）和五角星形单元（P-单元）两种拼接而成的呈周期结构的近似晶体的二维结构像。这种结构是在电子衍射中发现的，使用高分辨电子显微镜观察能确定其结构。

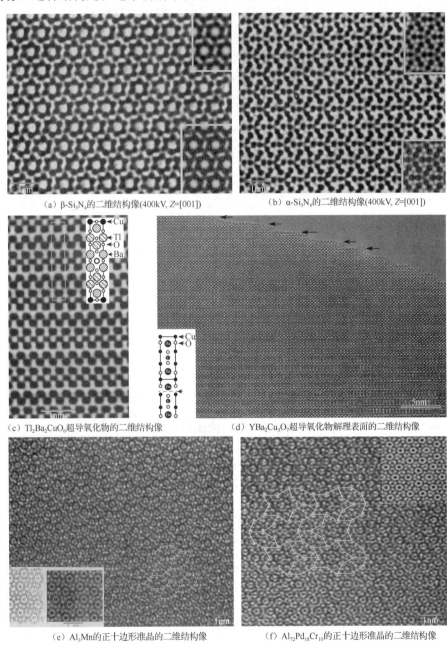

（a）$β-Si_3N_4$的二维结构像(400kV, Z=[001])　　　　（b）$α-Si_3N_4$的二维结构像(400kV, Z=[001])

（c）$Tl_2Ba_2CuO_6$超导氧化物的二维结构像　　　　（d）$YBa_2Cu_3O_7$超导氧化物解理表面的二维结构像

（e）Al_3Mn的正十边形准晶的二维结构像　　　　（f）$Al_{72}Pd_{18}Cr_{10}$的正十边形准晶的二维结构像

图 6-14　二维结构像（直接观察晶体内的原子排列）的应用举例

分析准晶原子排列，除上述的二维结构像外，晶格条纹像可以在较大范围内较厚的样品中观察到准晶的特征衬度图案。

本章小结

高分辨像是利用物镜后焦面上的数束衍射波干涉而形成的相位衬度。因此，电子衍射花样对高分辨像有决定性的影响。除二维晶体结构像（原子尺度）外，一般高分辨像（二维晶格像）的衬度（黑点或白点）并不能与样品的原子结构（原子列）形成一一对应关系。但是，高分辨电子显微技术仍然是直接观察材料微观结构的有效的实验技术之一，可用来分析晶体、准晶体、非晶体、空位、位错、层错、孪晶、晶界、相界、畴界、表面等。

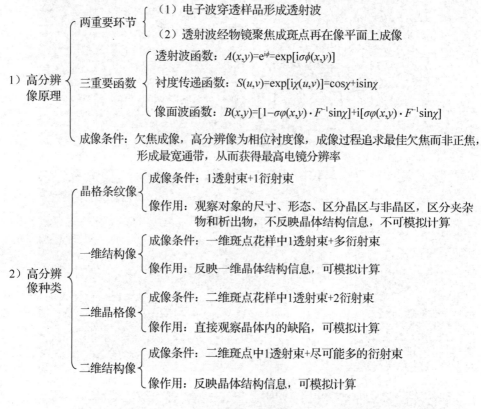

1）高分辨像原理

两重要环节
- （1）电子波穿透样品形成透射波
- （2）透射波经物镜聚焦成斑点再在像平面上成像

三重要函数
- 透射波函数：$A(x,y)=e^{i\phi}=\exp[i\sigma\phi(x,y)]$
- 衬度传递函数：$S(u,v)=\exp[i\chi(u,v)]=\cos\chi+i\sin\chi$
- 像面波函数：$B(x,y)=[1-\sigma\varphi(x,y)\cdot F^{-1}\sin\chi]+i[\sigma\varphi(x,y)\cdot F^{-1}\sin\chi]$

成像条件：欠焦成像，高分辨像为相位衬度像，成像过程追求最佳欠焦而非正焦，形成最宽通带，从而获得最高电镜分辨率

2）高分辨像种类

晶格条纹像
- 成像条件：1透射束+1衍射束
- 像作用：观察对象的尺寸、形态、区分晶区与非晶区，区分夹杂物和析出物，不反映晶体结构信息，不可模拟计算

一维结构像
- 成像条件：一维斑点花样中1透射束+多衍射束
- 像作用：反映一维晶体结构信息，可模拟计算

二维晶格像
- 成像条件：二维斑点花样中1透射束+2衍射束
- 像作用：直接观察晶体内的缺陷，可模拟计算

二维结构像
- 成像条件：二维斑点中1透射束+尽可能多的衍射束
- 像作用：反映晶体结构信息，可模拟计算

思考题

6.1 什么是相位衬度？欠焦、过焦的含义是什么？
6.2 高分辨像的衬度与原子排列有何对应关系？
6.3 高分辨像的类型及各自的用途是什么？
6.4 解释高分辨像应注意的问题是什么？
6.5 晶格条纹像的形成原理、本质特征是什么？
6.6 衍射衬度与相位衬度的区别是什么？
6.7 离焦的形成原理是什么？
6.8 举例说明高分辨电子显微技术在材料分析中的应用。

第7章 原位透射电子显微分析技术

透射电镜因其超高的时间和空间分辨率成为化学、材料及其他相关学科领域的强大表征分析工具，先进的高分辨透射电镜的空间分辨率已达几十皮米尺度，时间分辨率可达到飞秒水平，人们可以在原子甚至亚原子尺度上研究物质的结构性质，从而使透射电镜在物理、化学、材料、工程、生物医药等研究领域发挥更大作用。传统上，使用透射电镜的目的是研究样品在高真空中的静态结构形态，很多生物样品在高真空的环境中很难保持原来的形貌结构，使得透射电镜在生物领域的研究中应用很少；当材料在受到外场，如力、热、电和光等作用时，其内部组织、微观形貌等也无法得到有效的观察，使一些微观效应的机理无法得到确切的解释。为解决上述问题，原位透射电子显微分析技术应运而生。原位透射电子显微分析技术是指对样品施加某种激励或置于某种环境中，利用透射电镜实时动态观察其受激励过程中或者在该环境中的显微组织和形态的一类研究技术，原位透射电子显微镜简称原位透射电镜或原位电镜。

7.1 原位透射电镜的类型

原位透射电镜依据实现手段可分为原位样品杆和原位透射电镜设置两大类。若按激励方式与样品环境又可分为加热式、冷冻式、电学式、力学式、光学式、气体环境式及液体池环境式等类型。随着机械精密加工技术，尤其是电子控制技术的发展，各类原位透射电镜的显微分析技术得到了长足发展，特别是近 10 年来，各项原位环境激励的广度和精度均有了很大突破，如气氛环境的气压已达 1MPa，原位加热温度可达 1600K，观测精度可达±0.1K，在空间分辨率上，已达原子或准原子分辨水平。本章主要介绍常用原位透射电镜的工作原理与应用分析。

7.2 加热式原位透射电镜

7.2.1 工作原理

加热式原位透射电镜是指通过样品杆中的加热装置，使样品升温，观察样品在升温过程中组织演变的电镜。目前加热式样品杆主要有坩埚式与微机电系统（Micro-electro Mechanical System，MEMS）芯片式两种加热方式，如图 7-1 所示。坩埚式加热方式运用坩埚加热台对样品进行加热，这种加热方式可放入常规尺寸的样品载网，较为方便，在较低温（<200℃）的加热实验中可直接使用普通碳载网，而在高温实验中常使用碳化硅载网。但是，该加热方式需对坩埚整体加热，因此功耗大且加热速慢，加热精度低，通常还需要水冷。MEMS 芯片式加热方式将加热电路精细铺设到芯片上，并均匀围绕在观测窗口周围，由于加热区域只需围绕在微米级的窗口周边，因此功耗低且加热速率快、加热精度高，且加热时样品也较为稳定，是一种理想的加热方式。同时，在 MEMS 芯片上可以方便地集成其他原位功能，如加电和气

体液体环境等，从而实现复合激励方式下的原位显微分析，但 MEMS 芯片式加热方式需聚焦离子束（Focused Ion Beam，FIB）制样技术，制样成本高、工艺复杂。

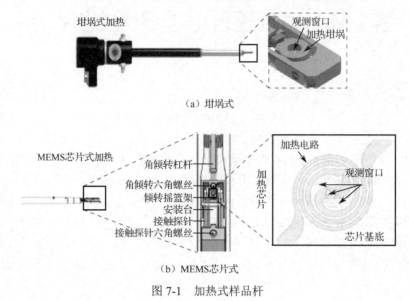

（a）坩埚式

（b）MEMS芯片式

图 7-1　加热式样品杆

7.2.2　应用分析

金属-有机骨架（Metal-Organic Frameworks，MOFs）材料是由过渡金属离子与有机配体通过自组装形成的具有周期性网络结构的晶体多孔材料。运用加热式原位样品杆在透射电镜中可方便研究 MIL-88A 纳米棒和 MIL-88A@SiO$_2$ 核壳纳米棒在高温裂解过程中金属颗粒的析出与迁移过程。图 7-2（a1）～（a5）和图 7-2（b1）～（b5）分别为 MIL-88A 纳米棒和 MIL-88A@SiO$_2$ 核壳纳米棒以 10℃/min 升温速率从室温升高至 100～500℃时的原位加热 TEM 图。通过对比分析可知，在 100℃和 200℃时，MIL-88A 纳米棒和 MIL-88A@SiO$_2$ 核壳纳米棒的结构都没有发生任何变化。然而，当温度达到 300℃时，MIL-88A 纳米棒因为配体分解产生气体导致中间出现了孔隙，而包覆 SiO$_2$ 的材料仍然没有变化，是因为致密的 SiO$_2$ 层阻碍了气体的逸散，抑制了配体分解。当温度达到 400℃时，MIL-88A 纳米棒中的孔隙变大但仍没有金属颗粒析出。随着温度升高至 500℃，部分纳米颗粒开始在 MIL-88A 纳米棒中析出，这充分证明了 MOFs 的分解过程中首先是有机配体裂解导致完整的晶体结构被破坏之后金属颗粒才逐渐析出的。而在 MIL-88A@SiO$_2$ 核壳纳米棒中仍未发现金属颗粒析出，导致这种现象的主要原因是 MIL-88A@SiO$_2$ 核壳纳米棒中致密的 SiO$_2$ 包裹抑制了有机配体的分解，延缓了金属析出的过程。

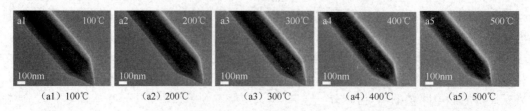

（a1）100℃　　（a2）200℃　　（a3）300℃　　（a4）400℃　　（a5）500℃

图 7-2　MIL-88A 纳米棒和 MIL-88A@SiO$_2$ 核壳纳米棒在不同温度下的原位加热 TEM 图

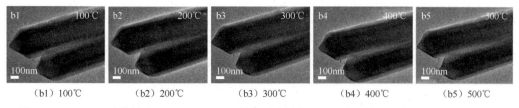

（b1）100℃　　　　（b2）200℃　　　　（b3）300℃　　　　（b4）400℃　　　　（b5）500℃

图 7-2　MIL-88A 纳米棒和 MIL-88A@SiO$_2$ 核壳纳米棒在不同温度下的原位加热 TEM 图（续）

图 7-3（a1）～（a3）和图 7-3（b1）～（b3）分别为 MIL-88A 纳米棒和 MIL-88A@SiO$_2$ 核壳纳米棒在 500℃下保持不同时间的 TEM 图。从图 7-3 可以看出，随着保温时间的延长，MIL-88A 纳米棒中析出的金属颗粒会向表面迁移，导致尺寸逐渐变大。说明刚开始析出的金属颗粒活性较高，表面能较大，热力学性能不稳定，所以逐渐变成大颗粒。同时因为纳米棒中有机配体的不断分解而导致纳米棒直径逐渐变小，表明 MOFs 裂解的过程在持续进行。另外，随着保温时间的延长，MIL-88A@SiO$_2$ 核壳纳米棒有少量配体分解，但仍没有明显观察到孔隙结构，说明分解的配体较少，最终导致析出的金属颗粒较小。

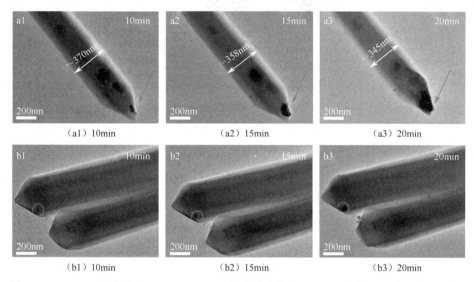

（a1）10min　　　　　　　（a2）15min　　　　　　　（a3）20min

（b1）10min　　　　　　　（b2）15min　　　　　　　（b3）20min

图 7-3　MIL-88A 纳米棒和 MIL-88A@SiO$_2$ 核壳纳米棒在 500℃下保持不同时间的 TEM 图

7.3　冷冻式原位透射电镜

7.3.1　工作原理

冷冻式原位透射电镜应用冷冻固定技术，使生物大分子中的 H$_2$O 分子以固态形式存在，然后将样品置入透射电镜，让高度相干的电子束作为光源穿透样品和冰层，如图 7-4 所示，样品的三维电势密度分布函数将沿着电子束的传播方向投影至与传播方向垂直的二维平面上，利用检测器把散射的信号成像记录下来获得二维显微图像，再通过中心截面定理（其原理见图 7-5，指一个物体在某一方向上投影的傅里叶变换，等于该物体三维傅里叶空间中过中心且与投影方向垂直的截面）将三维物体不同角度的二维投影在计算机内进行重构进而获得样品的三维结构，如图 7-6 所示。三维重构原理是根据中心截面定理，拍摄 n 张不同角度的照片，对这些照片做傅里叶变换，得到这个物体三维傅里叶空间里 n 张截面的信息，再对这个被信息填充的三维傅里叶空间做逆变换，就可获得该物体的三维形状。

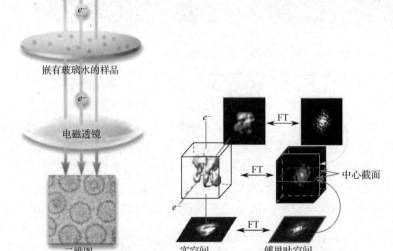
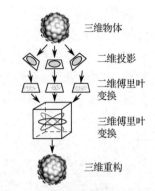

图 7-4　冷冻式原位透射电镜　　　图 7-5　中心截面定理的原理示意图　　　图 7-6　三维重构原理的示意图
　　　　　原理示意图

　　注意：由于冷冻式原位透射电镜获得的图像信噪比较低，结构信息常常淹没在噪声中难以辨认，需通过大量拍摄样品的同一个图像，然后加以平均消除噪声，以获得清晰的三维结构图，该过程可由计算机的重构操作程序包完成。冷冻式原位透射电镜具有以下特点。

　　① 样品需求量少。
　　② 更接近原始的生理状态。
　　③ 适用范围广。
　　④ 无须对样品进行晶化处理。
　　⑤ 可获得不同构像或中间物的动态快照。
　　⑥ 特别适合生物大分子和大尺度样品的观测和分析。

7.3.2　应用分析

　　为了探究细胞厚度对解析核糖体分辨率的影响，运用冷冻式原位透射电镜电子断层扫描技术进行研究，如对大鼠肾上腺嗜铬瘤细胞株（PC12$^+$细胞）进行体外培养，然后采用快速冷冻仪进行冷冻样本制备，使用 300kV Titan Krios 冷冻式原位透射电镜进行图像采集。图 7-7（a）～（d）为不同厚度 PC12$^+$细胞的冷冻电子断层三维重构切面图。本研究共搜集 493 套断层扫描数据。根据样品厚度，把 PC12$^+$细胞冷冻电子断层三维重构数据分成了 100$^+$nm（厚度介于 100～200nm 之间），200$^+$nm（厚度介于 200～300nm 之间），300$^+$nm（厚度介于 300～400nm 之间）和 400$^+$nm（厚度 400nm 以上）4 组。研究表明，当样品厚度超过 400nm 时，断层图像的衬度变差，细胞器如线粒体、核糖体的形态模糊。所获取的大多数样本厚度介于 200～400nm 之间，图像数据质量高；仅极少数样本厚度低于 100nm 或超过 600nm。游离核糖体颗粒子断层平均重构计算出的三维密度图（蓝色：核糖体大亚基 60S；橙色：核糖体小亚基 40S），如图 7-7（e）所示。

注：S 为沉降系数，用时间表示，1S=10^{-13} 秒。

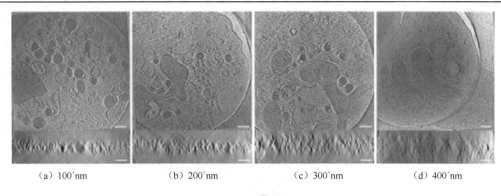

(a) 100⁺nm　　　　(b) 200⁺nm　　　　(c) 300⁺nm　　　　(d) 400⁺nm

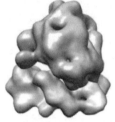

(e) 游离核糖体颗粒子断层平均重构计算出的三维密度图
（蓝色：核糖体大亚基60S；橙色：核糖体小亚基40S；标尺=200nm）

图 7-7　不同厚度 $PC12^+$ 细胞的冷冻电子断层三维重构切面图（扫码看彩图）

7.4　电学式原位透射电镜

7.4.1　工作原理

电学式原位透射电镜是指通过原位样品杆中的集成电学部件，对样品进行电学激励及测量的电镜。目前原位样品电学部件主要有探针式与 MEMS 芯片式两种加电方式。

1. 探针式

在样品杆中安装一个压电驱动的电学探针，如图 7-8（a）所示，通过操纵电学探针，接触感兴趣的样品区域并施加电学激励，可同时成像和采集能谱信息。这种方法可以对样品不同地方施加电学激励和测量，较为灵活，样品制备也较为方便，可以选择直接沉积或利用 FIB 进行制样。但是，由于电学探针过长，样品稳定性相对不高，因此对样品的高分辨像采集带来一定挑战，同时该方法只能使用两电极测量法，电学测量精度受到限制。

2. MEMS 芯片式

此方式利用 MEMS 芯片电路设计灵活的优势，可铺设 4 个或 4 个以上数量的电极，实现多电极测量，还可利用多出的电极实现其他功能，如加热等，如图 7-8（b）所示。但这种方式下，样品需利用 FIB 进行精确放置及固定，对制样的要求较高。由于样品被静态固定到了芯片的电极上，因此该方式下的样品在原位实验中较稳定，较易实现原子级的图像拍摄。在锂电池里，充放电过程中的微结构变化对电池的性能与可靠性有极大影响，该种原位透射电镜可对其动态过程进行有效观察与分析。

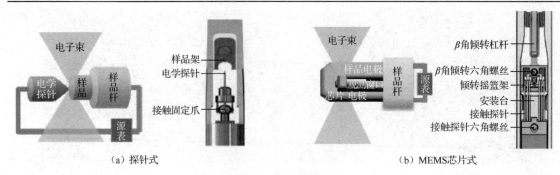

（a）探针式　　　　　　　　　　　　　　　　　（b）MEMS芯片式

图 7-8　电学式样品杆

7.4.2　应用分析

　　利用探针式原位样品杆构造纳米电化学器件，对 SnO_2 纳米线阳极在充电中的锂化过程进行实时电镜观察，如图 7-9 所示，发现反应前端区域沿着纳米线持续传播，导致纳米线膨胀、伸长和卷曲，且该反应前端区域包含了大密度的移动位错，表明其表面有很大的错配应力，是电化学驱动的固态非晶化的前驱体。这些发现为设计新型先进电池提供了机械方面重要的新理解。

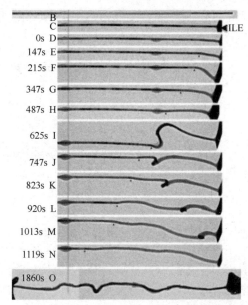

图 7-9　SnO_2 纳米线阳极在充电过程中形态变化的 TEM 图

7.5　力学式原位透射电镜

7.5.1　工作原理

　　力学式原位透射电镜是将微型力学测试单元集成到原位样品杆中，通过压电驱动探针精确地对样品特定部位施加不同方向和不同强度的作用力，再通过力学传感器测量样品对作用力的力学反应，同时在电镜中进行电子显微成像与谱学分析来观察样品结构变化的电镜。通常有探针式和 MEMS 芯片式两种。力学式样品杆及其力学传感结构示意图如图 7-10 所示，当探针对样品施加作用力时，同时受样品的反作用力，并由悬臂梁传导到不同方向的传感器上，获得横向与纵向的受力信息数据，得到样品材料微观区域的强度和摩擦系数等性能数据，并用于探究在应力作用下材料原子结构的变化过程。随着机电加工技术与压电驱动技术的进步，目前先进力学式样品杆的载荷精度可达 200nN，位移精度可达 1nm。

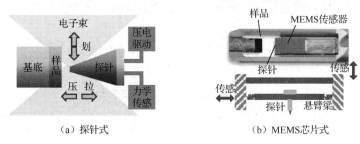

（a）探针式　　　　　　　　　　　（b）MEMS芯片式

图 7-10　力学式样品杆及其力学传感结构示意图

7.5.2　应用分析

利用力学式样品杆对材料施加应力，样品在裂纹产生前保持了一段裂纹起始时间。以图 7-11（a）为起始记录点。此时，在图 7-11（a）的左下角形成了位错堆积区，在晶体变薄区出现了位错发射源（Dislocation Emission Source，DES），如箭头所示。图 7-11（b）～（d）显示了 DES1（图中标记为 1，下同）在连续拉伸状态下被激活并不断发出位错环的过程。仔细观察图 7-11（d），发现位错环继续插入左下角，并在 DES1 附近生成 DES2。由 DES1 和 DES2 发射的位错环的接触区域由于相反的能量而相互抵消，从而产生穿透区域。然而，从在同一周期内形成的位错环半径的大小可知 DES1 的能量强于 DES2。两个位错发射源的相互作用导致 DES2 逐渐湮灭，而 DES1 继续发出稳定的位错环。此时，在晶体变薄区左侧产生 DES3，如图 7-11（e）～（f）所示。在连续张力下，DES1 和 DES3 发出的位错环连续向外扩散，分别在两个位错环上形成纳米裂纹核，如图 7-11（g）中的白色箭头所示。5s 后，裂纹面积增大，但两个位错发射源不再发出位错，位错环固定在晶体中，如图 7-11（h）所示。需要指出图 7-11（g）和（h）裂纹尖端产生位错塞积区域，应与 DES 形成的位错环相区别，用黑色箭头表示。在晶体变薄区域形成 DES 后，位错环继续向外发射。大量的位错聚集在位错环上，增加了能量和原子混乱度，使纳米裂纹核很容易启动和扩展。纳米裂纹核形成后，DES 的能量被裂纹吸收，并将先前发射的位错环固定在晶体中。然后，裂纹尖端通过位错的连续发射而扩展，最终导致晶体开裂。

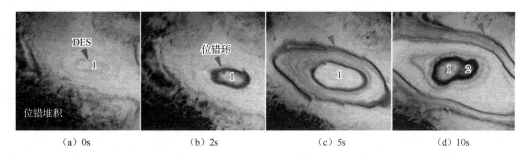

（a）0s　　　　　　（b）2s　　　　　　（c）5s　　　　　　（d）10s

图 7-11　晶粒中富朗克-瑞德位错发射源发射位错环的动态过程及在位错环处形成裂纹的 TEM 图

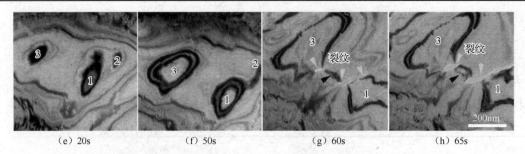

图 7-11　晶粒中富朗克-瑞德位错发射源发射位错环的动态过程及在位错环处形成裂纹的 TEM 图（续）

7.6　光学式原位透射电镜

7.6.1　工作原理

　　光学式原位透射电镜是在样品杆中集成光学部件，对样品进行光照激励，光由光源发出后直接或经由光纤引入照射到样品上对其施加光学激励，同时利用透射电镜原位观察样品由光照引发的形变或相变，而由光照引发的阴极发光或拉曼散射光等光信号可由所集成的光谱仪进行分析的电镜。光学式样品杆也可接入其他原位手段，如加入电学测量单元进行原位光电效应实验，或加入力学单元进行压电光电子学实验等。图 7-12 为一个光学式样品杆的实物图及原理示意图。由图 7-12 可知，光既可由集成的发光二极管（Light Emitting Diode，LED）发出后直接照射到样品，也可由光纤将电镜外的激光光源发出的激光引入透射电镜内，再经过透镜调节精确地照射到样品上；光学探测头也可以安装到样品杆上，并经由压电驱动移动平台，布置到理想位置。

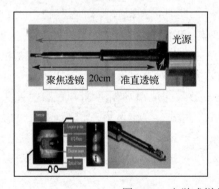
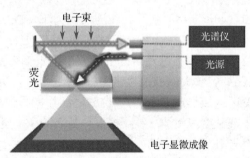

图 7-12　光学式样品杆的实物图及原理示意图

7.6.2　应用分析

　　将激光通过光学式样品杆引入透射电镜中，并经过透镜调节照射到非晶硅样品上，再利用透射电镜实时观察其结构变化，如图 7-13 所示，当激光整体照射到纳米尺度的非晶硅上时，非晶硅吸收能量开始发生晶化，先是转变为多晶硅，如图 7-13（a）所示，并最终转化为单晶硅，如图 7-13（b）所示。

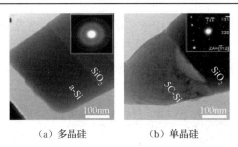

（a）多晶硅　　　　　　（b）单晶硅

图 7-13　非晶硅晶化过程的 TEM 图

7.7　气体环境式原位透射电镜

7.7.1　工作原理

气体环境式原位透射电镜是指通过特定的装置在样品周围营造特定的气体氛围，运用透射电镜观察样品在设定的气体氛围中其显微组织演变过程的电镜。样品周围的气体氛围一般通过差分泵系统实现。在差分泵系统中，如图 7-14 所示，环境气体通过喷嘴到达样品周围，形成气体环境，这些气体被样品上下的光阑组限制，每一个光阑附近都配了额外的真空泵，通过层层抽气，确保环境气体不会扩散到电子枪及透镜系统中影响成像。受真空泵能力限制，该系统能达到的气体环境气压一般最高只有 2kPa，同时差分泵费用相对高昂，维护成本高且难度大。新型的气体环境式原位透射电镜普遍配备了球差矫正系统，能使气体氛围原位显微分析达到原子级分辨标准。

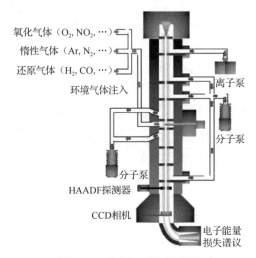

图 7-14　差分泵系统原理图

7.7.2　应用分析

通过差分泵系统，在样品四周构建 CO 氛围，观察受 CeO_2 支撑的金纳米颗粒的原子排列结构，发现室温条件下被吸附的 CO 分子受金纳米颗粒催化的氧化反应引起了金纳米颗粒（100）面的原子结构重构，如图 7-15 所示。在气体环境式原位透射电镜中可方便地引入各种原位样品杆，利用气体环境式原位透射电镜模拟研究铂催化剂在模拟燃料电池环境中的动态变化，发现相比于水汽，氧气环境更能激励铂纳米颗粒在碳表面的迁移，当用一种电解质纳米薄膜覆盖铂纳米颗粒时，铂纳米颗粒在水汽环境中迁移速度更快；而在铂纳米颗粒迁移并结合时，两个颗粒会重新转动方向，使它们的晶格相互吻合，如图7-16所示。

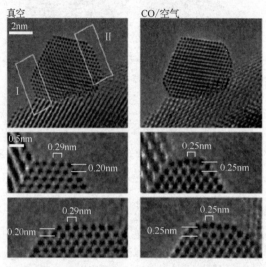

图7-15　金纳米颗粒催化 CO 氧化过程中的原子结构重构 HRTEM 图

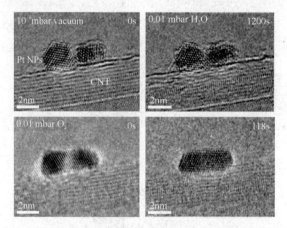

图7-16　碳纳米管上铂纳米颗粒在水汽与氧气环境中的迁移与结合过程的 HRTEM 图

　　除用差分泵在透射电镜中营造特定的气体氛围外，还可将一个气体反应器安装在样品杆上送入透射电镜中进行原位透射电子显微分析。气体环境式样品杆如图7-17所示，有一个双层薄膜窗口，两薄膜之间是样品和气体，可防止气体逸出，同时保障电子束能有效穿透并进行成像。通常有两种工作模式：一种为静态模式，即将定量气体输入气体反应器中，气体在实验期间始终在反应器中静态保持，如图7-17（a）所示；另一种为流动模式，气体通过进气口和出气口在气体反应器中流动，如图7-17（b）所示，排出的气体被送入质谱仪或气体分析仪进行反应分析。基于 MEMS 芯片还可以引入激励电路，对气体环境中的样品进行加热或加电激励，形成复合环境。图7-18为 Pt_3Co 纳米颗粒在复合环境（350℃，$1.01×10^5Pa$，O_2）中表面氧化行为的 HRTEM 图。在 Pt_3Co 纳米颗粒 {111} 表面周期排列 CoO 的原子点阵，说明 Co 在 {111} 表面聚集和氧化，而在 {100} 表面却没有 Co 原子的聚集。{100} 表面完全由 Pt 原子占据时表面能最低，而{111}表面上是 Pt15-Co1 构型时表面能最低。{111}表面更倾向于 Co 原子聚集，从而发生氧化行为形成 CoO。

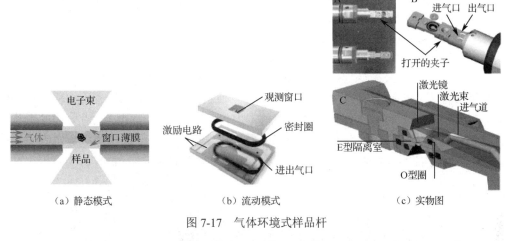

（a）静态模式　　　　　　（b）流动模式　　　　　　（c）实物图

图 7-17　气体环境式样品杆

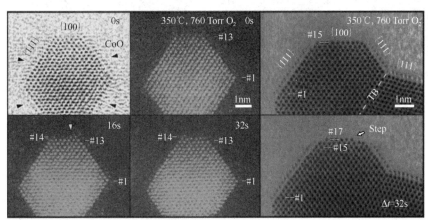

图 7-18　Pt$_3$Co 纳米颗粒在 350℃，1.01×10^5Pa，O$_2$ 环境下表面氧化行为的 HRTEM 图

7.8　液体池环境式原位透射电镜

7.8.1　工作原理

　　液体池环境式原位透射电镜是指在构建差分真空系统时，样品台附近允许一定量的液体存在的电镜。常见的液体池有流动液体池、加热液体池、电化学结构液体池及石墨烯液体池等，如图 7-19 所示。其中，电化学结构液体池为原子尺度实时探索电化学反应过程中的结构和化学转变信息提供了强有力的分析手段。

　　流动液体池由两层薄膜组合而成，如图 7-19（a）所示，薄膜对电子束透明，常用的薄膜材料有氮化硅、MoS$_2$ 和石墨烯等。流动液体池一般由氮化硅膜构建，运用微纳米加工技术可以对窗口大小精确控制，氮化硅薄膜可以控制相对较多的液体，提供较大的观察面积，如 200μm×50μm 和 650μm×30μm，同时保持液体厚度相对较小。流动液体池由流动支架控制溶液流入液体池，通过不断更新液体来减轻电子束的影响。流动液体池可观察生物样品中的细胞大分子结构。加热液体池是上、下氮化硅片及加热芯片组合而成的，如图 7-19（b）所示，上片是厚度为 50nm 的氮化硅窗口，内部嵌入 Mo 薄膜加热片，下片为厚度为 25nm 的氮化硅窗口。电化学结构液体池是三电极液体池，包含玻碳工作电极、Pt 参比电极和 Pt 计数电极，如图 7-19（c）所示。石墨烯液体池是利用石墨烯薄片之间的范德华力相互作用相对较强，液体层被紧紧包裹，其厚度可以达到几纳米到几百纳米的特点构建而成的，如图 7-19（d）所示。石墨烯具有超强的机械特性、良好的导电性和导热性，厚度薄，是理想的窗口材料。利用石墨烯液体池进行观察可有效减少甚至忽略电子散射对实验的影响，进而实现超高分辨成像。石墨烯液体池虽然可以达到超高的分辨率，但仍存在一定的不足，如液体腔的形状、体积、位置等是随机的；石墨烯包裹只能封存少量液体，远小于基于微纳加工方法制备的液体池的容积；其可控性不强，难以实现对电、热、力等物理场的集成。

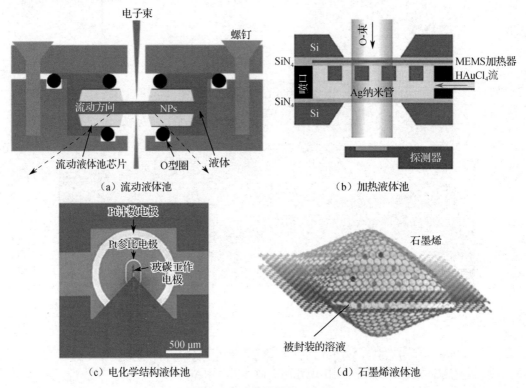

图 7-19　液体池结构示意图

7.8.2　应用分析

1. 流动液体池的应用分析

构建流动液体池的密封膜（石墨烯薄膜和碳化硅薄膜）愈薄，获得的图像分辨率就愈高，但泄漏的风险也会增加。同样流动的液体层愈薄，图像分辨率也愈高。如何实现薄液体层呢？方法是在液体池中引入气泡，但较薄的液体层会阻碍反应物的扩散，从而导致反应物浓度不均匀。在有气泡的情况下，固液界面和液气界面对较薄液体层的影响更加显著。但由于液体层薄，可以观察到二维结构的生长和各向异性的蚀刻过程。

原位组织技术不仅在纳米尺度上获得了较高的空间分辨率，而且为研究纳米颗粒蚀刻的动态形态演化过程和定量动力学机制提供了方便。

图 7-20 显示了催化剂 Pd 纳米立方体在电子束的照射下的氧化刻蚀过程和相应的溶解纳米立方体的三维几何模型。Pd 纳米粒子首先从其顶点和边缘收缩，而不是从侧面收缩，然后转化为圆形的纳米颗粒。

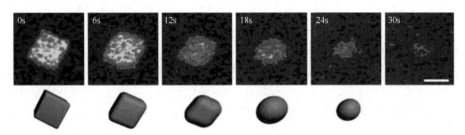

图 7-20 Pd 纳米立方体在电子束照射下的氧化刻蚀过程及其溶解的三维几何模型（标尺 10nm）

2．加热液体池的应用分析

运用加热液体池原位透射电镜分别研究 23℃和 90℃两种不同温度下，GR（Galvanic Replacement，电流置换）反应产生（Au+AgCl）纳米空心结构，23℃时的反应过程 TEM 图及其对应的形貌演变示意图如图 7-21（a）所示，反应式为

$$3Ag(s)+AuCl_4(aq) \rightarrow Au(s)+3AgCl(s)+Cl^{-1}(aq) \tag{7-1}$$

式中，s 代表固体；aq 代表液体。流动的液体是含 Au 离子溶液 AuCl_4。由式（7-1）可知三个 Ag 原子置换产生一个 Au 原子，由图 7-16（a）可以看出，在 Ag 的表面快速沉积产生一层壳层（Au+AgCl），随着反应的进行，壳层增厚，并与 Ag 表层产生空隙脱离，壳层表面粗糙且呈波纹状向外生长，这是由于 Au 的取向生长所致，此时 Ag 逐渐减少，在反应至 36s 时，沉积的壳层上出现孔洞，Au 溶液进入，再次发生 GR 反应，36s 时在 Ag 表面沉积产生新的壳层，随着反应的进行 Ag 进一步减少直至耗尽，最终形成（Au+AgCl）空心带孔结构颗粒。当液体池的反应温度升至 90℃时，GR 反应过程明显不同于 23℃时的反应过程，如图 7-21（b）所示。开始时，同样在 Ag 表面快速反应产生致密平整的（Au+AgCl）沉积层，随着反应的进行，沉积层均匀增厚，并开始在 Ag 纳米颗粒的左上角局部出现孔隙并且孔隙增大，多孔隙合并，Ag 逐渐消耗并朝一侧均匀变小，沉积层进一步增厚，当壳层增至一定厚度时，Ag 消耗完毕，形成致密均匀的（Au+AgCl）纳米空心结构颗粒，反应的最后壳层出现孔洞，最终形成（Au+AgCl）空心结构纳米笼颗粒。

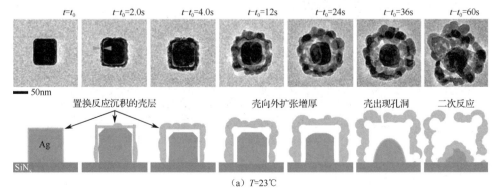

（a）T=23℃

图 7-21 不同温度下 GR 反应过程 TEM 图及其形貌演变示意图

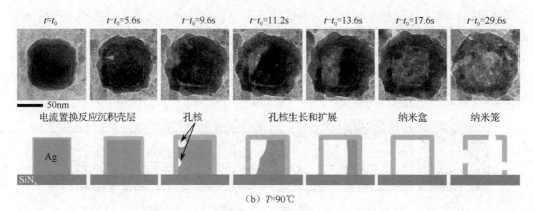

$t=t_0$　　$t-t_0=5.6s$　　$t-t_0=9.6s$　　$t-t_0=11.2s$　　$t-t_0=13.6s$　　$t-t_0=17.6s$　　$t-t_0=29.6s$

电流置换反应沉积壳层　　孔核　　孔核生长和扩展　　纳米盒　　纳米笼

（b）$T=90℃$

图 7-21　不同温度下 GR 反应过程 TEM 图及其形貌演变示意图（续）

3. 电化学结构液体池的应用分析

1）电化学沉积

电化学沉积是基于连续介质的计算模型使用原位透射电子显微分析技术，揭示电极表面粗糙度对电沉积和晶粒形态的不同动态生长行为的作用机制。钠在平坦和粗糙构型 Ti 电极上形成电化学沉积，如图 7-22（a）所示，在平坦的电极上生成相对大的钠颗粒（微米级）；在粗糙电极上，生成较小的钠颗粒（几十纳米），并在具有尖锐曲率的点上爆炸生长，新形成的钠颗粒会优先沉积在靠近电极的现有颗粒底部。此外，并且单个钠晶粒上固体电解质界面（Solid-state Electrdyte Interface，SEI）的厚度不均匀会导致不同的局部生长速率和不均匀的表面形貌。

利用电化学结构液体池环境式原位透射电镜完成了纯锌枝晶形成过程的首次纳米级观察，提出以下的锌生长机制，如图 7-22（b）所示，在（b1）阶段，锌核在电极上形成；在（b2）阶段逐渐生长形成平面六边形晶体；在（b3）阶段，电解质中锌离子的浓度从生长点的中心降低，然后优先从六边形顶点进行生长，因为顶点位于较高浓度区域（较粗的波浪箭头）而不是六边形侧（较细的波浪箭头）；在（b4）阶段，六边形板继续从六边形晶体的每个顶点生长，产生树枝状结构。

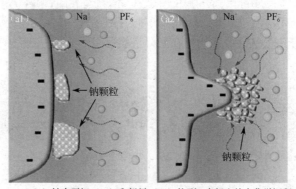

（a）钠在平坦（a1）和粗糙（a2）构型Ti电极上的电化学沉积

图 7-22　金属电池枝晶生长过程示意图

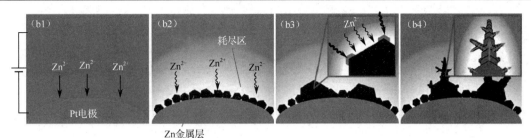

（b）Zn枝晶形成示意图：（b1）加偏压后的初始状态；（b2）在电极和溶液之间形成Zn金属层和耗尽区；（b3）Zn晶体；（b4）从六边形的每个顶点生长树枝状结构

图 7-22　金属电池枝晶生长过程示意图（续）

2）电化学储能

电化学储能即通过电池来完成能量的储存、管理与释放的过程。锂离子电池（LIBs）因其有较高的能量和功率密度、较轻的质量、较高的开路电压和较长的循环寿命等一系列优点成为目前应用最广泛的便携式电子产品和电动汽车的储能设备。

一种原位透射电镜电化学结构液体池的工作电极为单根硅纳米线，对电极为金属锂，电解液为普通锂离子电池电解液，将电子束透明的氮化硅薄膜（50nm）作为观察视窗，可在密闭环境中确保电解液与电极材料完全接触。运用这种液体池研究硅纳米线的锂化行为，如图 7-23 所示，结果表明，其锂化过程不同于开放池的单向进行，而是表现出各向同性并形成了均匀的核壳结构。同时，由于该电池结构能真实反映电极材料的实际充放电情况，对于后续探讨液体电池中电解液-电极相互作用，即 SEI 的形成和生长动力学也有巨大的潜力，如改善电极设计，使用玻碳代替原来的高原子序数材料并作为工作电极衬底，可显著增强图像的分辨率和对比度。

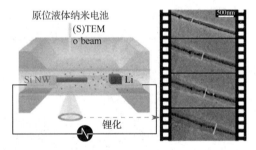

图 7-23　电化学结构液体池及单根硅纳米线的锂化过程 TEM 图

3）电催化剂

电催化剂在电化学催化过程中起着关键作用，随着原位透射电子显微分析技术的发展，实时观察纳米尺度行为以探测各种电催化剂的形成过程已成为可能，这对合理设计高活性和高稳定性的电催化剂、深入了解电催化剂的形成机理至关重要。

监测和揭示电催化剂服役状态下的微观结构演变、化学信息、电子信息，获得催化剂结构-性能相关性，探究电催化剂的催化机理是原位透射电子显微分析技术的一个重要应用方向。图 7-24 为运用原位透射电镜分析催化剂铂纳米立方体生长过程的原位成像，在生长初期，晶面(100)、(110)和(111)以相似的速率生长，后来由于晶面(100)上配体迁移率较低，导致该面生长受阻，而其余晶面继续生长形成了表面为(100)的纳米立方体。

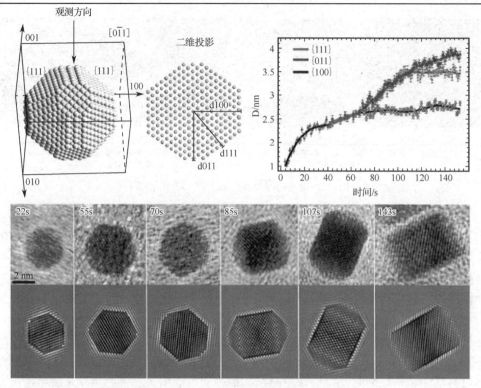

图 7-24　单组分纳米晶沿[011]晶带轴观察铂纳米立方体生长过程的晶面变化图

图 7-25 为液体池环境式样品杆及原理示意图。样品杆中的原位液体 MEMS 芯片由两部分组成，通过密封圈实现对液体样品的有效密封，再通过固定螺栓将芯片固定到样品杆上。样品杆上的通电接触探针通过与原位液体 MEMS 芯片的激励电路相连，采用不同的手段（如加热和加电等）对样品施加进一步的激励，从而进行复合原位实验。为解决氮化硅原子序数太大、薄膜太厚影响高分辨成像的问题，用石墨烯作为窗口材料，在溶液中实现原子分辨成像，并用于观察铂纳米晶在溶液中的生长情况，结果发现大部分融合都发生在(111)面上，小颗粒接触到大颗粒(111)面后会快速融合，如图 7-26 所示。

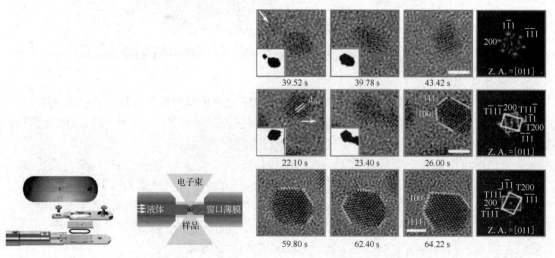

图 7-25　液体池环境式样品杆及原理示意图　图 7-26　铂纳米晶在溶液中生长过程的 TEM 图和衍射花样

4．石墨烯液体池的应用分析

图 7-27 为石墨烯液体池中的纳米液滴形成过程的 TEM 图。图像中黑暗和明亮的地方分别为液体和气体（或干燥区域），石墨烯液体池中的液体厚度约为 10nm，液气界面用虚线显示。在初始阶段石墨烯液体池中观察到的气泡尺寸从几纳米到数微米不等，这些气泡起源于电子束的辐照分解或最初溶解在封装液体中的外部气体，也有观点认为是石墨烯氧化的副产物。原位透射电镜发现石墨烯液体池中产生的气泡均先产生于石墨烯的表面，而非分散在溶液中的游离气泡。石墨烯表面存在的缺陷，拓扑变化或部分弯曲、折叠等影响气泡的形态。气泡的生长可以产生具有高曲率的液体界面，液气界面波动程度随曲率的变化而变化。

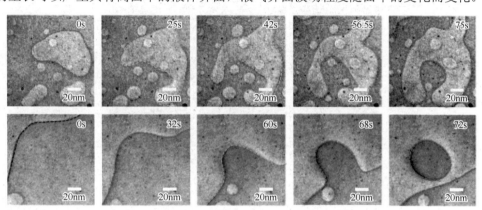

图 7-27　石墨烯液体池中的纳米液滴形成过程的 TEM 图

7.9　四维超快原位透射电镜

7.9.1　工作原理

传统上，超高空间分辨率的图像观察由透射电镜来实现，而超高时间分辨率则由超快激光光谱来实现。四维超快原位透射电镜（4D-UEM）则将二者巧妙地结合了起来，将超快激光作为"发令枪"与"计时器"引入透射电镜，在保留透射电镜高空间分辨率的同时，大大提升了时间分辨率，为人们提供了一个可以达到超高时间分辨率与空间分辨率的强大观察工具。图 7-28 为四维超快原位透射电镜的原理示意图。四维超快原位透射电镜通过飞秒激光器产生两束飞秒激光脉冲，一束照射样品产生样品的动力学行为，另一束照射到电子枪产生时间可控的高精度电子脉冲，通过精确控制延迟时间，照射并透过样品，进而生成具有超高时间分辨率的样品图像、相应电子衍射谱及电子能量损失谱，从而能以超高时间分辨率研究样品的形貌结构、成分和

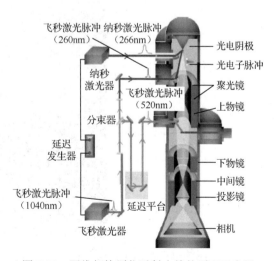

图 7-28　四维超快原位透射电镜的原理示意图

价态的动态变化过程。

7.9.2 应用分析

图 7-29 为非晶态 GeTe 在飞秒激光脉冲（4.7mJ 能量）作用下晶化过程的 4D-UEM 系列图，晶化前非晶态为蓝色，在激光脉冲作用下快速升温至 800K 以上，GeTe 发生晶化，呈黄色，完成晶化共需 2.5ms 左右，此时透射电镜的时间分辨率可提升到皮秒级别。

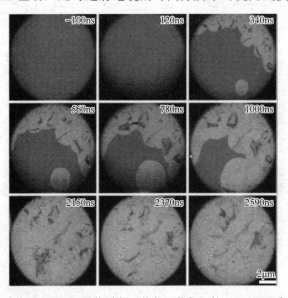

图 7-29　飞秒激光脉冲作用下 GeTe 晶化过程（蓝色→黄色）的 4D-UEM 系列图（扫码看彩图）

图 7-30 为 CdTe 单晶表面电荷载流子输运过程的原理及其 4D-UEM 图，表明光生载流子在 CdTe 单晶表面的扩散比在晶体内高出几个数量级。同时，还可发现载流子的迁移率和研究表面的取向有很强的相关性。极性面上的氧化物层很容易抑制特殊表面载流子的输运。

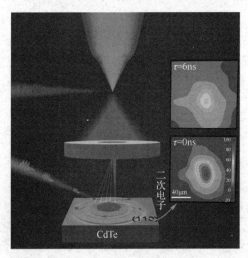

图 7-30　CdTe 单晶表面电荷载流子输运过程的原理及其 4D-UEM 图（扫码看彩图）

7.10　电子束激励式原位透射电镜

7.10.1　工作原理

在电子显微镜中，高能电子束照射到样品材料上会发生弹性或非弹性散射，并产生多种效应，如撞击、辐解和加热等，如图 7-31 所示。这对样品来说，电子束成了一种激励探针，尤其随着球差矫正技术的引入，电镜中的电子束可会聚到 0.1nm 甚至更小尺寸，从而实现对样品近原子尺度的原位激励。

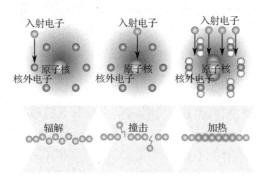

图 7-31　利用电子束诱导样品变化的原理图

7.10.2　应用分析

当电子束辐照在材料上时，由于撞击和辐解效应，高能电子束经常会改变或破坏样品结构，甚至令样品产生破洞。如平行电子束对单壁碳纳米管中的 Re2 分子进行照射，观察其受电子束能量传递时的动态过程，实时观察到 Re-Re 间成键结构的断裂及重组，并发现了一个未知的成键态（见图 7-32）。采用球差校正电镜会聚电子束对 MoS2、MoSe2 和 MoxW1-xS2 等二维材料进行了原位刻蚀，成功得到稳定的直径小于 1nm 的 MoS2、MoSe2、MoSxSe1-x 和 MoxW1-xS2 等纳米线，如图 7-33 所示，对其进行的原位观察与表征，发现该系列纳米线具有多种纳米结构，且纳米线的电学性能可通过掺杂其他元素进行调节，掺杂元素比例可通过不同的电子束加速电压进行控制。

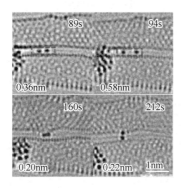

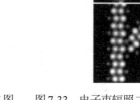

图 7-32　利用电子束诱导的 Re-Re 成键与断裂 TEM 图　　图 7-33　电子束辐照二维材料原位刻蚀纳米线的 TEM 图

电子束激励式原位透射电镜的显微分析可在纳米乃至皮米尺度上研究物质在不同场环境中显微结构的变化过程，探寻材料在使役条件下组织的演变机制，为新材料开发、研究提供了重要手段，其在物理、材料、化学、生物、微电子和机械等基础研究与技术研发领域都有着极广泛的应用。MEMS 芯片式样品杆通过设计和制造不同功能的芯片，使更多的原位部件可被集成到单个芯片上，可实现更复杂的原位透射电镜实验，如液体、光、电和热协同复合的光催化电化学实验等，即可在一个样品杆上完成不同的原位透射电镜实验，MEMS 芯片式样品杆将成为新一代原位样品杆的主流。然而，电子束激励式原位透射电镜仍存在以下不足。

（1）电子束对激励信号的干扰。电子束和激励信号同时作用样品，两者很难完全分清。

（2）电镜内部磁场对样品环境的干扰。电子束本身就是强大的电磁透镜会聚产生的，势必影响样品环境，干扰了电子束激励式原位透射电镜实验对样品的磁场激励和磁性测量。

（3）对样品快速变化的动态信息反应灵敏性有待提高。

本章小结

原位透射电镜（in situ TEM）因其超高的时间和空间分辨率在物理、化学、材料、工程、生物医药等研究领域的应用前景十分广阔，空间分辨率已达几十皮米尺度，时间分辨率可达到飞秒水平。人们可以在原子甚至亚原子尺度上进行研究和揭示各种产物产生的过程、机理、机制等，从而克服传统透射电镜研究样品在高真空中的静态结构形态的不足，为其在生物样品方面的研究提供了强有力的手段。随着技术的进步，科技的发展，原位透射电镜正在向着MEMS 芯片化、复合化和定量化的方向发展。

原位透射电镜
- 加热式原位透射电镜
- 冷冻式原位透射电镜
- 电学式原位透射电镜
- 力学式原位透射电镜
- 光学式原位透射电镜
- 气体环境式原位透射电镜
- 液体池环境式原位透射电镜
  - 流动液体池原位透射电镜
  - 加热液体池原位透射电镜
  - 电化学结构液体池原位透射电镜
  - 石墨烯液体池原位透射电镜
- 四维超快原位透射电镜
- 电子束激励式原位透射电镜

思考题

7.1　什么是原位透射电镜？种类有哪些？

7.2　4D-UEM 是什么含义?其特点有哪些？

7.3　原位透射电镜中样品的常见激励方式有哪些？

7.4　电子束为何也称为一种激励方式？

7.5　运用原位透射电镜观察生物组织有何特殊要求？

7.6 原位透射电镜与原位扫描电镜的区别是什么？

7.7 原位透射电镜中液体池的种类有哪些？各自的用途如何？

7.8 石墨烯液体池的特点是什么？

7.9 原位透射电镜的作用有哪些？

7.10 原位透射电镜的挑战是什么？

7.11 原位透射电镜的发展趋势怎样？

第8章　电子背散射衍射

材料的微观组织形貌、晶体结构与取向分布、化学成分是决定材料各类性能的关键。准确表征这些参数对全面认识材料制备及材料结构–性能关系至关重要。通过扫描电镜和透射电镜可以获得微观组织形貌，而利用能谱技术可以确定材料的微区成分。测定材料的晶体结构与取向分布的传统方法主要是 X 射线衍射和透射电镜的电子衍射。X 射线衍射技术仅能获得结构和取向的宏观统计信息，不能将这些信息与微观组织形貌相对应；而透射电镜的电子衍射和衍衬分析相结合，可同时获取组织形貌和晶体结构与取向信息，但所得信息往往过于局域，不具有宏观统计意义。

电子背散射衍射（Electron Backscatter Diffraction，EBSD）利用扫描电镜中电子束在样品表面所激发背散射电子的菊池衍射谱，分析晶体结构、取向及相关信息。通过电子束扫描，EBSD 逐点获取样品表面晶体取向的定量数据，并转化为图像，故也称为取向成像显微术（Orientation Imaging Microscopy，OIM）。取向成像不仅提供晶粒、亚晶粒和相的形状、尺寸及分布等形貌类信息，还提供晶体结构、晶粒取向、相邻晶粒取向差等定量的晶体学信息。同时，可以方便地利用极图、反极图或取向分布函数显示晶粒取向或晶粒取向差。目前，EBSD已成功用于各类材料（如金属、陶瓷、矿物等）的结构分析，可解决材料形变、再结晶、相变、断裂、腐蚀等各领域问题。

相对于其他表征技术，EBSD 原理和分析方法较为复杂，往往要求使用者掌握更多的晶体学基础知识。本章将主要介绍 EBSD 的基本原理和硬件系统组成，讨论菊池带的识别标定及晶体取向确定方法，最后举例说明 EBSD 在材料研究中的应用。

8.1　基本原理

在透射电镜中，入射到样品中的多数电子受到原子的散射作用而损失部分能量，发生非弹性散射。这些非弹性散射电子中，总有一部分电子相对某一晶面(hkl)满足布拉格条件而发生衍射。非弹性散射电子相对晶面再次衍射的结果是产生一对对与衍射晶面相对应的平行衍射线，称之为菊池带（Kikuchi Band）或菊池线对，原理见 4.5 节。当样品微小倾转时，菊池线对会有较大幅度扫动，对晶体取向十分敏感。与透射电镜相似，扫描电镜中的电子束作用于样品后所产生的背散射电子，如果满足布拉格衍射条件，同样也会发生菊池衍射，此衍射称为电子背散射衍射。这部分产生菊池衍射的背散射电子逸出样品表面，出射至荧光屏，形成 EBSD 花样。当电子束在样品表面进行面扫描时，每一分析点的衍射花样被 CCD 相机摄下，经数据采集系统扣除背底和 Hough 变换后，被自动识别与标定，从而确定对应的晶体结构和取向信息。

与透射电镜下的菊池带相比，扫描电镜下的菊池带具有以下特征：①EBSD 的角度域比透射电镜大得多，可超过 70°，而透射电镜下约 20°，因此便于标定或鉴定对称元素；②EBSD 的菊池带中心亮度高，边线强度低，没有透射电镜下的清晰，这是电子传输函数不同所致。因此，透射电镜下菊池带测量精度更高。

EBSD 技术利用菊池带对晶体取向变化敏感的特性，通过逐点分析样品表面产生的菊池带，获得丰富的晶体取向信息。这项技术发展于透射电镜中薄膜样品的小角菊池衍射，并且人们也借助大量透射电镜下对菊池带的认识和理论分析 EBSD 的菊池花样。

8.1.1　电子背散射衍射

在扫描电镜中，入射电子束与样品表面作用也会产生大量沿各个方向运动的非弹性散射电子。这些非弹性散射电子入射到某一晶面亦可能发生类似于透射电镜下的菊池衍射。但是发生菊池衍射的背散射电子从样品表面逸出之前，要经历较长路径而可能被样品大量吸收，因此难以产生足够强的衍射信号。为了缩短电子运动路径，让更多的背散射电子参与衍射而获得更强的衍射信号，需要将样品倾转至 70° 左右，如图 8-1 所示。透射电镜下菊池衍射方向与电子束入射方向夹角很小，而扫描电镜下菊池衍射方向与电子束入射方向的夹角极大，因此称此菊池衍射为背散射衍射或高角菊池衍射。20 世纪 50 年代初，Alam 等人首先系统研究电子背散射衍射得到高角菊池花样。图 8-2 显示了实验获取的一幅 316L 不锈钢的 EBSD 花样。扫描电镜的相机长度 L（即样品到衍射谱检测器的距离）较小，EBSD 衍射谱角域比透射电镜菊池谱宽得多，因此图 8-2 中可看到多组相交的菊池带。每条菊池带的中心线对应着一个反射晶面。菊池带相交点称为区轴（Zone Axis）。相交于同一区轴的菊池带所对应的晶面亦属于同一晶带，区轴实际上对应于该晶带的晶带轴。

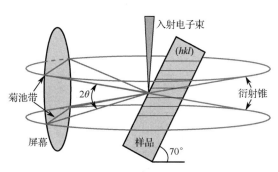

图 8-1　EBSD 衍射谱形成几何

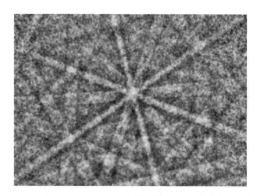

图 8-2　316L 不锈钢的 EBSD 花样

8.1.2　扫描电镜的透射菊池衍射

尽管 EBSD 技术获得显著的发展，传统 EBSD 的分辨率仍受限于电子束与样品较大的交互作用体积，不足以准确分析平均晶粒尺寸小于 100 nm 的纳米结构材料。近几年，Trimby 发展了基于扫描电镜的透射菊池衍射（Transmission Kikuchi Diffraction，TKD）方法。这项技术利用电子透明的透射电镜薄膜样品和传统的 EBSD 硬件和软件，其测试装置如图 8-3（a）所示。薄膜样品垂直于传统 EBSD 方向放置，即相当于倾转了 20°，如图 8-3（b）所示。因此，电子束以较高角度入射样品，有助于降低交互作用体积，提高菊池衍射分析的空间分辨率。传统 EBSD 的衍射电子信号主要来自样品的上表面（反射面），而透射菊池衍射则主要发生于样品的下表面（透射面）。

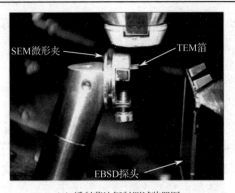
（a）透射菊池衍射测试装置图

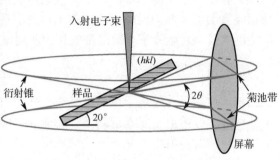
（b）透射菊池衍射几何示意图

图 8-3　扫描电镜的透射菊池衍射

8.2　EBSD 系统简介

　　EBSD 系统由扫描电镜、图像采集设备及软件系统三部分组成。它们组成一个整体，其相互关系如图 8-4 所示。通常实验室中已配置扫描电镜。只要扫描电镜满足 EBSD 系统的控制要求，如电子光学系统计算机自动化控制并可受外部调节、加速电压可调、具有良好的电子束聚焦性能等，可以将 EBSD 系统作为附件安装于扫描电镜上。这样，扫描电镜不但能给出块体样品表面的形貌图像、成分分布，还可以给出电子束照射位置的晶体学信息。

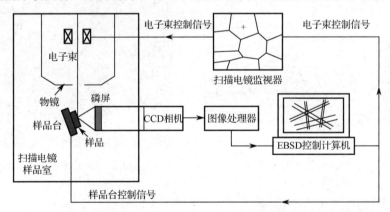

图 8-4　EBSD 系统的结构示意图

　　EBSD 系统的核心是通过图像采集设备实现衍射谱的快速采集和分析。图像采集设备即 EBSD 探头，包括探头外表面的透明磷屏幕（磷屏）、屏幕后面的高灵敏度 CCD 相机及配套的图像处理器。EBSD 探头外部如图 8-5（a）所示。磷屏被入射电子撞击后对外发射出与入射电子数目成正比的可见光子，因此电子束与倾斜样品表面作用后产生的 EBSD 衍射谱到达磷屏后被转变为可见光图像，经 CCD 相机数字化采集后由图像处理器传输到计算机内存中。EBSD 探头从扫描电镜样品室的侧面（或后面）与电镜相连，使用时可以手动或电动方式插入到预先设定的位置。磷屏通常平行于电子束和样品倾转轴。同时为了提高成像衬度，帮助寻找感兴趣的区域，EBSD 探头的周边通常还会布置一组前置背散射电子探头。这些探头由于安装在有利于探测到大角度倾转样品背散射电子信号的前置位置，所采集图像具有更高的组织衬度,因此有助于预览 EBSD 分析区域的微观组织。图 8-5(a)为牛津仪器的 HKL Max EBSD 探头位于扫描电镜样品室外的部分。图 8-5（b）显示了 EBSD 探头深入样品室后,扫描电镜的物镜、倾转样品和 EBSD 探头三者的几何位置。

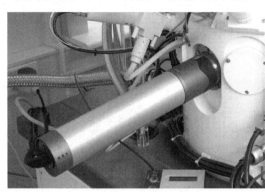 

（a）EBSD探头外部　　　　　　　　（b）EBSD探头在样品室里的布局

图 8-5　EBSD 探头

EBSD 系统还必须包含保证系统运行的控制软件和应用软件。这些软件实现 EBSD 谱图像采集的自动化控制、衍射谱自动标定和晶粒取向确定及丰富的数据后处理,如织构计算、晶粒取向彩色绘图、晶粒取向差分析等。

EBSD 系统支持两种计算机控制的自动扫描模式,即样品台扫描模式和电子束扫描模式。样品台扫描模式保持细聚焦电子束静止不动,而借助样品台平移实现不同样品位置衍射谱的采集。电子束扫描模式则保持样品台上样品静止不动,而借助扫描电镜偏转线圈实现细聚焦电子束在样品表面扫描并采集扫描位置的衍射谱。样品台扫描模式适合较大样品面积的测量,如织构分析。在不同测量点,衍射几何参数,如衍射谱中心位置、衍射点源到磷屏的距离、背底强度及聚焦条件等均保持不变,因此衍射谱不存在几何畸变。电子束扫描模式则能够实现测量点的快速准确定位。但是,随着电子束的倾转,衍射几何参数均发生明显的变化,因此要求采集控制软件具有自动实时标定和动态聚焦的功能,否则测量会存在较大的误差甚至导致衍射谱无法成功标定。因此,电子束扫描模式通常更适合小视场内的高分辨分析。

8.3　EBSD 衍射谱标定与晶体取向确定

EBSD 分析的核心是标定 EBSD 探头所采集到的衍射谱并确定晶体取向。商业化的 EBSD 系统均提供了自动标定菊池谱和确定晶体取向的程序。一般的 EBSD 使用者只要懂得如何操作分析程序,并不需要了解具体的工作原理。但是,理解其基本原理对开展更专业的 EBSD 分析还是大有裨益的。本节简单介绍 EBSD 衍射谱标定和晶体取向确定的基本原理。

8.3.1　EBSD 衍射谱标定

EBSD 衍射谱标定指的是确定谱中各菊池带的晶面指数。进行衍射谱标定的第一步是识别衍射谱的各个菊池带。早期,这项工作需要人工通过鼠标等工具标识菊池带,因此效率低下。为了摆脱繁重单调的手工标定过程,人们逐步探索自动提取菊池带的方法,并发展了所谓的 Burns 法和 Hough 变换法。这些方法本质上属于数字图像处理技术。实践证明 Hough 变换法比 Burns 法更可靠，可有效确定更弱的菊池带，并且自动识别时间更短，因此被广泛应用于多数 EBSD 分析软件。

　　Hough 变换将菊池谱的某一点坐标 (x, y) 按公式 $\rho = x\cos\theta + y\sin\theta$ 转变为 Hough 空间 (θ, ρ) 的一条正弦曲线，如图 8-6 所示，原始图像同一直线上的不同点对应的 Hough 空间正弦曲线相交于同一点，交点坐标 θ 为该直线的垂直线与 x 轴的夹角，ρ 为坐标原点到该直线的距离（若垂足与垂线所指正方向不在同一侧，ρ 取负值）。

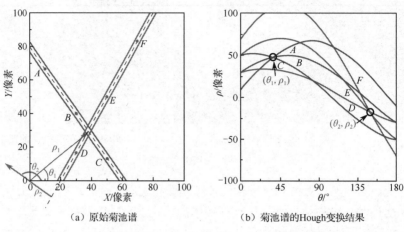

（a）原始菊池谱　　　　　　　　（b）菊池谱的Hough变换结果

图 8-6　菊池谱的 Hough 变换（扫码看彩图）

　　菊池谱的 Hough 变换首先将 Hough 空间分割为离散的格子。例如，θ 轴每隔 1° 为 1 格，而 ρ 则在取值范围 $(\rho_{\min} \sim \rho_{\max})$ 内分为 100 格。然后衍射谱中 (x, y) 坐标位置的亮度值被添加到 Hough 空间对应的正弦曲线所穿过的所有格子中。这样，菊池带两条边界的暗线和中心的亮线被叠加到 Hough 空间中对应正弦曲线交点所在的格子上，形成两个暗点和一个亮点。图 8-7（a）和（b）分别为实验采集到的 EBSD 衍射谱和对应的 Hough 变换图像。背散射菊池带通常比较弥散，在 Hough 变换图像显示为"蝴蝶结"图案。因此，菊池带定位转变为寻找 Hough 变换图像最亮点或"蝴蝶结"图案的位置。利用数字图像识别技术，将 Hough 变换图像与"蝴蝶结"图案卷积可以确定菊池带的准确位置坐标 (ρ, θ)。图 8-7（c）显示利用 Hough 变换识别到的 5 条亮度最高的菊池带。标定结果如图 8-7（d）所示。

　　衍射谱标定的下一步是确定各菊池带对应晶面的晶面指数 (hkl)。透射电镜中菊池带晶面指数可以利用菊池带宽度（亮线和暗线的距离，正比于晶面间距）或角度确定。但是，由于放大倍率较低（相机长度 L 较短），扫描电镜 EBSD 衍射谱中菊池带宽度的测量精度较低，不足以准确标定晶面指数，因此，一般利用测量精度较高的晶面夹角。另外，由于采集角域较宽，EBSD 衍射谱中两条菊池带的夹角并不等于对应晶面的夹角，因此其晶面夹角的确定也更复杂。根据背散射菊池带形成的几何关系，以及菊池带在衍射谱中的位置信息，可以计算出两条菊池带对应晶面的夹角。这里介绍一种根据 Hough 变换确定的菊池带位置坐标 (θ, ρ) 确定对应晶面的法线方向 $\bar{n}$，再计算出晶面夹角的方法。也存在其他的分析方法，但基本原理是一致的。

　　如图 8-8 所示，衍射谱中菊池带由样品表面源点 S 发射并与磷屏相交，C 点为整个衍射谱的中心点，SC 即磷屏与源点的最近距离（显然 SC 垂直于磷屏），据此建立衍射谱坐标系 CS_p，其坐标轴 Z_p 平行于 SC，坐标平面 OX_pY_p 与磷屏重叠。对于谱中的某一菊池带，其位置坐标

为 (ρ, θ)，那么由坐标原点作菊池带中心线的垂线 OQ，则 $OQ = \rho$，OQ 与 X_p 的夹角为 θ，$\overrightarrow{OQ}$ 对应的单位方向矢量 $\vec{m} = \cos\theta \vec{X}_p + \sin\theta \vec{Y}_p$。同样，由衍射谱中心 C 作菊池带中心线的垂线 CP，CP 与 X_p 的夹角也为 θ，并且有

$$CP = OQ - OC\cos\alpha = OQ - \overrightarrow{OC} \cdot \vec{m} = \rho - x_C\cos\theta - y_C\sin\theta \tag{8-1}$$

式中，α 为 OC 与 OQ 的夹角，(x_C, y_C) 为 C 点的坐标。显然，$\overrightarrow{SP}$ 为该菊池带所对应晶面内的一条直线，并且

$$\overrightarrow{SP} = \overrightarrow{CP} + \overrightarrow{SC} = CP\cos\theta \vec{X}_p + CP\sin\theta \vec{Y}_p + L\vec{Z}_p \tag{8-2}$$

式中，L 为衍射源点 S 到衍射谱中心 C 的距离。$\overrightarrow{SP}$ 对应的单位方向矢量为

$$\vec{r} = \frac{\overrightarrow{SP}}{|\overrightarrow{SP}|} \tag{8-3}$$

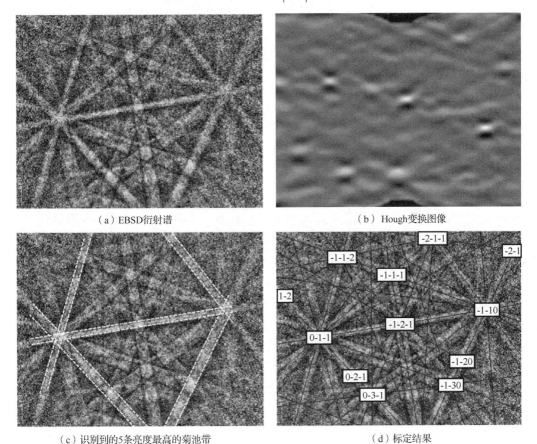

（a）EBSD衍射谱　　　　　　　　　　　　　（b）Hough变换图像

（c）识别到的5条亮度最高的菊池带　　　　　　　（d）标定结果

图 8-7　EBSD 衍射谱中菊池带的识别

另外，菊池带中心线实际上为所对应晶面与磷屏的交线，因此也是所对应晶面内的一条直线。由于该交线与 OQ 垂直，其单位方向矢量为

$$\vec{t} = \sin\theta \vec{X}_p - \cos\theta \vec{Y}_p \tag{8-4}$$

晶面的法线方向 $\vec{n}$ 必定同时垂直于其面内直线 $\vec{r}$ 和 $\vec{t}$，因此

$$\vec{n} = \vec{r} \times \vec{t} \tag{8-5}$$

结合式（8-1）～式（8-5），只要确定某一菊池带的位置参数 (ρ, θ) 和衍射谱几何参数，即

源点到谱中心距离 L 及谱中心的坐标 (x_C, y_C)，就可以计算出对应晶面在衍射谱坐标系 CS_p 的单位方向矢量 $\vec{n}$。L 和 (x_C, y_C) 在开始 EBSD 测试之前均需要事先准确标定，因此在标定菊池带时可视为已知量。

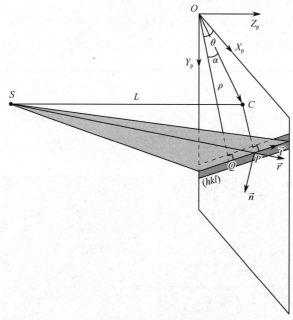

图 8-8　EBSD 菊池带标定示意图

为了确定衍射谱中各菊池带对应的晶面指数，需要至少获取三条菊池带，并根据前文介绍的方法计算对应晶面的法向矢量 $\vec{n}_1$、$\vec{n}_2$ 和 $\vec{n}_3$。这些晶面两两之间的夹角，即其法向方向的夹角，可通过法向矢量的点乘计算，$\alpha_{12} = \arccos(\vec{n}_1 \cdot \vec{n}_2)$，$\alpha_{23} = \arccos(\vec{n}_2 \cdot \vec{n}_3)$，$\alpha_{31} = \arccos(\vec{n}_3 \cdot \vec{n}_1)$。对于已知晶体结构的晶胞类型和点阵常数，可以根据理论的晶面夹角公式计算出两两晶面之间的夹角，形成比对数据表格。将测量得到的 α_{12}、α_{23} 和 α_{31} 与理论计算的数据表格对比，可以获得满足夹角关系并且相互自洽的三个晶面的晶面指数 $(h_1k_1l_1)$、$(h_2k_2l_2)$ 和 $(h_3k_3l_3)$，此为三条菊池带对应的晶面指数的一组解。实践中，由于不可避免的测量误差，根据三条菊池带往往得到多组可能的解。为了获得准确的唯一解，通常采用"投票"算法。该算法要求至少提取衍射谱中 5 条最亮的菊池带。从中选择三条菊池带并标定，获得多组解，每组解均视为可能的解，并计票。对 5 条（或更多）菊池带进行排列组合并分别求解，统计所有可能解的得票数。最终得票最多的解为准确解，因为它满足最多的菊池带组合。这样就标定出了 EBSD 衍射谱中各菊池带的晶面指数，同时也确定了各菊池带在衍射谱坐标系中的单位方向矢量。

8.3.2　晶体取向确定

晶体取向指晶体空间点阵在样品坐标系的相对位向，一般用样品宏观坐标系向晶体微观坐标系的旋转变换矩阵 $\boldsymbol{g}$ 或欧拉角 $(\varphi_1, \Phi, \varphi_2)$ 表示。下面介绍如何根据指标化的菊池带确定晶体取向。

由于样品被倾转 $70°$，样品表面不再与 EBSD 检测器磷屏平行，扫描电镜利用 EBSD 确定晶粒取向的过程需要进行相对复杂的坐标变换。坐标变换涉及以下 4 个坐标系：①样品坐

标系 CS_s，其 Z_s 坐标轴一般垂直于样品表面，X_s 和 Y_s 坐标轴平行样品平面内两个宏观特征方向。例如，对于轧制平板样品，可取 Z_s//轧面法向 ND、X_s//轧制方向 RD、Y_s//轧面横向 TD。②显微镜坐标系 CS_m，其 Z_m 坐标轴与电子束入射方向反平行，X_m 坐标轴平行于样品的倾转轴。③前文定义的衍射谱坐标系 CS_p。④晶体坐标系 CS_c，即固结于晶体点阵的坐标系。前 3 个坐标如图 8-9 所示。这样，由样品坐标系到晶体坐标系的取向矩阵 $\boldsymbol{g}$，可以分解为样品坐标系至显微镜坐标系的变换矩阵 $\boldsymbol{g}_1$，显微镜坐标系至衍射谱坐标系的变换矩阵 $\boldsymbol{g}_2$，以及衍射谱坐标系至晶体坐标系 $\boldsymbol{g}_3$ 的组合，即

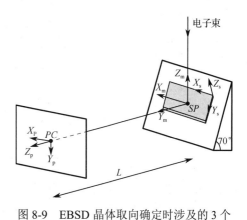

图 8-9　EBSD 晶体取向确定时涉及的 3 个
宏观坐标系
（样品坐标系 CS_s；显微镜坐标系 CS_m；衍射谱坐标系 CS_p）

$$\boldsymbol{g} = \boldsymbol{g}_1 \cdot \boldsymbol{g}_2 \cdot \boldsymbol{g}_3 \tag{8-6}$$

由于各扫描电镜厂家留给 EBSD 探头接口的几何位置不同，这几个坐标系具有不同的变换关系。但是一旦 EBSD 硬件系统和样品安装完毕，具体的变换矩阵是确定的。这里以图 8-9 所示的简单几何关系为例，分析各坐标系的变换矩阵。假设样品的倾转角度为 α（一般为 70°），则

$$\boldsymbol{g}_1 = \begin{bmatrix} 1 & 0 & 0 \\ 0 & \cos\alpha & -\sin\alpha \\ 0 & \sin\alpha & \cos\alpha \end{bmatrix} \tag{8-7}$$

而图 8-9 中 EBSD 检测器磷屏平行入射电子束（即平行于 Z_m 坐标轴）和倾转轴（即平行于 X_m 坐标轴），则

$$\boldsymbol{g}_2 = \begin{bmatrix} 1 & 0 & 0 \\ 0 & 0 & 1 \\ 0 & -1 & 0 \end{bmatrix} \tag{8-8}$$

最后还必须建立衍射谱坐标系 CS_p 至晶体坐标系 CS_c 的变换矩阵 $\boldsymbol{g}_3$。实际上，通过衍射谱菊池带的自动识别和标定，已经获得这两个坐标系的对应关系，即 3 条菊池带所对应晶面的法线方向在衍射谱坐标系 CS_p 的单位矢量 $\vec{n}_1^p = (x_1^p, y_1^p, z_1^p)$、$\vec{n}_2^p = (x_2^p, y_2^p, z_2^p)$、$\vec{n}_3^p = (x_3^p, y_3^p, z_3^p)$，以及这些晶面的晶面指数 $(h_1 k_1 l_1)$、$(h_2 k_2 l_2)$、$(h_3 k_3 l_3)$，其法线方向在晶体倒易空间中可以表示为 $\vec{n}_1^c = h_1 \vec{a}^* + k_1 \vec{b}^* + l_1 \vec{c}^*$、$\vec{n}_2^c = h_2 \vec{a}^* + k_2 \vec{b}^* + l_2 \vec{c}^*$、$\vec{n}_3^c = h_3 \vec{a}^* + k_3 \vec{b}^* + l_3 \vec{c}^*$，$\vec{a}^*$、$\vec{b}^*$ 和 $\vec{c}^*$ 为倒易点阵基矢量。一般情况下，倒易点阵基矢量并不正交。因此，还必须建立一个合适的直角坐标系，并把方向矢量 $\vec{n}_1$、$\vec{n}_2$、$\vec{n}_3$ 变换到该坐标系。图 8-10 为常见的建立晶体直角坐标系的一种方法，即

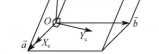

图 8-10　晶体直角坐标系的建立

$$\left. \begin{aligned} \vec{X}_c &= \frac{\vec{a}}{|\vec{a}|} \\ \vec{Y}_c &= \vec{Z}_c \times \vec{X}_c \\ \vec{Z}_c &= \frac{\vec{c}^*}{|\vec{c}^*|} \end{aligned} \right\} \tag{8-9}$$

$\vec{a}$、$\vec{b}$ 和 $\vec{c}$ 分别为晶体正空间点阵的基矢量，$\vec{X}_c$、$\vec{Y}_c$ 和 $\vec{Z}_c$ 为晶体直角坐标系的基矢量。倒易矢量 $\vec{n} = h\vec{a}^* + k\vec{b}^* + l\vec{c}^*$ 在晶体直角坐标系的坐标 (h', k', l') 可由以下公式计算得到：

$$\begin{bmatrix} h' \\ k' \\ l' \end{bmatrix} = \begin{bmatrix} \dfrac{1}{a} & 0 & 0 \\ -\dfrac{1}{a\tan\gamma} & \dfrac{1}{b\sin\gamma} & 0 \\ \dfrac{bcF(\gamma,\alpha,\beta)}{\Omega\sin\gamma} & \dfrac{acF(\beta,\gamma,\alpha)}{\Omega\sin\gamma} & \dfrac{ab\sin\gamma}{\Omega} \end{bmatrix} \begin{bmatrix} h \\ k \\ l \end{bmatrix} \tag{8-10}$$

式中，a、b、c、α、β、γ 为晶格常数，Ω 为晶胞体积，函数 $F(\alpha,\beta,\gamma)$ 为

$$F(\alpha,\beta,\gamma) = \cos\alpha\cos\beta - \cos\gamma \tag{8-11}$$

将坐标 (h', k', l') 归一化，可得到晶面 (hkl) 法线方向单位矢量在晶体坐标系中的坐标 $(x^c, y^c, z^c) = (h'^2 + k'^2 + l'^2)^{-1/2}(h', k', l')$。

通过以上变换，三个菊池带对应晶面的法向单位矢量在晶体坐标系中可以表示为 $\vec{n}_1^c = (x_1^c, y_1^c, z_1^c)$、$\vec{n}_2^c = (x_2^c, y_2^c, z_2^c)$、$\vec{n}_3^c = (x_3^c, y_3^c, z_3^c)$。根据旋转矩阵的定义，它们实际上为这些矢量在衍射谱坐标系中的坐标经旋转矩阵 $\boldsymbol{g}_3$ 变换的结果，即

$$\begin{bmatrix} x_1^c & x_2^c & x_3^c \\ y_1^c & y_2^c & y_3^c \\ z_1^c & z_2^c & z_3^c \end{bmatrix} = \boldsymbol{g}_3 \begin{bmatrix} x_1^p & x_2^p & x_3^p \\ y_1^p & y_2^p & y_3^p \\ z_1^p & z_2^p & z_3^p \end{bmatrix} \tag{8-12}$$

于是有

$$\boldsymbol{g}_3 = \begin{bmatrix} x_1^c & x_2^c & x_3^c \\ y_1^c & y_2^c & y_3^c \\ z_1^c & z_2^c & z_3^c \end{bmatrix} \begin{bmatrix} x_1^p & x_2^p & x_3^p \\ y_1^p & y_2^p & y_3^p \\ z_1^p & z_2^p & z_3^p \end{bmatrix}^{-1} \tag{8-13}$$

可见，为了求解转换矩阵 $\boldsymbol{g}_3$，必须计算式（8-13）中衍射谱坐标系坐标构成的矩阵的逆矩阵，再右乘晶体坐标系坐标构成的矩阵。逆矩阵的计算是较复杂的过程。考虑到正交归一矩阵的逆矩阵为其转置矩阵，通过以下变换可以获得两个坐标系中三个正交单位矢量，从而把式（8-12）右边的矩阵转为正交归一矩阵，从而简化计算过程：

$$\vec{n}_1^p = \vec{n}_2^p \times \vec{n}_3^p, \vec{n}_2^p = \vec{n}_3^p \times \vec{n}_1^p, \vec{n}_3^p = \vec{n}_1^p \times \vec{n}_2^p \tag{8-14}$$

对晶体坐标系也做相应的矢量变换：

$$\vec{n}_1^c = \vec{n}_2^c \times \vec{n}_3^c, \vec{n}_2^c = \vec{n}_3^c \times \vec{n}_1^c, \vec{n}_3^c = \vec{n}_1^c \times \vec{n}_2^c \tag{8-15}$$

最终有

$$\boldsymbol{g}_3 = \begin{bmatrix} x_1^c & x_2^c & x_3^c \\ y_1^c & y_2^c & y_3^c \\ z_1^c & z_2^c & z_3^c \end{bmatrix} \begin{bmatrix} x_1^p & y_1^p & z_1^p \\ x_2^p & y_2^p & z_2^p \\ x_3^p & y_3^p & z_3^p \end{bmatrix} \tag{8-16}$$

获得三个左边转换矩阵 $\boldsymbol{g}_1$、$\boldsymbol{g}_2$ 和 $\boldsymbol{g}_3$，即可根据式（8-6）计算出晶体取向矩阵 $\boldsymbol{g}$。而取向矩阵可以方便地转变为 Euler 角、旋转轴角对、Miller 指数等其他晶体取向表示方式。

综合以上分析，EBSD 衍射谱标定和晶体取向的确定涉及大量计算。因此，需要编写计算机程序来实现整个计算过程。目前商业化 EBSD 系统均提供了稳定可靠的应用软件，用于实现衍射谱自动标定和晶体取向的计算。随着硬件的发展，目前 EBSD 系统每秒可分析 200 个

数据点，一些高速 EBSD 系统甚至实现接近 1000 点/秒的分析速率，因此 EBSD 已成为一项方便的晶体取向表征技术。

8.4　EBSD 分辨率

EBSD 的空间分辨率远低于扫描电镜的图像分辨率。目前，即使是场发射枪扫描电镜，EBSD 的空间分辨率也局限于 10 nm，角分辨率精度约为 1°。如图 8-11 所示，由于样品处于倾转状态，电子束在样品表面的作用区并不对称，造成电子束在水平方向和垂直方向的分辨率有明显差异。EBSD 的垂直分辨率低于水平分辨率。影响 EBSD 分辨率的因素有材料、样品几何位置、加速电压、电子束流和衍射花样清晰度。

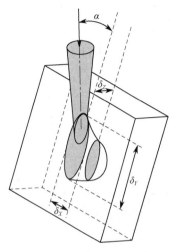

图 8-11　倾转条件下电子束与样品的交互作用体积示意图

1. 材料的影响

随着原子序数的增大，电子束与样品的交互作用体积减小，而产生的背散射电子的信号强度则增强。高原子序数样品产生的菊池谱包含更多的细节，菊池带清晰度也更高，从而更容易被解析和标定，因此 EBSD 的空间分辨率随样品原子序数的增大而提高。例如，场发射枪扫描电镜中，Al 的 EBSD 分辨率约为 20nm，而 α-Fe 的分辨率可达 10nm。

2. 样品几何位置

EBSD 系统的三个关键的几何参数是样品到 EBSD 探头的距离，样品的倾转角度，样品的高度（即工作距离）。这三个参数直接关系到衍射谱标定和晶体取向的确定，因此在每次开始 EBSD 测量之前都必须准确标定。

样品到 EBSD 探头的距离影响到衍射谱的采集角域和放大倍率，一般较少改变。样品倾转是获得背散射衍射谱的前提。当样品倾转 45°以上，探头就可以采集到衍射谱。由于背散射电子运动路径随样品倾转角度的增大而减小，样品倾转角度越高，EBSD 探头采集到的衍射谱衬度越高。但是当样品倾转角度超过 80°时，样品作用区平行和垂直倾转轴的尺寸差异过大，衍射花样畸变严重，有效的 EBSD 测量变得不切实际。因此，70°的样品倾转角度最理想，已成为 EBSD 分析的标准倾转角度。在这个条件下，电子束与样品倾转角度作用区平行和垂直倾转轴的尺寸比约为 1:3。在扫描电镜的一般成像模式中，降低工作距离可以提高分辨率和降低聚焦畸变。但是在 EBSD 分析时，应选择合适的工作距离使样品出射电子更多地背散射到 EBSD 检测器磷屏上，并且使衍射谱中心接近 EBSD 检测器磷屏的中心。工作距离过小，EBSD 探测器也有撞上电镜硬件的风险，特别是物镜极靴。因此，最佳的工作距离往往取决于扫描电镜和 EBSD 检测器的物理位置，一般在 15～25mm 范围内。

3. 加速电压

电子束与样品的交互作用区尺寸，与加速电压成正比，因此，采用低的加速电压有利于提高分辨率，这对于表征一些细晶材料或形变组织尤其重要。除分辨率外，在选择合适加速电压时，有几个其他因素也值得考虑。一般情况下，较高的加速电压，可以提高磷屏转换效率，产生更亮的衍射谱；降低样品室内漏磁干扰；电子束可以穿透更深样品，因此可以降低表层污染或表面变形的影响。但是对于一些不良导体材料，为了避免电荷聚集，不宜采用过高电压。对于易受电子束损伤的材料，须慎用高加速电压。

4. 电子束流

与加速电压相比，电子束流对空间分辨率影响较小。并且最佳分辨率并不对应于最小束流位置。尽管最佳绝对分辨率对应于最小电子束作用体积，但交互作用体积的减小也会降低衍射谱清晰度，准确标定变得困难。EBSD 最佳分辨率为交互作用体积和谱线清晰度之间的平衡点。

8.5　EBSD 样品制备

进行 EBSD 分析的前提是制备出能够代表样品微观结构的平整表面，避免在制样过程中引入表面塑性变形、化学污染或氧化层。作为一种表面分析技术，EBSD 所采集的电子信号仅来自样品表层 10～50nm 厚的区域。表面缺陷的引入不仅会降低 EBSD 衍射谱的质量，还会影响分析的精度和分辨率。

EBSD 样品制备流程类似于传统的金相制样过程，只是对样品表面状态要求更高。一般样品的最后一道工序为精细的机械抛光、电解抛光或离子研磨，以获得平整的无应变表层。

1. 机械抛光

对于硬度较高的样品，如钢、金属间化合物，可利用机械抛光方法获得平整表面。抛光时一般使用硅胶抛光液。硅胶抛光液为碱性溶液，在机械抛光的同时轻度侵蚀样品表面和较少的表面变形层。

2. 电解抛光

对于强度低而容易产生表面变形的金属材料，电解抛光通常是机械抛光的必要步骤。电解抛光通过电解作用去除表面变形层和浮凸。不同金属具有不同的电解液配方和抛光参数，需要一定的摸索方可建立理想的抛光条件。

3. 离子研磨

离子研磨主要用于透射样品的制备，最近也开始用于制备 EBSD 样品。其基本原理是用离子枪轰击倾斜样品表面，去除表面变形层。具体材料、离子枪电流、电压等参数均可能影响制样效率。通常采用低的入射角、小电流和电压，速度较慢。利用离子研磨需要 1～2 个小时才能制备出一个样品。离子研磨基本适合所有材料，尤其是不导电材料和脆性材料。

8.6　EBSD 的应用

EBSD 技术具有分析精度高、检测速度快、样品制备简单及空间分辨率高等优点，近年来应用范围不断扩大。EBSD 主要存在以下几个方面的应用：利用取向衬度成像显示晶粒、亚晶粒或相的形貌、尺寸及分布；定量织构分析并绘制极图、反极图或取向分布函数；显示不同织构成分对应晶粒的形貌及分布；研究晶粒取向差的分布及随变形的演化规律；物相鉴定及相含量分析；根据菊池谱质量定性分析晶格缺陷等。

8.6.1　取向衬度成像

　　多晶材料的晶粒内部具有相近取向，而晶粒之间存在明显的取向差异，因此，利用不同颜色渲染不同的晶体取向可以清晰显示出晶粒的形貌，特别是传统化学方法难以侵蚀显示的小角晶界或特殊晶界。这使得晶粒尺寸测量更为准确，并可区分孪晶界或亚晶界的影响。图 8-12 为电沉积纳米孪晶铜的 EBSD 取向衬度图像。图中颜色代表每个晶粒的沉积方向，如图 8-12 中反极图图例所示。沉积方向接近[111]、[011]、[001]晶向，分别显示为蓝色、绿色和红色。

　　除晶体取向颜色衬度成像外，亦可把晶体取向转变为与之对应的物理量显示出来。例如，利用晶体取向对应的 Schmid 因子或 Taylor 因子显示晶粒是呈现金属材料的力学性质的均匀性或各向异性行为的重要工具。

图 8-12　电沉积纳米孪晶铜的 EBSD 取向衬度图像（扫码看彩图）

8.6.2　织构分析

　　许多材料在制备或经过热处理或塑性变形后，晶粒取向变得不再随机，而是呈明显的择优取向分布，即存在织构。晶体学织构显著影响材料的力学性能和物理性能，导致材料性质出现各向异性。

　　EBSD 直接获取样品表面各点的晶体取向数据。这些晶体取向的统计分布在一定程度上可以反映样品的织构特征。一种直观呈现取向分布的方法是将 EBSD 获得的取向信息以散点图形式画于极图或反极图中。散点聚集状态定性反映织构弥散程度。但这种方法仅适用于取向数据点较少的情况。为了获得定量的织构相对密度，必须将 EBSD 获得的离散单晶取向数据转变为密度分布。晶体取向数据集对应的密度分布可以通过将极图角坐标 α 和 β 分割为角度单元，如 $\alpha \times \beta = 5° \times 5°$，并统计每个单元的数据点数获得。对于晶体取向 $\boldsymbol{g}$，极点 $(h_i k_i l_i)$，如(111)、(11$\bar{1}$)等，对应的极图角 (α_i, β_i) 可由以下公式算得：

$$\begin{bmatrix} \sin\alpha_i \cos\beta_i \\ \sin\alpha_i \sin\beta_i \\ \cos\alpha_i \end{bmatrix} = \boldsymbol{g}^{-1} \cdot \begin{bmatrix} x_i^c \\ y_i^c \\ z_i^c \end{bmatrix} \tag{8-17}$$

式中，(x_i^c, y_i^c, z_i^c) 为 $(h_i k_i l_i)$ 经式（8-10）转换后的晶体坐标系 CS_c 的坐标。计算出 (α_i, β_i) 后，将 (α_i, β_i) 所在的单元格数值增 1。计算完所有的取向数据点后，所有角度单元格数据除以总的取向数据点数 N，即可得到 (hkl) 极图的分布密度。

同理，利用 EBSD 获得的单晶取向数据集也可以计算反极图和取向分布函数（Orientation Distribution Function，ODF）的密度分布。对于反极图的密度分布，式（8-17）中 $\boldsymbol{g}^{-1}$ 应替换为 $\boldsymbol{g}$，而方向矢量 (x_i^c, y_i^c, z_i^c) 应替换为样品坐标系 CS_m 的特征方向矢量 (x_i^s, y_i^s, z_i^s)，如轧制样品的轧制方向或拉伸样品的拉伸方向等。对于 ODF 的密度分布，需要将 Euler 角三维空间分割为独立单元格，即 $\varphi_1 \times \Phi \times \varphi_2 = 5° \times 5° \times 5°$，将晶体取向矩阵 $\boldsymbol{g}$ 转变为 Euler 角 $(\varphi_1, \Phi, \varphi_2)$，再进行密度函数统计。

EBSD 织构分析方法与传统的 X 射线衍射具有明显的区别。X 射线衍射利用某一选择晶面的相对衍射强度表示该晶面在 X 射线照射范围内数千晶粒的平均取向分布，因此每次测量只能获得表示该晶面空间分布的极图。为了获得完整的三维取向信息，必须获得至少两个晶面的极图，再利用复杂的数值计算建立三维取向分布函数。EBSD 直接获得衍射源点单晶体的三维取向信息。为了获得具有统计意义的取向分布，需要将分析区域分成数万个点，并逐点测定晶体取向，然后统计出织构定量信息。根据分析区域内晶粒数量的不同，X 射线衍射获得的是宏观区域织构，而 EBSD 一般只能表征微观区域织构。如果样品织构相对均匀，那么 EBSD 所得织构信息与 X 射线衍射结果是很接近的。

8.6.3　晶粒取向差及晶界特性分析

EBSD 技术可以测定样品表面每一点的晶体取向，因此也可以分析两个晶粒间的取向差和旋转轴。若两个相邻晶粒 A 和 B 的取向矩阵分别为 $\boldsymbol{g}_A$ 和 $\boldsymbol{g}_B$，晶粒 A 向晶粒 B 的转动矩阵 $\boldsymbol{g}_{A \to B}$ 为取向差矩阵，可以表示为

$$\boldsymbol{g}_{A \to B} = \boldsymbol{g}_B \cdot \boldsymbol{g}_A^{-1} \tag{8-18}$$

从取向差矩阵 $\boldsymbol{g}_{A \to B}$ 可以算出取向差 Ω 和旋转轴 $[r_1 \, r_2 \, r_3]$：

$$\Omega = a\cos\left(\frac{g_{11} + g_{22} + g_{33} - 1}{2}\right) \tag{8-19}$$

$$\left.\begin{aligned} 2r_1 \sin\theta &= g_{23} - g_{32} \\ 2r_2 \sin\theta &= g_{31} - g_{13} \\ 2r_3 \sin\theta &= g_{12} - g_{21} \end{aligned}\right\} \tag{8-20}$$

如果考虑晶体对称性，存在有多个等价的取向差矩阵及相应的取向差和旋转轴，因此，一般取这些等价取向差的最小值作为两晶粒间的本征取向差 Ω。

根据两晶粒的取向差矩阵和取向差可以进一步分析两晶粒间的晶界特性。例如，当 $\Omega < 15°$ 时，晶界为小角晶界；当 $\Omega \geqslant 15°$ 时，晶界为大角晶界。大角晶界中还存在一些特殊晶界。这些特殊晶界可用重合位置点阵（Coincident Site Lattice，CSL）模型描述，并记为 Σ。Σ 的倒数代表两个晶粒的空间点阵重合点的密度。Σ 特殊晶界有相应的取向差矩阵 $\boldsymbol{g}_\Sigma$ 和取向差 Ω_Σ，如立方晶系中 $\Sigma 3$ 晶界为孪晶界，取向差为 $60°$，孪晶界两侧晶粒在晶界上完全共格。两晶粒 A 和 B 的取向差矩阵 $\boldsymbol{g}_{A \to B}$ 相对于 Σ 特殊晶界的偏差矩阵为

$$\Delta\boldsymbol{g} = \boldsymbol{g}_\Sigma \cdot \boldsymbol{g}_{A \to B}^{-1} \tag{8-21}$$

由 $\Delta\boldsymbol{g}$ 计算得到的旋转角 $\Delta\Omega$ 代表晶粒 A 和 B 的晶界偏离 Σ 特殊晶界的程度。如果

$\Delta\Omega<15°/\sqrt{\Sigma}$，则可以认为该晶界属于 Σ 特殊晶界。

通过分析 EBSD 获取的取向图像相邻像素的取向差数据，不仅可以获得样品的取向差分布，还可以根据晶界性质用不同的线条或颜色描绘晶界，直观地呈现晶界特性。图 8-13 为对应于图 8-12 取向图像的取向差分布。从图中可以看出，样品中存在大量的孪晶界（取向差约为 60°），在图 8-12 中用灰色细线条描绘；除孪晶界外，其他晶界的分布相对均匀，说明电沉积制备的纳米孪晶铜中柱状晶界具有相对随机的取向差。

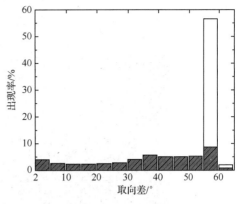

图 8-13　电沉积纳米孪晶铜的取向差分布

8.6.4　物相鉴定

不同物相具有不同的晶体结构，对应的 EBSD 花样也必然存在一定的差异。通过菊池衍射花样特征的分析，可以确定具体的物相。早期，EBSD 仅能实现物相"识别"，即从样品可能存在的几个物相（可用 X 射线衍射事先确定）中挑出最可能的相。为了实现这个目的，需要利用所有可能的物相对菊池衍射谱进行菊池带标定和晶体取向分析，再根据晶格参数和晶体取向反算出菊池衍射谱。如果计算出的菊池衍射谱与实验获取的菊池衍射谱相符程度高，即可判定衍射源点对应于该物相。仅通过电子能谱仪难以区分化学成分相似的物相，EBSD 技术在这方面则具有明显的优势，可实现诸如钢中铁素体和奥氏体的区分、金属中 M_7C_3 和 M_3C 析出相的鉴别等。

近年来，扫描电镜中 EBSD 系统逐渐与电子能谱（EDS）分析集成。结合 EBSD 和 EDS 使未知相的鉴定更加有效和准确。首先利用 EDS 分析待测相的化学成分，并从晶体学数据库中检索出符合化学成分的所有物相，形成待定物相列表；然后利用 EBSD 进一步确定物相。EBSD 和 EDS 的集成实现了物相鉴定的自动化；通过逐点扫描分析可实现物相成像。物相图像可以清楚显示物相分布，并可分析物相的相对含量。

物相鉴定效率的不断提高极大程度上拓展了 EBSD 的应用，弥补了传统 X 射线衍射物相鉴定的不足。X 射线衍射仅可以获得宏观物相的定性和定量分析，并且定量分析的精度也不高。例如，当金属析出相含量较少时，X 射线衍射可能检测不到对应的衍射峰。而只要析出颗粒尺寸大于 EBSD 的分辨率（~10nm），EBSD 不仅可以确定其存在，还可能清楚地显示其分布状态和相对含量，如可以显示析出相位于晶界还是晶内。

8.6.5　晶格缺陷分析

晶格缺陷密度显著影响 EBSD 衍射谱的质量和菊池带的清晰度。菊池带的清晰度随晶格缺陷密度的增大而降低。因此，根据衍射谱的质量可以评价晶体缺陷的含量，如区分再结晶与形变晶粒、塑性应变量的大小等。但应注意，衍射谱的质量同时也与扫描电镜状态、图像采集与处理设备及样品状态等有关，因此只能定性地说明问题。EBSD 在采集和标定衍射花样的同时，能自动计算出衍射谱质量。各 EBSD 厂家表征衍射谱质量的参数和计算方法不太一样，如 HKL 公司的 Channel 软件使用菊池带衬度 BC（Band Contrast）表示菊池带质量好坏，而 EDAX-TSL 公司则使用图像质量 IQ（Image Quality）。图 8-14 为利用菊池带衬度形成的形貌像，图中亮区域衍射谱清晰，应变小，为再结晶区；暗区域衍射谱模糊不清，为形变区。

图 8-15 为根据菊池带衬度阈值识别的再结晶区域，据此可方便地计算出再结晶体积分数。

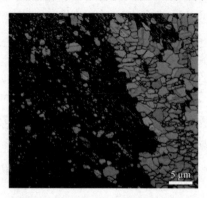

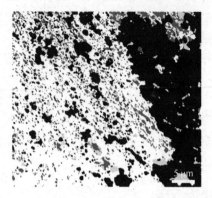

图 8-14　菊池带衬度形成的形貌像　　　　　　图 8-15　再结晶区域

晶格缺陷的存在亦可能导致晶粒内部相邻测量点出现晶格转动和局域取向差。一般地，局域塑性变形越大，缺陷密度越高，相应的取向差越大。因此，可以利用局域取向差的测量定性分析微观结构尺度的变形非均匀性。利用 EBSD 取向图，可方便地计算测量点的局域取向差，即核平均取向差（Kernel Averaged Misorientation，KAM）。如图 8-16（a）所示，对于晶粒内部的测量点 P_0，KAM 定义为它与 4 个相邻测量点（P_1、P_2、P_3、P_4）之间取向差 Ω 的平均值：

$$\text{KAM} = \frac{1}{4}[\Omega(P_0, P_1) + \Omega(P_0, P_2) + \Omega(P_0, P_3) + \Omega(P_0, P_4)] \qquad (8\text{-}22)$$

取向差 Ω 利用式（8-18）和式（8-19）计算。为了排除晶界的影响，需要设置一个取向差阈值。当计算得到的相邻测量点的取向差超过该阈值，则认为两点之间存在晶界，不参与KAM 的计算。如图 8-16（b）所示，P_3 和 P_4 与分析点 P_0 的取向差超过设定阈值而被排除，因此，KAM 计算仅考虑 P_1 和 P_2 与 P_0 的取向差，即

$$\text{KAM} = \frac{1}{2}[\Omega(P_0, P_1) + \Omega(P_0, P_2)] \qquad (8\text{-}23)$$

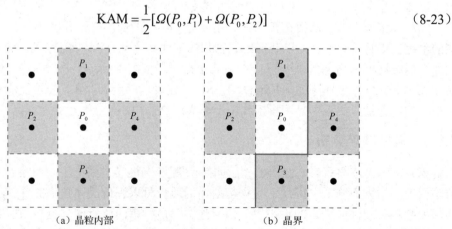

（a）晶粒内部　　　　　　　　　　　　（b）晶界

图 8-16　KAM 的定义

目前有些商业 EBSD 分析软件已提供有 KAM 的计算模块，用于计算 KAM 图。图 8-17为多晶纳米孪晶铜拉伸变形后的 KAM 分布图。ESBD 测量步长为 150nm，晶粒取向差阈值为5°。从图中可以明显看出，KAM 的分布十分不均匀。大部分晶界附近存在较高的 KAM，预

示着晶界已经发生更大的局域塑性应变并积累更多的位错，这导致该材料在拉伸过程中随动应变硬化和最终沿晶开裂的发生。

在晶粒内部，EBSD 两个相邻测量点之间的取向差 Ω 的存在说明两点之间存在晶体取向梯度或晶格曲率 ω。为了协调晶格曲率，保证晶格连续性，两点之间需要存储一定数量的几何必需位错（Geometrically Necessary Dislocations，GND）。因此，我们可以利用晶格曲率 ω 计算 GND 密度。以沿 x 轴的两个相邻分析点为例，GND 密度可由以下公式计算：

$$\rho_{GND} = \frac{\omega}{b} = \frac{\Omega}{b\Delta x} \qquad (8\text{-}24)$$

式中，b 为位错柏氏矢量的大小，Ω 为两个分析点的取向差，Δx 为两个分析点的距离。对于二维或三维的 EBSD 数据，需要先计算出分析点的 Nye 位错张量，然后利用最小化数值计算方法确定满足该位错张量的 9 个位错密度分量，详细过程可参考相关文献。

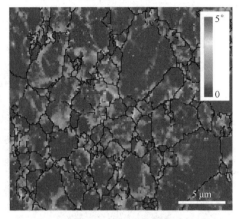

图 8-17　多晶纳米孪晶铜拉伸变形后的
KAM 分布图

对于 KAM 和 GND 密度的计算，EBSD 扫描步长都是关键的实验参数。一方面，步长决定分析的微观结构尺度。因而，希望步长足够小，以获得更为局部的信息，如晶界附近的 KAM 或者 GND 密度等。另一方面，EBSD 取向数据的误差随扫描步长的减小而增大，步长也需要足够大以过滤测量噪声。

8.6.6　三维取向成像

如果材料的微观结构十分均匀并且各向同性，二维截面观察结合体视学统计分析可以有效揭示材料三维结构特性。但是实际上，材料的三维结构往往极其复杂，存在明显的不均匀性和各向异性。大量案例显示真正的三维结构分析对准确理解微观结构的形成机理及其对材料宏观性能的影响至关重要。例如，晶粒长大实验需要确定晶粒的真正尺寸和三维形状。塑性变形行为研究需要了解应变场的三维分布和尺度。材料再结晶也往往与形核点的空间位置和分布有关。材料内部界面（晶界或相界）的晶体学特性至少包含 5 个自由度：两侧晶格的取向差（3 个自由度）和界面的空间取向（2 个自由度）。前文介绍的样品某一截面的 EBSD 可以确定各晶粒的晶体学取向和晶粒之间的取向差，但不能确定晶界的晶格晶向和样品取向。而晶格晶向和样品取向对于研究材料相变、晶粒长大过程及晶界开裂机理十分重要。

在电子束/离子束双束显微镜系统中，结合聚焦离子束（Focused Ion Beam，FIB，详见 10.6 节）逐层切片和 EBSD 逐层晶体取向分析是确定样品三维晶体取向图的有效方法。如图 8-18 所示，首先利用 EBSD 系统采集样品表面的取向数据；然后倾转样品至适合 FIB 加工的角度（EBSD 和 FIB 一般要求样品具有不同的倾角），利用 FIB 精确移除一定厚度的样品；接着把样品倾转回 EBSD 分析的角度，重新进行 EBSD 数据采集。重复这个过程可以获得一系列不同厚度位置的二维取向数据。校准和对齐这些二维取向数据即可构造出三维晶体取向图。借助自动化控制，国外已有研究组实现全自动的三维 FIB-EBSD 分析。图 8-19 给出了剧烈塑性变形和 650℃热处理的超细晶 Cu-0.17wt% Zr 样品的三维 EBSD 分析结果。图 8-19（a）为三维取向图，颜色代表平行挤压变形方向的晶向。据此可进一步分析晶界特性分布，特别是晶界法线在晶体空间的取向分布，如图 8-19（b）所示。可以看出，有相当数量的晶界平行于(1 1 1)晶面。结合晶界两侧晶粒取向分析，可确定这些晶界为共格孪晶界。

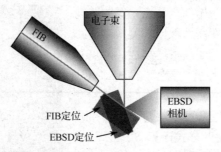

图 8-18　利用聚焦离子束（FIB）和 EBSD 确定三维取向图

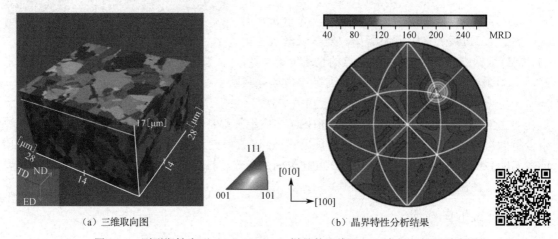

（a）三维取向图　　　　　　　　　　　（b）晶界特性分析结果

图 8-19　剧烈塑性变形 Cu-0.17wt% Zr 样品的三维 EBSD 表征（扫码看彩图）

本章小结

电子背散射衍射（EBSD）是利用扫描电镜中非弹性背散射电子的菊池衍射效应分析晶体结构和取向的技术。本章主要介绍了 EBSD 的基本原理、硬件系统结构、菊池衍射谱标定和晶体取向确定的基本原理、EBSD 分辨率及其影响因素等内容，并分析了 EBSD 几个典型应用案例。本章主要内容小结如下。

1）基本原理 { 菊池衍射原理
非弹性背散射电子
样品70°倾转：增强衍射谱强度

2）EBSD系统 { 基本组成 { 扫描电镜
图像采集设备：EBSD磷屏探头
软件系统：控制软件及应用软件
工作模式：样品台扫描模式、电子束扫描模式

3）菊池带
分析
┌ 菊池带的识别：Hough变换
│ 菊池带对应晶面的标定：晶面夹角计算及比对
│ 晶体取向确定
│　　┌ 坐标系变换：样品坐标系；显微镜坐标系；衍射谱坐
│　　│　标系；晶体坐标系
└　　└ 根据衍射谱坐标系和晶体坐标系晶向或晶面对应关系
　　　　确定旋转矩阵

4）分辨率
┌ 电子束作用体积
│ 水平分辨率、垂直分辨率
│ 影响因素
│　　┌ 材料
│　　│ 样品几何位置
│　　│ 加速电压
│　　│ 电子束流
└　　└ 衍射花样清晰度

5）应用
┌ 取向衬度成像：利用取向数据绘制晶粒形貌
│ 织构分析：微区分析；直接获得三维取向信息；高度定量；分析简便
│ 晶粒取向差及晶界特性分析：小角晶界、大角晶界、特殊晶界
│ 物相鉴定：结合EDS，确定物相及其空间分布
│ 晶格缺陷分析：区分再结晶与变形区
└ 三维取向成像：晶粒三维形状和界面特性分析

思考题

8.1　简述菊池线形成的几何原理。

8.2　简述透射电镜的透射菊池衍射和扫描电镜 EBSD 的区别。

8.3　相对于 X 射线衍射和透射电镜的选区电子衍射，扫描电镜 EBSD 在确定晶体取向上具有哪些优势？

8.4　简述 EBSD 实验参数如何影响其分辨率。

8.5　简述 EBSD 的织构分析与 X 射线衍射织构分析的区别。

第9章 扫描电子显微镜及电子探针分析技术

扫描电子显微镜（Scanning Electron Microscope，SEM）分析技术是将电子束聚焦后以扫描的方式作用于样品，产生一系列物理信息，收集其中的二次电子或背散射电子，经处理后获得样品表面形貌的放大图像，从而进行分析的技术。扫描电子显微镜是继透射电镜之后发展起来的一种电子显微镜，简称扫描电镜。扫描电镜的原理是由德国人 M Knoll 于 1935 年提出的，并进行了大量的试验工作。M V Ardenne 于 1938 年利用电子束照射薄膜样品，用感光片记录透过样品的电子束形成样品图像，制成了第一台透射扫描电镜。1942 年，V K Zworykin 等人采用电子束照射厚样品，检测反射电子得到样品的扫描像。1965 年后，扫描电镜便以商品形式出现，并获得了迅猛发展。扫描电镜具有以下特点。

（1）分辨本领强。其分辨率可达 1nm 以下，介于光学显微镜的极限分辨率（200nm）和透射电镜的分辨率（0.1nm）之间。

（2）有效放大倍率高。光学显微镜的最大有效放大倍率为 1000 倍左右，透射电镜为几百到 80 万倍，而一般扫描电镜可从数十倍到 20 万倍，且一旦聚焦后，可以任意改变放大倍率，无须重新聚焦。

（3）景深大。其景深比透射电镜高一个量级，可直接观察各种如拉伸、挤压、弯曲等断口形貌及松散的粉体样品，得到的图像富有立体感；通过改变电子束的入射角度，可对同一视野进行立体观察和分析。

（4）制样简单。对于金属等导电样品，在电镜样品室许可的情况下可以直接进行观察分析，也可对样品进行表面抛光、腐蚀处理后再进行观察；对于一些陶瓷、高分子等不导电的样品，需在真空镀膜机中镀一层金膜后再进行观察。

（5）电子损伤小。扫描电镜的电子束直径一般为 3nm 至几十纳米，强度一般为 $10^{-11}\sim 10^{-9}$mA，电子束的能量较透射电镜的小，加速电压可以小到 0.5kV，并且电子束作用在样品上是动态扫描，并不固定，因此对样品的电子损伤小，污染也轻，这尤为适合高分子样品。

（6）可实现综合分析。扫描电镜中可以同时组装其他观察仪器，如波谱仪、能谱仪等，实现对样品的表面形貌、微区成分等方面的同步分析。

扫描电镜已成为当前分析材料最为有力的手段之一，特别是计算机、信息数字化技术在扫描电镜上的应用，使其应用范围进一步扩大，它除在材料领域得到广泛应用外，在其他领域如矿产、生物医学、物理学和化学等领域也得到了普遍应用。然而，目前我国的扫描电镜仍靠进口，20 世纪 80 年代我国曾经通过仿制制备了首台国产扫描电镜，虽然性能比不上同期的国外产品，但可通过不断改进、革新、完善，使之成为精品、成为品牌，然而因种种原因放弃了。坚持才能成功，创新才有未来！本章主要介绍扫描电镜的结构、原理、应用及其重要附件电子探针、扫描透射电镜。

9.1 扫描电镜的结构

扫描电镜主要由电子光学系统，信号检测和信号处理、图像显示和记录系统及真空系统三大系统组成。其中电子光学系统是扫描电镜的主要组成部分，其外形和结构原理如图 9-1 所示。

9.1.1　电子光学系统

扫描电镜的电子光学系统主要由电子枪、电磁透镜、光阑、扫描线圈、样品室等组成。其作用是产生一个细的扫描电子束，照射到样品上产生各种物理信号。为获得高的图像分辨率和较强的物理信号，要求电子束的强度高、直径小。

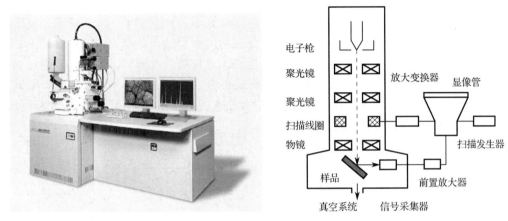

图 9-1　JEOL2100 型扫描电镜及其原理图

1. 电子枪

扫描电镜的电子枪与透射电镜的电子枪相似，只是加速电压没有透射电镜的高。透射电镜的加速电压一般在 100～200kV，而扫描电镜的加速电压相对要小，有时根据需要加速电压仅为 0.5kV 即可，电子枪的作用是产生束流稳定的电子束。与透射电镜一样，扫描电镜的电子枪也有两种类型：热发射型和场发射型。

2. 电磁透镜

扫描电镜中的电磁透镜均不是成像用的，它们只是将电子束斑（虚光源）聚焦缩小，由开始的 50μm 左右聚焦缩小到数纳米的细小斑点。电磁透镜一般有三个，前两个电磁透镜为强透镜，使电子束强烈聚焦缩小，故又称聚光镜。第三个电磁透镜（末级透镜）为弱透镜，除会聚电子束外，还能将电子束聚焦于样品表面。末级透镜的焦距较长，这样可保证样品台与末级透镜间有足够的空间，方便样品及各种信号检测器的安装。末级透镜又称物镜。作用在样品上的电子束斑直径愈小，相应的成像分辨率就愈高。若采用钨丝作阴极材料热发射，电子束斑经聚焦后可缩小到 6nm 左右，若采用六硼化镧作阴极材料热发射和场发射，电子束直径还可进一步缩小。

3. 光阑

每一级电磁透镜上均装有光阑，第一级、第二级电磁透镜上的光阑为固定光阑，作用是挡掉大部分的无用电子，使电子光学系统免受污染。第三级电磁透镜（物镜）上的光阑为可动光阑，又称物镜光阑或末级光阑，它位于透镜的上下极靴之间，可在水平面内移动以选择不同孔径（100μm、200μm、300μm、400μm）的光阑。末级光阑除具有固定光阑的作用外，还能使电子束入射到样品上的张角减小到 10^{-3}rad 左右，从而进一步减小电磁透镜的像差，增加景深，提高成像质量。

4. 扫描线圈

扫描线圈是扫描系统中的一个重要部件，它能使电子束发生偏转，并在样品表面有规则地扫描。扫描方式有光栅扫描和角光栅扫描两种，如图 9-2 所示。表面形貌分析时采用光栅扫描方式，如图 9-2（a）所示，此时电子束进入上偏置线圈时发生偏转，随后经下偏置线圈后再一次偏转，经过两次偏转的电子束会聚后通过物镜的光心照射到样品的表面。在电子束第一次偏转的同时带有一个逐行扫描的动作，扫描出一个矩形区域，电子束经第二次偏转后同样在样品表面扫描出相似的矩形区域。样品上矩形区域内各点受到电子束的轰击，发出各种物理信号，通过信号检测和信号放大等过程，在显示屏上反映出各点的信号强度，绘制出扫描区域的形貌图像。如果电子束经第一次偏转后，未进行第二次偏转，而是直接通过物镜折射到样品表面，这样的扫描方式称为角光栅扫描或摆动扫描，如图 9-2（b）所示。显然，上偏置线圈偏转的角度愈大，电子束在样品表面摆动的角度也就愈大。该种扫描方式应用很少，一般在电子通道花样分析中才被采用。

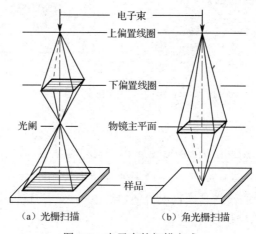

（a）光栅扫描　　　　　（b）角光栅扫描

图 9-2　电子束的扫描方式

5. 样品室

样品室中除样品台外，还要安置多种信号检测器和附件，因此样品台是一个复杂的组件，不仅能夹持住样品，还能使样品平移、转动、倾斜、上升或下降。目前，样品室已成了微型试验室，安装的附件可使样品升温、冷却，也可进行拉伸或疲劳等力学性能测试。

9.1.2　信号检测和信号处理、图像显示和记录系统

1. 信号检测和信号处理系统

信号检测和信号处理系统的作用是检测、放大转换电子束与样品发生作用所产生的各种物理信号，如二次电子、背散射电子、特征 X 射线、俄歇电子、透射电子等，形成用以调制图像或做其他分析的信号。不同的物理信号需要有不同的检测器来检测，二次电子、背散射电子、透射电子采用电子检测器进行检测，而特征 X 射线则采用 X 射线检测器进行检测。

扫描电镜上的电子检测器通常采用闪烁式计数器进行检测，其工作原理图如图 9-3 所示，基本过程是信号电子进入闪烁体后引起电离，当离子和自由电子复合后产生可见光，可见光

通过光导管送入光电倍增器，经放大后又转化成电流信号输出，电流信号经视频放大器放大后就成为调制信号。

　　扫描电镜上的特征 X 射线的检测一般采用分光晶体或 Si(Li)半导体探头进行，通过检测特征 X 射线的波长和能量，进行样品微区的成分分析，检测器的结构和原理将在电子探针中介绍。

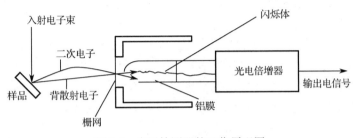

图 9-3　电子检测器的工作原理图

2．图像显示和记录系统

　　该系统由图像显示和记录两部分组成，主要作用是将信号检测和信号处理系统输出的调制信号转换为荧光屏上的图像，供观察或照相记录。由于扫描样品的电子束与显像管中的电子束同步，荧光屏上的每一个亮点是由样品上被激发出来的信号强度来调制的，当样品上各点的状态不同时，所产生的信号强度也就不同，这样在荧光屏上就能显示出一幅反映样品表面状态的电子显微图像。

　　随着计算机技术的发展与运用，图像的记录已多样化，除照相外还可复制、存储及做其他多种处理。

9.1.3　真空系统

　　真空系统的主要作用是提高灯丝的使用寿命，防止极间放电和样品在观察中受到污染，保证电子光学系统的正常工作，镜筒内的真空度一般要求在 $1.33 \times 10^{-3} \sim 1.33 \times 10^{-2}$ Pa。

9.2　扫描电镜的主要性能参数

　　扫描电镜的主要性能参数有分辨率、放大倍率和景深等。

9.2.1　分辨率

　　分辨率是扫描电镜的主要性能指标。微区成分分析时，表现为能分析的最小区域；而形貌分析时，则表现为能分辨两点间的最小距离。影响分辨率的主要因素如下。

1．电子束直径

　　电子束直径愈小，扫描电镜的分辨率就愈高。电子束直径主要取决于电子光学系统，特别是电子枪的种类，钨丝热发射型电子枪的分辨率为 3.5～6nm，六硼化镧热发射型电子枪的分辨率约为 3nm；而钨丝场发射（冷场）型电子枪的分辨率为 1nm 左右，最高的已达 0.5nm。

2. 信号的种类

不同的信号，其调制后所成像的分辨率也不同。此时的分辨率与样品中产生该信号的广度直径相当，如以二次电子为调制信号，因二次电子的能量小（<50eV），在固体中的平均自由程短，仅为 1～10nm，故检测到的二次电子只能来自样品的浅表层（5～10nm），入射电子束进入样品浅表层时，尚未扩展开来，因而可以认为检测到的二次电子主要来自样品中直径与束斑直径相当的圆柱体内。因为束斑直径就是一个成像检测单元的大小，所以二次电子的分辨率相当于束斑的直径。由于扫描电镜是用二次电子为调制信号进行成像分析的，因此，扫描电镜的分辨率一般以二次电子的分辨率来表征。由图 5-3 可知，电子束与物质作用后，各种信号所产生的深度与广度均不相同。背散射电子由于其能量大，产生于样品中的深度和广度也较大，因此，以背散射电子为调制信号成像时的分辨率就远低于二次电子的分辨率，一般为 50～200nm。

3. 原子序数

随着样品的原子序数增大，电子束进入样品后的扩散深度变浅，但扩散广度增大，作用区域不再是像轻元素的倒梨状，而是半球状的。因此，在分析重元素时，即使电子束斑的直径很小，也不能达到高的分辨率，此时，二次电子的分辨率明显下降，与背散射电子分辨率的差距也明显变小。因此，检测部位的原子序数也是影响分辨率的重要因素。

4. 其他因素

除以上三个主要因素外，信噪比、机械振动、磁场条件等因素也影响扫描电镜的分辨率。噪声干扰会造成图像模糊；机械振动会引起束斑漂移；杂散磁场的存在将改变二次电子的运行轨迹，降低图像质量。

9.2.2　放大倍率

扫描电镜填补了光学显微镜和透射电镜之间的空隙。当电子束在样品表面做光栅扫描时，扫描电镜的放大倍率 M 为荧光屏上阴极射线的扫描幅度 A_C 与样品上的同步扫描幅度 A_S 之比，即 $M = \dfrac{A_C}{A_S}$。

由于荧光屏上的扫描幅度 A_C 固定，如果减小扫描偏置线圈中的电流，电子束的偏转角度减小，在样品上的同步扫描幅度 A_S 变小，这样就可增大放大倍率，反之，则减小放大倍率。因此，扫描电镜的放大倍率是可以通过调节扫描线圈中的电流来实现的，并可连续调节。

目前，一般扫描电镜的放大倍率为数十至 20 万倍，场发射的放大倍率更高，高达 60 万～80 万倍，S-5200 型甚至可达 200 万倍，因而，扫描电镜的放大倍率完全可以满足各种样品的观察需要。

9.2.3　景深

由 3.5 节可知，透镜的景深是指保证图像清晰的条件下，物平面可以移动的轴向距离。其大小为

$$D_f = \frac{2r_0}{\tan \alpha} \approx \frac{2r_0}{\alpha} \tag{9-1}$$

式中，r_0 为透镜的分辨率，α 为孔径半角。很显然，景深主要取决于透镜的分辨率和孔径半角。由于扫描电镜中的末级焦距较长，其孔径半角很小，一般在 10^{-3}rad 左右，因此，扫描电镜的景深较大，比一般光学显微镜的景深大 100～500 倍，比透射电镜的景深大 10 倍左右。由于景深大，扫描电镜的成像富有立体感，特别是对粗糙表面，如断口、磨面等，光学显微镜因景深小无能为力，透射电镜由于制样困难，观察表面形貌必须采用复型样品，且难免有假象，而扫描电镜则可清晰成像、直接观察。因此，扫描电镜是断口分析的最佳设备。

9.3　表面成像衬度

由于样品表面各点的状态不同，因而电子束作用后产生的各种物理信号的强度也就不同，当采用某种电子信号为调制信号成像时，其阴极射线管上相应的各部位将出现不同的亮度，该亮度的差异即形成了具有一定衬度的某种电子图像。表面成像衬度实际上就是图像上各像单元的信号强度差异。用作调制图像的电子信号主要有背散射电子和二次电子。电子信号不同，其产生图像的衬度也不同。扫描电镜常采用二次电子调制成像。下面分别介绍二次电子和背散射电子的成像衬度。

9.3.1　二次电子成像衬度

二次电子主要用于分析样品的表面形貌。入射电子束作用于样品后，在样品上方检测到的二次电子主要来自样品的表层（5～10nm），当深度大于 10nm 时，因二次电子的能量低（<50eV）、扩散程短，无法达到样品表面，只能被样品吸收。二次电子的产额与样品的原子序数没有明显关系，但对样品的表面形貌非常敏感。二次电子可以形成成分衬度和形貌衬度。

1. 成分衬度

二次电子的产额对原子序数不敏感，在原子序数大于 20 时，二次电子的产额基本不随原子序数而变化，但背散射电子对原子序数敏感，随着原子序数的增加，背散射电子额增加。在背散射电子穿过样品表层（<10nm）时，将激发产生部分二次电子，此外，二次电子检测器也将接收能量较低（<50eV）的部分背散射电子，这样二次电子的信号强弱在一定程度上也就反映了样品中原子序数的变化情况，因而也可形成成分衬度。但由于二次电子的成分衬度非常弱，远不如背散射电子形成的成分衬度，故一般不用二次电子信号来研究样品中的成分分布，且在成像衬度分析时予以忽略。

2. 形貌衬度

当样品表面的状态不同时，二次电子的产额也不同，用其调制成形貌图像时的信号强度也就存在差异，从而形成反映样品表面状态的形貌衬度。如图 9-4 所示，当入射电子束垂直于平滑的样品表面时，即 $\theta=0°$ 时，此时产生二次电子的体积最小，产额最少；当样品倾斜时，此时入射电子束穿入样品的有效深度增加，激发二次电子的有效体积也随之增加，二次电子的产额增多。显然，倾斜程度愈大，二次电子的产额也就愈大。二次电子的产额直接影响了调制信号的强度，从而使得荧光屏上产生与样品表面形貌相对应的电子图像，即形成二次电子的形貌衬度，图 9-5 表示样品表面 4 个区域 A、B、C、D，相对于入射电子束的倾斜程度依次为 C>A=D>B，则二次电子的产额 $i_C>i_A=i_D>i_B$，这样在荧光屏上产生的图像 C 处最亮，A、D 次之，B 处最暗。

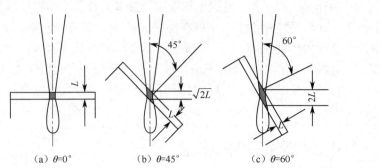
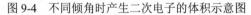

（a）$\theta=0°$　　　　（b）$\theta=45°$　　　　（c）$\theta=60°$

图 9-4　不同倾角时产生二次电子的体积示意图

图 9-5　二次电子的形貌衬度示意图

9.3.2　背散射电子成像衬度

背散射电子是指被固体样品中的原子核反弹回来的一部分入射电子，包括弹性背散射电子和非弹性背散射电子两种。弹性背散射电子是指被原子核反弹回来，基本没有能量损失的入射电子，散射角（散射方向与入射方向间的夹角）大于 90°，能量高达数千至数万电子伏，而非弹性背散射电子由于能量损失，甚至经多次散射后才反弹出样品表面，故非弹性背散射电子的能量范围较宽，从数十至数千电子伏。由于背散射电子来自样品表层数百纳米深的范围，因此其中弹性背散射电子的数量远比非弹性背散射电子多。背散射电子的产额主要与样品的原子序数和表面形貌有关，其中原子序数最为显著。背散射电子可以用来调制多种衬度，主要有成分衬度、形貌衬度等。

1. 成分衬度

背散射电子的产额对原子序数十分敏感，其产额随着原子序数的增加而增加，特别是在原子序数 $Z<40$ 时，这种关系更为明显，因而在样品表面原子序数高的区域，产生的背散射电子信号愈强，图像上对应部位的亮度就愈亮，反之则较暗，这就形成了背散射电子的成分衬度。

2. 形貌衬度

背散射电子的产额与样品表面的形貌状态有关，当样品表面的倾斜程度、微区的相对高度变化时，其背散射电子的产额也随之变化，因而可形成反映表面状态的形貌衬度。

当样品为粗糙表面时，背散射电子像中的成分衬度往往被形貌衬度掩盖，两者同时存在，均对像衬度有贡献。当既要对一些样品进行形貌分析又要进行成分分析时，可采用两个对称分布的检测器同时收集样品上同一点处的背散射电子，然后输入计算机进行处理，分别获得放大的形貌信号和成分信号，并避免形貌衬度与成分衬度之间的干扰。图 9-6 为这种背散射电子的检测示意图。A 和 B 为一对半导体 Si 检测器，对称分布于入射电子束的两侧，分别从两对称方向收集样品上同一点的背散射电子。当样品表面平整（无形貌衬度），但成分不均，对其进行成分分析时，A、B 两检测器收集到的信号强度相同，如图 9-6（a）所示，当两者相加（A+B）时，信号强度放大一倍，形成反映样品成分的电子图像；当两者相减（A-B）时，强度为一水平线，表示样品表面平整。当样品表面粗糙不平，但成分一致，对其进行形貌分析时，如图 9-6（b）所示，如图中位置 P，倾斜面正对检测器 A，背向检测器 B，则检测器 A 收集到的电子信号就强，检测器 B 收集到的信号就弱。当两者相加（A+B）时，信号强度为一水平线，产生样品成分像；当两者相减（A−B）时，信号放大产生形貌像。当样品既成分不均，又表面粗糙时，仍然是两者相加为成分像，两者相减为形貌像。

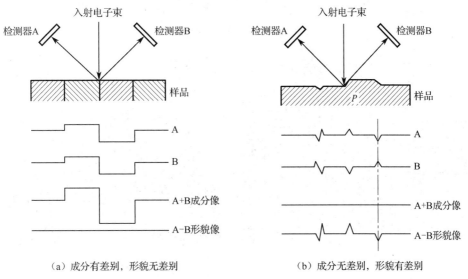

（a）成分有差别，形貌无差别　　　　　　　（b）成分无差别，形貌有差别

图 9-6　半导体 Si 对检测器的工作原理图

需要指出的是，二次电子和背散射电子成像时，形貌衬度和成分衬度两者都存在，均对像衬度有贡献，只是两者贡献的大小不同。二次电子成像时，像衬度主要取决于形貌衬度，而成分衬度微乎其微；而背散射电子成像时，两者均可有重要贡献，并可分别形成形貌像和成分像。

9.4　二次电子衬度像的应用分析

二次电子衬度像的应用非常广泛，已成了显微分析最为有用的手段之一。由于其景深大，特别适用于各种断口形貌的观察分析，成像清晰、立体感强，并可直接观察，无须重新制样，这是其他设备都无法比的，此外，还可对样品的表面形态（组织）、磨面形貌及断裂过程进行记录和原位观察分析。

1. 表面形态（组织）观察

图 9-7 为高熵合金 FeCrNiCu 的组织形貌，枝晶非常规则清晰。图 9-8 为 Al-TiO$_2$-B$_2$O$_3$ 反应体系反应产生（α-Al$_2$O$_3$+TiB$_2$）/Al 复合材料的组织形貌，此时白色的α-Al$_2$O$_3$ 和灰色的 TiB$_2$ 颗粒清晰可辨，两者尺寸细小、分布均匀。图 9-9 为内生型 TiC 与石墨晶须复合增强的 FeCoNiCu 高熵合金基复合材料的组织形貌，晶须清晰可见，TiC 颗粒为方形，均匀分布。图 9-10 为 TiB$_2$ 颗粒溶入α-Al$_2$O$_3$ 中的组织形貌，可见运用扫描电镜的二次电子成像原理可以清晰观察显微组织，特别是复合材料中增强体的大小、形貌、分布规律，并且各种增强体之间的相互关系和增强体与基体之间的界面等均可清晰显示，这为复合材料的进一步研究提供了可靠的理论依据。

2. 断口形貌观察

图 9-11 为（α-Al$_2$O$_3$+Al$_3$Zr）/Al 复合材料的拉伸断口，清晰可见 Al$_3$Zr 块发生了解理断裂；

而图 9-12 为（α-Al$_2$O$_3$+TiB$_2$）/Al 复合材料的拉伸断口，有大量韧窝出现，有的韧窝中还留有增强体颗粒。图 9-13 为（α-Al$_2$O$_3$+Al$_3$Ti）/Al 复合材料高温拉伸时，Al$_3$Ti 棒断裂后的形貌，Al$_3$Ti 发生层状碎裂。图 9-14 为纯铝液在真空状态下的生长形貌。可见，扫描电镜进行断口二次电子成像时，图像的立体感强，较深处的组织形态仍清晰可见。

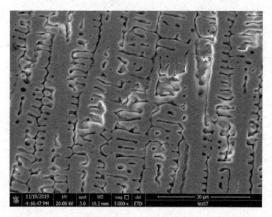

图 9-7　高熵合金 FeCrNiCu 的组织形貌

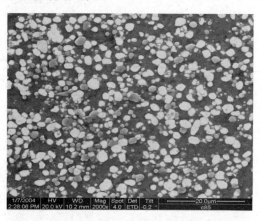

图 9-8　（α-Al$_2$O$_3$+TiB$_2$）/Al 复合材料的组织形貌

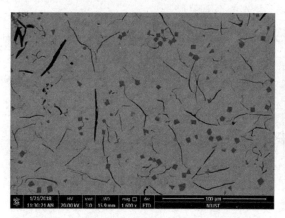

图 9-9　5vol%(TiC+G$_W$)/FeCoNiCu 的组织形貌

图 9-10　TiB$_2$ 颗粒溶入α-Al$_2$O$_3$ 中的组织形貌

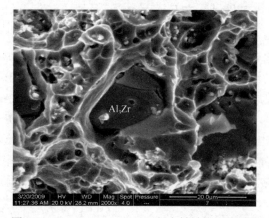

图 9-11　（α-Al$_2$O$_3$+Al$_3$Zr)/Al 复合材料的拉伸断口

图 9-12　（α-Al$_2$O$_3$+TiB$_2$)/Al 复合材料的拉伸断口

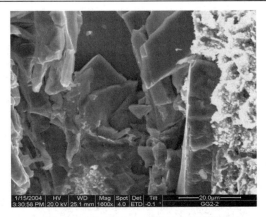

图 9-13　拉伸时 Al_3Ti 组织碎裂形貌

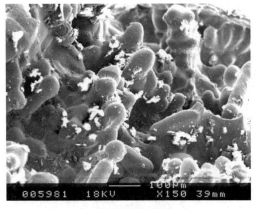

图 9-14　纯铝液生长形貌

3. 磨面观察

图 9-15 为(α-Al_2O_3+Al_3Ti)/Al 复合材料的磨面形貌，磨面产生大量犁沟和磨粒。图 9-16 则为 N7-2 耐磨钢磨面的纵剖面，从图中可看出其亚表层组织在滑动方向上的分布形貌。

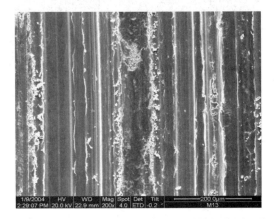

图 9-15　(α-Al_2O_3+ Al_3Ti)/Al 复合材料的磨面形貌

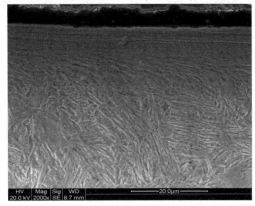

图 9-16　N7-2 耐磨钢磨面的纵剖面

9.5　背散射电子衬度像的应用分析

运用背散射电子进行形貌分析时，由于其成像单元较大，分辨率远低于二次电子，因此，一般不用它来进行形貌分析。背散射电子主要用于成分分析，通过成分衬度像可以方便地看到不同元素在样品中的分布情况，也可结合二次电子像（成分像），定性地分析和判断样品中的物相。

图 9-17 为 Ni 基高温合金组织的背散射电子的成分衬度像，图中高原子序数的 Hf 元素明显偏析到晶界的共晶相中，用能谱分析可进一步得到证实。图 9-18 为 NiTiSi 激光熔铸组织背散射电子的成分衬度像，从图中不同区域的衬度差别可以看出，材料的成分分布不均匀，其组织主要由三种不同成分的相组成，结合能谱分析，可以方便地给出三种相的种类。图 9-19 为合金中同一部位的二次电子像和背散射电子像，背散射电子像中的界面更加清晰。

 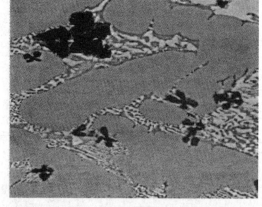

图 9-17　Ni 基高温合金组织的背散射电子的成分衬度像　　图 9-18　NiTiSi 激光熔铸组织背散射电子的成分衬度像

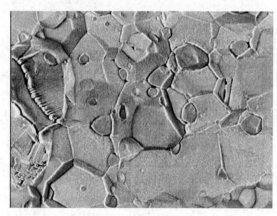 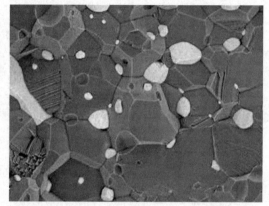

（a）二次电子像　　　　　　　　　　　　　　　　（b）背散射电子像

图 9-19　合金中同一部位的二次电子像和背散射电子像

　　在使用扫描电镜进行成像分析时，要注意以下两点：①样品表面的荷电现象。当样品为导体时，入射电子束产生的电荷可以通过样品接地而导走，不存在荷电现象，但在非导体样品（陶瓷、高分子等）中，会产生局部荷电，使二次电子像的衬度过大，荷电处亮度过高，影响观察和成像质量，如图 9-20 所示，为此需对非导体样品表面喷金或喷碳处理，一般喷涂厚度

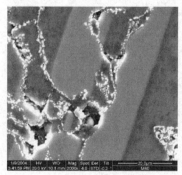

图 9-20　表面荷电现象

为 10～100nm。涂层虽然解决了样品荷电问题，但掩盖了样品表面的真实形貌，因此，在使用扫描电镜观察时，尽量不做喷涂处理，荷电严重时可通过减小工作电压，一般在工作电压小于 1.5kV 时，就可基本消除荷电现象，但分辨率下降。②样品损伤和污染。尤其是高分子材料和生物材料在使用扫描电镜观察时，易被电子束损伤，此外真空中游离的碳还会污染样品。随着放大倍率的提高，电子束直径变细，作用范围减小，作用区域热量积累，温度升高，样品损伤加大，污染加重，为此，需要适当减小放大倍率，在低倍率下可放心观察，或采用低加速电压扫描电镜进行观察。

9.6　扫描电镜下的原位拉伸

扫描电镜中采用的特制原位拉伸装置如图 9-21 所示，可对样品进行原位拉伸试验，以观察样品在拉伸过程中裂纹核的形成、扩展直至样品断裂的全过程，从而分析材料的断裂机制。图 9-22 为高熵合金 $MnFeCoNi_{0.5}Cu$ 变形时裂纹扩展过程的 SEM 照片。在应变量为 35%时，合金表面不再光滑，出现浮凸，产生吕德斯带，表明合金具有良好的变形能力，如图 9-22（a）所示。在应变量为 40%时，样品开始颈缩，样品表面出现不同方向的滑移带，如图 9-22（b）所示。随着应变量的进一步增加，颈缩更加明显，不同方向的滑移带增多并缠结，可能是由于晶粒取向的不同和晶粒形状的改变导致了局部剪切应力的不同，如图 9-22（c）所示。当应变量达到 42.5%时，在滑移带交结处出现裂纹核并沿滑移带方向扩展直至断裂，如图 9-22（d）所示。

图 9-21　扫描电镜中的原位拉伸装置

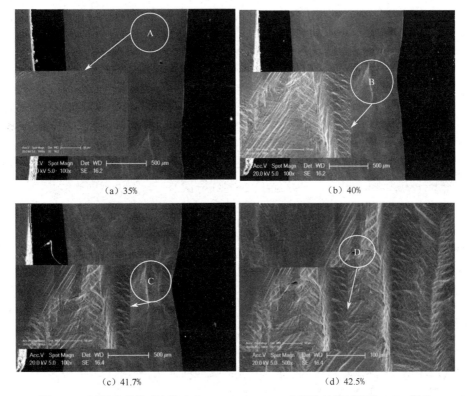

（a）35%　　　　　　　　　　　　（b）40%

（c）41.7%　　　　　　　　　　　　（d）42.5%

图 9-22　不同应变量时高熵合金 $MnFeCoNi_{0.5}Cu$ 中裂纹扩展过程的 SEM 照片

9.7 电子探针

电子探针是一种利用电子束作用于样品后产生的特征 X 射线进行微区成分分析的仪器，其结构与扫描电镜基本相同，所不同的只是电子探针检测的是特征 X 射线，而不是二次电子或背散射电子，因此，电子探针可与扫描电镜融为一体，在扫描电镜的样品室配置检测特征 X 射线的谱仪，即可形成多功能综合分析仪器，实现微区形貌、成分的同步分析。当谱仪用于检测特征 X 射线的波长时，称为电子探针波谱仪（WDS），当谱仪用于检测特征 X 射线的能量时，则称为电子探针能谱仪（EDS）。当然，电子探针也可与透射电镜融为一体，进行微区结构和成分的同步分析。

9.7.1 电子探针波谱仪

电子探针波谱仪与扫描电镜的不同之处主要在于检测器采用的是波谱仪，波谱仪是通过晶体对不同波长的特征 X 射线进行展谱、鉴别和测量的，主要由分光系统和信号检测记录系统组成。

1. 分光系统

分光系统的主要器件是分光晶体，其工作原理如图 9-23 所示。

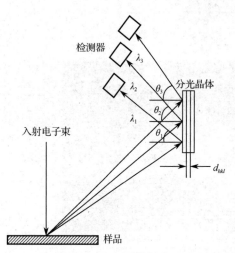

图 9-23 分光晶体工作原理图

当入射电子束作用于样品后，样品上方产生的特征 X 射线类似于点光源并向四周发射，由莫塞莱公式可知，不同原子将产生不同波长的特征 X 射线，而分光晶体为已知晶面间距 d_{hkl} 的平面单晶体，不同波长的特征 X 射线作用于样品后，根据布拉格方程 $2d\sin\theta=\lambda$ 可知，只有那些特定波长的特征 X 射线作用后方能在特定的方向上产生衍射。若面向衍射束方向安置一个接收器，便可记录不同波长的特征 X 射线。显然，分光晶体起到了将含有不同波长的入射特征 X 射线按波长的大小依次分散、展开的作用。

显然，平面单晶体可以将样品产生的多种波长的特征 X 射线分散展开，但由于同一波长的特征 X 射线从样品表面以不同的方向发射出来，作用于平面分光晶体后，仅有满足布拉格角的入射线才能产生衍射，被检测器检测到，因此，对某一波长的的特征 X 射线的收集效率非常的低。为此，需对分光晶体进行适当的弯曲，以聚焦同一波长的特征 X 射线。根据弯曲程度的差异，通常有约翰（Johann）和约翰逊（Johannson）两种分光晶体。两种分光晶体分别如图 9-24（a）和 9-24（b）所示。约翰（Johann）分光晶体的弯曲曲率半径为聚焦圆的直径，此时，从点光源发射的同一波长的特征 X 射线，射到晶体上的 A、B、C 点时，可以认为三者的入射角相同，这样三者均满足衍射条件，聚焦于 D 点附近，从图中可以看出，衍射束并不能完全聚焦于 D 点，仅是一种近似聚焦。另一种约翰逊（Johannson）分光晶体的曲率半径为聚焦圆的半径，此时从点光源发射来的同一波长的特征 X 射线，衍射后可完全聚焦于 D 点，又称之为完全聚焦法。

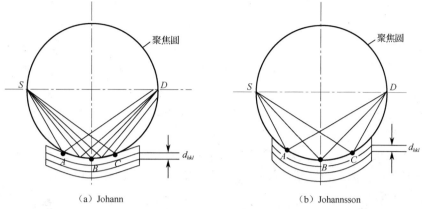

(a) Johann　　　　　　　　　　　(b) Johannsson

图 9-24　两种分光晶体

需要指出的是，采用弯曲的分光晶体，特别是采用 Johannson 分光晶体后，虽可大大提高特征 X 射线的收集效率，但也不能保证所有的同一波长的特征 X 射线均能衍射后聚焦于 D 点，在垂直于聚焦圆平面的方向上仍有散射。此外，每种分光晶体的晶面间距 d 和反射晶面(hkl)都是固定的，分光晶体为曲面，聚焦圆实为聚焦球。

为了使特征 X 射线分光、聚焦，并被顺利检测，波谱仪在样品室中的布置形式通常有两种：直进式和回转式，图 9-25 即两种波谱仪的布置方式。

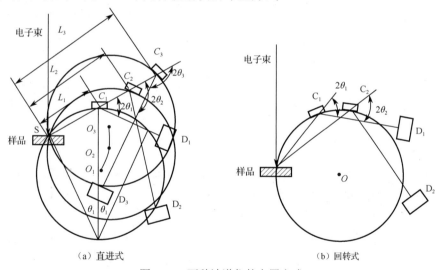

(a) 直进式　　　　　　　　　　　(b) 回转式

图 9-25　两种波谱仪的布置方式

直进式波谱仪如图 9-25（a）所示，特征 X 射线照射晶体的方向固定，其在样品中的路径基本相同，因此样品对特征 X 射线的吸收条件也就相同。分光晶体位于同一直线上，由聚焦几何可知，分光晶体直线移动时会发生相应的转动，在不同的 L 位置，可以收集不同波长的特征 X 射线。

直进式波谱仪中，发射源 S 及分光晶体 C 和检测器 D 三者位于同一聚焦圆上，分光晶体距发射源的距离 L、聚焦圆半径 R 及布拉格角 θ 存在以下关系：

$$L = 2R\sin\theta \tag{9-2}$$

L 可直接在仪器上读得，R 为常数，由 L 可算得布拉格角 θ，再由布拉格方程得到特征 X 射线的波长：

$$\lambda = 2d\sin\theta = 2d\frac{L}{2R} \tag{9-3}$$

显然，改变 L 即可检测不同波长的特征 X 射线，如果分光晶体在几个不同的位置上均收集到了特征 X 射线的衍射束，那么表明样品中含有几种不同的元素，且衍射束的强度与对应元素的含量成正比。

实际测量时，θ 一般在 $15°\sim65°$，$\sin\theta<1$，聚焦圆半径 R 为常数（20cm），故 L 的变化范围有限，一般仅为 $10\sim30$cm。目前，电子探针波谱仪的检测元素范围是原子序数为 4 的 Be 到原子序数为 92 的 U，为了保证顺利检测该范围内的每种元素，就必须选择具有不同晶面间距 d 的分光晶体，因此，直进式波谱仪一般配有多个分光晶体以供选择和使用。常用的分光晶体及特点见表 9-1。

表 9-1　常用的分光晶体及特点

分光晶体	化学式	反射晶面	晶面间距/nm	波长范围/nm	可测元素范围	反射率	分辨率
氟化锂	LiF	(200)	0.2013	$0.08\sim0.38$	K:20Ca~37Rb L:51Sb~92U	高	高
异戊四醇	$C_5H_{12}O_4$ （PET）	(002)	0.4375	$0.20\sim0.77$	K:14Si~26Fe L:37Rb~65Tb M:72Hf~92U	高	低
石英	SiO_2	$(10\bar{1}1)$	0.3343	$0.11\sim0.63$	K:16S~29Cu L:41Nb~74W M:80Hg~92U	高	高
邻苯二甲酸氢铷	$C_8H_5O_4Rb$ （RAP）	$(10\bar{1}0)$	1.3061	$5.8\sim2.3$	K:9F~15P L:24Cr~40Zr M:57La~79Au	中	中
硬脂酸铅	$(C_{14}H_{27}O_2)_2Pb$ （STE）	—	5	$22\sim88$	K:5B~8O L:20Ca~23V	中	中

回转式分光晶体的工作原理如图 9-25（b）所示。此时，分光晶体在一个固定的聚焦圆上移动，而检测器与分光晶体的转动角速度比为 2:1，以保证满足布拉格方程。检测器在同一聚焦圆上的不同位置即可检测不同波长的特征 X 射线。相对于直进式波谱仪，回转式波谱仪结构简单，但因特征 X 射线来自样品的不同方向，特征 X 射线在样品中的路径就各不相同，被样品吸收的条件也不一致，这就可能导致分析结果产生较大误差。

2. 信号检测记录系统

信号检测记录系统类似于 X 射线衍射仪中的检测记录系统，主要包括检测器和分析电路。该系统的作用是将分光晶体衍射而来的特征 X 射线接收、放大并转换成电压脉冲信号进行计数，通过计算机处理后以图谱的形式记录或输出，实现对成分的定性和定量分析。

常见的检测器有气流式正比计数管、充气正比计数管和闪烁式计数管等。一个 X 光子经过检测器后将产生一次电压脉冲。

9.7.2　电子探针能谱仪

电子探针能谱仪是通过检测特征 X 射线的能量，来确定样品微区成分的。此时的检测器是能谱仪，它将检测到的特征 X 射线按其能量进行展谱。电子探针能谱仪可作为扫描电镜或透射电镜的附件，与主件共同使用电子光学系统。电子探针能谱仪主要由检测器和分析电路组成。检测器是能谱仪中的核心部件，主要由半导体探头、前置放大器、场效应晶体管等组成，而分析电路主要由计算机、打印机等组成。其中半导体探头决定能谱仪的分辨率，是检测器的关键部件。图 9-26 即 Si(Li)半导体探头的能谱仪工作原理框图。

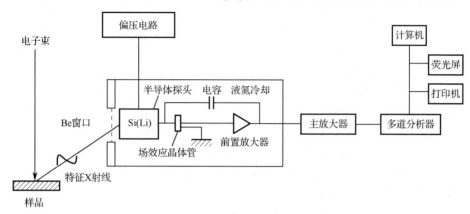

图 9-26　Si(Li)半导体探头的能谱仪工作原理框图

探头为 Si(Li)半导体，本征半导体具有高电阻、低噪声等特性，然而，实际上 Si 半导体中，由于杂质的存在，会使其电阻率降低，为此向 Si 晶体中注入 Li 原子。Li 原子半径小，仅为 0.06nm，电离能低，易放出价电子，中和 Si 晶体中杂质的影响，从而形成 Si(Li)锂漂移硅半导体探头。当电子束作用于样品后，产生的特征 X 射线通过 Be 窗口进入 Si(Li)半导体探头。Si(Li)半导体的原理是 Si 原子吸收一个 X 光子后，便产生一定量的电子-空穴对，产生一对电子-空穴对所需的最低能量 ε 是固定的，为 3.8eV，因此，每个 X 光子能产生的电子-空穴对的数目 N 取决于 X 光子所具有的能量 E，即 $N=\dfrac{E}{\varepsilon}$。这样 X 光子的能量愈高，其产生的电子-空穴对的数目 N 就愈大。利用加在 Si(Li)半导体晶体两端的偏压收集电子-空穴对，经前置放大器放大处理后，形成一个电荷脉冲，电荷脉冲的高度取决于电子-空穴对的数目，即 X 光子的能量，从探头中输出的电荷脉冲，再经过主放大器处理后形成电压脉冲，电压脉冲的大小正比于 X 光子的能量。电压脉冲进入多道分析器后，由多道分析器依据电压脉冲的高度进行分类、统计、存储，并将结果输出。多道分析器本质上是一个存储器，拥有许多（一般有 1024 个）存储单元，每个存储单元为一个设定好地址的通道，与 X 光子能量成正比的电压脉冲按其高度的大小分别进入不同的存储单元，对于一个拥有 1024 个通道的多道分析器来说，其可测的能量范围分别为 0～10.24keV、0～24.48keV 和 0～48.96keV，实际上 0～10.24keV 能量范围就能完全满足检测周期表上所有元素的特征 X 射线。经过多道分析器后，特征 X 射线以其能量的大小在存储器中进行排队，每个通道记录下该通道中所进入特征 X 射线的数目，再将存储的结果通过计算机输出设备以谱线的形式输出，此时横轴为通道的地址，对应于特征 X 射线的能量，纵轴为特征 X 射线的数目（强度），由该谱线可进行定性和定量分析。图 9-27（a）和图 9-27（b）分别为电子探针能谱图和波谱图。

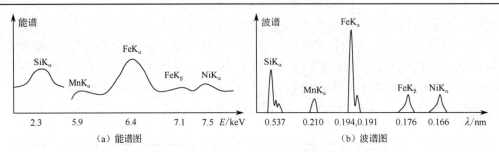

图 9-27 电子探针能谱图及波谱图

9.7.3 能谱仪与波谱仪的比较

能谱仪与波谱仪相比的优点和缺点如下。

1. 优点

（1）检测效率高。Si(Li)半导体探头可靠近样品，特征 X 射线直接被收集，不必通过分光晶体的衍射，故检测效率高，甚至可达 100%，而波谱仪仅有 30%左右。为此，能谱仪可采用小束流，空间分辨率高达纳米级，而波谱仪需采用大束流，空间分辨率仅为微米级，此外大束流还会引起样品和镜筒的污染。

（2）灵敏度高。Si(Li)半导体探头对特征 X 射线的检测率高，使能谱仪的灵敏度高于波谱仪一个量级。

（3）分析效率高。能谱仪可同时检测分析点内所有能测元素所产生的特征 X 射线的特征能量，所需时间仅为几分钟；而波谱仪则需逐个测量每种元素的特征波长，甚至还要更换分光晶体，需要耗时数十分钟。

（4）能谱仪的结构简单，使用方便，稳定性好。能谱仪没有聚焦圆，没有机械传动部分，对样品表面也没有特殊要求，而波谱仪则需样品表面为抛光状态，便于聚焦。

2. 缺点

（1）能量分辨率低。能谱仪的谱线峰宽，易于重叠，失真大，能量分辨率一般为 145～150eV，而波谱仪的能量分辨率可达 5～10eV，谱峰失真很小。

（2）能谱仪的 Be 窗口影响对超轻元素的检测。一般在 Be 窗时，检测范围为 $11Na～92U$；仅在超薄窗时，检测范围为 $4Be～92U$。

（3）维护成本高。Si（Li）半导体探头工作时必须保持低温，需设专门的液氮冷却系统。

总之，波谱仪与能谱仪各有千秋，应根据具体对象和要求进行合理选择。

9.8 电子探针分析及应用分析

电子探针分析主要包括定性分析和定量分析，定性分析又分为点、线、面三种分析形式。

9.8.1 定性分析

1. 点分析

将电子束作用于样品上的某一点，波谱仪分析时改变分光晶体和检测器的位置，收集分析点的特征 X 射线, 由特征 X 射线的波长判定分析点所含的元素; 采用能谱仪工作时, 几分钟内可获得分析点的全部元素所对应特征 X 射线的谱线, 从而确定该点所含有的元素及其相对含量。

图 9-28 为 Al-TiO₂ 反应体系热爆反应结果的 SEM 图及棒状物和颗粒的 EDS 图, 由能谱分析可知棒状物为 Al_3Ti, 颗粒为 Al_2O_3。需指出的是, 能谱分析只能给出组成元素及它们之间的原子比, 而无法知道其结构。如 Al_2O_3 有 α、β、γ 等多种结构, 能谱分析给出颗粒组成元素为 Al 和 O, 且原子数比为 2:3, 组成了 Al_2O_3, 但无法知道它到底属于何种结构, 即原子如何排列, 此时需采用 X 射线衍射或透射电镜等手段来判定。

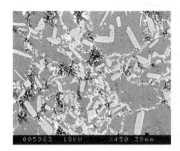
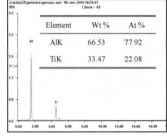
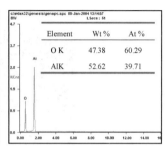

（a）反应结果显微组织SEM图　　　（b）棒状物EDS图　　　（c）颗粒EDS图

图 9-28　Al-TiO₂ 反应体系热爆反应结果的 SEM 图及棒状物和颗粒的 EDS 图

2. 线分析

将电子探针中的谱仪固定于某一位置, 该位置对应于某一元素特征 X 射线的波长或能量, 然后移动电子束, 在样品表面沿着设定的直线扫描, 便可获得该种元素在设定直线上的浓度分布曲线。改变谱仪位置, 则可获得另一种元素的浓度分布曲线。图 9-29 为 Al-Mg-Cu-Zn 铸态组织线扫描分析的结果图, 可以清楚地看出, 主要合金元素 Mg、Cu、Zn 沿枝晶间呈周期性分布。

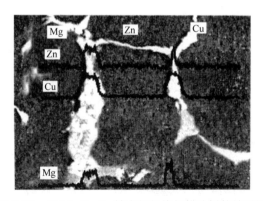

图 9-29　Al-Mg-Cu-Zn 铸态组织线扫描分析的结果图

3. 面分析

将谱仪固定于某一元素特征 X 射线信号（波长或能量）的位置上, 通过扫描线圈使电子束在样品表面进行光栅扫描（面扫描）, 用检测到的特征 X 射线信号调制成荧光屏上的亮度, 就可获得该元素在扫描面内的浓度分布图像。图像中的亮区表明该元素的含量高。若将谱仪

固定于另一位置，则可获得另一元素的面分布图像。图 9-30 为铸态 Al-Zn-Mg-Cu 合金 SEM
组织及其面扫描分析图，从中可以清楚地看出三种元素 Zn、Cu、Mg 的分布情况。

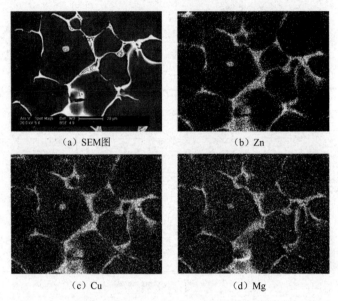

（a）SEM图　　　　　　　　　　　（b）Zn

（c）Cu　　　　　　　　　　　（d）Mg

图 9-30　铸态 Al-Zn-Mg-Cu 合金 SEM 组织及其面扫描分析图

9.8.2　定量分析

定量分析的具体步骤如下。

（1）测出样品中某元素 A 的特征 X 射线的强度 I'_A；

（2）同一条件下测出标准样品纯 A 的特征 X 射线强度 I'_{A0}；

（3）扣除背底和计数器时间对所测值的影响，得相应的强度值 I_A 和 I_{A0}；

（4）计算元素 A 的相对强度 K_A，表达式为

$$K_A = \frac{I_A}{I_{A0}} \tag{9-4}$$

理想情况下，K_A 为元素 A 的质量分数 m_A，由于标准样不可能绝对纯和绝对平均，因此
还要考虑样品原子序数、吸收和二次荧光等因素的影响，为此，K_A 需适当修正，即

$$m_A = Z_b A_b F K_A \tag{9-5}$$

式中，Z_b 为原子序数修正系数，A_b 为吸收修正系数，F 为二次荧光修正系数。一般情况下，
原子序数 Z 大于 10，质量浓度大于 10% 时，修正后的浓度误差可控制在 5% 之内。

需指出的是，电子束的作用体积很小，一般仅为 $10\mu m^3$，故分析的质量很小。若物质的
密度为 $10g/cm^3$，则分析的质量仅为 $10^{-10}g$，故电子探针是一种微区分析仪器。

9.9　扫描透射电子显微镜

扫描透射电子显微镜（Scanning Transmission Electron Microscope，STEM）是在透射电子
显微镜中加装扫描附件，为透射电子显微镜和扫描电子显微镜的有机结合，综合了扫描电子
和普通透射电子分析的原理和特点的一种新型分析仪器。像扫描电镜一样，扫描透射电子显

微镜用电子束在样品的表面扫描进行微观形貌分析，不同的是检测器置于样品下方，接收透射电子束流荧光成像；又像透射电镜，通过电子穿透样品成像进行形貌和结构分析。扫描透射电子显微镜能获得透射电镜所不能获得的一些特殊信息。

9.9.1　工作原理

图 9-31 为扫描透射电子显微镜的成像示意图。为减少对样品的损伤，尤其是生物和有机样品对电子束敏感，组织结构容易被高能电子束损伤，为此采用场发射，电子束经磁透镜和光阑聚焦成原子尺度的细小束斑，在线圈控制下电子束对样品逐点扫描，样品下方置有独特的环形检测器。分别收集不同散射角 θ 的散射电子（高角区 $\theta_1 \geqslant 50\mathrm{mrad}$，低角区 $10 < \theta_2 < 50\mathrm{mrad}$，中心区 $\theta_3 \leqslant 10\mathrm{mrad}$），由高角环形暗场检测器收集到的散射电子产生的暗场像，称为高角环形暗场像（High Angle Annual Dark Field，HAADF）。因收集角度大于或等于 50mrad 时，非相干电子信号占主要贡献，此时的相干散射逐渐被热扩散散射取代，晶体同一列原子间的相干影响仅限于相邻原子间的影响。在这种条件下，每一个原子都可以被看作独立的散射源，散射横截面可作为散射因子，且与原子序数的平方 Z^2 成正比，故图像亮度正比于原子序数的平方，该种图像又称原子序数衬度像（或 Z 衬度像）。通过散射角较低的环形暗场检测器的散射电子所产生的暗场像称为环形暗场像（ADF），因相干散射电子增多，图像的衍射衬度成分增加，其像衬度中原子序数衬度减少，分辨率下降。而通过环形中心孔区的电子可利用明场检测器形成高分辨明场像。

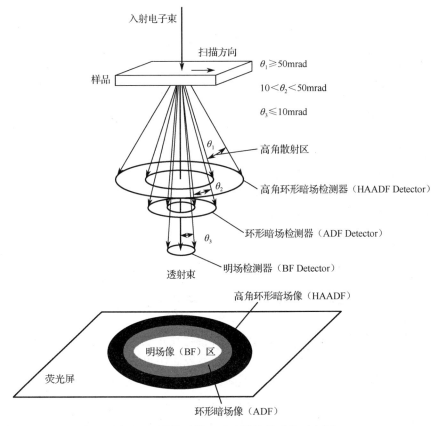

图 9-31　扫描透射电子显微镜的成像示意图

9.9.2　性能特点

（1）分辨率高。首先，由于 Z 衬度像几乎完全是非相干条件下的成像，而对于相同的物镜球差和电子波长，非相干像分辨率高于相干像分辨率，因此 Z 衬度像的分辨率要高于相干条件下的成像。同时，Z 衬度不会随样品厚度或物镜聚焦有较大的变化，不会出现衬度反转，即原子或原子列在像中总是一个亮点。其次，透射电镜的分辨率与入射电子的波长 λ 和透镜系统的球差 C_s 有关，因此，大多数情况下点分辨率能达到 0.2～0.3nm；而扫描透射电子显微镜图像的点分辨率与获得信息的样品面积有关，一般接近电子束的尺寸，目前场发射型电子枪的电子束直径能小于 0.13nm。最后，高角环形暗场检测器由于接收范围大，可收集约 90% 的散射电子，比普通透射电镜中的一般暗场更灵敏。

（2）对化学组成敏感。由于 Z 衬度像的强度与其原子序数的平方成正比，因此 Z 衬度像具有较高的组成（成分）敏感性，在 Z 衬度像上可以直接观察夹杂物的析出、化学有序和无序及原子排列方式。

（3）图像解释简明。Z 衬度像是在非相干条件下的成像，具有正衬度传递函数。而在相干条件下，随空间频率的增加，其衬度传递函数在零点附近时，不显示衬度。也就是说，非相干的 Z 衬度像不同于相干条件下成像的相位衬度像，它不存在相位翻转问题，因此图像的衬度能够直接反映客观物体。对于相干像，需要计算机模拟才能确定原子列的位置，最后得到样品晶体信息。

（4）图像衬度大。特别是生物材料、有机材料在透射电镜中需要染色才能看到衬度。扫描透射电子显微镜因为接收的电子信息量大，而且这些信息与原子序数、物质的密度相关，这样原子序数大的原子或密度大的物质被散射的电子量就大，对分析生物材料、有机材料、核壳材料非常方便。

（5）对样品损伤小，可以应用于对电子束敏感材料的研究。

（6）利用扫描透射模式时物镜的强激励，可实现微区衍射。

（7）利用后接电子能量分析器的方法可以分别收集和处理弹性散射和非弹性散射电子，进行高分辨率分析、成像及生物大分子分析。

（8）可以观察较厚或低衬度样品。

但扫描透射电子显微镜存在以下不足。

（1）对环境要求高，特别是电磁场。

（2）图像噪声大。

（3）对样品洁净度要求高，如果表面有碳类物质，很难得到理想图片。

（4）真空度要求高。

（5）电子光学系统比透射电镜和扫描电镜都要复杂。

注意：

① 扫描透射电子显微镜不同于扫描电镜。扫描电镜是利用电子束作用于样品表面产生的二次电子或背散射电子进行成像的，其强度是样品表面倾角的函数。样品表面微区形貌差别实际上就是微区表面相对于入射束的倾角不同，从而表现为信号强度的差别，即显示形貌衬度。二次电子像的衬度是最典型的形貌衬度。

② 扫描透射电子显微镜与透射电镜的成像存在一定的关联性。它们均是透射电子成像，扫描透射电子显微镜主要成 HAADF、ADF，它以透射电子中非弹性散射电子为信号载体，而

透射电镜则主要以近轴透射电子中的弹性散射电子为信号载体。透射电镜的加速电压较高（一般为 120～200kV），而扫描透射电子显微镜的加速电压较低（一般为 10～30kV）。扫描透射电子显微镜可同时成二次电子像和透射像，即可同时获得样品表面形貌信息和内部结构信息。

③ 同样加速电压下，扫描透射电子显微镜可以分析观察比普通的透射电镜更厚的样品。因为前者成像时，收集透射电子的检测器中光电倍增器可使信号增强，起到提高图像衬度和亮度的作用。

④ 扫描透射电子显微镜可进行微区成分分析，而透射电镜无此功能。进行微区成分分析时，由于样品是薄晶体，电子束透射样品的作用体积尚未横向扩展，成像单元远小于普通的扫描电镜，可以认为成像单元与电子束直径相当。

⑤ 当电镜带有扫描透射附件时，聚光镜能把电子束聚得很细（10～20nm），此时分析区域相当于照明区域，因此在选区衍射操作时可以不需要光阑。

⑥ 在中间镜关闭的情况下，以透射电子信号成像时，因样品下方无成像透镜，故不存在色差问题。

9.9.3　应用分析

图 9-32 为非晶二氧化硅与钌/铂双金属纳米粒子构成的多相异质催化剂 HAADF-STEM 像。图 9-32（a）显示二氧化硅外表面分布有纳米颗粒，图 9-32（b）为图 9-32（a）的局部放大像，可清晰看到纳米颗粒在催化剂孔内的分布。图 9-33 则为 MoS_2 颗粒在衬底介孔分子筛（SBA-15）中的 HAADF-STEM 像，由于是 Z 衬度，颗粒与衬底非常清晰可辨。

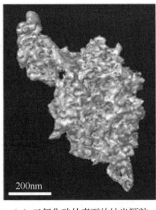

（a）二氧化硅外表面的纳米颗粒　　　　（b）局部放大像

图 9-32　非晶二氧化硅与钌/铂双金属纳米粒子构成的多相异质催化剂 HAADF-STEM 像（扫码看彩图）

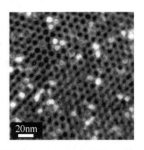

图 9-33　MoS_2 颗粒在衬底介孔分子筛中的 HAADF-STEM 像

9.10　扫描电镜的发展

随着科学技术的迅猛发展，扫描电镜的性能在不断改善和提高，功能在不断增强，现已成了冶金、生物、考古、材料等各领域广泛应用的重要手段，特别是对各种断口的观察更是无可替代的有力工具。

目前，扫描电镜的发展主要表现在以下几个方面。

1. 场发射型电子枪

场发射型电子枪的工作原理见 3.6 节，它可显著提高扫描电镜的分辨率，目前场发射型扫描电镜的分辨率已达 0.6nm（加速电压 30kV）或 2.2nm（加速电压 1kV），场发射型电子枪还促进了高分辨扫描电镜技术和低能扫描电镜显微技术的迅速发展。

2. 低能扫描电镜

加速电压低于 5kV 的扫描电镜称为低压或低能扫描电镜。虽然加速电压减小会显著减小电子束的强度，降低信噪比，不利于显微分析，但使用场发射型电子枪就可保证即使在较低的加速电压下，电子束强度仍然较强，仍能满足显微分析的基本要求。低压扫描电镜具有以下优点：①显著减小样品表面的荷电效应，在加速电压低于 1.5kV 时，可基本消除荷电效应，这对非导体样品尤为适合；②可减轻样品损伤，特别是生物样品；③可减轻边缘效应，进一步提高图像质量；④有利于二次电子的发射，使二次电子的产额与表面形貌和温度更加敏感，一方面可提高图像的真实性，另一方面还可开拓新的应用领域。

3. 低真空扫描电镜

样品室在低真空（3kPa 左右）状态下进行工作的扫描电镜称为低真空扫描电镜。其工作原理与普通的高真空扫描电镜基本一样，唯一的区别是在普通扫描电镜中，当样品为导电体时，电子束作用产生的表面荷电可通过样品接地而释放；当样品为不良导体时，一般通过喷金或喷碳形成导电层并接地，使表面荷电释放，而在低真空扫描电镜中，由于样品室内仍保持一定的气压，样品表面上的荷电可被样品室内的残余气体离子（电子束使残余气体电离产生）中和，因而即使样品不导电，也不会产生表面荷电效应。低真空扫描电镜具有以下优点：①可观察含液体的样品，避免干燥损伤和高真空损伤。用普通扫描电镜观察含液体样品时，需要对样品进行干燥脱水处理或冷冻处理，这些过程会使样品变形，甚至破坏其微观结构，而低真空扫描电镜可直接对此观察，无须任何处理，从而获得样品表面的自然真实信息；②可直接观察绝缘体和多孔物质。在普通电镜中观察绝缘体样品或多孔物质时，样品表面易产生荷电效应，而在低真空扫描电镜中，样品表面的荷电可被残余气体离子中和，消除了荷电效应，因此对不良导体、绝缘体、多孔物质也可直接观察；③可观察一些易挥发、分解放气的样品。以往在普通扫描电镜中，当样品发生挥发、分解放气时，会破坏样品室的真空度，而在低真空扫描电镜中则可通过调节抽气阀的抽气速率，使样品室处于所允许的真空度下，保证观察正常进行；④可连续观察一些物理、化学反应过程，通过人为调节样品室内的气体、温度和湿度，便可观察样品表面发生的一些反应过程，如金属的生锈、氧化等；⑤可高温观察相变过程，最高温度可达 1500℃。

4．扫描透射电子显微镜的球差补偿

在 STEM 模式下，入射电子束被光学聚焦成细小的电子探针，探针扫描样品，穿透样品的电子被专门的检测器收集转变成图像信号展示在计算机屏幕上。聚光镜的球差对图像质量起关键作用，需在第一聚光镜和第二聚光镜之间的位置安装球差矫正器（AC-STEM），也可以称之为 Probe-corrector；基本原理是通过在会聚透镜下增加一个发散透镜，以补偿高散射角电子束的高折射能力，从而减小球差，提升图像质量。图 9-34 为 Nion 公司生产的 C_3/C_5 球差矫正器中的电子轨迹及球差矫正器的实物图。球差矫正器由 6 个完全相同的阶段组成，即 $Q_1O_1 \sim Q_6O_6$，每个阶段都有 12 极，包括一个强四极和一个强八极，每一极上都有一个弱辅助线圈。强四极和强八极主要决定了通过矫正器的电子轨迹。弱辅助线圈产生微小的多极矩，抵消寄生像差。发散的电子通过多极多组球差矫正器后，电子逐渐向光轴中心会聚，减小球差，如图 9-34（a）所示，从而提高了电镜的分辨率和成像质量。图中，Q、O 分别为四级和八级。

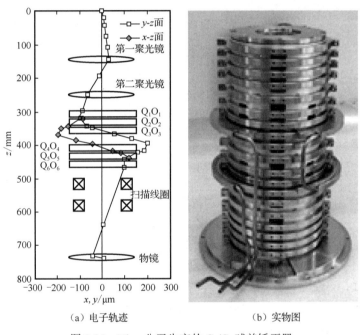

(a) 电子轨迹　　　　　　　　　(b) 实物图

图 9-34　Nion 公司生产的 C_3/C_5 球差矫正器

本章小结

本章主要介绍了扫描电镜的结构、原理、特点和应用，同时还介绍了与扫描电镜融于一体的电子探针。扫描电镜是利用电子束作用于样品后产生的二次电子进行成像分析的，二次电子携带的是样品表面的形貌信息，故扫描电镜主要用于样品表面的形貌分析，因扫描电镜的景深大，它特别适用于断口观察和分析。电子探针有波谱仪和能谱仪两种，均是利用电子束作用于样品后产生的特征 X 射线来工作的，可用于微区的成分分析。本章内容如下。

2222

1）扫描电镜
- 工作信息：二次电子
- 结构
  - 电子光学系统：电子枪、电磁透镜、光阑、扫描线圈等
  - 信号检测和信号处理、图像显示和记录系统
  - 真空系统
- 性能参数：分辨率、放大倍率、景深
- 应用：形貌分析，断口形貌、磨面观察等
- 特点：分辨率高、放大倍率高、景深大、制样简单、对样品损伤小、可实现对样品的综合分析

2）电子探针
- 工作信息：特征X射线
- 分类
  - 波谱仪：通过测定特征X射线的波长分析微区成分（I-λ）
  - 能谱仪：通过测定特征X射线的能量分析微区成分（I-E）
- 应用：微区成分分析，包括定性分析和定量分析，定性分析又包括点、线和面三种分析形式

3）扫描透射电子显微镜
- 工作信息：高角透射非相干电子
- 结构特点：样品下方增设环形探测装置
- 像衬度：Z衬度或原子序数衬度
- 应用：具有扫描电镜+透射电镜功能
- 特点：分辨率高、对化学组成敏感、图像解释简明、图像衬度大、对样品损伤小、可实现样品的扫描电镜+透射电镜综合分析

思考题

9.1　简述扫描电镜的结构、原理、特点。

9.2　二次电子的特点是什么？

9.3　试分析扫描电镜景深大、图像立体感强的原因。

9.4　影响扫描电镜分辨率的因素有哪些？

9.5　扫描电镜的成像原理与透射电镜有何不同？

9.6　一般扫描电镜能否进行微区的结构分析？为什么？

9.7　表面形貌衬度和原子序数衬度各有什么特点？

9.8　波谱仪中的分光晶体有几种，各自的特点是什么？

9.9　试比较直进式和回转式波谱仪的优缺点。

9.10　相比于波谱仪，能谱仪在分析微区成分时有哪些优缺点？

9.11　现有一种复合材料，为了研究其增强和断裂机理，对样品进行了拉伸试验，请问观察断口形貌采用何种仪器为宜？要确定断口中某增强体的成分，又该选用何种仪器？如何进行分析？能否确定增强体的结构？为什么？

9.12　电子探针有几种工作方式？举例说明它们在分析中的应用。

第10章 其他电子分析技术

运用电子作用样品进行微区结构、形貌和成分分析的技术除透射电镜、扫描电镜、电子探针及背散射电子衍射外还有多种，如低能电子衍射、反射高能电子衍射、俄歇电子能谱、X射线光电子能谱、扫描隧道显微镜、聚焦离子束及电子能量损失谱等。本章就这些与电子相关的其他分析技术做简单介绍。

10.1 低能电子衍射

低能电子束的电子能量低，穿透能力弱，作用深度仅在样品表面的数个原子层，产生的电子衍射属于二维衍射，不足以形成真正意义上的三维衍射，因此主要用于表层的结构分析。

10.1.1 低能电子衍射原理

低能电子衍射（Low Energy Electron Diffraction，LEED）原理类似于高能电子衍射（透射），不过用于低能电子衍射的入射电子能量低，穿透能力弱。样品表面参与衍射的原子层数随入射电子的能量降低而减少，但弹性散射电子的占有比例却随之增加。例如，当入射电子的能量为 20eV 时，只有一个原子层参与衍射，散射电子中 20%～50%的电子为弹性散射电子；当入射电子具有 100eV 的能量时，约有三个原子层参与衍射，此时弹性散射电子仅占散射电子总数的 1%～5%。由于数个原子层的厚度仅有数个原子间距，故其对应的倒易杆较长，同时由于入射电子的能量小、波长较大（0.05～0.5nm），对应的反射球半径相对较小，与倒易杆的长度在同一个量级上，这样反射球将淹没在倒易杆中，同根倒易杆上将会有两个截点（图10-1 中的 A 和 A'点），即满足衍射的方向有两个，显然透射方向为样品的深度方向，衍射束进入样品后最终被样品吸收，只有背散射方向的衍射束才可能在样品上方的荧光屏上聚焦成像，因此低能电子衍射成像由相干的背散射电子所为。

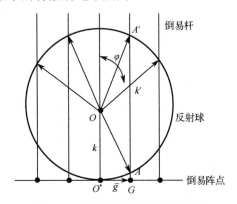

图 10-1 低能电子衍射的几何图解

由图 10-1 可得

$$\frac{1}{\lambda}\sin\varphi = |\vec{g}| = \frac{1}{d} \tag{10-1}$$

即
$$d\sin\varphi = \lambda \tag{10-2}$$

式（10-2）即二维点阵衍射的布拉格定律，这也是低能电子衍射的理论基础。

由于低能电子衍射是一种二维平面衍射，故其倒易点阵为倒易平面，正倒空间基矢量之间的关系即三维基矢量之间关系的简化，即

$$\vec{a}\cdot\vec{a}^* = \vec{b}\cdot\vec{b}^* = 1 \tag{10-3}$$

$$\vec{a}\cdot\vec{b}^* = \vec{b}\cdot\vec{a}^* = 0 \tag{10-4}$$

$$\vec{a}^* = \frac{\vec{b}}{A}, \vec{b}^* = \frac{\vec{a}}{A} \tag{10-5}$$

其中 $A = |\vec{a}\times\vec{b}|$，是二维点阵的"单胞"面积。

三维点阵中倒易矢量 $\vec{g}_{hkl}$ 具有两个重要性质：①方向为晶面(hkl)的法线方向；②大小为晶面间距的倒数，即 $|\vec{g}_{hkl}| = \dfrac{1}{d_{hkl}}$。同样在二维倒易点阵中，倒易矢量 $\vec{g}_{hk}$ 的方向垂直于(hk)点列，大小为点列间距的倒数，即 $|\vec{g}_{hk}| = \dfrac{1}{d_{hk}}$。

因此，类似于三维倒易点阵的形成原理，可得二维点阵由一系列的点列组成，如图 10-2（a）所示，其倒易点阵由这样的倒易矢量构成，倒易矢量的方向为各点列的垂直线方向，大小为各点列间距的倒数，各倒易点也构成了面，各点指数为二维指数，如图 10-2（b）所示。

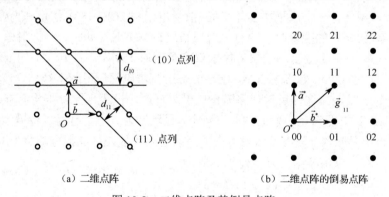

(a) 二维点阵　　　　　　　　　　（b）二维点阵的倒易点阵

图 10-2　二维点阵及其倒易点阵

10.1.2　低能电子衍射装置的结构与花样特征

图 10-3 为低能电子衍射装置的结构示意图。衍射装置主要由电子枪、样品室、半球形显示屏（接收极）及真空系统组成。阴极发射的电子经过聚焦杯聚焦加速后，形成直径约 0.5nm 的束斑，束斑照射样品，样品位于半球形显示屏的球心处，在样品与显示屏之间还有数个球径不同但同心的栅极，分别表示为 G_1、G_2、G_3 和 G_4，其中 G_1 和 G_4 与样品共同接地，三者电位相同，从而使样品与 G_1 之间无电场存在，这就保证了背散射电子衍射束不会发生畸变。G_4 接地可起到对接收极的屏蔽作用，减少 G_3 与接收极之间的电容。G_2 和 G_3 同电位，并略低于灯丝（阴极）的电位，起到排斥损失了部分能量的非弹性散射电子的作用。接收极为半球形显示屏，并接有 5kV 的正电位，对穿过球形栅极的背散射电子衍射束（由弹性背散射电子组

成）起加速作用，提高能量，以保证衍射束在显示屏上聚焦成像，显示衍射花样。

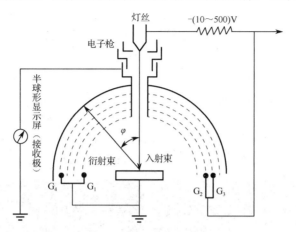

图 10-3　低能电子衍射装置的结构示意图

10.1.3　低能电子衍射的应用分析

低能电子衍射在材料表面二维结构分析中起着非常重要的作用，并与其他检测手段如扫描透射电子显微镜、X 射线光电子能谱等联用，可使人们对材料表面的分析更加全面和深入。低能电子衍射常用于材料表面的原子排列、气相沉积所形成的膜结构、金属表面的吸附与氧化等研究。

例 1　气相沉积膜的生长研究

通过观察薄膜在初期生长过程中的结构变化，研究衬底的吸附行为，可以更好地认识和控制膜的生长过程，最终达到改善薄膜结构，提高器件性能的目的。图 10-4 为 W(110)面在不同沉积量时铟膜的 LEED 花样。图 10-4（a）为衬底，花样斑点数较少，为 W 晶体的(110)面所产生；随着沉积量的增加，表面铟膜逐渐生成，衍射斑点逐渐增多，在沉积量为 0.2ML 时，形成了（3×1）超点阵结构的衍射花样，如图 10-4（b）所示；当沉积量进一步增至 0.65ML 时，则形成了（1×4）超点阵结构，如图 10-4（c）所示；当沉积量为 0.8ML 时，则形成了（1×5）超点阵结构，如图 10-4（d）所示；当沉积量继续增加时，衍射花样基本不变，这表明在 W(110)表面已形成了结构稳定的铟膜。

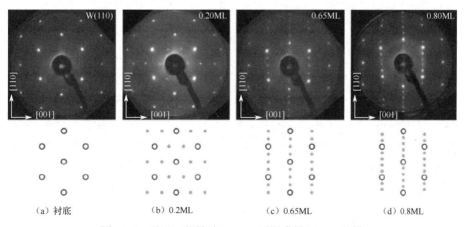

（a）衬底　　　（b）0.2ML　　　（c）0.65ML　　　（d）0.8ML

图 10-4　不同沉积量时 W(110)面铟膜的 LEED 花样

图 10-5 为 Ag(110)表面气相沉积并五苯分子生长成膜的过程中的实时 LEED 花样。在蒸发温度从室温升到 140 ℃时，LEED 图案均未发生任何变化，仍保持图 10-5（a）所示的衍射花样，表明还没有分子沉积。当蒸发温度缓慢升至 145℃时，LEED 图案显示出图 10-5（b）所示的扩散晕环，表明有少许并五苯分子沉积到衬底上；当蒸发温度继续上升时，衍射斑点开始形成并逐渐增强，如图 10-5（c）所示，此时椭圆形光晕演变为一些单个的衍射斑点；随着蒸发温度的进一步提高，衍射斑点的强度逐渐增强和清晰，如图 10-5（d）所示，表明并五苯分子在 Ag(110)衬底上形成了结构稳定的晶体膜。因此，可以得出并五苯分子在 145℃时开始沉积，在成膜的前期，沉积的分子呈无序状态，在后期，即在形成单分子层的前后，沉积的分子发生了有序化转变，最终形成了具有稳定结构的晶体膜。

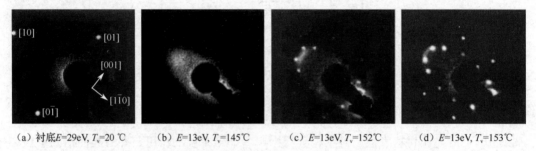

(a) 衬底E=29eV, T_v=20 ℃ （b）E=13eV, T_v=145℃ （c）E=13eV, T_v=152℃ （d）E=13eV, T_v=153℃

图 10-5　Ag(110)不同蒸发温度时的 LEED 花样（样品温度 T_S=20℃）

10.2　反射高能电子衍射

10.2.1　工作原理

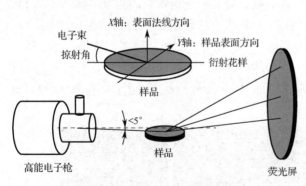

图 10-6　RHEED 结构原理示意图

反射高能电子衍射（Reflection High-Energy Electron Diffraction，RHEED）由高能电子枪和荧光屏等组成，如图 10-6 所示。电子枪发出的高能电子（能量范围为 10～50keV）以极小角（<5°）入射到表面，并在荧光屏上显示出衍射花样。由于电子在垂直方向上的动量很小，又受到电场的散射，因此反射高能电子衍射反映的是样品表面的信息。体效应基本可以被忽略，只需考虑电子束与二维表面之间的相互作用。在倒空间中，二维表面的倒易晶格为一维的垂直于表面的倒易杆，因此 RHEED 花样是由一个大的厄瓦尔德球与无限长倒易杆的交点来决定的。如图 10-7（a）所示，$\dfrac{\vec{s_0}}{\lambda}$ 为入射波矢，$\dfrac{\vec{s}}{\lambda}$ 为衍射波矢，若倒易矢量 $\vec{g}$ 刚好落在厄瓦尔德球面上，即满足下式

$$\frac{\vec{s}}{\lambda} - \frac{\vec{s_0}}{\lambda} = \vec{g}$$

（10-6）

则可以发生衍射。衍射花样可以与样品的表面信息对应起来：当样品呈粗糙的岛状生长时，衍射花样为点状，如图 10-7（b）所示；当样品表面生长成台阶状时，衍射花样演变为线段，如图 10-7（c）所示；当样品表面生长完好时，衍射花样为细线条状，如图 10-7（d）所示。

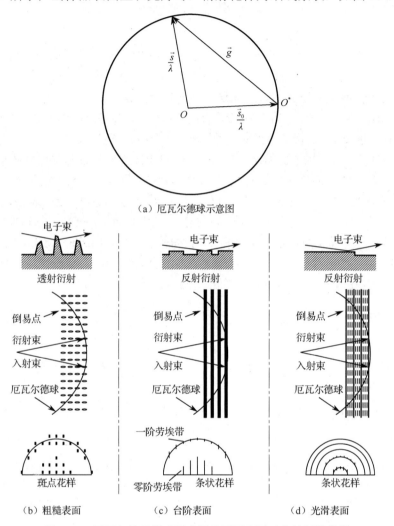

图 10-7　厄瓦尔德反射球示意图及不同表面对应的衍射花样

在分子束外延（Molecular Beam Epitaxy，MBE）生长过程中，其衍射强度呈振荡变化，如图 10-8 所示。生长开始前，无漫反射，衍射强度为最高值，如图 10-8 生长过程 a，随着表面膜的岛状生长，如图 10-8 生长过程 b，漫散射增加，衍射强度减弱；随着不连续度增加，如图 10-8 生长过程 c，入射电子束受岛的漫反射影响，衍射强度逐渐减弱，当覆盖率为 50% 时，漫反射最强，衍射强度降到最小；此后，衍射强度又随薄膜连续度的增加而变强，如图 10-8 生长过程 d；当形成新的完整覆盖面时，衍射强度再次达到最大值，如图 10-8 生长过程 e。薄膜逐层生长，衍射强度周期性振荡，

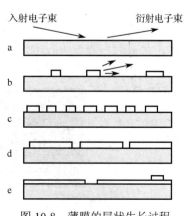

图 10-8　薄膜的层状生长过程

利用这个特点就可以完成对外延薄膜的逐层监控。此外，由于强度振荡一个周期对应的是一个原子层淀积的时间，根据晶格常数或面间距，就可以得到薄膜生长的速度和厚度等信息。

10.2.2　特点

反射高能电子衍射的特点如下。

（1）反映表面信息。入射电子采用掠射方式，即入射束和样品表面的夹角小于5°，此时电子在垂直于样品表面的动量分量很小，又由于受到库仑场的散射，电子束透入深度仅为1～2个原子层，使弹性散射仅发生在近表面层，因而反映的是样品表面信息。

（2）测量MBE生长过程，其衍射强度具有振荡特性，能快速并准确地测量外延的生长速率。

注意： 在理想情况下，样品表面绝对完美，电子束单色且不发散，RHEED花样是由分布在劳埃环上的一系列明锐的点组成的。但是，实际观察到的RHEED花样与理想情况大不相同。这是因为：①理想的表面是不存在的，实际的光滑表面总存在一些起伏，导致倒易杆有一定的横向尺寸；②电子束非单色、电子源发散都会导致厄瓦尔德球有一定的厚度。当样品表面很粗糙，由许多分立的三维小岛（或突起）组成时，透射电子衍射占主要地位，RHEED花样由孤立的尺寸较大的衍射斑点组成；当样品表面由一些高度很小、台面较窄的台阶构成时，反射电子衍射占主要地位，RHEED花样由细的衍射条纹构成；当表面台阶的台面进一步增大，超过仪器的最大分辨率时，RHEED花样由分立在劳埃环上的略有拉长的衍射斑点构成。

10.2.3　应用分析

反射高能电子衍射仪是分子束外延中最常用的原位分析和监控仪器，是原位监测外延表面分子结构和粗糙度的有效手段，故可用于分析MBE表面再构、衬底表面的清洁度、粗糙度和实现单原子层生长调控等。

1．GaSb薄膜的生长过程分析

在去氧化层后的GaSb衬底上会生长GaSb薄膜，生长时间为10min，RHEED花样的变化全过程如图10-9所示。当GaSb衬底脱氧化层后，RHEED花样中呈现出清晰的再构，如图10-9（a）所示，这说明GaSb表面处于富Sb状态，表面非常平整。随后将Ga源炉和Sb源炉的快门打开，在520℃下生长GaSb薄膜层。挡阀刚刚打开时，GaSb衬底的表面再构被破坏，RHEED花样变暗，这是由于表面GaSb外延层形成了点结构，开始了三维岛状生长，表面变得粗糙，衍射花样出现亮点状，但仍可看出条纹，且条纹宽度没有变化。随着生长的进行，岛继续长大、粗化，并在长大过程中互相接触，点逐渐拉长向线条转变，且条纹间距变窄，最终显示出新的再构衍射条纹，如图10-9（b）～图10-9（d）所示，这时GaSb薄膜进入二维平面生长阶段，表面较为平整，RHEED花样也变成了清晰的条纹。

　　　（a）未生长　　　　　　　　　　　　　　（b）开始生长

图10-9　520℃下生长GaSb薄膜的RHEED花样

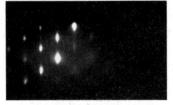

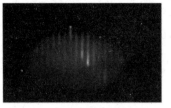

（c）生长一段时间　　　　　　　　　　（d）生长完成

图 10-9　520℃下生长 GaSb 薄膜的 RHEED 花样（续）

2. SOI 基片上 YSZ 陶瓷薄膜的生长

图 10-10（a）是陶瓷薄膜未沉积时 SOI（Silicon-on-Insulator）基片的 RHEED 花样，清晰、明亮的衍射斑点和菊池线表明 SOI 基片具有极高的结晶质量和表面平整度。薄膜刚开始沉积 3s 后，SOI 基片的衍射花样几乎完全消失，但 YSZ（Yttrium-Stabilized Zirconia）陶瓷薄膜的衍射花样还没有出现，如图 10-10（b）所示。模糊的衍射花样表明此时样品的表面平整度极差，面内取向杂乱无章，这可能是由 Zr 原子与非晶 SiO_2 在界面处发生化学反应所造成的。大约在 37s 后，YSZ 陶瓷薄膜的衍射图像开始出现类似二维特征的衍射花样，如图 10-10（c）所示，这就说明虽然最初几层 YSZ 陶瓷薄膜的结晶质量是较差的，表面粗糙度比较高，但是随着沉积的继续进行，陶瓷薄膜的结晶质量和表面平整度都在不断地改善和提高，尤其在陶瓷薄膜沉积 130s 后，衍射条纹变得更加清晰、明锐，而且衍射花样明显地呈现出二维衍射的特征，如图 10-10（d）所示。

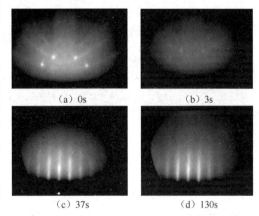

（a）0s　　　　　　　　　（b）3s

（c）37s　　　　　　　　　（d）130s

图 10-10　沉积在 SOI 基片上的 YSZ 陶瓷薄膜在不同沉积时间时的 RHEED 花样

10.3　俄歇电子能谱

俄歇电子的能量具有特征值，且能量较低，一般仅有 50～1500eV，平均自由程也很小（1nm 左右），较深区域产生的俄歇电子在向表层运动时必然会因碰撞而消耗能量，失去具有特征能量的特点，故仅有浅表层 1nm 左右范围内产生的俄歇电子逸出表面后方具有特征能量，因此，俄歇电子特别适合于材料表层的成分分析。此外，根据俄歇电子能量峰的位移和峰形的变化，还可获得样品表面化学价态的信息。

10.3.1　俄歇电子能谱仪的结构原理

俄歇电子能谱仪主要由检测装置、信号放大和记录系统两部分组成，其中检测装置一般采用圆筒镜分析器，结构如图 10-11 所示。圆筒镜分析器主体为两个同心的圆筒，内筒上开有圆环状的电子出入口，与样品同时接地，两者电位相同，电子枪位于内桶中央。外筒上施加一负的偏转电压，当电子枪的电子束作用于样品后将产生一系列能量不同的俄歇电子，这些俄歇电子离开样品表面后，从内筒的入口进入内外筒间，由于外筒施加的是负电压，因此俄歇电子将在该负电压的作用下逐渐改变运行方向，最后又从内筒出口进入检测装置。当连续改变外筒上负压的大小时，就可依次检测到不同特征能量的俄歇电子，并通过信号放大和记录系统输出俄歇电子的计数 N_E 随电子能量 E(eV)的分布曲线。

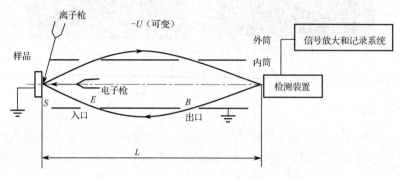

图 10-11　俄歇电子能谱仪的结构示意图

注意：

① 圆筒镜分析器中还带有一个离子枪，其功用主要有两个：一是清洗样品表面，保证分析时样品表面干净无污染；二是刻蚀（剥层）样品表面，以测定样品成分沿深度方向的分布规律。

② 激发俄歇电子的电子枪也可置于圆筒镜分析器外，这样安装维护方便，但会降低仪器结构的紧凑性。

③ 样品台能同时安装 6～12 个样品，可依次选择不同样品进行分析，以减少更换样品的时间和保持样品室中的高真空度。

10.3.2　俄歇电子能谱的工作原理

俄歇电子的能量较低，仅有 50～1500eV，由俄歇电子形成的电子电流表示单位时间内产生或收集到俄歇电子的数量。俄歇电子具有特征能量值，但由于俄歇电子在向样品表面逸出时不可避免地受到碰撞而消耗了部分能量，因此具有特征能量的俄歇电子的数量就会出现峰值，有能量损失的俄歇电子和其他电子将形成连续的能量分布。在分析区域内，某元素的含量愈多，其对应的俄歇电子数量（电子电流）也就愈大。不同的元素，具有不同的俄歇电子特征能量和不同的电子能量（E）分布。俄歇电子与二次电子、弹性背散射电子等的存在范围并不重叠。

图 10-12 为 Ag 原子的俄歇电子能谱，其中 A 曲线为 N_E-E 的正常能量分布，又称直接谱，由于俄歇电子仅来自样品的浅表层（λ量级），数量少、信号弱，电子电流仅为总电流的 0.1% 左右，所表现的俄歇电子谱峰（简称俄歇峰）很小，难以分辨，即使放大十倍后也不明显（见曲线 B），但经微分处理后使原来微小的俄歇峰转化为一对正负双峰，用正负双峰的高度差来表示俄歇电子的信号强度（计数值），这样俄歇电子的特征能量和强度清晰可辨（见曲线 C）。微分处理后的谱线称为微分谱。直接谱和微分谱统称为俄歇电子能谱（Auger Electron Spectroscopy，AES），俄歇峰所对应的能量为俄歇电子的特征能量，与样品中的元素相对应，俄歇峰高度反映了分析区内该元素的浓度，因此，可利用俄歇电子能谱对样品表面的成分进行定性和定量分析。不过由俄歇电子产生的原理可知，能产生俄歇电子的最小原子序数为 3（Li，非孤立），而低于 3 的 H 和 He 均无法产生俄歇电子，因此俄歇电子能谱只能分析原子序数 $Z>2$ 的元素。需注意的是，对于孤立的 Li 原子，L 层上仅一个电子无法产生俄歇电子，因此孤立原子中能产生俄歇电子的最小元素是 Be。由于大多数原子具有多个壳层和亚壳层，因此电子跃迁的形式有多种可能性。图 10-13 为主要俄歇电子能量图。从图中可以看出，当原子

序数为 3～14 时, 俄歇峰主要由 KLL 跃迁形成; 当原子序数为 15～41 时, 俄歇峰主要由 LMM 跃迁产生; 而当原子序数大于 41 时, 俄歇峰则主要由 MNN 及 NOO 跃迁产生。

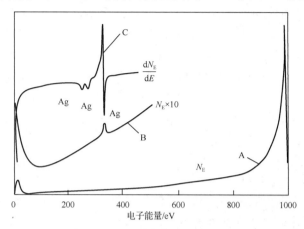

图 10-12　Ag 原子的俄歇电子能谱

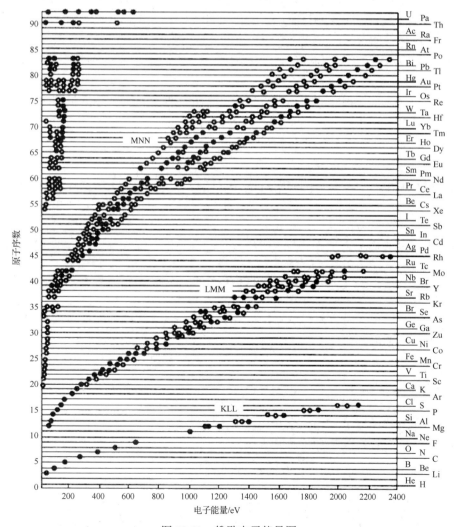

图 10-13　俄歇电子能量图

10.3.3　定性分析

每种元素均有与之对应的俄歇电子能谱，所以，样品表面的俄歇电子能谱实际上是样品表面所含各元素俄歇电子能谱的组合。因此，俄歇电子能谱的定性分析即根据谱峰所对应的特征能量由手册查找对应的元素。具体方法如下。

（1）选取实测谱中一个或数个最强峰，分别确定其对应的特征能量，根据俄歇电子能量图或已有的条件，初步判定最强峰可能对应的几种元素；

（2）由手册查出这些可能元素的标准谱与实测谱进行核对分析，确定最强峰所对应的元素，并标出同属于此元素的其他所有峰；

（3）重复上述步骤，标定剩余各峰。

定性分析时应注意以下几点：

① 由于可能存在化学位移，因此允许实测峰与标准峰有数电子伏的位移误差；

② 核对的关键在于峰位，而非峰高，元素含量少时，峰高较低，甚至不显现；

③ 某一元素的俄歇峰可能有几个，不同元素的俄歇峰可能会重叠，甚至变形，特别是当样品中含有微量元素时，由于强度不高，其俄歇峰可能会湮没在其他元素的俄歇强峰中，而俄歇强峰并没有明显的变异；

④ 当图谱中有无法对应的俄歇峰时，应考虑到这可能不是该元素的俄歇峰，而是一次电子的能量损失峰。

随着计算机技术的发展和应用，俄歇电子能谱的定性分析可由计算机的软件自动完成，但对某些重叠峰和弱峰还需人工分析来进一步确定。

10.3.4　定量分析

由于影响俄歇电子信号强度的因素很多，分析较为复杂，故采用俄歇电子能谱进行定量分析的精度还较低，基本上只是半定量水平。常规情况下，相对精度仅为 30%左右。如果能正确估计俄歇电子的有效深度，并能充分考虑表面以下的基底材料背散射电子对俄歇电子产额的影响，就可显著提高定量分析的相对精度，达到与电子探针相当的水平。定量分析常有两种方法：标准样品法和相对灵敏度因子法。

1. 标准样品法

标准样品法又有纯元素标准样品法和多元素标准样品法。纯元素标准样品法即在相同的条件下分别测定被测样品和标准样品中同一元素 A 的俄歇电子的主峰强度 I_A 和 I_{AS}，则元素 A 的原子分数 C_A 为

$$C_A = \frac{I_A}{I_{AS}} \tag{10-7}$$

而多元素标准样品法是首先制成标准样品，标准样品应与被测样品所含元素的种类和含量尽量相近，此时，元素 A 的原子浓度为

$$C_A = C_{AS} \frac{I_A}{I_{AS}} \tag{10-8}$$

式中，C_{AS} 为标准样品中元素 A 的原子浓度。

但由于多元素标准样品制备困难，一般采用纯元素标准样品进行定量分析。

2．相对灵敏度因子法

相对灵敏度因子法无须标准样品，应用方便，但精度相对低一些。它是将各种不同元素（Ag 除外）所产生的俄歇电子信号均换算成同一种元素纯 Ag 的当量（相当强度），利用该当量来进行定量计算的。具体方法为：在相同条件下分别测出各种纯元素 X 和纯 Ag 的俄歇电子主峰的信号强度 I_X 和 I_{Ag}，其比值 $\dfrac{I_X}{I_{Ag}}$ 为该元素的相对灵敏度因子 S_X，并已制成相关手册。

当样品中含有多种元素时，设第 i 个元素的主峰强度为 I_i，其对应的相对灵敏度因子为 S_i，所求元素为 X，其相对灵敏度因子为 S_X，则所求元素的原子分数为

$$C_X = \frac{I_X}{S_X} / \sum_i \frac{I_i}{S_i} \tag{10-9}$$

式中，S_i 和 S_X 均可由相关手册查得。

由上式可知，通过实测谱得到各组成元素的俄歇电子主峰强度 I_i，通过定性分析获得样品中所含有的各种元素，再分别查出各自对应的相对灵敏度因子 S_i，即可方便求得各元素的原子分数。此方法计算精度相对较低，但无须标准样品，故成了俄歇电子能谱定量分析中最常用的方法。

10.3.5　化学价态分析

俄歇电子的产生通常有三种形式：KLL、LMM、MNN，涉及三个能级，只要有电荷从一个原子转移到另一个原子，元素的化学价态变化时，就会引起元素的终态能量发生变化，同时俄歇峰的位置和形状也随之改变，即引起俄歇峰位移。有时化学价态变化后的俄歇峰与原来零阶态的峰位相比有几个电子伏的位移，故可通过元素的俄歇峰形和峰位的比较获得其化学价态变化的信息。

10.3.6　俄歇电子能谱的应用分析

俄歇电子能谱仪已成了材料表面分析的重要工具之一。俄歇电子的产生机理决定了它具有以下特点：①俄歇电子的能量小（<1500eV）、逸出深度浅（0.4～2nm）、纵向分辨率可达 1nm，而横向分辨率则取决于电子束的直径；②可分辨元素 H、元素 He 以外的各种元素；③分析轻元素时的灵敏度更高；④结合离子枪可进行样品成分的深度分析。

俄歇电子能谱分析法常用于以下研究：表面物相鉴定、表面元素偏析、表面杂质分布、晶界元素分析、表面化学过程、表面的力学性质、表面吸附及集成电路的掺杂等。

1．表面物相鉴定

由于俄歇电子能谱分析的灵敏度高，对轻元素尤其敏感，此时采用电子探针、X 射线衍射分析均难以检测和判定，而俄歇电子能谱则能方便地进行含量极小相的鉴定分析。图 10-14 为铸造铜铍合金中微量析出相的俄歇电子能谱图。该图可清楚地表明析出相为硫化铍。在物相鉴定前应先用离子轰击表面，以清除表面污物。

2．回火脆化机理分析

图 10-15 为 Ni-Cr 合金结构钢 550℃回火前后晶间断裂时晶界表面的俄歇电子能谱图，含碳量为 0.39%，主加元素 Ni 的含量为 3.5%，Cr 的含量为 1.6%，附加元素 Sb 的含量为 0.062%，

发现回火后晶界表面的俄歇电子能谱发生了变化，出现 Sb 元素和 Ni 元素，当用 He 离子轰击表面剥层 0.5nm 后，Sb 的含量下降 1/5，因此，Sb 元素在晶界存在严重偏析，且偏析范围集中在 2～3nm 范围内，超过 10nm 时，Sb 含量已达平均值。由此可以认为脆化的根本原因是元素 Sb 在晶界的偏析。经研究表明，引起晶界脆化的元素可能还有 S、P、Sn、As、O、Te、Si、Se、Cl、I 等，它们的平均浓度有时仅有 10^{-6}～10^{-3}，晶界偏析时在数个原子层内富集，浓度上升 10～10^4 倍。

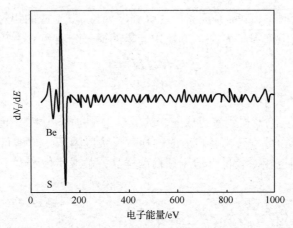

图 10-14　铸造铜铍合金中微量析出相的俄歇电子能谱图

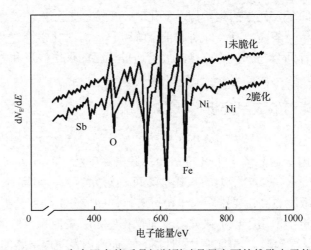

图 10-15　Ni-Cr 合金回火前后晶间断裂时晶界表面的俄歇电子能谱图

3. 定量分析

俄歇电子能谱仪的定量分析可通过计算机自动完成，也可通过人工测量计算获得。图 10-16 为 304 不锈钢新鲜断口表面的俄歇电子能谱图。电子束的能量为 3keV，具体测量计算步骤如下。

（1）对照元素能谱图确定所测俄歇电子能谱谱线的所属元素，定出各元素的最强峰。

（2）测量各元素最强峰的峰高；

（3）根据不同入射电子束能量（3keV 或 5keV）所对应的灵敏度因子手册查得各种元素的灵敏度因子，分别代入式（10-9）计算各自的相对含量。

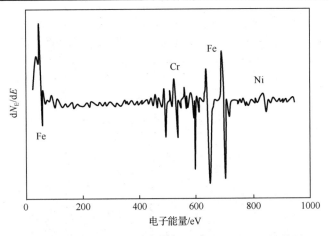

图 10-16　304 不锈钢新鲜断口表面的俄歇电子能谱图

由该图可知，测定谱线中含有 Cr、Fe、Ni 三种元素，对应的峰峰高分别为 I_{Cr}=4.7、I_{Fe}=10.1、I_{Ni}=1.5，对应的灵敏度因子分别是 S_{Cr}=0.29、S_{Fe}=0.20、S_{Ni}=0.27，代入式（10-9）算得原子分数分别是 C_{Cr}=0.22、C_{Fe}=0.70、C_{Ni}=0.08。

4．表面纵向成分分析

图 10-17 为俄歇电子能谱仪用于分析高温氧化层的一个实例。将 AISI316L 型不锈钢在温度分别为 1000K 和 1300K 的含氧气氛中氧化 4min，表面形成氧化层后采用俄歇电子能谱仪进行氩离子溅射剥层分析。图 10-17 即氧化层中组成元素的浓度随溅射剥层时间的关系曲线。图 10-17（a）清楚表明在 1000K 氧化时，表面氧化物的最外层主要是 Fe 的氧化物，而 Cr 和 Ni 的氧化物主要分布在氧化层的里层。但在 1300K 氧化时，情况发生了变化，如图 10-17（b）所示，氧化层的最外层 Fe 的氧化物含量减少，相应的 Cr 的氧化物含量增加，特别是还出现了 Mn 的氧化物。Mn 元素在该不锈钢中的含量很低，不能够被俄歇电子能谱仪检测到，但在 1300K 氧化时 Mn 元素发生了扩散，并偏析于最表层形成了 Mn 的氧化物。

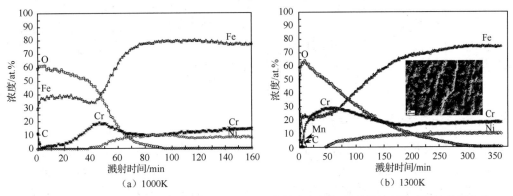

（a）1000K　　　　　　　　　　（b）1300K

图 10-17　AISI316L 型不锈钢表面氧化层组成元素的浓度与氩离子溅射剥层时间的关系曲线

图 10-18 为硅板上镀有 Ni-Cr 合金膜的俄歇电子能谱图。图 10-18（a）表示膜表面未经离子剥层时的俄歇电子能谱图，谱线中除 Ni 和 Cr 峰外还含有大量的 O 峰，表明膜表面被氧化；表面经过剥层 10nm 后，膜表面的俄歇电子能谱图如图 10-18（b）所示，此时 O 峰几乎消失，而 Ni、Cr 峰明显增强，表明 Ni、Cr 的含量增加，O 元素大幅减少；当进一步剥层 20nm 时，

如图 10-18（c）所示，Cr、Ni 峰大大减小，而 Si 元素峰显著增强，C 含量也逐渐减少。因此，结合剥层技术俄歇电子能谱可有效地分析表面成分沿表层深度的变化情况。

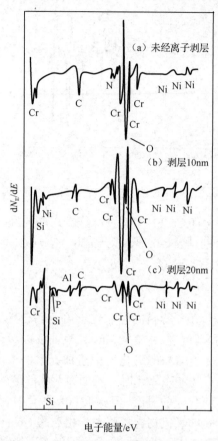

图 10-18　硅板表面 Ni-Cr 合金膜的俄歇电子能谱图

　　虽然，俄歇电子能谱具有广泛的应用性，是表面分析中的重要方法之一，但也存在着以下不足：①不能分析 H 元素和 He 元素，即所分析元素的原子序数 $Z>2$；②定量分析的精度不够高；③电子束的轰击损伤和因不导电所致的电荷积累，限制了它在生物材料、有机材料和某些陶瓷材料中的应用；④对多数元素的检测灵敏度一般为原子摩尔数的 0.1%～1.0%；⑤对样品表面的要求较高，需要离子溅射样品表面、清洁表面及高真空来保证。

10.3.7　俄歇电子能谱仪的最新进展

　　近年来，俄歇电子能谱仪在以下几方面取得进展：①进一步提高空间分辨率，为此采用细聚焦强光源，采用场发射电子源等，此时的工作电压低（如 3kV）、束斑细（≤20nm）、束流强（如 1nA/20nm）；②开发新电子源，正电子与样品的作用不同于负电子与样品的作用，开发正电子源，可供分析时选用；③发展新型电子能量分析器、发展俄歇化学成像；④开发新型电子检测器，如多通道电子倍增器等，以提高仪器接收信息的灵敏度和速度；⑤加速软件开发与应用，一方面可使谱图更加清晰，另一方面还可直接给出对样品定性和定量的分析结果，给出元素和化学态图像；⑥发展新方法、新理论，如表面扩展能量损失精细结构，包括 SEELFS、Auger 电子衍射（AED）等，以提高定量准确度和指导化学价态的鉴别。

10.4　X 射线光电子能谱

X 射线光电子能谱（X-ray Photoelectron Spectroscopy，XPS）的应用较为广泛，是材料表面分析的重要方法之一。

10.4.1　X 射线光电子能谱仪的工作原理

X 射线光电子能谱仪的原理是利用电子束作用于靶材后，产生的特征 X 射线（光）照射样品，使样品中原子内层电子以特定的概率电离，形成光电子（光致发光），光电子从产生处输运至样品表面，克服表面逸出功离开表面，进入真空被收集、分析，从而获得光电子的强度与能量之间的关系谱线，即 X 射线光电子能谱。显然光电子的产生依次经历电离、输运和逸出三个过程，而后两个过程与俄歇电子一样，因此，只有深度较浅的光电子才能能量无损地输运至表面，逸出后保持特征能量。与俄歇电子能谱一样，它仅能反映样品的表面信息，信息深度与俄歇电子能谱相同。由于光电子的能量具有特征值，因此可根据光电子谱线的峰位、高度及峰位的位移确定元素的种类、含量及元素的化学状态，从而分别进行表面元素的定性分析、定量分析和表面元素化学价态分析。

为什么 X 射线光电子的动能具有特征值呢？设光电子的动能为 E_k，入射 X 射线的能量为 $h\nu$，电子的结合能为 E_b，即电子与原子核之间的吸引能，则对于孤立原子，光电子的动能 E_k 可表示为

$$E_k = h\nu - E_b \tag{10-10}$$

考虑到光电子输运到样品表面后还需克服样品表面功 φ_s，以及能量检测器与样品相连，两者之间存在着接触电位差（$\varphi_A - \varphi_s$），故光电子的动能为

$$E'_k = h\nu - E_b - \varphi_s - (\varphi_A - \varphi_s) \tag{10-11}$$

所以　　　　　　　　　　　　$$E'_k = h\nu - E_b - \varphi_A \tag{10-12}$$

其中 φ_A 为检测器材料的逸出能，是一确定值，这样通过检测光电子的能量 E'_k 和已知的 φ_A，可以确定光电子的结合能 E_b。由于光电子的结合能对于某一元素的给定电子来说是确定的值，因此，光电子的动能具有特征值。

10.4.2　X 射线光电子能谱仪的系统组成

X 射线光电子能谱仪的基本构成示意图如图 10-19 所示，主要由 X 射线源、样品室、电子能量分析器、检测器、显示记录系统、高真空系统、离子枪、计算机控制系统及数据处理系统等组成。

1．X 射线源

X 射线源必须是单色的，且线宽愈窄愈好，重元素的 K_α 线能量虽高，但峰过宽，一般不用作激发源，通常采用轻元素 Mg 或 Al 作为靶材，其产生的 K_α 特征 X 射线为 X 射线源，其产生原理见 2.3.2 节。Mg 的 K_α 能量为 1253.6eV，线宽为 0.7eV；Al 的 K_α 能量为 1486.6eV，线宽为 0.85eV。为获得良好的单色 X 射线源，提高信噪比和分辨率，还装有单色器，即波长过滤器，以使辐射线的线宽变窄，去掉因连续 X 射线所产生的连续背底，但单色器的使用也会降低特征 X 射线的强度，影响仪器的检测灵敏度。

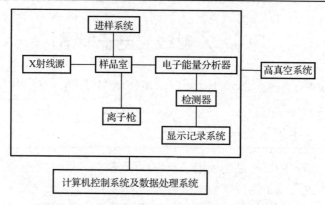

图 10-19　X 射线光电子能谱仪基本构成示意图

2. 电子能量分析器

电子能量分析器是 X 射线光电子能谱仪的核心部件，其功能是将样品表面激发出来的光电子按其能量的大小分别聚焦，获得光电子的能量分布。由于光电子在磁场或电场的作用下能偏转聚焦，故常见的电子能量分析器有磁场型和电场型两类。磁场型的电子分辨能力强，但结构复杂，磁屏蔽要求较高，故应用不多。目前通常采用的是电场型的电子能量分析器，它体积较小，结构紧凑，真空度要求低，外磁场屏蔽简单，安装方便。电场型又有筒镜形和半球形两种，其中半球形能量分析器更为常用。

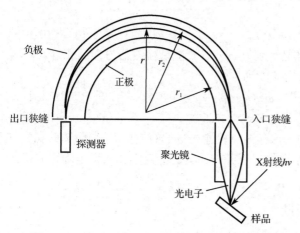

图 10-20　半球形电子能量分析器的工作原理图

图 10-20 为半球形电子能量分析器的工作原理图。由两同心半球面构成，球面的半径分别为 r_1 和 r_2，内球面接正极，外球面接负极，两球间的电位差为 U。入射特征 X 射线作用于样品后，所产生的光电子经过电磁透镜聚光后进入球形空间。设光电子的速度为 v，质量为 m，电荷为 e，球场中半径为 r 处的电场强度为 $E(r)$，则光电子受的电场力为 $eE(r)$，动能为 $E_k = \frac{1}{2}mv^2$，这样光电子在电场力的作用下做圆周运动，设其运动半径为 r，则

$$eE(r) = m\frac{v^2}{r} \qquad (10-13)$$

$$\frac{1}{2}erE(r) = \frac{1}{2}mv^2 = E_k \qquad (10-14)$$

两球面之间电势为

$$\varphi(r) = \frac{U}{\left(\dfrac{1}{r_1} - \dfrac{1}{r_2}\right)}\left(\frac{1}{r} - \frac{1}{r_2}\right) \qquad (10-15)$$

两球面之间电场强度为

$$E(r) = \frac{U}{r^2 \left(\dfrac{1}{r_1} - \dfrac{1}{r_2} \right)} \infty U \qquad (10\text{-}16)$$

因此可得光电子动能与两球面之间所加电压之间的关系为

$$E_k = \frac{erE(r)}{2} = \frac{eU}{2r \left(\dfrac{1}{r_1} - \dfrac{1}{r_2} \right)} \infty U \qquad (10\text{-}17)$$

通过调节电压 U 的大小，就在出口狭缝处依次接收到不同动能的光电子，获得光电子的能量分布，即 X 射线光电子能谱。实际上 X 射线光电子能谱中的横轴坐标用的不是光电子的动能，而是其结合能。这主要是由于光电子的动能不仅与光电子的结合能有关，还与入射 X 光电子的能量有关，而光电子的结合能对某一确定的元素而言是常数，故以光电子的结合能为横坐标更为合适。

3．检测器

检测器的功能是对从电子能量分析器中出来的不同能量的光电子信号进行检测。一般采用脉冲计数法进行，即采用电子倍增器来检测光电子的数目。电子倍增器的工作原理类似于光电倍增管，只是其始脉冲来自电子而不是光子。输出的脉冲信号，再经放大器放大和计算机处理后打印出谱图。多数情况下，可进行重复扫描，或在同一能量区域上进行多次扫描，以改善信噪比，提高检测质量。

4．高真空系统

高真空系统是保证 X 射线电子能谱仪正常工作所必须的。高真空系统具有以下两个基本功能：①保证光电子在电子能量分析器中尽量不再与其他残余气体分子发生碰撞；②保证样品表面不受污染或其他分子的表面吸附。为了能达到高真空（10^{-7}Pa），常用的真空泵有扩散泵、离子泵和涡轮分子泵等。

5．离子枪

离子枪主要用氩离子剥蚀样品表层污染，来保证 X 射线光电子能谱的真实性。但在使用离子枪进行表面清污时，应考虑到离子剥蚀的择优性，也就是说易被溅射的元素含量降低，不易被溅射的元素含量相对增加，有的甚至还会发生氧化或还原反应，导致表面化学成分发生变化，因此，需用一标准样品来选择溅射参数，以免样品表面被氩离子还原或改变表面成分影响测量结果。

10.4.3　X 射线光电子能谱及表征

1．光电子能谱

光电子的动能取决于入射光子的能量及光电子本身的结合能。当入射光子的能量一定时，光电子的动能仅取决于光电子的结合能。结合能小的，动能就大，反之，动能就小。由于光电子来自不同的原子壳层，其发射过程是量子化的，故光电子的能量分布也是离散的。光电子通过电子能量分析器后，即可按其动能的大小依次分散，再由检测器收集产生电脉冲，通过模拟电路，以数字方式记录下来，计算机记录的是具有一定能量的光电子在一定时间内到达检测器的数目，即相对强度（Counts Per Second，CPS 或 arbitrary unite，a.u.），电子能量分析器记录的是光电子的动能，但可通过简单的换算关系获得光电子的结合能。因此，谱线的横坐标有两种：一种是光电子的动能 E_k；另一种是光电子的结合能 E_b，分别形成两种对应的谱线：相对强度-E_k 和相对强度-E_b。

　　由于光电子的结合能对于某一确定的元素而言是定值，不会随入射 X 射线能量的变化而变化，因此，横坐标一般采用光电子的结合能。对于同一个样品，无论采用何种入射 X 射线（MgK_α 或 AlK_α），光电子的结合能的分布状况都是一样的。每一种元素均有与之对应的标准光电子能谱图，并制成手册，如 Perkin-Elmer 公司的《X 射线光电子手册》。图 10-21 为纯 Fe 及其氧化物 Fe_2O_3 在 MgK_α 作用下的标准光电子能谱图。注意每种元素产生的光电子可能来自不同的电子壳层，分别对应于不同的结合能，因此同一种元素的光电子能谱峰有多个，图 10-22 为不同元素光电子的结合能示意图。当原子序数小于 30 时，对应于 K 和 L 层电子有两个独立的能量峰；对于原子序数在 35～70 之间的元素，可见到 $L_1L_{II}L_{III}$ 三重峰；对于原子序数在 70 以上的元素，由 M 和 N 层电子组成的图谱变得更为复杂。通过对样品在整个光电子能量范围进行全扫描，可获得样品中各种元素所产生光电子的相对强度与结合能 E_b 的关系图谱，即实测 X 射线光电子能谱，图 10-23 为月球土壤的光电子能谱图，将实测光谱与各元素的标准光谱进行对比分析即可。

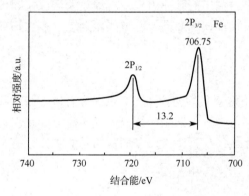
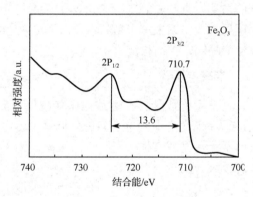

图 10-21　Fe 及 Fe_2O_3 的标准光电子能谱图

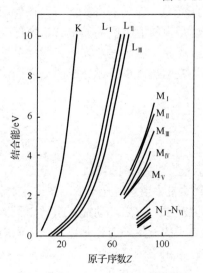
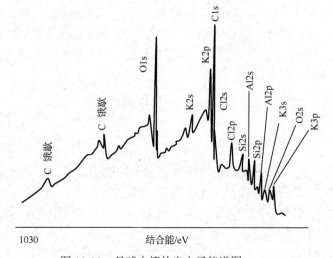

图 10-22　E_b 与 Z 的关系图　　　　　　图 10-23　月球土壤的光电子能谱图

2．光电子能谱峰的表征

光电子能谱峰由三个量子数来表征，即

$$n \quad l \quad j$$

内角量子数，$j = |l \pm m_s| = \left| l \pm \dfrac{1}{2} \right|$（$m_s$-自旋磁量子数 $= \pm \dfrac{1}{2}$）

角量子数，$l = 0, 1, 2, 3, \cdots, (n-1)$

主量子数，$n = 1, 2, 3, \cdots$

K 层：$n=1$；$l=0$；$j = \left| 0 \pm \dfrac{1}{2} \right| = \dfrac{1}{2}$，此时 j 可不标，光电子能谱峰仅一个，表示为 1s。

L 层：$n=2$；$l=0,1$；j 分别为 $\left| 0 \pm \dfrac{1}{2} \right|$、$\left| 1 \pm \dfrac{1}{2} \right|$，光电子能谱峰有三个，分别为 2s、$2p_{1/2}$ 和 $2p_{3/2}$。

M 层：$n=3$；$l=0,1,2$；此时 j 分别为 $\left| 0 \pm \dfrac{1}{2} \right|$、$\left| 1 \pm \dfrac{1}{2} \right|$、$\left| 2 \pm \dfrac{1}{2} \right|$；光电子能谱峰有 5 个，分别为 3s、$3p_{1/2}$、$3p_{3/2}$、$3d_{3/2}$、$3d_{5/2}$。

N 层、O 层等以此类推。

10.4.4　X 射线光电子能谱仪的功用

X 射线光电子能谱仪是材料表面分析中的重要仪器之一，广泛适用于表面组成变化过程的测定分析，如表面氧化、腐蚀、物理吸附和化学吸附等，可对表面组成元素进行定性分析、定量分析和化学态分析。

光电子从样品表面离开后，会引起样品表面不同程度的正电荷荷集，从而影响光电子的进一步激发，导致光电子的能量降低。绝缘样品表面荷电现象更为严重。表面荷电会产生以下两种现象：①光电子的结合能高于本征结合能，主峰偏向高结合能端，一般情况下偏离 3～5eV，严重时偏离可达 10eV；②谱线宽化，这也是图谱分析的主要误差来源。因此，为了标识谱线的真实位置，必须检验样品的荷电情况，以消除表面荷电引起的峰位偏移。常见的方法有消除法和校正法两种。消除法又包括电子中和法和超薄法；校正法又包括外标法和内标法，其中外标法又有碳污染法、镀金法、石墨混合法、Ar 气注入法等。上述方法中最为常用的是污染 C1s 外标法，它是利用 X 射线光电子能谱仪中扩散真空泵中的油来进行校正的，即将样品置于 X 射线光电子能谱仪中并抽真空至 10^{-6}Pa，真空泵中的油挥发产生的碳氢污染样品，在样品表面产生一层泵油挥发物，直至出现明显的 C1s 光电子峰为止，此时泵油挥发物的表面电势与样品相同，C1s 光电子的结合能为定值，为 284.6eV，以此为标准校正各谱线即可。

1．定性分析

待定样品的光电子能谱，即实测光电子能谱，本质上是其组成元素的标准光电子能谱的组合，因此，可以由实测光电子能谱结合各组成元素的标准光电子能谱，找出各谱线的归属，确定组成元素，从而对样品进行定性分析。

定性分析的一般步骤：

（1）扣除荷电影响，一般采用污染 C1s 外标法进行。

（2）对样品进行全能量范围扫描，获得该样品的实测光电子能谱；

（3）标识那些总是出现的谱线：C1s、C_{KLL}、O1s、O_{KLL}、O2s 及 X 射线的各种伴峰等；

（4）由最强峰对应的结合能确定所属元素，同时标出该元素的其他各峰；

（5）同理确定剩余的未标定峰，直至全部完成，个别峰还要对其窄扫描并进行深入分析；

（6）当俄歇线与光电子主峰干扰时，可采用换靶的方式，移开俄歇峰，消除干扰。

光电子能谱的定性分析过程类似于俄歇电子能谱分析，可以分析 H、He 元素以外的所有元素。分析过程同样可由计算机完成，但对某些重叠峰和微量元素的弱峰，仍需通过人工进行分析。

2. 定量分析

定量分析是根据光电子信号的强度与样品表面单位体积内的所含原子数成正比的关系，由光电子的信号强度确定元素浓度的方法。常见的定量分析方法有理论模型法、相对灵敏度因子法、标准样品法等，使用较广的是相对灵敏度因子法。其原理和分析过程与俄歇电子能谱分析中的相对灵敏度因子法相似，即

$$C_X = \frac{I_X}{S_X} / \sum_i \frac{I_i}{S_i} \qquad (10\text{-}18)$$

式中，C_X 为待测元素的原子分数（浓度）；I_X 为样品中待测元素最强峰的强度；S_X 为样品中待测元素的灵敏度因子；I_i 为样品中第 i 个元素最强峰的强度；S_i 为样品中第 i 个元素的灵敏度因子。

光电子能谱中是以 F1s（氟）为基准元素的，其他元素的 S_i 为其最强线或次强线的强度与基准元素的比值，每种元素的相对灵敏度因子均可通过手册查得。

注意：

① 由于定量分析法中，影响测量过程和测量结果的因素较多，如仪器类型、表面状态等均会影响测量结果，故定量分析只能是半定量。

② 光电子能谱中的相对灵敏度因子有两种：一是以峰高表征谱线强度；另一种是以面积表征谱线强度，显然面积法精确度要高于峰高法，但表征难度增大。而在俄歇电子能谱中仅用峰高表征其强度。

③ 相对灵敏度因子的基准元素是 F1s，而俄歇电子能谱中是 Ag 元素。

3. 化学价态分析

元素形成不同化合物时，其化学环境不同，导致元素内层电子的结合能发生变化，在图谱中出现光电子的主峰位移和峰形变化，据此可以分析元素形成了何种化合物，即可对元素的化学价态进行分析。

元素的化学环境包括两方面的含义：①与其结合的元素种类和数量；②原子的化合价。一旦元素的化学态发生变化，必然引起其结合能改变，从而导致峰位位移。图 10-24 为纯铝表面经不同的处理后 Al2p 的 XPS 图。干净表面时，Al 为纯原子，化合价为 0 价，此时 $Al^0 2p$ 的结合能为 72.4eV，如图中 A 谱线。当表面被氧化后，Al 由 0 价变为+3 价，其化学环境发生了变化，此时 $Al^{3+} 2p$ 结合能为 75.3eV，Al2p 光电子峰向高结合能端移动了 2.9eV，即产生了化学位移 2.9eV，如图中 B 谱线。随着氧化程度的提高，Al 的化合价未变，故其对应的结合能未变，$Al^{3+} 2p$ 光电子峰仍为 75.4eV，但峰高在逐渐增高，而 $Al^0 2p$ 的峰高在逐渐变小，这是由于随着氧化的不断进行，氧化层在不断增厚，$Al^{3+} 2p$ 光电子增多，而 $Al^0 2p$ 的光电子量因氧化层增厚，逸出难度增大，数量逐渐减少，如图 10-24 中 C、D、E 谱线。

元素的化学价态分析是 X 射线光电子能谱的最具特色的分析技术，虽然它还未达到精确分析的程度，但已可以通过与已有的标准图谱和标样的对比来进行定性分析了。

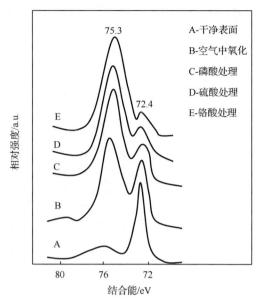

图 10-24　纯铝表面经不同处理后 Al2p 的 XPS 图

10.4.5　X 射线光电子能谱的应用分析

1. 表面涂层的定性分析

图 10-25 为溶胶凝胶法在玻璃表面形成的 TiO_2 膜样品的 XPS 图。结果表明，表面除含有 Ti 和 O 元素外，还有 Si 元素和 C 元素。出现 Si 元素可能是由于膜较薄，入射线透过薄膜后，引起背底 Si 元素的激发，产生的光电子越过薄膜逸出表面；或者是 Si 元素已扩散进入薄膜。出现 C 元素是由于溶胶及真空泵中的油挥发污染。

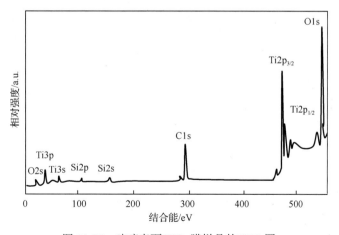

图 10-25　玻璃表面 TiO_2 膜样品的 XPS 图

2. 功能陶瓷薄膜中所含元素的定量分析

图 10-26（a）、（b）、（c）分别为薄膜中 La、Pb、Ti 三元素的窄区 X 射线光电子能谱图。由手册查得三元素的相对灵敏度因子、结合能。分别计算对应光电子主峰的面积，再代入式（10-18）即可算得三元素的相对含量，结果如表 10-1 所示。

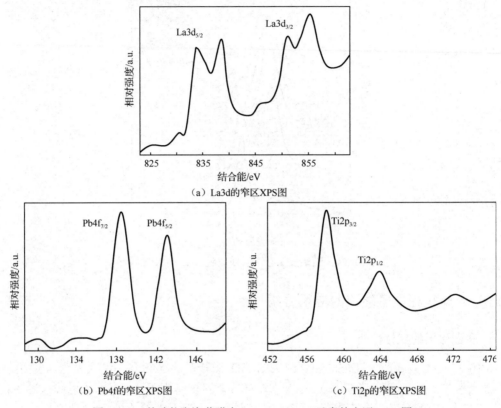

（a）La3d 的窄区 XPS 图

（b）Pb4f 的窄区 XPS 图　　　　（c）Ti2p 的窄区 XPS 图

图 10-26　某功能陶瓷薄膜中 Ti、Pb、La 三元素的窄区 XPS 图

表 10-1　Ti、Pb、La 三元素光电子峰定量计算值

元素	谱线	结合能/eV	峰面积	相对灵敏度因子	相对原子含量/%
Ti	Ti2p$_{3/2}$	458.05	469591	1.1	37.65
Pb	Pb4f$_{7/2}$	138.10	1577010	2.55	54.55
La	La3d$_{5/2}$	834.20	592352	6.70	7.80

注：峰面积=峰高×半峰宽。

3. 确定化学结构

图 10-27（a）、（b）、（c）分别为 1,2,4,5-苯四甲酸、1,2-苯二甲酸和苯甲酸钠的 C1s 的 XPS 图。由该图可知三者的 C1s 的光电子峰均为分裂的两个峰，这是由于 C 分别处在苯环和甲酸基中，具有两种不同的化学状态。三种化合物中两峰强度之比分别约为 4∶6、2∶6 和 1∶6，这恰好符合化合物中甲酸碳与苯环碳的比例，并可由此确定苯环上的取代基的数目，从而确定它的化学结构。

4．背底 Cu 元素在电解沉积 Fe-Ni 合金膜中的纵向扩散与偏析分析

在背底材料 Cu 上电解沉积 Fe-Ni 合金膜时，发现背底 Cu 元素会在沉积层纵向扩散，并在沉积层中产生偏析。由于 Fe-Ni 沉积膜很薄，常规的手段很难胜任，而 X 射线光电子能谱仪却能对此进行有效分析。图 10-28 为 Fe-Ni 沉积膜通过氩离子溅射剥层，不同溅射时间下的 XPS 图。该图表明沉积膜未剥层时，表层元素主要为 C 和 O，这是由于膜被污染和氧化；氩离子溅射 30min 后，C 元素消失，而 Cu、Ni、Fe 元素含量增加，表明污染层被剥离，沉积层中除 Fe、Ni 元素外还有 Cu 元素，说明背底 Cu 元素沿沉积膜厚度方向发生了扩散；溅射 150min 时，Cu 元素的光电子主峰高度降低，而 Fe、Ni 元素的光电子主峰高度增高，表明 Cu 元素在沉积层中的分布是不均匀的，存在着沿薄膜深度方向由里向外浓度逐渐增加的偏析现象。

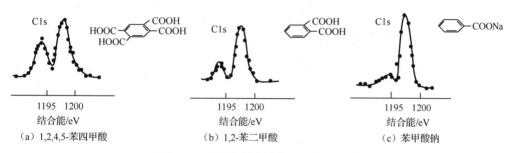

（a）1,2,4,5-苯四甲酸　　　　（b）1,2-苯二甲酸　　　　（c）苯甲酸钠

图 10-27　不同化学结构的 C1s 的 XPS 图

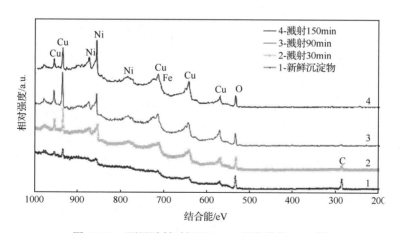

图 10-28　不同溅射时间下 Fe-Ni 沉积膜的 XPS 图

5．MgNd 合金表面氧化分析

MgNd 合金表面极易被氧化形成氧化膜，但氧化的机理研究非常困难，运用 X 射线光电子能谱仪并结合俄歇电子能谱仪可方便地对此进行研究和分析。表面氧化层沿深度方向上的成分分布规律可由俄歇电子能谱仪获得，而氧化层中氧化物的种类即定性分析可由 X 射线光电子能谱仪完成。图 10-29 为 MgNd 合金在纯氧气氛中氧化 90min 后，全程能量及三个窄区能量扫描 XPS 图。图 10-29（a）为全程能量扫描的 XPS 图，表明氧化层中含有 Mg、Nd、O、

C 等多种不同元素，即存在多种不同的氧化物，其中 C 元素是由表面污染形成的，可通过氩离子溅射得到清除。图 10-29（b）为 Nd3d5/2 光电子主峰图，表明其存在方式为 Nd³⁺状态，即氧化物形式为 Nd₂O₃；同理，由图 10-29（c）和图 10-29（d）分别得知 Mg 和 O 分别以+2 和 −2 价态存在，即以 MgO 的形式存在。此外，在图 10-29（d）中，还有峰位结合能分别为 532.0eV 和 533.2eV 的光电子主峰，这两峰位分别对应于化合物 Nd（OH）₃ 和 H₂O，其中 H₂O 是由样品表面吸附形成的。

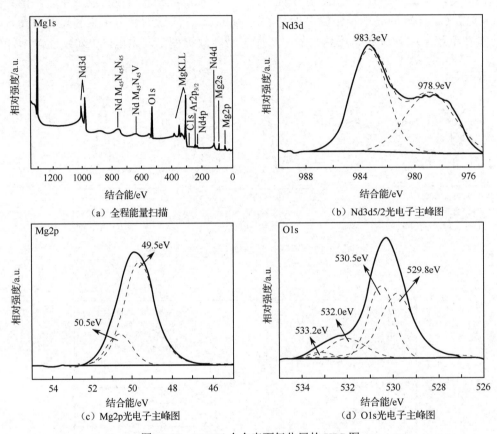

图 10-29　MgNd 合金表面氧化层的 XPS 图

10.4.6　X 射线光电子能谱的发展趋势

20 世纪 90 年代后半期以来，X 射线光电子能谱仪获得了较大的发展，主要表现在以下几个方面：①通过改进激发源（X 光束反射会聚扫描）、电子透镜（傅里叶变换及反傅里叶变换）或电子能量分析器（球镜反射半球能量分析器与半球能量分析器同心组合），显著提高了成像 X 射线光电子能谱仪的空间分辨率，现已达 3μm；②激发光源的单色化、微束化、能量可调化及束流增强化；③发展新型双曲面型电子能量分析器和电子透镜，以进一步提高能量和空间分辨率及传输率；④采用新型位敏检测器、多通板等电子检测器，以提高仪器灵敏度、能量及空间分辨率。为了使 X 射线光电子能谱仪得到更好发展，还需发展 X 射线光电子能谱的相关理论，如发展更成熟的化学位移理论，以有效鉴别化学态；发展更成熟的定量分析理论，以提高定量分析的精度；完善弛豫跃迁理论，更有效地指导对各种伴峰、多重分裂峰的确认；开发新方法如 XPD（X 光电子衍射），研究电子结构等；采用双阳极（Al/Mg）发射源，可方便区分光电子能谱中的俄歇峰，这对多元素复杂体系的 X 射线光电子能谱分析尤为重要；与其他表面分析技术如俄歇电子能谱分析技术等联合应用，使分析结果更全面、准确、可靠。

需要指出的是，电子探针中的 X 射线能谱分析（EDS）和波谱分析（WDS）同样也能进行元素分析，也可得到表面元素的二维分布图像，但俄歇电子能谱和 X 射线光电子能谱与之相比具有表面灵敏度更高、可进行化学态分析等更突出的特点。

10.5　扫描隧道显微镜

1981 年，科学家宾尼希（G. Binning）和罗雷尔（H. Rohrer）利用量子力学隧道效应原理成功制成了世界上第一台扫描隧道显微镜，从而使人类能够观察到原子在物质表面的排列状态，了解与表面电子行为有关的物理、化学性质。扫描隧道显微镜（Scanning Tunneling Microscope，STM）成了材料表面分析的重要手段之一，并克服了扫描电镜能提供表面原子级结构和形貌等信息的不足。

10.5.1　扫描隧道显微镜的基本原理

扫描隧道显微镜的理论基础是量子力学中的隧道效应，即在两导体板之间插入一块极薄的绝缘体，如图 10-30（a）所示，当在两导体极间施加一定的直流电压时，便在绝缘区域形成势垒，发现负极上的电子可以穿过绝缘层到达正极，形成隧道贯穿电流。隧道电流密度 J_T 的大小为

$$J_T = KU_T e^{-A \cdot z \sqrt{\bar{\phi}} l} \tag{10-19}$$

式中，U_T 为所加电压；l 为势垒区的宽度；$\bar{\phi}$ 为势垒区平均高度；$A = \left(\dfrac{1}{2} meh^2 \right)^{\frac{1}{2}}$，是与电子电荷 e、电子质量 m 和普朗克常数 h 相关的常量。由于隧道电流密度与绝缘体的厚度呈指数关系，因此 J_T 对 l 特别敏感，当 l 变化 0.1nm 时，J_T 将有好几个量级的变化，这也是扫描隧道显微镜具有高精度的基本原因。

扫描隧道显微镜的结构原理示意图如图 10-30（b）所示。将待测导体作为一个电极，另一极为针尖状的探头，探头材料一般为钨丝、铂丝或金丝，针尖长度一般不超过 0.3mm，理想的针尖端部只有一个原子。针尖与导体样品之间有一定的间隙，共同置于绝缘性气体、液体或真空中，检测针尖与样品表面原子间隧道电流的大小，同时通过压电管（一般为压电陶瓷管）的变形驱动针尖在样品表面精确扫描。目前，针尖运动的控制精度已达 0.001nm。代表针尖的原子与样品表面原子并没有接触，但距离非常小（<1nm），于是形成隧道电流。当针尖在样品表面逐点扫描时，就可获得样品表面各点的隧道电流谱，再通过电路与计算机的信号处理，可在终端的显示屏上呈现出样品表面的原子排列等微观结构形貌，并可拍摄、打印输出表面图像。

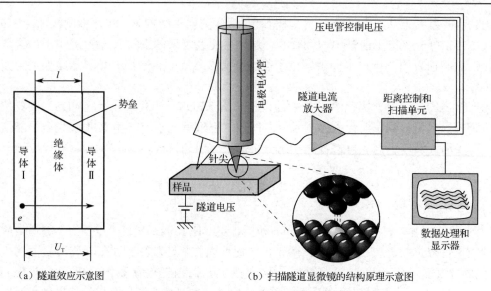

（a）隧道效应示意图　　　　　　　　（b）扫描隧道显微镜的结构原理示意图

图 10-30　隧道效应及扫描隧道显微镜结构原理示意图

10.5.2　扫描隧道显微镜的工作模式

扫描隧道显微镜的工作模式有多种，常用的有恒流式和恒高式两种，如图 10-31 所示。其中恒流式最为常用。

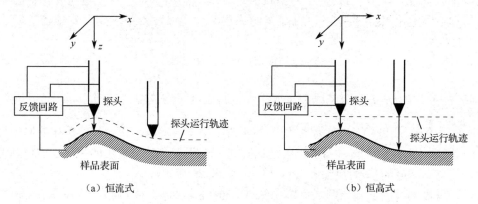

（a）恒流式　　　　　　　　　　　　　　（b）恒高式

图 10-31　扫描隧道显微镜的工作模式

1. 恒流式

让针尖安置在控制针尖移动的压电管上，如图 10-31（a）所示，由反馈回路自动调节压电管中的电压，使针尖在扫描过程中随着样品表面的高低上下移动，并保持针尖与样品表面原子间的距离不变，即保持隧道电流的大小不变（恒流），通过记录压电管上的电压信号即可获得样品表面的原子结构信息。该模式测量精度高，能较好地反映样品表面的真实形貌，但有反馈回路，跟踪比较费时，扫描速度慢。

2. 恒高式

此工作模式即针尖在扫描过程中保持高度不变，如图 10-31（b）所示，这样针尖与样品表面原子间的距离在改变，因而隧道电流随之发生变化，通过记录隧道电流的信号即可获得样品表面的原子结构信息。恒高工作模式无反馈电路，扫描效率高，但要求样品表面相对平滑，因为隧道效应只是在绝缘体厚度极薄的条件下才能发生，当绝缘体厚度过大时，不会发生隧道效应，也无隧道电流，因此当样品表面起伏大于 1nm 时，就不能采用该模式工作了。

10.5.3　扫描隧道显微镜的优缺点

扫描隧道显微镜与前述的表面分析仪相比具有以下优点。

（1）在平行和垂直于样品表面方向上的分辨率分别达到 0.1nm 和 0.01nm，而原子间距为 0.1nm 量级，故可观察原子形貌，分辨出单个原子，克服了扫描电镜、透射电镜的分辨率受衍射效应限制的缺点，因而扫描隧道显微镜具有原子级的高分辨率。

（2）可实时观察表面原子的三维结构像，用于表面结构研究，如表面原子扩散运动的动态观察等。

（3）可观察表面单个原子层的局部结构，如表面缺陷、表面吸附、表面重构等。

（4）工作环境要求不高，可在真空、大气或常温下工作。

（5）一般无须特别制备样品，且对样品无损伤。

扫描隧道显微镜虽具有以上优点，但也存在以下缺点。

（1）恒流工作时，对样品表面微粒间的某些沟槽不能准确检测，与此相关的分辨率也不高。

（2）样品须是导体或半导体。对不良导体虽然可以在其表面涂敷导电层，但涂层的粒度及其均匀性会直接影响图像对真实表面的分辨率，故对不良导体的表面成像宜采用其他手段，如原子力显微镜等进行观察。

10.5.4　扫描隧道显微镜的应用分析

1．Mo(110)表面 Ni 膜的生长研究

表面膜的生长过程非常复杂，从沉积到形核再到长大，可通过扫描隧道显微镜动态观察、拍照，记录其生长过程，有时还可结合低能电子衍射等其他分析手段共同研究其形成过程，从而更全面地揭示薄膜的生长机理。

图 10-32 为 Mo(110)表面室温生长 Ni 膜过程的 STM 图。从该图可以清楚地看出，清洁表面由[$1\bar{1}\bar{1}$]方向的原子台阶组成，台阶宽度为 10～20nm，如图 10-32（a）所示；当沉积量为 1.5ML 时（注：ML 是 Monolayer 的缩写，为沉积量的单位），Ni 膜在台阶上形核，形成分散的岛状核，各岛核又以平面方式生长成分散的片状 Ni 膜，如图 10-32（b）所示；当沉积量增至 3.9ML 时，膜片的第二层、第三层相继生成，以同样方式长大，如图 10-32（c）所示；当沉积量增至 11.6ML 时，膜片层数进一步增加，并以重叠方式推进，重叠方向与原来 Mo 表面的台阶方向[$1\bar{1}\bar{1}$]几乎呈垂直关系，在 Mo 表面形成了相对粗糙的 Ni 膜，如图 10-32（d）所示。扫描隧道显微镜可以从原子级水平观察到 Ni 膜的生长过程，即沉积的 Ni 原子首先在台阶处形成分散的岛状核，然后各岛状核平面生长，并以叠片方式推进，重叠程度随沉积量的增加而增加，重叠方向与 Mo 表面的[$1\bar{1}\bar{1}$]方向近似垂直。

| （a）清洁表面 | （b）1.5ML | （c）3.9ML | （d）11.6ML |

图 10-32　Mo(110)表面生长 Ni 膜过程的 STM 图

2．氧化膜的形成研究

使用扫描隧道显微镜可方便地观察到氧化膜在形成过程中不同阶段时的微结构，这有助于对氧化膜的形成机理做更深入的分析。

图 10-33 为金属化合物 NiAl（16 14 1）表面在通入少量的 O_2（60L）并作用后，再经 1000K 退火所得表面的 STM 图，此时氧化膜尚未完整形成图 10-33（a）。氧化前，表面为规则的三角形凸台阶状，这是由 NiAl（16 14 1）的生长机理决定的。台阶宽度约 2.5nm±0.5nm，台阶方向为[110]方向，即 STM 图中的平整部位。少量氧（60L）氧化后，台阶形貌发生了显著变化，在 NiAl 表面的大台阶处出现了细小台阶，其放大图为图 10-33（b），即在氧化开始阶段，氧化膜的形核是在 NiAl 表面的大台阶处。再放大台阶的边缘，如图 10-33（c）所示，可见边缘处出现了簇状的氧化膜。因此通过扫描隧道显微镜观察可知，表面的氧化首先发生在 NiAl 表面上大台阶的边缘处，氧化膜在此形核并以细台阶状生长。

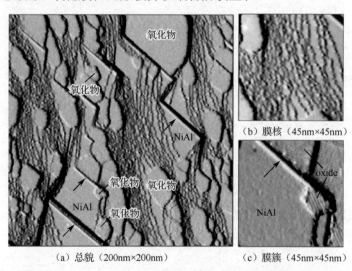

| （a）总貌（200nm×200nm） | （b）膜核（45nm×45nm） |
| | （c）膜簇（45nm×45nm） |

图 10-33　NiAl（16 14 1）表面氧化膜形成约 20%时的 STM 图

当扫描隧道显微镜为原子级分辨率水平时，还可观察到单个原子堆积成膜的过程。图 10-34 即 MoS_2 单原子层生长过程的 STM 图及其对应的模型图。从该图可以清晰地看到 MoS_2 单层纳米晶体膜的生长过程，即 Mo 原子和 S 原子均通过扩散运动以三角形的堆积方式逐渐长大成膜。

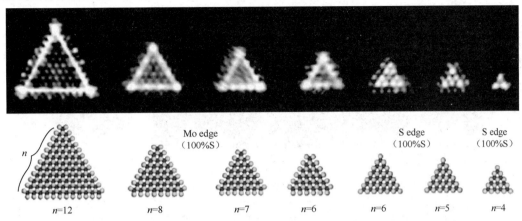

图 10-34　MoS_2 生长过程的 STM 图及其对应的模型图（n 为每边 Mo 原子数）

3. 表面形貌观察

运用扫描隧道显微镜可以直接观察样品表面的原子级形貌；三维扫描时，还可获得样品表面的三维立体图。图 10-35 即铂铱合金丝表面的二维和三维 STM 图。从二维扫描图可以看到金属丝表面的小颗粒状原子团，还有很清晰的两条突出的条纹，条纹方向与金属丝的走向一致，可以认为条纹的形成与金属拉成丝的过程有关，如图 10-35（a）所示。从三维扫描图能很清楚地看到表面的原子团颗粒，如图 10-35（b）所示。

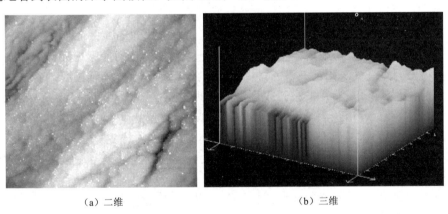

（a）二维　　　　　　　　　　（b）三维

图 10-35　铂铱合金丝表面的 STM 图

4. 原子、分子组装

扫描隧道显微镜针尖与样品表面原子之间总是存在着一定的作用力，即静电引力和范德华作用力，调节针尖的位置即可改变这个作用力的大小和方向。移动单个原子的作用力要比该原子离开表面所需的力小得多，通过控制针尖的位置和偏压，可实现对吸附在材料表面上的单个原子的移动操作，这样表面上的原子就可按一定的规律进行排列，如我国科学家运用扫描隧道显微镜技术成功实现了在 Si 单晶表面直接取走 Si 原子来书写文字，如图 10-36（a）所示。还可利用扫描隧道显微镜技术对原子或分子的单独操作，实现纳米器件的组装，如纳米齿轮、纳米齿条及纳米滚动轴承等，如图 10-36（b）和（c）所示。

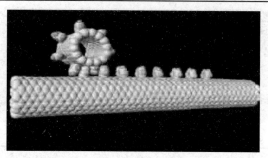

（a）原子汉字　　　　　　　　（b）齿轮与齿条　　　　　　　　（c）滚动轴承

图 10-36　扫描隧道显微镜技术的原子操纵与纳米器件的组装

5. 有机材料及生物材料的研究

由于扫描隧道显微镜不需要高能电子束在样品表面上聚焦，并可在非真空状态下进行试验，因此避免了高能电子束对样品的损伤。我国科学家利用扫描隧道显微镜技术在一种新的有机分子 4′-氰基-2，6-二甲基-4-羟基偶氮苯形成的薄膜上实现了纳米信息点的写入和信息的可逆存储。此外，扫描隧道显微镜技术还可用于研究单个蛋白质分子、观察 DNA、重组 DNA 等。

10.6　聚焦离子束

聚焦离子束系统是利用静电透镜将离子束聚焦成极小尺寸的显微加工仪器。聚焦离子束（Focused Ion Beam，FIB）在电场作用下可被加速或减速，以任何能量与靶材发生作用，并且在固体中有很好的直进性。离子具有元素性质，因此 FIB 与物质相互作用时能产生许多可被利用的效应。通过荷能离子轰击材料表面，可实现材料的剥离、沉积、注入和改性。目前商用系统的离子束为液相金属离子源（Liquid Metal Ion Source，LMIS），金属材质为镓（Gallium，Ga），因为镓元素具有低熔点、低蒸气压及良好的抗氧化力。现代先进 FIB 系统为双束配合，即离子束+电子束（FIB+SEM）的系统。在扫描电镜微观成像实时观察下，用离子束进行微加工。

离子束的发展与点离子源的开发密切相关，其应用已经有近百年的历史。自 1910 年 Thomson 建立了气体放电型离子源后，离子束技术主要应用于物质分析、同位素分离与材料改性。由于早期的等离子体放电式离子源均属于大面积离子源，因此很难获得微细离子束。真正的聚焦离子束始于液态金属离子源的出现。1975 年，美国阿贡国家实验室的 V.E.Krohn 和 G.R.Ringo 发现在电场作用下毛细管管口的液态镓变形为锥形，并发射出 Ga$^+$离子束。1978 年，美国加州休斯研究所的 R.L.Seliger 等人建立了第一台装有 Ga LMIS 的 FIB 系统，其束斑直径仅为100nm（目前已可获得只有 5nm 的束斑直径），束流密度为 1.5A/cm^2，亮度达 3.3×10^{6}A/（cm^2.sr），从而使 FIB 技术走向实用化。

10.6.1　工作原理

聚焦离子束系统的"心脏"是离子源。目前技术较成熟，应用较广泛的离子源是液态金属离子（LMIS），其源尺寸小、亮度高、发射稳定，可以进行微纳米加工。同时其工作要求低（气压小于 10Pa，可在常温下工作），能提供 A1、As、Au、B、Be、Bi、Cu、Ga、Fe、In、P、Pb、Pd、Si、Sn 及 Zn 等多种离子。由于 Ga 具有低熔点、低蒸气压及良好的抗氧化力，成为目前商用系统采用的离子源。LMIS 结构有多种形式，但大多数由发射尖钨丝、液态金属贮存池组成。典型的 FIB 系统结构示意图如图 10-37 所示。

在离子柱顶端外加电场（Suppressor）于液态金属离子源，可使液态金属形成细小尖端，再加上负电场（Extractor）牵引尖端的金属，从而导出离子束。通过静电透镜聚焦，一连串可变化孔径（Automatic Variable Aperture，AVA）可决定离子束的大小，再通过八极偏转器及物镜将离子束聚焦在样品上并扫描。离子束轰击样品，产生的二次电子和离子被收集并成像或利用物理碰撞来实现切割或研磨。

将离子束和电子束集合在一台分析设备中，集样品的信息采集、定位加工于一身，是现代聚焦离子束的普遍应用载体。其优势是兼有扫描电镜高分辨率成像的功能及聚焦离子束精密加工的功能。用扫描电镜可以对样品精确定位并能实时原位地观察和监控聚焦离子束的加工过程，得到所需要的样品尺寸或者外形。聚焦离子束切割后的样品也可以立即通过扫描电镜观察和测量。FIB 双束系统由离子源、离子束、电子枪、可调光阑、物镜、样品台、工作腔体、真空系统、气体注入系统及纳米机械手等组成，如图 10-38 所示。

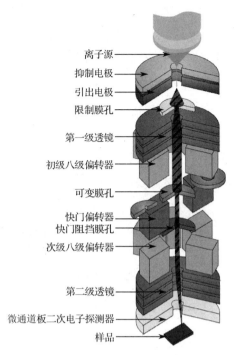

图 10-37　FIB 系统结构示意图

（图中标注，自上而下）
离子源
抑制电极
引出电极
限制膜孔
第一级透镜
初级八级偏转器
可变膜孔
快门偏转器
快门阻挡膜孔
次级八级偏转器
第二级透镜
微通道板二次电子探测器
样品

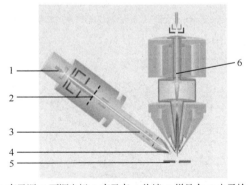

1-离子源　2-可调光阑　3-离子束　4-物镜　5-样品台　6-电子枪

（a）FIB双束系统结构示意图　　　　　（b）双束系统实物舱室构造

图 10-38　FIB 双束系统结构及实物图

10.6.2　离子束与材料的相互作用

正电荷的聚焦离子束可具有 5～150keV 的能量，其束斑直径为几纳米到几微米，束流从几皮安到几十纳安。这样的束流照射到固体材料表面时，离子与固体材料的原子核和电子相互作用，可产生各种物理和化学现象。

1．离子注入

离子束与材料中的原子或分子将发生一系列物理和化学作用，入射离子逐渐损失能量，最后停留在材料中，并引起材料表面成分、结构和性能发生变化。

2．产生二次电子

入射离子轰击固体材料表面，与表面层的原子发生非弹性碰撞，入射离子的一部分能量转移到被撞原子上，产生二次电子、X 射线等，同时材料中的原子被激发，电离产生可见光、紫外光、红外光等。

3．材料溅射

入射离子在与固体材料中原子发生碰撞时，将能量传递给固体材料中的原子，如果传递的能量足以使原子从固体材料表面分离出去，该原子就被弹射出材料表面，形成中性原子溅射。

4．照射损伤

照射损伤是离子束轰击固体表层材料造成材料晶格损伤，由晶态向非晶态转变的现象。

5．温升

高能量离子作用于材料表面，能量散发使材料温度升高，偏离稳定状态，产生晶粒长大、位错消退等现象。

10.6.3　聚焦离子束的应用分析

1．离子束成像

离子光学柱将离子束聚焦到样品表面，偏转系统使离子束在样品表面做光栅式扫描，同时控制器做同步扫描。电子信号检测器接收产生的二次电子或二次离子信号去调制显示器的亮度，在显示器上得到反映样品形貌的图像，如图 10-39 所示。由于 Ga 离子质量大，成像时通道效应明显，因此材料不同取向的晶粒间衬度对比明显。

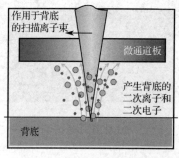

（a）离子束成像示意图　　　　　　　　　（b）铝多晶体离子通道衬度扫描图

图 10-39　离子束成像

2．离子束刻蚀

聚焦离子束轰击材料表面，将基体材料的原子溅射出表面，通过真空系统抽离，实现材料的刻蚀，这是聚焦离子束最重要的应用，可实现微米级和亚微米级高精度微观加工，包括平面刻蚀、剖面切割、三维切面重构等，如图 10-40 所示。

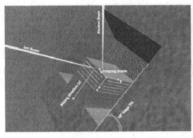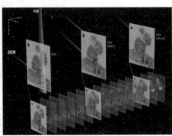

（a）平面刻蚀字母图形　　　（b）剖面切割示意图　　　（c）三维切面重构示意图

图 10-40　离子束刻蚀

3．透射电镜样品制备

配合气体沉积系统、纳米机械手等辅助装置，可定点制备厚度小于 100nm 的透射电镜样品薄片，如图 10-41 所示。

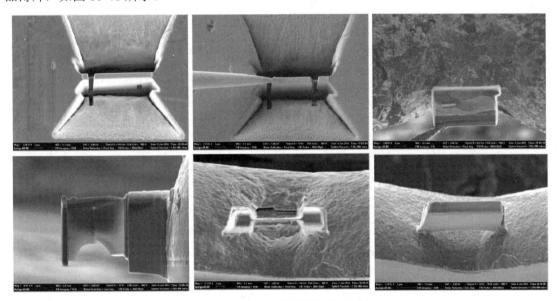

图 10-41　透射电镜样品制备过程图

4．三维原子探针（APT）样品制备

针对非导电或者定点分析的样品，如晶界偏析、多层膜界面和团簇等，可用聚焦离子束来制备直径 50～100nm 的 APT 样品针尖，如图 10-42 所示。

5．气体辅助沉积

在聚焦离子束入射区通入诱导气体，跟随离子束流吸附在固体材料表面，入射离子束的轰击致使吸附气体分子分解，将金属留在固体表面，可沉积铂、钨、碳等材料，如图 10-43 所示。

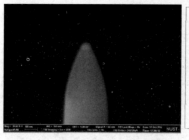
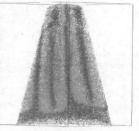

（a）FIB加工半导体槽样品及APT后三维重构效果图

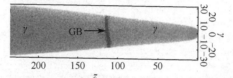

（b）FIB制备B在Ni基晶界处偏析样品及APT后三维重构效果图

图10-42　三维原子探针（APT）样品制备示例

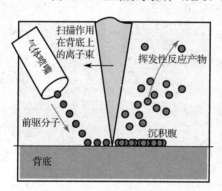

图10-43　聚焦离子束诱导沉积示意图及示例

10.7　电子能量损失谱

电子能量损失谱（Electron Energy Loss Spectroscopy，EELS）是材料分析的重要手段。在电子能量损失谱中，具有已知动能的电子束入射待测材料后，部分电子与原子相互作用发生非弹性散射，使入射电子损失部分能量并且路径发生随机的小偏转，对应不同的电子激发过程，能量损失不同，并构成一个谱，这个谱即电子能量损失谱。通过研究非弹性散射电子的能量损失谱，除了可以获得待测材料的成分信息，还可获得其化学价态、近邻原子配位等，从而研究待测材料的成分及物理和化学性质。

10.7.1　工作原理

当已知动能的入射电子穿透样品时，与样品发生非弹性作用，电子将损失部分能量，如果对出射的电子按其损失的能量进行统计计数，便得到能量损失谱。非弹性散射是由激发原子的内壳层电子、价电子，包括自由电子引起的。

注意：

① 入射电子为单一波长的电子束（单色）；

② 分析的是透射电子的能量损失，要求样品薄，一般与扫描透射电镜或透射电镜联合使用。

电子能量损失谱包含了电子与原子相互作用发生非弹性散射的丰富信息，具体由原子激发过程决定，依据能量损失的大小，电子能量损失谱包含以下三个部分。

（1）零损失峰：未被散射的电子、只发生了弹性散射的电子或能量损失很小的非弹性散射的电子，又称准弹性散射电子，能量损失小于 1eV，如晶格振动产生的声子激发。

（2）低能损失区：能量损失小于 50eV 的区域，主要包括激发等离子振荡和激发晶体内电子带间跃迁的透射电子，如等离子体共振、切伦科夫辐射、能带间跃迁等。

（3）高能损失区：出现电离损失峰，主要来自内层电子激发到费米能级以上的空态所发生的过程。

内层电子的电离适用于检测材料的元素组分，例如，一定数量的电子穿过材料后能量减少了 285eV，这相当于从碳原子去除一个内层电子所需的能量，从而可以推测样品中一定存在碳元素。其他的应用包括用低能损失区分析样品的能带结构和介电性能，利用零损失峰和总体能谱强度测量样品厚度等。

10.7.2　作用

EELS 一般能提供以下信息。

（1）成分分析。EELS 对轻元素敏感，而 EDS 则对重元素敏感，因此，EELS 的能量分辨率（约 1eV）远高于 EDS（130eV）。

（2）提供化学价态信息。石墨、金刚石、无定型碳三者均是 C，EDS 无法区分，而三者的 EELS 谱完全不同，很容易区分。EELS 对碳键敏感，成了碳相关材料分析的有力工具。

（3）能做化学价态分析。

（4）提供电子结构，如能带结构、电子态轨道占有数。

（5）从 EELS 的广延精细结构可得出电子的径向分布函数。

（6）分析界面结构。具有高的空间分辨率，对界面结构研究十分有效。

10.7.3　特点

（1）由于低原子序数元素的非弹性散射几率相当大，因此 EELS 技术特别适用于薄样品、低原子序数的元素，如碳、氮、氧、硼等的分析。它的特点是分析的空间分辨率高，仅仅取决于入射电子束与样品的相互作用体积；直接分析入射电子与样品非弹性散射相互作用的结果而不是二次过程，检测效率高。由于 EELS 技术的非弹性散射电子仅偏转很小的角度，几乎全部被接收，因此接收效率高。

（2）EELS 分析没有 EDS 分析中的各种假象，无须进行如吸收、荧光等各种校正，其定量分析原则上是无标准样品的。

（3）对样品厚度的要求较高，能实现透射，从而收集出射的非弹性散射电子。

（4）定量分析的精度有待改善。

10.7.4 应用分析

1. 运用扫描透射电镜中电子能量损失谱仪（STEM-EELS）分析表面成分

分别利用 EELS 和 EDS 对析出的锆氧化物进行元素面分布扫描，结果如图 10-44 所示。图 10-44（a）为锆氧化物的 HADDF 像，方框区域为面扫描区域。图 10-44（b）和图 10-44（d）分别为 EELS 和 EDS 测得的氧元素分布。从图 10-44（b）可以看出，氧元素集中在锆氧化物析出相中；而在同一区域，EDS 测得的氧元素分布较为均匀，并未发现显著的氧元素偏聚，如图 10-44（d）所示。这说明 EELS 的面扫描对氧元素也较为敏感。图 10-44（c）和图 10-44（e）分布为 EELS 和 EDS 测得的锆元素分布，可以看出 EELS 测得的锆元素的分布规律与 EDS 测得的相似。通过对比 EELS 和 EDS 面扫描结果，可以看出 EELS 的面扫描不管对轻元素氧还是对重元素锆均有较好的分辨能力，而 EDS 面扫描对轻元素氧的分辨能力较差，对重元素锆的分辨能力较好。

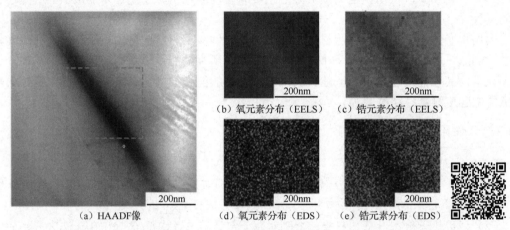

图 10-44　锆氧化物析出相的 EELS 和 EDS 面扫描分析结果对比（扫码看彩图）

2. 运用透射电镜中电子能量损失谱仪（TEM-EELS）分析

运用 TEM-EELS 对电子束激发的单晶 Au 纳米线耦合结构及单晶纳米薄片和多晶纳米薄膜的表面等离子激元（Surface Plasmons，SPs）的特征进行分析。图 10-45 为单晶 Au 纳米薄片和多晶 Au 纳米薄膜的 EELS 图，由图 10-45（a）可知，单晶 Au 纳米薄片的 EELS 曲线可分解为两个损失峰，中心分别为 1.47eV、2.36eV。其中，2.36eV 的损失峰由 SPs 共振造成；中心为 1.47eV 的损失峰为单晶 Au 纳米薄片中由 SPs 引起的损失峰。因此，由电子束激发单晶 Au 纳米薄片时，SPs 形成的损失峰位于 1.4eV、1.42eV 附近。由图 10-45（b）中嵌入的电子束激发区 TEM 高分辨像可知电子束激发点包含 3～4 个单晶体，每个单晶晶粒尺寸约为 50nm。对图 10-45（b）谱线进行拟合，谱线可分解为两个损失峰，中心分别位于 1.42eV、2.09eV。位于 1.42eV 的损失峰与单晶 Au 纳米薄片接近，由纳米薄膜中 SPs 形成的电子振荡造成；而另一中心位于 2.09eV 的损失峰，与单晶 Au 纳米薄片中的损失峰位相比，存在明显差异。因 Au 纳米颗粒单晶尺寸、位向不同，可形成不同的 SPs 模式。在系统评述贵金属纳米颗粒的 SPs 共振与颗粒形状、尺寸及薄膜厚度的相关性时，当纳米颗粒增大时，SPs 的共振峰位在吸收光谱中出现红移。电子束的激发点包含多个单晶晶粒，且晶粒形状、尺寸各不相同，因而电子振荡受到晶粒形状的影响，在各单晶晶粒间形成一种复杂的耦合形式，使最终形成的 SPs 共振峰位向低能方向移动到 2.09eV。多晶 Au 纳米薄膜的 SPs 共振峰位较单晶薄片出现明显红移。该研究为揭示和利用纳米材料结构调制 SPs 模式的机制，拓展基于 SPs 的传感应用提供了依据。

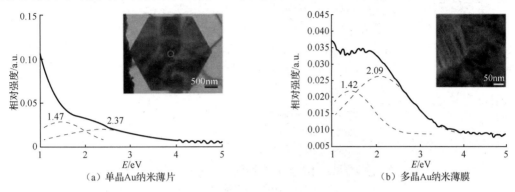

（a）单晶 Au 纳米薄片　　　　　　　　　（b）多晶 Au 纳米薄膜

图 10-45　单晶 Au 纳米薄片和多晶 Au 纳米薄膜的 EELS 图

本章小结

本章主要介绍了低能电子衍射（LEED）、反射高能电子衍射（RHEED）、俄歇电子能谱（AES）、X 射线光电子能谱（XPS）、扫描隧道显微镜（STM）、聚焦离子束（FIB）、电子能量损失谱（LEES）等材料表面分析技术。俄歇电子能谱主要用于表面的化学分析、表面吸附分析、断面成分分析等，扫描隧道显微镜主要用于表面原子级微观形貌的观察与分析，而反射高能电子衍射、低能电子衍射则主要用于表面膜的生长及表面微结构分析，聚焦离子束主要用于表面微区加工，电子能量损失谱主要用于表面成分分析，内容如下。

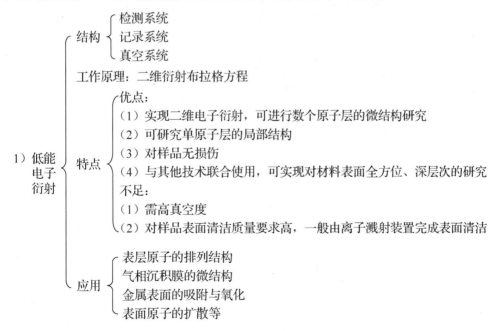

2）反射高能
电子衍射

　工作信号：电子束

　结构：电子束源、检测系统、荧光屏记录系统、真空系统

　工作原理：掠射式、二维衍射布拉格方程

　特点 ┤ 表面分析
　　　　　MBE研究中具有衍射强度振荡特性

　应用 ┤ MBE表面膜再构、衬底表面的清洁度、粗糙度
　　　　　实现单原子层生长调控等

3）俄歇电子
能谱

　工作信号：俄歇电子($Z>2$)

　结构 ┤ 检测装置：圆筒镜分析器
　　　　　放大系统：放大电路
　　　　　记录系统及真空系统

　应用 ┤ 定性分析：由所测谱与标准谱对照分析，确定元素组成，对照过程可由人工或计算机完成，对一些弱峰一般仍由人工完成
　　　　　定量分析：┤ 标准样品法
　　　　　　　　　　　相对灵敏度因子法
　　　　　化学价态分析

4）X射线光电
子能谱

　工作信号：光电子

　结构：检测器、记录系统、高真空系统等

　应用 ┤ 定性分析：由所测谱与标准谱对照分析，确定元素组成，对照过程可由人工或计算机完成，对一些弱峰一般仍由人工完成
　　　　　定量分析：理论模型法、灵敏度因子法、标准样品法
　　　　　化学价态分析

5）扫描隧道
显微镜

　工作信号：隧道电流

　结构：检测系统、记录系统、真空系统

　工作模式：恒流式、恒高式

　特点 ┤ 优点：
　　　　　（1）具有原子级的高分辨率
　　　　　（2）可实现表面原子的二维、三维结构成像
　　　　　（3）能观察单原子层的局部结构
　　　　　（4）对工作环境要求不高
　　　　　（5）无须特别制备样品，且对样品无损伤
　　　　　不足：
　　　　　（1）恒流工作时，对表面微粒间的某些沟槽的分辨率不高
　　　　　（2）需导体样品，否则需在样品表面涂敷导电层

　应用 ┤ 表面膜的生长机理分析：微观形貌、生长过程等分析
　　　　　表面形貌微观观察：二维、三维图像分析
　　　　　原子、分子组装
　　　　　高分子材料、生物材料等方面的研究

6）双聚焦离子束

- 双工作束：电子束、离子束
- 工作信号
  - 电子束产生二次电子、背散射电子，用于SEM工作模式
  - 离子束用于微区加工
- 工作模式：SEM、SEM+微区加工
- 主要应用
  - 形貌观察
    - 电子束产生的二次电子，背散射电子成像
    - 离子束成像
  - 微区加工：离子束刻蚀，透射电镜、三维原子探针样品制备
- 气体辅助沉积

7）电子能量损失谱

- 工作信号：透射电子束
- 结构：电子束源、检测记录系统、真空系统
- 工作原理：通过研究非弹性散射电子的能量损失分布，可以得到原子中电子的空间环境信息，从而研究样品的多种物理和化学性质
- 特点
  - 特别适合低原子序数元素的成分分析
  - 无须修正
  - 对样品厚度要求高
- 应用
  - 表面成分分析
  - 样品的能带结构和介电性能等分析

思考题

10.1　低能电子衍射与高能电子衍射的原理有何区别？

10.2　低能电子衍射的基本理论基础是什么？

10.3　低能电子衍射中对样品制备有何特殊要求？

10.4　低能电子衍射特点是什么？

10.5　简述低能电子衍射的应用，试举例说明。

10.6　简述反射高能电子衍射的原理、特点。

10.7　简述反射高能电子衍射的应用。

10.8　俄歇电子能谱定性分析应注意些什么？

10.9　运用俄歇电子能谱进行表面分析时存在的不足是什么？

10.10　试比较俄歇电子能谱、低能电子衍射、反射高能电子衍射、扫描隧道显微镜各表面分析技术之间的异同点。

10.11　简述扫描隧道显微镜的基本原理及其特点。

10.12　扫描隧道显微镜与扫描电镜之间原理的区别是什么？

10.13　扫描隧道电镜的工作模式有哪些？各有何特点？

10.14　简述扫描隧道显微镜的应用，并举例说明。

10.15　简述电子能量损失谱的原理、特点及应用。

第11章 原子探针分析技术

材料学家一直致力于材料微观结构的研究，进而阐明材料宏观性能的微观来源并有意识地调整或改善与性能相关联的微观结构。随着科学技术和仪器设备的不断进步和发展，人们逐渐开始尝试在纳米尺度甚至在原子尺度上"观察"材料内部结构的三维视图。原子探针层析（Atom Probe Tomography，APT）也称三维原子探针（3DAP），它可以区分原子种类，同时反映出不同元素原子的空间位置，从而真实地显示出物质中不同元素原子的三维空间分布。原子探针是目前空间分辨率最高的分析测试手段之一，与透射电镜具有极强的互补作用。原子探针是材料分析仪器中最昂贵的进口设备之一，且重要配件的供应受限。目前原子探针技术还在不断地发展和进步。本章主要介绍原子探针的基本原理及在材料科学中的应用。

11.1 原子探针技术的发展史

原子探针主要由场离子显微镜和质谱仪组成。1951 年，Müller 教授发明了场离子显微镜（Field Ion Microscope，FIM），并于 1955 年同其博士生 Kanwar Bahadur 利用场离子显微镜首次观察到单个钨原子的成像。这也是人类有史以来首次清晰地观察到单个原子的分布图像。场离子显微镜利用场电离产生的正电荷气体离子来成像，具有很高的分辨率和放大倍率，但是只能获得针尖样品表面原子排列和缺陷的信息。1967 年，Müller 教授在场离子显微镜基础上引入飞行时间质谱仪，利用场蒸发和质谱仪分析针尖样品微区范围的原子种类信息。此技术所用设备称为原子探针场离子显微镜（Atom Probe Field Ion Microscope，APFIM）。之后，J. A. Panitz 发展了所谓的 10cm 原子探针，也就是成像原子探针（Imaging Atom Probe，IAP）。此时的原子探针已能同时实现表面原子的识别和表面原子结构的观察，这也是现代原子探针的雏形。

在 20 世纪 80 年代，研究者们又在原子探针中引入位置敏感探头，并进行了一系列的改良，获得样品中所有元素在原子尺度的三维空间分布，即所谓的 APT 或 3DAP。APT 发展出来后很快获得商业应用，当时的 APT 生产商主要有法国的 Cameca 公司和英国的 Oxford Nanaoscience 有限公司。2003 年，美国的 Imago 公司发明的局域电极原子探针（Local Electrode Atom Probe，LEAP），大大提高了 APT 的采集效率和分析体积。2005 年，又在 LEAP 中引入激光脉冲激发模块，将原子探针的应用领域拓宽到半导体等弱导电材料。目前，法国的 Cameca 公司通过合并和收购成为全世界唯一一家生产原子探针设备的商业公司。

11.2 场离子显微镜

原子探针的发展可以追溯到场离子显微镜，二者在结构和原理上也有共同之处，故在介绍原子探针前先来介绍场离子显微镜。场离子显微镜主要利用稀有气体在带正电的锐利针尖附近的电离，电离后的成像气体离子在强电场作用下迅速离开并撞击荧光屏留下图像，荧光屏上的图像反映了样品尖端的电场分布，从而与样品尖端的局域表面形貌产生关联。通过使表面电场强度的分布成像，场离子显微镜可以提供一个表面自身原子分辨率的图像。场离子显微镜是最早达到原子分辨率，也就是最早能看得到原子尺度的显微镜。

11.2.1　场离子显微镜的结构原理

　　场离子显微镜的结构示意图如图 11-1 所示。显微镜的主体为一个真空容器，被研究材料的样品制成针尖形状，其顶端曲率半径为 50～100nm。针尖样品固定在沿真空容器的轴线、离荧光屏大约 50mm 的位置。样品通过液氮或液氦冷却至低温，以减小原子的热振动，使得原子的图像稳定可辨，同时在样品上施以正高压（3～30kV）。

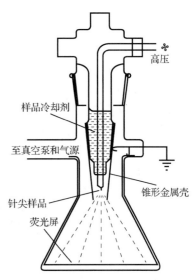

　　场离子显微镜工作时，先将容器抽到 10^{-8}Pa 的真空度，然后在容器中充入低压（约 10^{-3}Pa）的惰性气体作为成像气体，通常是氦气或氖气。当施加在针尖样品上的电势增高时，样品顶端周围的气体在强电场的作用下发生极化和电离，电离产生的带正电的气体离子在电场作用下射向荧光屏产生亮斑，并将样品表面的形貌在荧光屏上形成放大倍率很高的图像。由于场电离更易发生在样品表面较为突起的原子上，因此这些单个的突起原子形成的细离子束会在荧光屏上形成相应的亮点。

图 11-1　场离子显微镜的结构示意图

　　由场离子显微镜样品所形成的成像气体的离子流通常都是很小的，因此直接通过气体离子在荧光屏上所成图像是非常弱的。为了增强图像，一般在荧光屏前面放置一块微通道板图像转换器，将入射离子束转换为增强的二次电子束，这样得到的成像亮度可以显著增强，能够方便地进行观察和记录。

　　最佳成像电场（BIF）或最佳成像电压（BIV）是场离子显微镜中的一个重要概念。对一种给定的成像气体，最佳成像电场是可得到最好的成像衬度的电场，在针尖样品的尖端曲率半径一定的条件下，这对应着一个特定的电压，将它称之为最佳成像电压。如果电压太低，从样品表面产生的离子流不足以形成满意的图像；如果施加的电压太高，在整个样品尖端表面上将形成均匀的电离，从而减小图像的衬度。

11.2.2　场电离

　　场离子显微镜是基于场电离理论而设计的。所谓场电离是指在外场作用下发生的原子电离过程。场电离所需的强电场可以通过采用针尖样品实现，当给针尖施以正的高电压 V 时，在具有曲率半径 R 的针尖样品顶点产生的电场强度为

$$F = \frac{V}{k_f R}$$

其中，k_f 称作电场折减系数，或者简称为电场因子。k_f 是一个随尖端锥体角稍有变化的几何场因子，近似值为 5～7，与针尖的形状有关。一般惰性气体场电离的电场是 20～45V/nm，所以为了在应用 10kV 电压时产生电离，样品尖端半径必须减小为 50～100nm。

　　场离子显微镜中的场电离过程如图 11-2 所示，在针尖附近的强电场作用下，成像气体原子发生极化并向样品尖端的表面运动。气体原子与样品表面碰撞时通过热交换损失部分动能，

同时被陷进强电场区域中，于是气体原子在样品表面上经历一系列的减小幅度的跳跃。由于原子的不可分性，样品表面实际上由许多原子平面的台阶所组成，处于台阶边缘的原子总是突出于平均的半球表面而具有更小的曲率半径，其附近的电场强度也更高。当电场足够强时，在表面原子突起处会发生场吸附，气体原子的场电离是由场吸附气体原子的电子隧道效应进入金属而产生的。正的成像气体离子会在电场作用下离开样品表面并在荧光屏上形成场离子像。

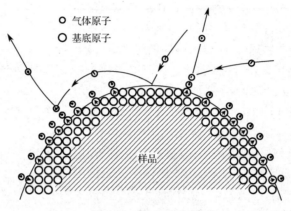

图 11-2　场电离过程

图 11-3 为存在或不存在电场时金属表面附近一个气体原子的势能能级图，其中 I_0 为一次电离能，x_c 是电离的临界距离，E_F 是费米能，Φ_e 是表面的功函数。施加强电场会使气体原子发生极化，从而使势能曲线发生变形。当电场足够强时，气体原子外壳层的电子可以隧穿能垒进入金属表面的空能级。气体原子发生电离的概率取决于电子隧穿过程能垒的相对可穿透性，一般来说，能垒的宽度与电场强度呈负相关，电离的概率依赖于电场的强度，场电离在最接近表面的位置发生，因为此处的电场是最强的。

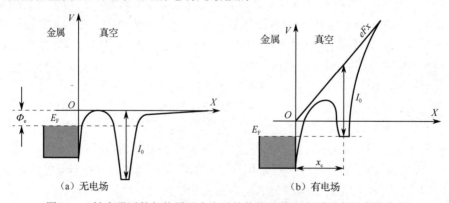

图 11-3　针尖附近的气体原子中电子的势能随着到表面距离的变化曲线

当气体原子接近金属表面直到临界距离 x_c 时，电子隧穿率增加。在此距离时的气体原子中，电子的能级恰好与金属的费米能级重合。当距离比临界距离更小时，由于金属内部没有适宜能量的空余的状态可以容纳电子，电子的隧穿作用会被泡利不相容原理所限定，场电离主要发生在距离样品表面一个 x_c 且厚度小于 $0.1x_c$ 的薄层内。临界距离 x_c 可用下式近似表示：

$$x_c = \frac{I_0 - \Phi_e}{eF}$$

（11-1）

其数值一般在几个埃左右。

11.2.3　场离子显微图像

由场电离的原理可知，针尖样品尖端表面的突出原子处更容易产生场电离，场电离产生的带正电的气体离子在斥力的作用下，沿着基本垂直于样品表面切平面的轨迹离开针尖表面向荧光屏运动，从而在荧光屏产生亮的像点。图 11-4 是一个典型的场离子显微图像，可以看出场离子显微图像主要由大量环绕于若干中心的圆形亮点环所构成。要理解场离子显微图像中的这些亮环，需要对针尖表面的微观结构有所了解。针尖样品的尖端可以简单看成一个曲率半径很小的半球形，但从原子尺度看，样品表面实际上是由许多原子平面的台阶所组成的，如图 11-5 模型图所示（右图中发亮小球代表边缘原子）。每一个原子层的横截面呈一个环形，边缘的原子是样品表面上最为突出的原子，这些原子用偏亮的硬球表示，这些原子在场离子显微镜中的成像为亮点，相邻的平行原子台阶变形成一系列同心圆环。

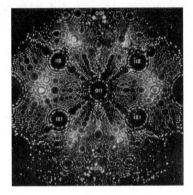
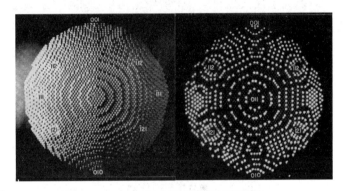

图 11-4　W(110)针尖样品的场离子显微图像　　　图 11-5　W(110)针尖硬球模型的顶视图

图 11-6 显示了场离子显微图像中这些亮点环的形成原理，中间的（001）晶面与样品尖端半球形表面的交线为一系列同心圆环，同时也是（001）原子平面的台阶边缘，而同心亮点环的中心则为该原子面发现的径向投影点，可以用它的晶面指数（001）表示。根据同样的原理可以分析尖端侧边的（011）及其他原子平面所对应的同心亮点环，同心亮点环中心点的位置也是对应不同晶面原子面的极点投影。可以看出，这些同心亮点环的形成与第 1 章中所学的"极射赤面投影"非常相似。实际上，二者极点所构成的图形基本上一致，因此可以借助晶体的投影来分析场离子显微图像。当然，实际试验中由于针尖样品的尖端并不是精确的半球形，所得场离子显微图像中的极点图会有一定的畸变，但仍然能反映出晶体的对称性，利用这一点可以方便地确定样品的晶体学位向和各极点的指数，以及原子排列时在晶体中可能产生的缺陷。

根据图 11-6 还可以得到场离子显微镜的放大倍率 M：

$$M = \frac{R}{r} \tag{11-2}$$

式中，R 是样品到荧光屏的距离，一般为 5~10cm，所以放大倍率大约是 10^6 倍，可以实现单个原子位置的分辨率。场离子显微镜的实际分辨率还受其他因素的影响，主要包括以下几个因素。

（1）电离区的尺寸：每个像点对应的发生场电离区域的尺寸，该尺寸越小分辨率越高。

（2）横向速度：气体离子通过连续弹跳损失能量逐渐靠近表面电离区，因此，电离时产生的带正电离子会有一定的横向初速度，导致单个点的图像扩展成一个光斑，降低分辨率。

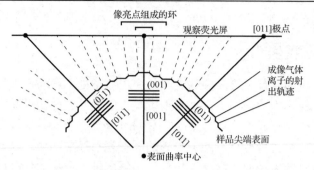

图 11-6　场离子显微镜图像中亮点环的形成及其极点的图解

（3）海森堡测不准性：由于气体原子被约束在一个很小的体积内，因此必须考虑原子的量子本质，原子的位置和能量不能同时精确测定，会造成离子轨迹的宽化，一般通过将样品保持在低温以减小其影响。

场离子显微镜的优点主要在于可以获得针尖样品表面原子的直接成像，这是在材料科学许多理论问题研究中的一种独特的分析手段，有着非常广泛的应用。图 11-7（a）为场离子显微镜中观察到的空位，场离子显微镜可以直接观察到材料中的点缺陷，这是其他表征方法很难实现的，与空位的观察类似，场离子显微镜也可以用来研究掺杂元素和表面重构等；图 11-7（b）是刃型位错的场离子显微图像，场离子显微镜观察位错时需要位错在针尖样品表面露头；图 11-8（a）为金属钨中的大角晶界图，它可以清晰地反映界面两侧原子的排列和位向关系；图 11-8（b）为高速钢中析出相的场离子显微图像，可以利用场离子显微镜研究细小弥散的析出相析出的早期阶段，包括它们的形核和粗化。利用场离子显微镜开展研究时应注意，虽然场离子显微镜分辨率很高，但是其研究区域的体积很小，因此主要研究在大块样品内分布均匀且密度较高的结构细节，否则观察到某一现象的几率有限。

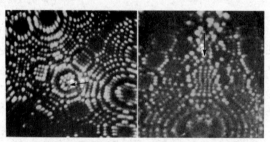

（a）铂（012）面上的空位　　（b）钨（021）面上的刃型位错

图 11-7　场离子显微图像 1

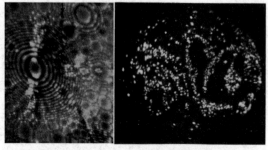

（a）金属钨中的87°大角晶界　　（b）ASP 60高速钢中的M_2C析出相

图 11-8　场离子显微图像 2

11.3　原子探针

11.3.1　场蒸发

在场离子显微镜中，选择合适的电压，针尖样品尖端发生场电离，如果继续提高电压使场强超过某一临界值，则会发生场蒸发。场蒸发是指在场诱发下从样品自身晶格中剥离原子的过程。场蒸发的过程涉及在强电场作用下原子从表面电离和解吸的过程，尖端表面的强电场导致表面原子的极化，当电场强度足够高时，原子的电子可能会被吸收进表面，而带正电的金属离子则被从表面上拖出来，从而诱发了原子的电离，产生的带正电离子则在尖端电场作用下加速离开表面。场蒸发的原理可以简单用热力学原理加以理解，其主要是通过施加电场时降低能垒，并在热激活的作用下使离子逃逸出表面的。金属表面附近的原子和离子的场蒸发示意图与势能曲线如图 11-9 所示。在没有电场的情况下，表面原子的离子态相对中性状态是亚稳态；但在有电场的情况下，离子状态会逐渐变得更稳定，同时离子和原子的势能曲线会发生交叉，此时只要热激活能超过减小了的势能能垒 $Q(F)$ 即可使离子剥离样品表面。

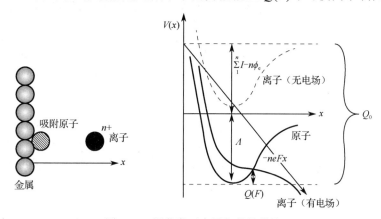

图 11-9　场蒸发示意图与势能曲线

场蒸发在场离子显微镜中也有一定的应用，主要用于去除样品表面的污染物、吸附层和氧化钨等，同时也可以将针尖样品顶端表面的突起和毛刺去掉，得到平滑清洁的样品。另外，若控制样品材料逐个原子层的连续剥落，则可以利用场离子显微镜逐层研究材料的三维原子结构。

11.3.2　原子探针的基本原理

原子探针是场蒸发的一个直接应用。原子探针可以认为是由场离子显微镜和质谱仪组合而成的。早期的原子探针也称原子探针场离子显微镜，基本原理如图 11-10 所示，左侧对应场离子显微镜部分，右侧对应质谱仪部分，可以分析元素种类，在微通道板和荧光屏上开一个小孔作为离子进入质谱仪的入口光阑，以选择元素分析区域。样品固定在一个可以转动的支架上，从而可以使样品上的不同区域对准探测孔，分析感兴趣区域内的元素种类。由于场离子显微镜的静电场中所形成的场电离离子和场蒸发离子轨迹相同，因此可以根据场离子像来选择单个原子进行元素分析。

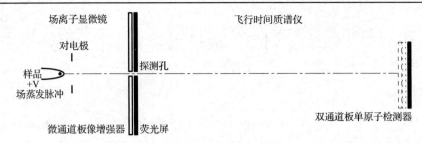

图 11-10　原子探针场离子显微镜原理图

原子探针操作的基本原理非常简单，首先形成样品的场离子像，其次通过转动样品使感兴趣区域的场离子图像对准探测孔，然后给样品施加高压脉冲使得表面原子发生场蒸发，当电离的原子从样品表面剥落后，只有轨迹通过荧光屏上小孔的离子才能进入质谱仪被分析。尽管当时的原子探针可分析单个原子，但更普遍的是用来分析探测孔所对应的一定深度圆柱体积内样品的元素组分信息。

最早使用的质谱仪是磁偏转质谱仪，但使用最为普遍的却是后来开拓的飞行时间质谱仪。飞行时间质谱仪可以有效地区分所有元素。通过记录离子离开样品表面和到达检测器的时间可以得到离子的飞行时间 t，进一步根据离子势能与动能之间的等量关系可以获得离子的质荷比 m/n 与飞行时间 t 之间关系，即

$$neV = \frac{1}{2}m\frac{d^2}{t^2} \tag{11-3}$$

$$\frac{m}{n} = 2eV\frac{t^2}{d^2} \tag{11-4}$$

式中，V 为总的加速电压；d 为从样品到单原子检测器的距离，可通过实验条件确定。

根据场蒸发离子的质荷比可以确定离子种类，再将一个一个离子的数据累积画成对应每一质荷比的离子数，就得到常用的质谱数据，图 11-11 为电子束熔融制备的 718 合金中 γ 相的质谱，可以通过质谱获得材料的成分信息。

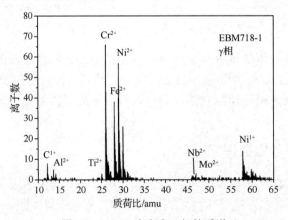

图 11-11　718 合金中 γ 相的质谱

11.3.3　原子探针层析

建立材料原子级化学完整的三维图像需要同时确定原子的元素种类和空间位置，利用飞行时间质谱仪可以确定原子的元素组成，而最新发明的位置敏感检测器则可以记录蒸发离子

的空间位置，这就构成了所谓的原子探针层析技术。图 11-12 是原子探针层析的基本原理示意图。由于电场对金属材料的穿透深度非常小（$<10^{-10}$m），被有效地屏蔽在远小于单个原子尺寸的距离之外，因此只有在样品最表面的原子受到场蒸发过程的影响。该过程几乎是逐个原子、逐个原子层地进行的。所以根据位置敏感检测器上记录的离子横向坐标及离子到达检测器的顺序，可以得到原子的空间位置。这一过程通过重构来实现，实际上是通过将检测到的位置逆投影到一个虚拟样品的表面上而将逐个原子构建起来的，原子探针层析得到的结果具有一定的滞后性，而且原子的横向位置的计算先于深度坐标。

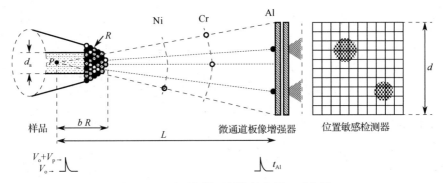

图 11-12　原子探针层析的基本原理示意图

原子探针层析的空间分辨率具有各向异性，因为原子是逐层地发生场蒸发，所以其深度分辨率要高于横向分辨率，通常可达到 0.2nm 左右，而横向上则由于蒸发离子的横向初始速度不同、飞行轨迹变形等导致分辨率显著下降，通常在 1nm 左右。另外，虽然原子探针层析理论上可以分析所有原子的空间位置和元素种类，但是目前由于检测器的效率限制，实际上只能检测待分析区域内部分原子的信息，即使最新发展的局域电极原子探针层析的检测效率最高也只有 60% 左右。

11.3.4　原子探针脉冲模式

1．高压脉冲技术

早期的场离子显微镜通过提高电压来产生场蒸发，因此许多后来发展的原子探针都是利用高压脉冲来逐层剥离表面原子的。原子探针层析中所用的高压脉冲多为半高宽为几纳秒的快速高压脉冲，实验要求在直流电压下样品原子不应有场蒸发，而在电压脉冲作用下表面所有原子发生场蒸发的概率相同。所以，脉冲电压通常处在几 kV 范围内，而且脉冲大小的起伏必须保持在很低的水平，脉冲上升时间应该小于 1ns，这样才能保证离子在一个精确的时刻蒸发，飞行时间质谱仪能够准确地区分不同离子。

图 11-13 是一个典型的模拟高压脉冲和相应的蒸发概率函数。可以看出，几乎所有的离子都在接近脉冲最大值时发射出来。因此，场蒸发离子会受到外加电压的加速，其值为直流电压和脉冲电压之和。实际的场蒸发是概率事件，并非所有原子都在脉冲器件内同一时刻被场蒸发，不同时刻产生的离子受到的脉冲电场作用是不同的，因此具有不同的能量。离子没有获得脉冲的全部能量，这种效应称为能量欠额，它会降低确定离子质荷比的精确性。

高压脉冲技术要求样品具有一定的导电性，主要运用于金属样品。另外，原子探针层析中使用的典型电场的等价静电压力可高达几十 GPa，接近许多材料的理论强度，对于脆性材料，即使导电率足够高，脉冲高压所产生的附加循环应力也容易导致针尖样品断裂。

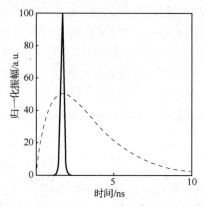

图 11-13　模拟高压脉冲（虚线）和相应的蒸发概率函数（实线）

2．激光脉冲技术

对于无法采用高压脉冲的低导电率或脆性材料，一般采用激光脉冲技术来进行原子探针实验。20 世纪 70 年代，Tsong 首先在原子探针中使用光源研究光子辅助的场电离或场蒸发问题。自 2006 年以来，亚纳秒、皮秒、飞秒激光源已应用在多种原子探针上。激光脉冲与原子探针样品之间的相互作用非常复杂，现在普遍认为在激光脉冲原子探针中，激光脉冲的能量被样品吸收，诱发其表面的温度升高并触发场蒸发，因此激光脉冲实际上可以认为是热脉冲在起作用。在激光脉冲原子探针中，针尖表面在几百皮秒内的升温可达几百开尔文量级，因而激光脉冲可以实现质量分辨率的巨大改进。激光脉冲技术更重要的作用在于拓宽了原子探针的应用领域，从单纯的金属材料扩展到半导体、一般的功能材料，甚至绝缘体。

11.3.5　原子探针样品制备

原子探针层析实验要求有针尖样品，获得高质量的针尖样品是原子探针层析试验成功的一个重要保障。原子探针针尖样品的主要要求如下。

（1）样品尖端的曲率半径介于 50～150nm。针尖曲率半径与实验中施加的高压大小关系紧密，曲率半径越大，样品发生场蒸发所需的电压也越高。若曲率半径过小，施加的电压过低，则会导致到达微通道板的场蒸发离子运动轨迹也发生扭曲，离子能量也可能由于过低而无法在质谱仪中识别。

（2）尖端接近半球形，切表面应当光滑，无突起、凹槽、裂纹和污染。半球形的尖端可以保证表面各处的放大倍率基本一致，这也是三维重构的基础，尖端形状的偏离容易导致重构数据出现假象。表面的几何不连续性则容易导致电场作用下的应力集中和样品断裂。

（3）样品截面为圆形。非圆形的界面容易导致场蒸发行为不稳定，同时重构过程也容易出现假象。

（4）适当的锥角。合适的锥角可以保证在样品断裂或者高压升至上限前采集到足够的数据量，一般在 1°～5° 范围内。

（5）感兴趣特征应在样品顶点约 100nm 以内，以确保包含在所获得的数据集内。原子探针层析能够分析的范围是非常有限的，尽量让感兴趣特征分布在靠近样品尖端区域内可以获取数据的有效性，当然随着现在原子探针层析技术的进步，这个距离可以适当放宽。

原子探针针尖样品的制备主要有电化学抛光和聚焦离子束两种方法。电化学抛光也称电解抛光，这种技术的使用最为广泛，也是许多材料样品的最佳制备方法。电化学抛光具有设备简单、快速方便等特点，而且可以通过同时切割、研磨、抛光多个样品来提高制样效率。但是这种方法仅适用于具有足够导电性且可进行电化学抛光的样品，而且很难在样品内部的特定部位制样。近年来随着技术的进步，扫描电子显微镜-聚焦离子束（SEM-FIB）在原子探针样品制备方面大显身手，利用聚焦离子可以在制备针尖样品的同时，将任何感兴趣特征（如晶界、相界等）定位在针尖尖端附近，但是聚焦离子束方法的效率相对较低、设备昂贵，同时制备样品过程中还应注意调整条件以减少离子损伤和造成假象。

1. 电化学抛光

电化学抛光之前，先要制备细长条"火柴形"坯料，理想的坯料长度应在 15~25mm（最小值为 10mm 左右），截面尺寸约为 0.3mm×0.3mm（尺寸在一定范围内可变，但是要求截面接近完美的正方形，以使得抛光结束后产生圆形截面的样品）。通常用低速精密锯或钢丝加工坯料，注意不要引入对微结构产生影响的热或变形。当然，对于线状或者丝状材料，直接通过切割金属线以获取适当的长度即可制作坯料。

原子探针针状样品通常采用多步电解的方法来进行电化学抛光。第一步为粗抛，将坯料进行抛光直到坯料的外周被锐化；第二步为精抛，用来锐化顶部以达到最终尺寸。不同的材料对应不同的电解液，而且粗抛和精抛阶段所用的溶液或者浓度也都有所不同。

一种常用的抛光方法为双层电化学抛光法，如图 11-14 所示，在黏稠的惰性液体上注入一薄层（一般为几毫米厚）电解液，在电解液层金属快速溶解形成颈缩区，样品可以通过上下移动来控制颈缩区的锥角；精抛阶段，将样品放入只含有电解液的电解池中，控制抛光条件直到样品分为两半，这样可以获得两个原子探针针尖样品。

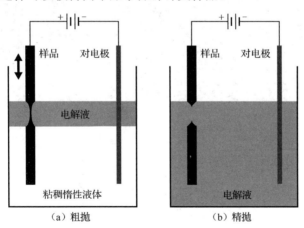

图 11-14　双层电化学抛光法

另一种常见的电化学抛光方法为"微抛光"，如图 11-15 所示，粗抛阶段直接在含有电解液的烧杯中进行，当样品端部的直径足够小时粗抛阶段结束；最终抛光在悬挂着金属环的电解液中进行，样品多次放入金属环中导致电解质持续下降，把它抛光到足够锋利足以用于原子探针分析。在微抛光中还可以利用脉冲抛光逐步去除少量材料，使尖端部位的形状达到预期要求，通常与透射电镜结合来使感兴趣特征位于针尖附近。

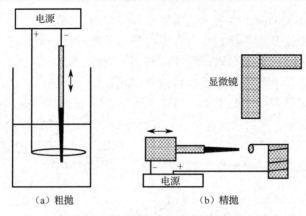

图 11-15　典型微抛光样品装置的示意图

2. 聚焦离子束

聚焦离子束是利用高强度聚焦离子束来对材料进行微纳加工的，理论上聚焦离子束可以将任何感兴趣特征定位于针尖附近。但在实际的使用过程中，根据样品形态（块体、粉末、带状、丝状、薄膜、涂层等）的不同、感兴趣特征位置和分布的不同，需要在聚焦离子束中选取不同的制备方法，而且针对不同材料的特性还要小心调控切割参数，否则容易造成离子损伤和假象。目前聚焦离子束中常用的一种方法是从样品表面切割出感兴趣特征，转移到支撑架上后，用环形切割的方式将端部切削成尖端，图 11-16 是一个含有晶界的样品的"挖取"过程。

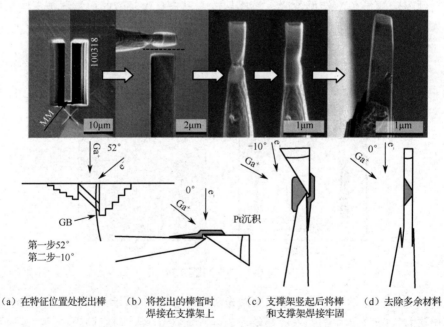

图 11-16　一个含有晶界的样品的"挖取"过程

11.3.6　原子探针层析的应用分析

原子探针层析技术是目前唯一能够检测到三维结构中所有元素的单个原子分布的技术，

利用原子探针层析可以重构出材料中三维空间上的元素分布情况，对于材料学家探索材料的微观结构，研究结构、工艺和性能之间的关系意义重大。目前，原子探针层析在研究析出相、界面、位错、团簇等特征的元素分布方面已经取得了广泛的应用。

1. 析出相

许多材料中都有弥散分布的第二相，这些第二相的析出行为及三维分布对材料的性能至关重要，原子探针层析技术可以获得元素在三维空间的分布情况，而且具有极高的空间和化学分辨能力，因此在研究析出相，特别是纳米第二相的成分、析出行为和三维空间分布方面具有独特的优势。图 11-17（a）～图 11-17（c）为一种铝合金中三种合金元素的三维分布情况，原子探针层析可以准确地研究微量元素，如 Ge 的分布，这是其他高空间分辨技术如透射电镜无法做到的。原子探针层析还可以准确获得合金中纳米析出相的大小、成分和弥散状况的信息，如图 11-17（d）所示，9h 时效后铝合金中分布着细小的针状 Mg-Ge 相，富 Cu 的 θ' 相和 θ_{II}' 相，这些析出相的具体成分信息可以通过提取质谱得到。

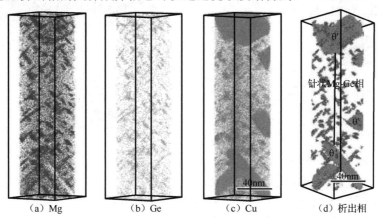

（a）Mg　　　（b）Ge　　　（c）Cu　　　（d）析出相

图 11-17　Al-3.5Cu-0.4Mg-0.2Ge 合金 200℃ 9h 时效后 Mg、Ge、Cu 和析出相的三维分布

2. 界面

相界、晶界等界面对很多材料性能和行为起着决定性的作用，原子探针层析可以准确地测量界面的结构、成分及元素在界面的分布，而且通过数据处理实现可视化分析。图 11-18 显示了镍基高温合金中 γ/γ' 相界面的合金元素分布情况，说明 Re 元素会在相界面处富集，据此可以理解合金元素的强化机制。图 11-19 显示了纳米晶钢中 C 元素在晶界的富集情况，结合透射电镜得到的晶粒取向分布情况可以研究晶界面取向、晶粒取向差等几何因素与合金元素偏聚之间的关系。

3. 位错

许多晶体缺陷如位错、层错等附近经常会发生化学偏聚，这种偏聚可以在原子探针层析中清晰地分辨出来，并能提供溶质分布及缺陷密度和弥散状况的信息。图 11-20（a）～图 11-20（d）中利用 Mn 的等浓度面清晰反映了 Fe-9at%Mn 合金中 Mn 元素在晶界和位错上的偏聚情况，图 11-20（e）中提取了垂直位错线和沿位错线方向 Mn 元素的一维浓度谱线，说明 Mn 元素主要富集在 1nm 范围内的位错核心区域，而且 Mn 元素沿位错线方向的富集区呈周期性分布，Mn 元素富集区间隔约为 5nm。

（a）镍基高温合金中γ′相分布情况

（b）γ/γ′相界面合金元素分布情况

图 11-18　镍基高温合金中 γ/γ′相界面的
　　　　　合金元素分布情况

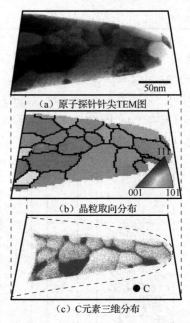

（a）原子探针针尖TEM图

（b）晶粒取向分布

（c）C元素三维分布

图 11-19　Fe-4.40C-0.30Mn-0.39Si-0.21Cr 纳米晶钢的原子探针
　　　　　针尖 TEM 照片、晶粒取向分布情况和 C 元素三维分布

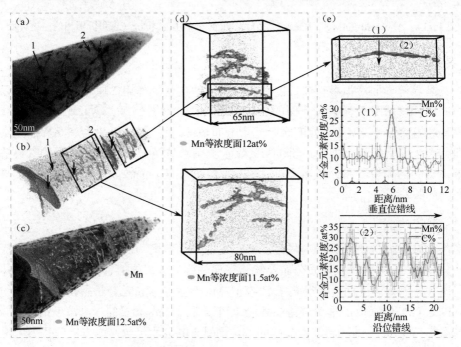

图 11-20　Fe-9at%Mn 合金中的 Mn 元素的偏聚情况

4．团簇

多元固溶体中的三维原子堆垛情况是许多领域非常感兴趣的问题，半导体中溶质物质的非周期性分布可能会对材料的电、光、磁等性能有重要影响，而合金中团簇的形成则与析出相的析出息息相关。原子探针层析数据中已经包含了溶质团簇化的关键信息，可通过一些复杂的算法提取这些信息。图 11-21 利用原子探针层析研究一种沸石（Zeolite）中 Al 元素团簇分布的结果，可以发现 Al 元素团簇主要分布在晶界附近，在所定义的团簇范围内，Al 元素含量显著升高，Si 元素含量则显著下降，O 元素含量基本不变。

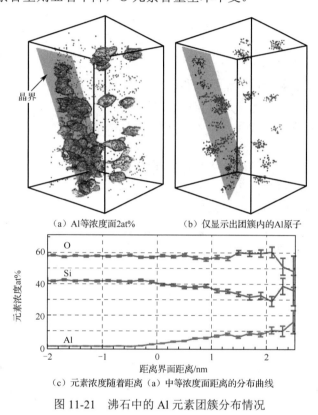

（a）Al等浓度面2at%　　　　　（b）仅显示出团簇内的Al原子

（c）元素浓度随着距离（a）中等浓度面距离的分布曲线

图 11-21　沸石中的 Al 元素团簇分布情况

本章小结

原子探针是由场离子显微镜发展而来的，本章主要介绍了场离子显微镜、原子探针及原子探针层析的基本原理、结构和应用。内容如下。

1）场离子
显微镜

  场电离：外场作用下发生的原子电离过程

  工作原理：场电离产生的带正电的成像气体离子在电场作用下射向荧光屏产生亮斑，并将样品表面的形貌在荧光屏上形成放大倍数很高的图像

  结构：针尖样品、高压系统、真空系统、荧光屏

  成像特点：大量环绕于若干中心的圆形亮点环

  应用：表面结构观察包括点缺陷、位错、晶界、表面重构、析出相等

2）原子探针
- 场蒸发：在场诱发下从样品自身晶格中剥离原子的过程
- 工作原理：场蒸发离子与场离子显微镜在静电场中所形成的场电离离子轨迹相同，利用荧光屏上的探测孔选择感兴趣区域的场蒸发离子进入质谱仪，通过质谱仪进行元素种类分析
- 结构：场离子显微镜+质谱仪
- 原子探针层析：场离子显微镜+质谱仪+位置敏感探测器
- 原子探针层析的应用：元素的三维空间分布研究包括析出相、界面、位错、团簇等

思考题

11.1　简述场离子显微镜、原子探针和原子探针层析之间的联系和区别。

11.2　简述场离子显微图像的特点和形成原理。

11.3　高压脉冲和激光脉冲各有什么优缺点？

11.4　为什么原子探针样品为针尖状？

11.5　简述原子探针对样品的要求并解释其原因。

11.6　简述电化学抛光和聚焦离子束两种方法制备针尖样品方法的优势和不足。

11.7　简述飞行时间质谱仪的工作原理。

11.8　结合场蒸发的过程思考影响质谱仪分析准确度的因素有哪些？

11.9　原子探针是如何实现"层析"的？

11.10　原子探针层析有哪些应用？

11.11　原子探针层析和透射电镜都具有很高的空间分辨率，试比较两种技术的优势和不足。

第12章　中子分析技术

英国的 J.Chadwick 于 1932 年发现中子，并在 1935 年获诺贝尔物理学奖。当时由于中子源太弱，无法应用，直到 20 世纪 40 年代，核反应堆建成，中子强度才足够用于衍射分析物质内部结构。美国 Oak Ridge 实验室的科学家 Wollan 和 Shull 等首先在 Clinton 反应堆上开展了中子衍射工作，即用中子散射方法研究物质的静态结构，从微观层次上了解物质中的原子位置和排列方式。1950 年前后，加拿大 Chalk River 实验室科学家 Brockhause 开始用中子非弹性散射研究晶格动力学，即利用中子散射研究物质的微观动力学性质，了解物质中原子、分子的运动方式和规律。1994 年，加拿大的 Brockhouse 和美国的 Shull 因分别发展了中子谱学和中子衍射技术，共同获得了诺贝尔物理学奖。他们分别回答了原子在哪里和原子在做什么的问题。

中子散射已在物理、化学、材料、工程等研究领域与 X 射线技术相辅相成，发挥着 X 射线无法取代的作用，成为物质科学研究和新材料研发的重要手段。我国在中子衍射领域占有一席之地，我国科学家成功制备出了用于物质的相结构、磁结构、残余应力、织构等分析用的中子散射仪。本章主要介绍中子源、中子与物质的相互作用、中子衍射、中子散射及其应用等。

12.1　中子源

中子的质量 m 为 $1.675×10^{-27}$kg，不带电，没有轨道磁矩，但有自旋磁矩，自旋量子数为 1/2，磁矩为 $1.913\mu_n$，（μ_n 为核磁子，相当于 $5.051×10^{-27}$A·m^2）。中子具有内部结构，存在电荷分布，其自旋磁矩与自旋角动量方向相反，不是点粒子，而是一种复合粒子，由两个下夸克和一个上夸克组成，中子具有波粒二象性，当表现为中子波，波长为 λ 时中子的能量为

$$E = \frac{h^2}{2m\lambda^2} \tag{12-1}$$

式中，h 为普朗克常量（$h=6.626176×10^{-4}$J·S），m 为中子质量（$m=1.675 ×10^{-24}$g）。

能产生中子的反应有裂变连锁反应、聚变反应、电子韧致辐射引起的中子和光聚变反应、带电粒子的核反应和蜕变反应等。中子源一般有以下三种。

（1）同位素中子源：利用放射性核素衰变时放出一定能量的射线去轰击某些靶核，发生核反应产生中子的装置。

（2）反应堆中子源：利用反应堆中原子重核裂变所形成链式反应产生中子的装置。

（3）加速器中子源：利用加速器加速带电粒子短脉冲轰击靶核，使靶核发生蜕变核反应产生中子的装置。

三种中子源的特点比较如表 12-1 所示，应用最多的是反应堆中子源和加速器中子源。

反应堆或加速器产生的中子速度快，故称为快中子，为了得到较纯的中子，就需使中子充分慢化。快中子需在减速剂媒质（慢化剂媒质）中通过碰撞减速，减速后的中子称为慢中子。当中子能量降到 0.025eV（波长为 2nm）左右时，中子能量与减速剂分子热运动能量达成热平衡，这时的中子叫作"热中子"。热中子的能量是连续分布的，接近麦克斯韦-玻尔兹曼分布。

表 12-1　三种中子源的特点比较

比 较 项 目	特 点 比 较		
	同位素中子源	反应堆中子源（连续源）	加速器中子源（散裂源）
中子产生	(α, n)、(g, n) 反应；自发裂变	核裂变；链式反应	高能质子轰击重核散裂反应
反应方式	连续	连续	脉冲
时间结构	无	无	有
中子能谱	窄	较宽	宽
中子通量	$\sim 10^7 n/cm^2 \cdot s$	$\sim 10^{15} n/cm^2 \cdot s$	$\sim 10^{17} n/cm^2 \cdot s$
每产生中子时靶内能量沉积	0.1MeV～6MeV	180MeV	20MeV～45MeV
本底 γ	高	高	低

相比于反应堆中子源，加速器中子源具有高的有效通量、宽波段、高信噪比，无核燃料、无核废物，不污染环境，停电即可不产生质子、中子，绝对安全可靠，尤其是用于慢化中子用的慢化器的制冷功率仅为反应堆的十分之一，建造、运行费用低，其应用领域在不断扩大。

能量小于 0.005eV（波长大于 0.4nm）的中子称为"冷中子"。冷中子是用温度作为低能区中子能量范围划分的一种习惯说法，即中子的能量用温度来表示。当中子能量小于 10^{-4}eV（波长大于 3nm）时，叫作"甚冷中子"。当能量小于 10^{-7}eV（波长大于 100nm）时，叫作"超冷中子"。使用常温慢化剂时，中子谱中的冷中子所占份额仅 2%左右。为获得高强度的冷中子，需使用低温慢化剂，如液氢容器，这种冷源可使冷中子份额增大 1～2 个量级。热中子由于其能量高、穿透能力强，较多用于厚重样品散射或成像。冷中子能量较低，穿透能力差，但是由于其单色性好，成像分辨率高，多用于高精度散射或成像分析。

12.2　中子与物质的相互作用

中子与物质的作用主要是中子与原子核的作用。中子与物质的相互作用主要包括物质对中子的吸收和散射，此外还有对中子的折射和反射，由于应用较少，本书未做介绍，需要者请参考相关文献。

12.2.1　吸收

如同 X 射线作用于物质产生吸收，中子束作用于物质时同样会被物质部分吸收，同样有线吸收和质量吸收两种。线吸收为单位长度方向中子强度衰减的程度，与经过的距离 x 成正比，其微分式为

$$-\frac{\mathrm{d}I}{I} = \mu_1 \mathrm{d}x \tag{12-2}$$

式中，μ_1 为线吸收系数，与物质种类、密度、中子波长有关，其表达式为

$$I = I_0 \mathrm{e}^{-\mu_1 x} \tag{12-3}$$

对于一定的物质而言，线吸收系数与其密度成正比，因此 $\dfrac{\mu_1}{\rho}$ 为常数，它与物质存在的状

态无关，用 μ_m 表示，称为质量吸收系数。此时式（12-3）表示为

$$I = I_0 \mathrm{e}^{-\rho\mu_m x} \tag{12-4}$$

当物质存在多相时，质量吸收系数取决于各组成相的质量分数 ω_i，此时

$$\mu_m = \omega_1\mu_{m1} + \omega_2\mu_{m2} + \omega_3\mu_{m3} + \cdots + \omega_n\mu_{mn} = \sum_1^n \omega_i\mu_{mi} \tag{12-5}$$

12.2.2　散射

中子作用于物质，发生方向偏转的现象称为中子的散射。通过检测散射前后中子的能量或动量变化可以分析作用物质的微观结构和动力学，其原理如图 12-1 所示。

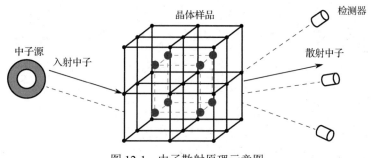

图 12-1　中子散射原理示意图

X 射线的散射体是原子的核外电子，X 射线的散射是指被作用对象的核外电子与 X 射线光子交互作用产生散射波，研究作用样品的物相结构。中子与物质的作用过程很复杂，中子本身不带电，通过物质主要与原子核作用产生核散射，及与原子磁矩作用产生磁散射。与同步辐射 X 射线等其他技术相比，中子散射技术具有穿透力强、同位素灵敏、磁灵敏、易实现动力学测量、无损测量等优势和特点。

1．中子的核散射

中子与核的作用形式与中子能量和核的情况有关，一般分为势弹性散射、核复合及直接交互作用三种类型，如下所示。

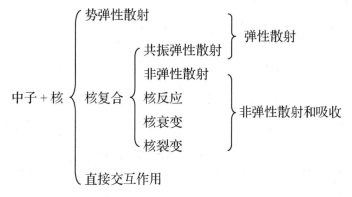

势弹性散射是指入射的中子靠近原子核时，受核力作用，在势阱边缘反射，不引起核内部状态变化，对于重核和低能中子，这种效应显著，是一种弹性散射。弹性散射中，相干散射即中子衍射。

核复合是指当中子能量等于或高于核的共振能量时，会被原子核吸收形成核复合，此时核

处于激发状态，若核再通过辐射中子回到基态，这一过程称为共振弹性散射；若核辐射中子后的剩余核未能回到基态，仍处于激发态，这一过程称为非弹性散射。有时核复合还会产生核反应、核衰变，对于重核，如激发态很高时，甚至会发生核裂变，中子能量减小，均为非弹性散射。

直接交互作用指当中子能量很高时，会和核直接交互作用，与靶核中粒子碰撞，击出该粒子，而中子留在核内。

只有弹性散射的中子束才能用于晶体衍射研究，非弹性散射的中子能量损失较多，波长变化可以很大，而 X 射线的非弹性散射波长变化很小，因此，就能量而言，X 射线的非弹性散射贡献很小，主要靠真空吸收，而中子散射的能量损失主要为非弹性散射，吸收贡献很小。

中子具有波粒二象性，波动性时中子的平面波可由波函数描述，即

$$\psi = e^{i\kappa z} \tag{12-6}$$

式中，$\kappa = \dfrac{2\pi}{\lambda}$，为波数。单核对这一入射波的散射波是球面波，表示为

$$\psi = -(l/r)e^{i\kappa z} \tag{12-7}$$

式中，r 是测点到核所在的原点之间的距离。l 具有长度量纲，称为"散射长度"，它是一个复数，表示为

$$l = \alpha + i\beta \tag{12-8}$$

只有在高吸收系数的核，如镉、硼时，散射长度的虚部才变得重要，才对它进行实验研究。一般情况下将其视为实数处理。合成的中子波为

$$\psi = e^{i\kappa z} - (l/r)e^{i\kappa z} \tag{12-9}$$

定义核的散射截面为

$$\sigma = \frac{\text{散射中子向外的流量}}{\text{入射中子通量}} = 4\pi r^2 v \frac{|(l/r)e^{i\kappa z}|^2}{v|e^{i\kappa z}|} = 4\pi l^2 \tag{12-10}$$

式中，v 为中子速度。

1）核散射长度 l_e

中子通过金属时不受电场的影响，但要受到原子核的影响，而产生核散射对于多数材料来说基本散射体就是原子核，通常中子发生散射的特性可用核散射长度 l_e 表示，其量纲为长度单位，金属的核散射长度约为 10^{-12}cm 数量级。

周期表中相邻元素间中子的核散射长度变化没有规律，具有很大的不规则性。正是这一特性使它对相邻元素的鉴别能力远比 X 射线强。常见金属的核散射长度如表 12-2 所示。注意许多元素通常不是以单一形式的核组成，而是由各种不同丰度（某一元素的各种同位素的相对含量，即某一同位素所占原子百分比）的同位素核组成，如 Fe 的稳定同位素有 ^{54}Fe、^{56}Fe、^{57}Fe、^{58}Fe，其同位素丰度分别为 5.82、91.66、2.19、0.33。每种同位素都有各自的特征核散射长度，如 ^{54}Fe、^{56}Fe、^{57}Fe 的核散射长度分别为 0.42×10^{-12}cm、1.01×10^{-12}cm 和 0.23×10^{-12}cm。

表 12-2　常见金属的核散射长度（单位：10^{-12}cm）

元　素	V	Cr	Mn	Fe	Co	Ni	Cu	Zn
核散射长度	-0.05	0.35	-0.36	0.96	0.25	1.03	0.79	0.59

2）核散射截面 σ_e

中子与核发生作用的概率通常用核的散射截面 σ_e 表示，定义为

$$\sigma_e = 4\pi l_e^2 \tag{12-11}$$

式中，l_e 为核的散射长度。核的散射截面 σ_e 的单位为靶，1 靶$=10^{-24}\text{cm}^2$。

2．中子的磁散射

物质的磁性是一个宏观的物理量，不仅取决于物质的原子结构，还取决于原子间的相互作用。它来源于原子磁矩，原子磁矩包括原子核磁矩和电子磁矩，而原子核磁矩远小于电子磁矩，仅为电子磁矩的几千分之一，因此，物质的磁性主要来源于电子磁矩，而电子磁矩包括轨道磁矩和自旋磁矩两种。由量子力学可知在填满电子的壳层中，总轨道磁矩和总自旋磁矩均为零，原子磁矩实际上来源于未填满壳层中的自旋电子。注意：物质磁矩一般不等同于孤立原子的磁矩和（相互作用）。

1）磁散射长度 l_m

对于磁散射，通常也用磁散射长度 l_m 表示原子或离子的散射特性，其量纲为长度单位。不同金属的磁散射长度也有明显差异，如铁、钴、镍的磁散射长度分别为 0.6×10^{-12}cm、4.7×10^{-12}cm、0.16×10^{-12}cm。

2）磁散射截面 σ_m

同样，在磁散射中可用磁散射截面 σ_m 表征中子散射的概率，顺磁材料中，某些情况下磁散射截面 σ_m 可大于核散射截面，也可小于核散射截面，如 MnO_2 中的 Mn^{2+} 磁散射截面和核散射截面分别为 1.69 靶和 0.14 靶，而 Ni^{2+} 则分别为 0.39 靶和 1.06 靶。

如果物质不具磁性，就不存在磁散射，此时的核散射即物质的散射。磁散射具有以下特点。

（1）磁散射依赖于物质样品中原子核外电子自旋如何排列。

（2）磁散射通过中子与核外分布的电子作用，作用距离相当于中子波长，磁散射强度与散射角密切相关。

（3）磁散射随散射角度变化与 X 射线散射因子随角度变化类似，只不过随角度的增加，磁散射本领下降得更快，这是由于磁散射主要是原子外层电子的贡献。

通过中子检测器收集作用后中子能量与动量的变化及相应中子强度分布情况，获取被研究对象内部的组分、结构和动力学等相关信息，即中子散射技术告知"物质世界中原子、分子在哪里，它们在做什么"。

注意以下几个基本概念。

1）磁荷 q_m 与磁矩 m

人们假定，在 N 磁极上聚集着正磁荷，可看成正点磁荷$+q_m$，又称正磁极，在 S 磁极上聚集着负磁荷，可看成负点磁荷$-q_m$，又称负磁极，一个磁体上正负点磁荷大小相等。

磁矩是磁铁的一种物理性质。处于外磁场的磁铁，会感受到力矩，促使其磁矩沿外磁场的磁力线方向排列。磁矩可以用矢量表示，磁矩方向是从磁铁的S（南极）指向N（北极），磁矩方向为磁荷与正负点磁荷之间距离的乘积。不只是磁铁具有磁矩，载流回路、电子、分子或行星等都具有磁矩，一个环形电流产生磁矩的示意图如图 12-2 所示。设环流强度为 I，环流半径为 r，环形电流在其运动中心处将产生磁矩 m，其大小为 $I\pi r^2$，方向用右手定则决定。

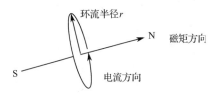

图 12-2　环形电流产生磁矩的示意图

2）自旋磁矩

在原子中，电子因绕原子核运动而具有轨道磁矩；电子因自旋具有自旋磁矩；原子核、质子、中子及其他基本粒子也都具有各自的自旋磁矩。

3）磁场强度 H

磁场强度是指单位正点磁荷在磁场中所受的力。

设磁极的磁荷为$+q_m$，它在磁场中某处受力为 F，则该处的磁场强度 H 为

$$H = \frac{F}{q_m} \tag{12-12}$$

$$F = k\frac{q_{m1} \cdot q_{m2}}{r^2} \tag{12-13}$$

式中，k 为比例系数，磁场方向为正点磁荷的受力方向。

4）磁化强度 M

磁化强度是指材料内部单位体积的磁矩矢量和，用 M 表示，它反映出磁体的磁性强弱程度，表示为

$$M = \chi H \tag{12-14}$$

式中，χ 为物质单位体积的磁化率。

5）磁感应强度 B

磁感应强度 B 的表达式为

$$B = \mu_0(H+M) \tag{12-15}$$

式中，μ_0 为真空导磁率。$B_0 = \mu_0 H$ 是磁场 H 在真空中的磁感应强度。

6）磁导率 μ

磁导率是指磁性材料被磁化的容易程度，或者说是材料对外部磁场的灵敏程度。磁导率的表达式为$\mu = B/\mu_0 H$，是磁化曲线任意一点上 B 和 H 的比值，还可以表示为

$$\mu = (1 + \chi) \tag{12-16}$$

固体物质的磁性就是按物质的磁化率χ来描述的。固体的磁性可分为以下几类：抗磁性、顺磁性、铁磁性、亚铁磁性和反铁磁性等。

（1）抗磁性：这类固体物质的磁化率是数值很小的负数，它几乎不随温度变化，χ 典型数值约为-10^{-5}。实际上所有的绝缘体、一半以上的简单金属都是抗磁性的。

（2）顺磁性：这类固体物质的磁化率是数值较小的正数，它与温度呈反比关系，即

$$\chi = \mu_0 C/T \tag{12-17}$$

式（12-17）为居里定律，C 为常数，T 为温度。

（3）铁磁性：这类固体物质的磁化率是特别大的正数，在某个临界温度 T_c 以下时，即使没有外磁场，材料中会出现自发的磁化强度，在高于温度 T_c 时，它变成顺磁场，其磁化率服从居里-外斯（韦斯）定律，即

$$\chi = \mu_0 C/(T - T_c) \tag{12-18}$$

居里-外斯定律为居里定律的修正公式。铁、钴、镍及其合金等都是铁磁体。

（4）亚铁磁性：这类固体物质在温度低于居里点温度 T_c 时像铁磁体，但磁化率没有铁磁体的大，它的自发磁化强度也没有铁磁体的强，在高于居里点温度 T_c 时，逐渐变得像顺磁体。磁铁矿（Fe_2O_3）就是一种亚铁磁体。

（5）反铁磁性：这类固体物质的磁化率是小的正数。在温度低于奈尔温度 T_N（反铁磁体

的临界温度）时，它的磁化率同磁场的取向有关，在高于奈尔温度 T_N 时，它的行为像顺磁体，其磁化率随温度的变化关系为

$$\chi = \mu_0 C/(T + T_N) \qquad\qquad (12-19)$$

MnO、MnF_2、NiO、CoF_2 等晶体是反铁磁体。

注意：居里点温度 T_c 与奈尔温度 T_N 的区别。

亚铁磁性和反铁磁性，它们的物理本质是相同的，反向平行的磁矩恰好相抵消时为反铁磁性，部分抵消而存在合磁矩时为亚铁磁性，反铁磁性是亚铁磁性的特殊情况。不论亚铁磁性还是反铁磁性，都要在一定温度以下原子间的磁相互作用胜过热运动的影响时才能出现，这个临界温度，对于亚铁磁物质仍叫居里点温度，对于反铁磁物质叫奈耳温度。在临界温度以上时，亚铁磁或反铁磁质同样转变为顺磁物质。但亚铁磁物质的磁化率 χ 和温度 T 的关系比较复杂，不满足简单的居里-外斯定律；反铁磁物质则在高于奈耳温度时，磁化率仍遵循居里-外斯定律。在奈耳温度以下，由于晶体的各向异性，磁化率和外场方向有关，当外场垂直于自发磁化方向时，磁化率基本保持不变；当外场平行于自发磁化方向时，磁化率随温度下降而减小，温度趋于 0K 时，磁化率趋于零。

对于磁性体，除原子核对中子束的散射外，还存在中子磁矩与样品内部磁场的相互作用，产生附加磁散射。磁矩主要来自原子外壳的未配对电子，具有不完全的 3d 电子壳层的 Fe、Ni、Co 和具有不成对电子的 Fe、Ni、Co、Mn 等自由原子或离子产生的合成磁矩，与具有磁矩的中子作用产生磁散射，此外稀土族原子核离子拥有不完全的 4f 电子壳层，具有磁矩，同样也产生磁散射。

7）磁结构

结构通常指晶体中原子磁矩空间取向的周期性和对称性，或某种规律性分布。磁结构相对于磁矩无规取向的情况来说，磁矩在空间的规律性分布又称磁有序。这一概念也可用于非晶态磁性合金中。目前已发现的磁结构有共线和非共线两大类。中子衍射技术是唯一能直接测定出晶体中各种磁性原子的磁矩在空间取向的实验手段。

磁结构的测定指在晶体结构测定的基础上，由衍射图像确定磁散射强度及其角位置，以此定出磁结构的细节，如磁性原子的位置、磁矩的方向等。中子有自旋磁矩，当它通过磁性物质时，除核散射外，还与磁性原子的磁矩产生交互作用，引起附加磁散射，并显示在中子衍射图中，通过研究中子衍射强度和花样的变化，即可分析磁结构。

3. 散射因子

散射因子为物质对中子散射的本领大小，一般可用散射振幅、散射截面或散射长度来表征。X 光子被核外电子散射，而中子则被原子核散射，中子的散射因子与原子序数无直接关系，实验测定的经验性数据如图 12-3 所示。从该图可以看出：①在中子散射时，由于是原子核引起的，因此中子作用时同位素散射因子不同；而 X 射线作用时同位素散射因子相同。②有些中子的原子散射因子是负的。散射因子为正值表示入射中子波与散射波相差 $180°$，见式（12-8），有一些原子由于中子波的相位变化使其散射因子为负数。

中子的原子散射因子与布拉格角无关，也是由于中子为原子核所散射的，原子核（直径约 10^{-13}cm）与波长相比要小得多。X 射线波长与原子核外电子云（10^{-8}cm）是同一数量级的，这就使在大角度时原子散射因子减少。图 12-4 是碳原子的中子散射因子和 X 射线散射因子随

$\dfrac{\sin\theta}{\lambda}$ 变化的比较。轻元素对中子的散射截面较大，而 X 射线的散射截面则基本随着原子序数的增大而增大，如图 12-5 所示。

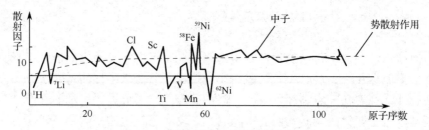

图 12-3　散射因子与原子序数的关系

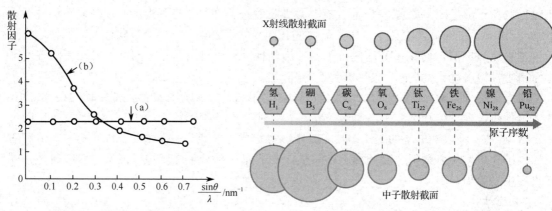

图 12-4　碳原子的中子散射因子
（a）与 X 射线散射因子（b）的比较

图 12-5　不同元素对中子和 X 射线的散射截面

12.3　中子衍射

12.3.1　中子衍射原理

　　中子衍射是中子散射中的一种，中子散射可分为弹性散射与非弹性散射，散射过程中中子能量未变的散射称为弹性散射，中子能量变化时的散射称为非弹性散射。弹性散射中，由于中子能量未变，被中子线照射过的物质发出与入射波长相同的次级中子射线，并向各方向转播，当散射体中的原子长程有序排列成晶体时，则在一定条件下（满足布拉格方程同时不消光）会发生相干加强的干涉现象，散射波会在某些特定的散射角形成干涉加强，即产生相干散射波，形成衍射峰，这就是中子衍射。因此中子衍射可以看成弹性散射中的相干散射。

　　峰的位置和强度与晶体中的原子位置、排列方式及各个位置上原子的种类有关。对于磁性物质，衍射峰的位置还和原子的磁矩大小、取向及排列方式有关。液体和非晶态物质的结构没有长程有序，它们的散射曲线不会出现明显的衍射峰。但由于结构中存在短程有序，因此还会在散射曲线中出现少数表征短程有序的矮而宽的小峰，它们仍然可以从统计的意义上为我们提供液体和非晶物质最近邻配位原子的信息。因此，可以利用中子衍射研究物质的结构和磁结构。

反之，当散射体中的原子无序排列，即使弹性散射也无相干现象发生时，此时中子衍射为非相干散射。需要注意的是，弹性散射和散射体的质点规则排列是产生相干散射的前提，非弹性散射必然是非相干散射。

12.3.2　中子衍射的方向和强度

1. 中子衍射的方向

同 X 射线衍射和电子衍射一样，中子衍射也有两个要素：衍射方向和衍射强度。中子衍射的方向如同 X 射线和电子的衍射，同样由劳埃方程组、布拉格方程和衍射矢量方程，即式（12-20）、式（12-21）、式（12-22）决定。

$$\begin{cases} \vec{a} \cdot (\vec{s} - \vec{s}_0) = h\lambda \\ \vec{b} \cdot (\vec{s} - \vec{s}_0) = k\lambda \\ \vec{c} \cdot (\vec{s} - \vec{s}_0) = l\lambda \end{cases} \tag{12-20}$$

$$2d\sin\theta = n\lambda \tag{12-21}$$

$$\frac{(\vec{s} - \vec{s}_0)}{\lambda} = (h\vec{a}^* + k\vec{b}^* + l\vec{c}^*) \tag{12-22}$$

2. 中子衍射的强度

中子衍射的强度不同于 X 射线，包括核和磁两部分：

$$I_{磁} = CM_{\mathrm{T}}A(\theta_{\mathrm{B}})\left[\frac{\gamma e^2}{2mc^2}\right]^2 <1 - (\vec{t} \cdot \vec{M})^2 > F_{磁}^2 \tag{12-23}$$

$$I_{核} = CM_{\mathrm{T}}\left[\frac{(\gamma e)^2}{2mc^2}\right]^2 F_{核}^2 \tag{12-24}$$

式中，C 为仪器常数；M_{T} 为多重因子；$A(\theta_{\mathrm{B}})$ 为角因子，为 $\dfrac{1}{2\sin\theta\sin2\theta}$；$\dfrac{\gamma e^2}{2mc^2} = 0.27$，为中子-电子耦合；$\langle 1 - (\vec{t} \cdot \vec{M})^2 \rangle$ 为取向因子；$\vec{t}$、$\vec{M}$ 分别为散射矢量和磁矩矢量；$F_{磁}^2$ 为磁结构因子；$F_{核}^2$ 为核结构因子；m 为磁矩；c 为中子速度。$F_{核}^2$ 和 $F_{磁}^2$ 分别为

$$F_{核}^2 = \left|\sum l \exp[2\pi i(hx + ky + lz)]\right|^2 \tag{12-25}$$

$$F_{磁}^2 = \left|\sum \mu f_{磁} \exp[2\pi i(hx + ky + lz)]\right|^2 \tag{12-26}$$

式中，l 和 μ 分别为中子原子散射长度和磁导率；$f_{磁}$ 为磁形状因子。

因此，非磁性材料的中子衍射强度为

$$I = I_{核} + I_{磁} = CM_{\mathrm{T}}\left[\frac{(\gamma e)^2}{2mc^2}\right]^2 F_{核}^2 \tag{12-27}$$

而磁性材料中的中子衍射强度则为核衍射强度与磁衍射强度之和，即

$$I = I_{核} + I_{磁} = CM_{\mathrm{T}}\left[\frac{(\gamma e)^2}{2mc^2}\right]^2 F_{核}^2 + CM_{\mathrm{T}}A(\theta_{\mathrm{B}})\left[\frac{\gamma e^2}{2mc^2}\right]^2 <1 - (\vec{t} \cdot \vec{M})^2 > F_{磁}^2 \tag{12-28}$$

在满足衍射方向条件下的 (hkl) 中，同样满足其对应的 $F_{磁}^2$ 和 $F_{核}^2$ 不能同时为零，否则将出现消光现象。中子衍射的消光规律与 X 射线衍射的相同，如表 12-3 所示。复式点阵如金刚石、

CsCl 结构等的消光规律也同于 X 射线衍射。

表 12-3　中子衍射的消光规律

点 阵 类 型	简 单 点 阵							底 心 点 阵		体 心 点 阵			面 心 点 阵	
消光规律	简单单斜	简单斜方	简单正方	简单立方	简单六方	菱方	三斜	底心单斜	底心斜方	体心斜方	体心正方	体心立方	面心立方	面心斜方
	无点阵消光							H、K 奇偶混杂，L 无要求		$H+K+L=$奇数			H、K、L 奇偶混杂	

特别要注意的是磁衍射，如果就磁晶胞而言，衍射花样应大致相同。但通常不用磁晶胞，而用晶体结构晶胞，结果会有较大差异。对于铁磁体测量，磁衍射峰与核衍射峰重叠，如图 12-6（a）所示，而反铁磁性晶体材料，会出现新的磁衍射峰，即图 12-6（b）中的 P、Q、R 峰，其指数可能是核衍射峰的一个分数，如果是螺旋式稀土磁性材料，磁衍射峰可能是核衍射峰的伴峰或卫星峰。

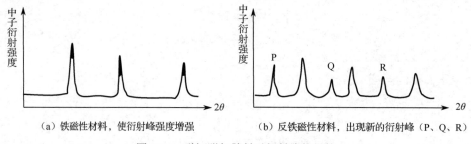

（a）铁磁性材料，使衍射峰强度增强　　　　　（b）反铁磁性材料，出现新的衍射峰（P、Q、R）

图 12-6　磁矩附加散射对衍射峰的贡献

目前，已有多种中子散射谱仪可对磁性中子散射进行测量，包括弹性、准弹性及非弹性散射的测量。比如，中子衍射可从原子层面测量晶体材料的磁性结构，即确定磁矩排列的大小与方向；中子小角散射可从微观结构层面测量晶体材料内部的磁畴结构，包括其磁畴大小与分布。中子非弹性散射则可测量自旋激发等动力学过程，如研究反铁磁与超导共存和竞争问题。

用中子衍射法测定晶体的结构时，若晶体为非磁性物质，则衍射强度为核衍射强度；若晶体为磁性物质，则衍射强度除核衍射强度外，还包括磁衍射强度。通常用单晶进行中子衍射测定，收集衍射强度数据，进行结构测定，确定原子的坐标参数。

注意：中子衍射与电子衍射和 X 射线衍射十分相似，但有不同，主要异同点如下。

（1）中子束同样具有波粒二象性，其波长可由式 $\lambda = \dfrac{h}{\sqrt{2meU}}$ 算出，一般为 0.1～0.2nm，与 X 射线在同一量级。

（2）三者衍射原理相似，但本质不同。X 射线衍射是 X 射线光子与原子核外电子相互作用的结果，而中子衍射则是中子与原子核作用的结果，所以中子衍射可以观测到 X 射线衍射观测不到的物质内部结构，特别有利于确定氢原子在晶体中的位置和分辨周期表中邻近的各种元素。

（3）中子散射比中子衍射含义更广，中子束与物质发生作用产生的散射主要以原子核为散射中心发出散射波，为短程的交互作用，范围仅为波长的万分之一左右。X 射线与物质作用产生散射现象，主要以物质原子中的电子为散射中心，原子核的散射可忽略不计。

（4）中子散射不同于电子散射，电子散射主要是原子核中的质子和核外电子的散射，弹性散射主要由带正电的质子产生。电子束的散射本领都随物质的原子序数 Z 的增加而增加，随散射角 2θ 的增加而降低，存在着规律性关系。中子散射强度与物质的原子序数无一定的规律性关系，但在各方向上的散射强度相等。

（5）中子、电子和 X 射线作用物质时均可发生吸收，但中子被物质吸收的少，比 X 射线吸收低 3～4 个数量级，穿透能力远比 X 射线强，可分析大范围、大深度的样品，分析深度可达厘米量级，获取样品内部结构信息，且具有统计学意义，而 X 射线入射深度浅，只能反映表层特性，仅为数十微米。中子衍射的主要缺点是需要特殊的强中子源，并且由于源强不足而常需要较大的样品和较长的数据采集时间。

（6）中子、电子和 X 射线作用物质时均可发生散射，但不同原子对中子的散射能力差异大。表 12-4 表示中子和 X 射线对不同原子序数物质的散射本领。当某相中同时含有轻元素（H、Li、C、B 等）和重元素（W、Au、Pb 等）时，如采用 X 射线和电子束进行衍射分析其结构时就有困难，因为重元素的散射本领远高于轻元素，以至于轻元素在晶胞中的位置很难确定。此外，当两种元素的原子序数相近时，用 X 射线或电子衍射也不易分辨，如 FeCo 合金，以上问题采用中子衍射即可解决。序数不同时，轻元素 H、Li、C 与重元素 W、Au、Pb 对中子束的散射本领相差并不十分悬殊，如表 12-4 所示。相邻元素如 Fe 和 Co，采用中子衍射就很容易分开。因此中子散射特别适合轻元素、相邻元素的检测和分析。

表 12-4　中子和 X 射线对不同原子序数物质的散射本领

元素	H	Li	C	Al	Fe	Co	Ni	Cu	W	Au	Pb
原子序数	1	3	6	13	26	27	28	29	74	79	82
中子散射本领	1.79	0.40	5.49	1.5	11.37	1.0	13.2	7.0	2.74	7.3	11.5
X 射线的原子散射本领 $\left(\dfrac{\sin\theta}{\lambda}\right)$	0.05	1.0	2.9	30.3	134.6	146.4	161.3	176.9	1636.3	1918.2	2088.5

（7）中子具有磁矩，对于磁性材料来说，中子衍射峰的位置还与原子的磁矩大小、方向和排列方式有关。而 X 射线、电子无此功能。因此，中子为磁性材料研究的重要手段之一。

（8）对于一般的结构研究，通常是遵循"先 X 射线再中子"的原则。但是，对于材料磁性和磁结构的分析，优先采用中子分析技术。表 12-5 是 X 射线分析手段和中子衍射分析手段的异同之处。

表 12-5　X 射线分析手段和中子衍射分析手段的异同之处

实　验　目　的	优　先　采　用
主相的鉴定	XRD
晶体结构精修	XRD+NPD
轻元素的鉴定	(H,Be,Li,B,C,N,O,F) NPD
晶格畸变	XRD
轻元素的偏移	NPD
化学有序与无序	XRD+NPD
成分鉴定	XRD/NPD
磁性与磁结构	NPD

注：XRD 为 X 射线衍射；NPD 为中子衍射。

（9）铁磁性材料的磁衍射峰和核衍射峰是完全重合的，一次测量不可能单独获得磁衍射峰的强度。所以，必须测量不同温度下的中子衍射，例如，比较居里点温度以下和居里点温度以上的两次实验结果，才能把磁衍射峰和核衍射峰分离。

12.4　中子散射仪

中子散射仪分为弹性散射仪与非弹性散射仪两大类，其中弹性散射仪用于晶体的静态结构衍射分析，由波长和衍射角确定衍射晶面的晶面间距和其他相关参数，装置主要有单晶衍射仪、粉末衍射仪、小角度衍射仪、时间-飞行谱衍射仪及织构与应力测量仪等。非弹性散射仪主要用于测量非弹性散射谱，用中子与物质粒子元激发碰撞引起能量或动能的变化，测定物质内部分子的微观能量状态，研究物质的动态结构，装置主要有三轴谱仪等。

测量散射中子能量的方法按其原理可分为以下两大类。

（1）衍射法：从反应堆连续中子谱中，运用单晶体选出单色中子投射到样品上，构成最简单的中子散射仪，获其波长，算其能量，如表 12-6（a）所示。若用于动态结构研究的是非弹性散射设备，则可在衍射仪的基础上再增加一个单晶，用于分析样品某一散射方向上中子的能量或波长，这种仪器通常有三个转轴，又称三轴谱仪，如表 12-6（c）所示。

（2）飞行时间法：它是根据中子的粒子特性，让中子一束一束地以脉冲形式作用于样品，然后检测到达检测器所需的时间来测定中子的能量的，如表 12-6（b）所示。该法也可用于非弹性散射仪中，如三轴谱仪，如表 12-6（d）所示。

表 12-6　常用的中子散射仪

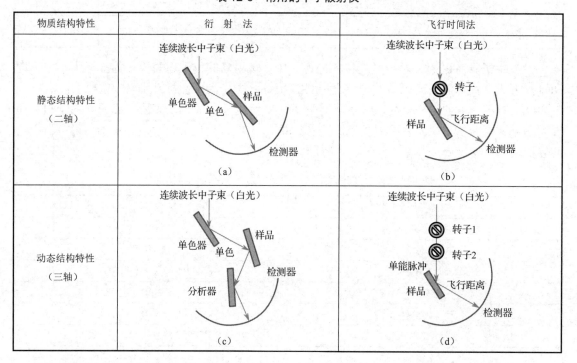

中子单色系统一般会选用机械速度选择器，而准直系统会根据需要选用不同距离的单孔或多孔来实现。

12.5　中子散射技术的应用分析

12.5.1　物相结构分析

一般晶体晶面间距为 0.1～1nm，从反应堆出来的热中子能量为 0.1～0.0001eV，相应的波长为 0.03～3nm，正好满足要求。中子源发出中子束，照射到样品上，中子束与样品相互作用导致中子发生各向散射，弹性散射光束产生衍射，经过线束装置被检测器接收，检测器连接数据采集系统获取衍射结果。用于结构分析的中子散射仪主要由中子单色系统、中子准直系统、样品定位和调整系统、中子检测系统和数据获取系统等几部分组成，其结构和工作原理如图 12-7 所示。第一准直器限定投射到单色器上的白光中子的方向和发散度，单色器利用衍射原理从白光中子中取出特定波长的中子。入射到样品上的中子方向由第二准直器限定，散射后的中子经第三准直器去除杂散中子后被检测器收集，并最终形成衍射图谱（在不同散射角度方向上的强度分布）。谱仪的分辨率和测量时间是衡量谱仪性能及确定应用范围的重要参数，可通过选取准直器、单色器的类型或调节其参数进行优化。

对储氢合金 $Ti_{50}V_{20}Cr_{30}$ 在室温、2000kPa 下储满氢，然后在真空中从 120℃升至 266℃，测其动态中子衍射花样，如图 12-8 所示。由图可知，物相主要由 FCC 相和 Al 相组成。从 120℃升至 160℃时，FCC 相各峰强度小幅降低，但从 200℃升至 266℃时，FCC 峰强显著降低成弱峰，表明在 200℃时快速脱氢，266℃时合金仅含 10%氢化物相，脱氢几乎完成，而 Al 相从 120℃升至 266℃时峰强保持不变。

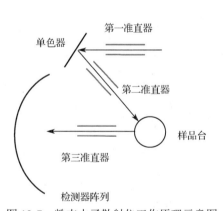

图 12-7　粉末中子散射仪工作原理示意图

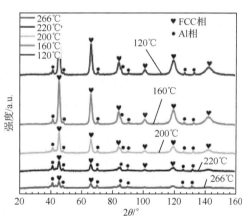

图 12-8　$Ti_{50}V_{20}Cr_{30}+7Zr+10Ni$ 氢化合金的解吸中子衍射花样

FeCo 合金有序化后出现了超点阵线条，很难用 X 射线衍射花样区分，用中子衍射花样则很容易察出，比如，图 12-9 中(100)、(111)、(210)等超点阵线条因具有足够的强度而被区分出来。

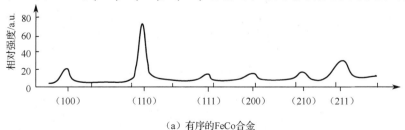

（a）有序的FeCo合金

图 12-9　有序及无序的 FeCo 合金中子衍射花样

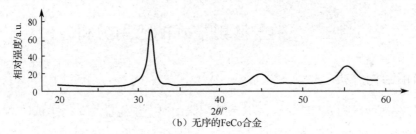

图 12-9　有序及无序的 FeCo 合金中子衍射花样（续）

12.5.2　磁结构分析

利用中子在磁性物质上的磁散射，还可以确定物质中原子磁距的大小、取向和分布。螺旋磁结构的发现就是中子衍射测量的结果。

1．MnO 的晶体结构和磁结构分析

用 X 射线衍射对 MnO 晶体进行研究时，其结构是 NaCl 型，Mn 占据 Na 位置，O 占据 Cl 的位置，a=0.4426nm，晶体结构和磁结构模型示意图如图 12-10（a）和图 12-10（b）所示。80K、293K 下的中子衍射花样分别如图 12-11（a）和图 12-11（b）所示。磁性转变温度为 120K。

图 12-10（a）包括磁衍射和核衍射。在 120K 以下求出其格子常数比用 X 射线衍射求得的大一倍，这是因为相邻的金属离子磁矩相反，如图 12-10（b）所示，此晶体属反铁磁型。在 120K 以上，如 293K，X 射线和中子衍射的结果完全一致，这是因为在 120K 以上其 Mn^{2+} 磁性排列是混乱的。

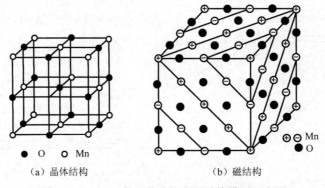

图 12-10　MnO 的晶体结构和磁结构模型示意图

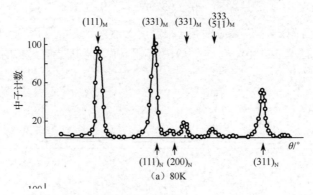

图 12-11　MnO 不同温度下的中子衍射花样（下标为 M 是磁散射、下标为 N 是核散射）

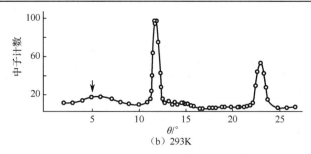

图 12-11　MnO 不同温度下的中子衍射花样（下标为 M 是磁散射、下标为 N 是核散射）（续）

2. NdFe$_{10.5}$Si$_{1.5}$C$_{1.5}$ 永磁合金的晶体结构与磁结构分析

室温条件下 NdFe$_{10.5}$Si$_{1.5}$C$_{1.5}$ 永磁合金样品的中子衍射谱如图 12-12 所示，拟合结果列于表 12-7，X 射线衍射测定结果列于表 12-8。

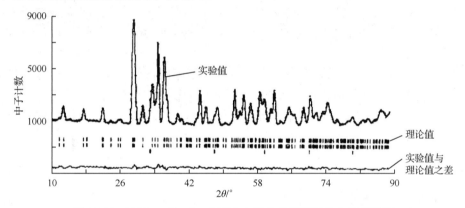

图 12-12　NdFe$_{10.5}$Si$_{1.5}$C$_{1.5}$ 永磁合金样品在室温下的中子衍射谱

表 12-7　NdFe$_{10.5}$Si$_{1.5}$C$_{1.5}$ 样品的中子衍射结果

晶 胞 常 数	原子位置	原 子 位 置			占 位 数	温度因子	M_X/μ_B
		x	y	z			
$a=b=1.0111$nm $c=0.6552$nm	Nd(4a)	0	0.75	0.125	4	0.15	0.92
	Fe(4b)	0	0.25	0.375	4	0.44	1.46
	Fe(32i)	0.1262	0.0459	0.1930	32	0.59	1.25
	Fe(8d)	0	0	0.5	0.013	0.51	1.40
	Si(8d)	0	0	0.5	6.987	051	
	C(8c)	0	0	0	5.675	0.90	

表 12-8　NdFe$_{10.5}$Si$_{1.5}$C$_{1.5}$ 样品的 X 射线衍射结果

晶 胞 常 数	原子位置	原 子 位 置			占 位 数	温度因子
		x	y	z		
$a=b=1.01053$nm $c=0.65488$nm	Nd(4a)	0	0.75	0.125	4	1.92
	Fe(4b)	0	0.25	0.375	4	2.36

晶胞常数	原子位置	原子位置			占 位 数	温度因子
		x	y	z		
$a=b=1.01053$nm $c=0.65488$nm	Fe(32i)	0.1247	0.0451	0.1936	32	1.77
	Fe(8d)	0	0	0.5	0.785	2.27
	Si(8d)	0	0	0.5	7.215	2.27
	C(8c)	0	0	0	4.852	3.13

从表 12-7 可以看出，样品具有 $BaCd_{11}$ 型四方结构，稀土 Nd 原子占据 4a(0,3/4,1/8)晶位；Fe 原子占据 4b(0,1/4,3/8)、32i(x,y,z)和 8d(0,0,1/2)三个晶位；Si 原子并非均匀地分布于三个 Fe 原子位置中，而是全部进入了 8d 晶位，替代了该晶位的部分 Fe 原子，替代量约为 6.987；C 原子进入了 8c(0,0,0)间隙位置，占位数约为 5.675。准确的分子式应为 $NdFe_{9.25}Si_{1.75}C_{1.42}$。

表 12-7 中还列出了拟合得到的各磁性原子的磁矩。可以看出样品具有磁各向异性；Nd 原子磁矩为 $0.92\mu_B$，4c、32i 和 8d 晶位的 Fe 原子磁矩分别为 1.46、1.25 和 $1.40\mu_B$。与磁测量得到的饱和磁化强度符合较好。

表 12-8 为 X 射线衍射结果，可以看出，Si 和 C 原子的占位数与中子衍射结果有些差别。原因有两个，一是 X 射线衍射谱的计数较低，最强峰的积分强度只有 500 左右，统计性较差，因而影响了拟合结果的准确性。二是相对于 Nd 和 Fe 原子，Si 和 C，特别是 C 的原子序数低，相干散射振幅很小，因而 X 射线衍射对其不敏感。

12.5.3　残余应力分析

X 射线主要作用在样品表面微米级深度（～60μm），而中子穿透力强，可达厘米级深度，可实现样品三维无损应力分析和原位工况（配备变温、加载等样品环境）应力状态下的实时监测。

中子残余应力谱仪工作原理如图 12-13 所示，它是利用布拉格衍射原理，测量被测样品内某一取向晶面（晶面间距为 d）的衍射峰，通过与无应力相应晶面（晶面间距为 d_0）的衍射峰峰位比较，获得样品在该方向上的应力信息。通过旋转和移动样品，可进一步获得样品内部相同或不同部位三维应力整体分布情况，而通过改变狭缝尺寸改变取样体积，则可以调整应力分析梯度。

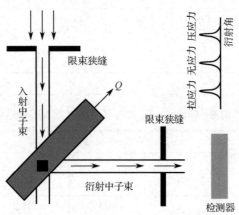

图 12-13　残余应力谱仪工作原理示意图

图 12-14 为双面埋弧焊（DSAW）UOE（U-press，O-press，E-Expanding）直缝焊管，通过机械扩径，焊缝残余应力的中子衍射测量结果。可见机械扩径可对焊缝残余应力进行调控。表明机械扩径对焊缝处的环向和径向残余应力影响不大，尤其是在近内外表面处，但是对轴向残余应力的影响效果十分明显。将原来的高量值拉伸残余应力全部转化为压缩残余应力，对提高 UOE 直缝焊管的抗疲劳性能十分有利。

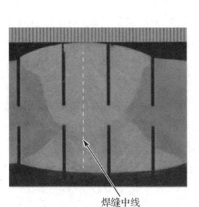

（a）UOE 管双面埋弧焊直焊缝截面 SEM 图

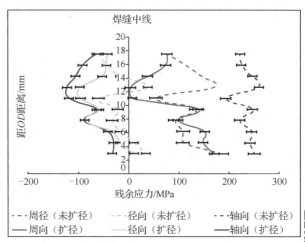

（b）机械膨胀前（虚线）后（实线）直缝焊管残余应力中子衍射测量结果图

图 12-14　机械扩径（≤1.4%扩径比）对 UOE 直缝焊管焊缝处（中心线）残余应力的影响（扫码看彩图）

12.5.4　织构分析

织构的中子测定与 X 射线相同。中子织构谱仪如图 12-15 所示，利用衍射的方法，在传统的中子粉末衍射的基础上，加装特殊的样品取向调整装置，即欧拉环测角头，实现样品在空间中的任意取向，并辅以特殊的角度读出系统和测量控制程序，获得样品不同取向时的衍射强度，从而得到多晶样品内某个晶面族的取向分布。因中子织构谱仪中子较强的穿透力，因而可以测量较大体积样品的织构，获得体织构的信息。

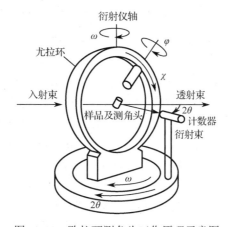

图 12-15　欧拉环测角头工作原理示意图

相比于 X 射线，中子衍射织构测量具有以下特点。

（1）中子吸收系数较小，故中子衍射织构测量一般无须吸收强度校正，只需将样品制成较规整形状，如正方体、圆柱或圆球状即可（一般体积为 $1cm^3$）。中子衍射体积可覆盖整个样品。

（2）中子衍射可用一个样品和一种测量方法测量出一个完整极图，而 X 射线则需透射法与反射法结合方可获得完整极图，且需强度修正。

（3）中子衍射织构测量的统计性好。中子的穿透性远高于 X 射线，实现体织构测量，而 X 射线仅能测量表面织构。

（4）中子衍射可以测量磁性材料的磁织构。

图 12-16 为运用中子织构谱仪测定 Mg/Al 复合板材中 Mg 层(0002)基面的电子衍射极图随累积叠轧（Accumulative Roll Bonding，ARB）的道次演变规律。其中 RD（Rolling Direction）表示轧向，TD（Transverse Direction）表示横向。可以看出，经过不同道次轧制，Mg 层织构始终为典型的轧制织构组分，大部分晶粒 c 轴平行于板材法向，部分晶粒 c 轴明显向轧向偏转。在 2 道次，织构强度逐渐从 9.020 增加至 10.658，但是在经过 2 道次后，织构强度随着道次增加而下降，在 3 道次，织构强度略微降低至 10.455，原因是其存在剪切带。在非均匀形变的低应力条件下，新的晶粒会在与原始晶粒相邻的扭曲区域形成，这些新的晶粒合并在一起形成一个再结晶带。随着应变的增加，形变将集中在这个易滑移的再结晶带上并导致剪切带产生，剪切带能够提供一个容易滑移的路径。这种剪切带更有利于基面轧制织构的形成。随着轧制道次的增加，虽然剪切带消失，但是再结晶晶粒逐渐长大，仍会导致基面织构增强。最终晶粒细化与长大之间相互抵消，晶粒平均尺寸基本不再发生变化，因而基面织构强度也不再增加，甚至会有降低。

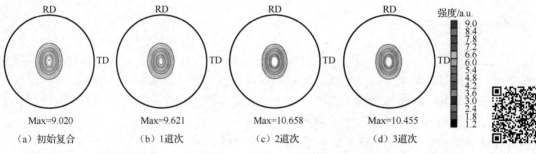

(a) 初始复合   (b) 1道次   (c) 2道次   (d) 3道次

图 12-16   不同轧制道次 Mg/Al 复合板中 Mg 层(0002)基面中子衍射极图（扫码看彩图）

图 12-17 为不同轧制道次 Mg/Al 复合板中 Al 层织构的取向分布函数（ODF）图。可以看出，经过初始复合后，未轧制的复合板 Al 层主要为形变织构组分，存在非常强的 Copper、S 及较弱的 Brass 形变织构组分，但也存在非常弱的剪切旋转立方织构组分，这是由于 Al 属于层错能较高的 FCC 结构金属，在经过轧制后 Copper 和 S 织构组分要多一些，剪切织构则主要为 RC（Rotate Cube，旋转立方型）。经过 1 道次轧制后，剪切织构组分 RC 增强，并出现了新的剪切织构组分 {hkl}<110>和{011}<111>等，Copper、S 及 Brass 等形变织构组分依然存在，只是强度明显降低。与 1 道次相比，在后续轧制过程中，Al 层中各种织构组分维持不变，各组分强度也不再发生明显变化。在累积叠轧过程中，外侧 Al 层与轧辊及 Mg 层之间的摩擦导致 Al 层的剪切变形，有利于形成剪切织构类型，但是在下一道次轧制过程中受到剪切的大多外侧 Al 层将被置于样品中心并承受压应力，因此剪切织构向形变织构转化，同时 {hkl}<110>和{011}<111>等剪切织构在受到平面压应变时，易于向 β 取向线发生转化，只有剪切织构组分 RC 比较稳定，最终形成形变织构与剪切织构并存的状态。

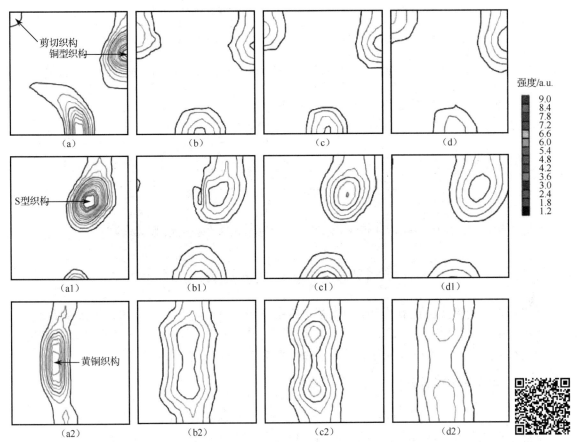

图 12-17　不同轧制道次 Mg/Al 复合板中 Al 层宏观织构取向分布函数（ODF）图（扫码看彩图）

注：初始复合为图 12-17（a），（a1），（a2）；1 道次为图 12-17（b），（b1），（b2）；2 道次为图 12-17（c），（c1），（c2）；3 道次为图 12-17（d），（d1），（d2）；欧拉角 45° 为图 12-17（a），（b），（c），（d）；欧拉角 65° 为图 12-17（a1），（b1），（c1），（d1）；欧拉角 90° 为图 12-17（a2），（b2），（c2），（d2）。

12.5.5　小角散射分析

中子小角散射是研究材料内部和表面纳米结构的重要实验手段，原理与 X 射线小角散射相似。通过测量分析样品对中子在小角散射矢量的散射强度曲线，可以获得材料内部尺度结构或成分的不均匀性。此方法适用于含 H 元素及近邻元素、磁性材料的纳米结构观测等。

核电站阀杆材料为 17-4PH 马氏体不锈钢，在 300℃长期使用时会发生热老化脆化，反应堆压力容器钢同样存在热老化脆化问题。运用中子小角散射技术研究的结果如图 12-18 所示。表明同一根阀杆的低温端和高温端在较大散射矢量 $\vec{Q}$ 区域的散射数据有明显差异，高温端样品散射强度在此区域明显较高。这说明高温端材料内部小尺寸纳米析出物相对于低温端材料明显增多，而这正是高温端材料热老化脆化程度更为严重的主要原因。此外，该图还显示出反应堆压力容器钢热老化监督样品的散射强度整体上显著低于不锈钢阀杆样品散射，说明反应堆压力容器钢材料内部纳米尺寸析出物颗粒物含量明显较少。中子小角散射实验结果能很直观地反映材料内部纳米尺度相的含量差异。

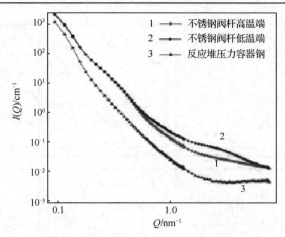

图 12-18   核电站不锈钢阀杆和反应堆压力容器钢的中子小角散射结果图

12.6   极化中子技术

极化中子是指其自旋相对于空间中某个特定方向的中子，通常为外磁场方向具有一个择优取向的中子。极化中子技术就是利用极化中子的自旋与样品及磁场的相互作用进行测量的一种技术，是中子散射技术中的重要组成部分。本节简单介绍极化中子的理论基础知识。

12.6.1   中子自旋和极化

中子不带电，但带有磁矩和 1/2 自旋，其自旋在外磁场中存在两个极化本征态：与外磁场平行的"正向"自旋态和反平行的"反向"自旋态。当一束中子里处于两个本征态的中子数量不等时，即成为极化中子。极化中子实验观测的数据包括中子束流的散射矢量、散射截面和中子的初始极化与最终极化矢量，这些矢量和它们所在的散射坐标系(x-y-z)下的几何关系如图 12-19 所示。散射截面 $\sigma(Q,E)$ 是中子在特定散射矢量 $\vec{Q}$ 与能量转移 E 下的散射强度，散射矢量 $\vec{Q}$ 是在散射过程中由入射动量 $\vec{k}_i$ 到出射动量 $\vec{k}_f$ 的变化量，而初始极化 $\vec{P}_i$ 与最终极化 $\vec{P}_f$ 分别为极化中子与样品作用前后的极化矢量。

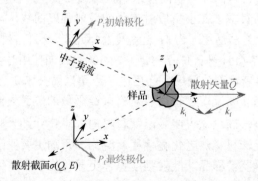

图 12-19   极化中子实验的观测量与其在散射坐标系下的几何关系

设 x 轴沿散射矢量 $\vec{Q}$ 方向，z 轴垂直于散射截面，而 y 轴与其他两轴正交构成右手笛卡尔坐标系，如图 12-19 所示。中子的极化矢量定义为三维矢量 $\vec{P}$：

$$\vec{P} = (\vec{P}_x, \vec{P}_y, \vec{P}_z)$$ （12-29）

其中 $\vec{P}_x$、$\vec{P}_y$、$\vec{P}_z$ 分别是中子沿 x、y、z 三个方向的极化率。对于一个中子而言，其极化矢量是归一的；而对于一束中子，其极化率则是沿单一方向上测量不同"正向"自旋与"反向"自旋中子束的差异：

$$P_a = \langle \hat{\sigma}_a \rangle = (n_a^+ - n_a^-)/(n_a^+ + n_a^-), \quad a = x, y, z \qquad (12\text{-}30)$$

式中，n_a^+、n_a^- 分别是沿 x、y、z 方向测量时正向自旋与反向自旋的中子数。

12.6.2　极化中子实验测量系统

极化中子实验测量系统主要由中子极化器、极化翻转器、导向磁场、极化分析器和检测器组成，如图 12-20 所示。极化器产生极化中子，然后由导向磁场维持极化中子的自旋极化；当极化中子通过样品后由中子极化分析器再次过滤，并最终由检测器接收；在样品前后装有极化翻转器，以控制中子入射样品前和出射样品后的自旋态。

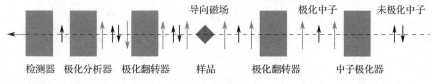

图 12-20　极化中子实验测量系统示意图

1．中子极化器

中子极化器常用的有三种：单晶极化器、薄膜（超镜）极化器和自旋过滤极化器。

（1）单晶极化器。利用单晶体的某晶面，通过布拉格衍射优化产生极化与单色化中子束。根据不同的需要，可采用不同的单晶体和选择不同的反射面，常用的单晶体有 $Co_{92}Fe_8$、Cu_2MnAl 等，单晶极化器常用于单晶衍射仪与三轴谱仪中。

（2）薄膜（超镜）极化器。依据中子的两种极化态在不同金属中的折射率不同，使得一个自旋态通过相干加强被反射，而另一个自旋态透过，产生极化中子。常用的是由两种不同金属制成的极化超镜，如 Fe/Si、Co/Ti 等。

（3）自旋过滤极化器。由于单晶体与超镜极化的一个主要缺点是随着中子能量的增加，极化效率下降，且超镜的接收角度过小，为此人们研制出了用于极化中子的亚稳态交换极化 ^3He 中子自旋过滤器，利用极化 ^3He 原子对于极化中子不同的透过率产生极化中子，极化过程如图 12-21 所示。

中子束传输方向

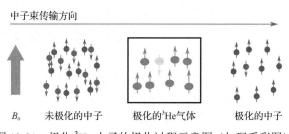

B_0　　　未极化的中子　　　极化的 ^3He 气体　　　极化的中子

图 12-21　极化 ^3He 中子的极化过程示意图（扫码看彩图）

2．中子极化调控装置

中子极化调控装置最基本的部分是极化翻转器，用来改变中子的自旋与其导向磁场之间的相对角度。最早为电流层翻转器，即通过两个紧贴着的相反磁场，对中子的自旋极化进行完全非绝热变换而产生翻转。由于极化翻转器中产生磁场的导线本身存在着不可避免的杂散场，在长波长中子（1nm 以上）存在着退极化的缺陷，后被超导极化翻转器取代。超导极化翻转器利用超导体的完全抗磁性替代了电流层，使得非极化翻转的磁场平整程度大大提高且完全分立。超导极化翻转器同时也拓展了可翻转的角度范围，可以实现中子极化 90°翻转。

12.6.3　极化中子散射

极化中子散射的过程分两个方面，一个方面是极化中子和原子核的强相互作用与它们之间的自旋态相关；另一方面是极化中子的磁矩会和外层非配对电子产生的磁场发生磁相互作用，也会影响中子的自旋态。因此，测量极化中子的自旋改变可以区分材料的核散射与磁散射这两种不同的相互作用，这是非极化中子散射所无法实现的。极化中子的总散射截面和中子极化率分别用式（12-31）和式（12-32）表示。

$$\sigma_{\text{total}} = N^*N + M_\perp^* \cdot M_\perp + P_i \cdot (NM_\perp^* + N^*M_\perp) + iP_i(M_\perp^* \cdot M_\perp) \tag{12-31}$$

$$P_f\sigma_{\text{total}} = P_i(N^*N - M_\perp^* \cdot M_\perp) + (P_i \cdot M_\perp)M_\perp^* + (P_i \cdot M_\perp^*)M_\perp + iP_i \times (NM_\perp^* - N^*M_\perp) +$$
$$(NM_\perp^* + N^*M_\perp) - i(M_\perp^* \times M_\perp) \tag{12-32}$$

式中，σ_{total} 为样品的总散射截面；$N = \sum_j l_j\exp(iQ \cdot r_j)$，为样品的核结构振幅；$M = \int m(r)\exp(iQ \cdot r)\mathrm{d}^3r$，为样品的磁结构振幅；$l_j$ 与 $m(r)$ 分别为材料中原子的散射长度与局域磁化。由式（12-31）可知极化中子散射分为 4 种：核散射 N^*N、非手性磁散射 $M_\perp^* \cdot M_\perp$、核磁相干散射 $NM_\perp^* + N^*M_\perp$、手性磁散射 $M_\perp^* \times M_\perp$。

12.6.4　极化中子的拉莫尔进动

中子的自旋极化在外磁场中会产生进动，称为拉莫尔进动，该进动可以表述为极化矢量 $\vec{P}$ 的动力学方程：

$$\frac{\mathrm{d}\vec{P}}{\mathrm{d}t} = -\gamma_n\vec{P} \times \vec{B} \tag{12-33}$$

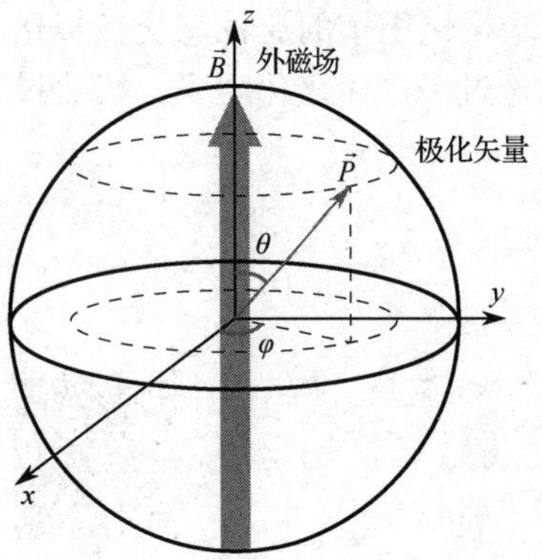

图 12-22　中子的极化矢量在静态外磁场下的拉莫尔进动示意图

式中，$\vec{B}$ 为外磁场矢量，而 $\gamma_n = -1.83247171 \times 10^{-8}\text{rad} \cdot \text{s}^{-1} \cdot \text{T}^{-1}$ 为中子的磁旋比常数。在静态外磁场条件下，将外磁场方向定义为 z 轴，则拉莫尔进动可以描述为极化中子矢量在外磁场中平行于磁场的分量 $(\vec{P}_z)$ 维持不变，而垂直于磁场的分量 $(\vec{P}_x, \vec{P}_y)$ 以左手螺旋做进动旋转，这一进动如图 12-22 所示。

中子垂直分量进动旋转的角度，即拉莫尔进动角 φ，正比于外磁场的强度与中子在外磁场中进动的时间，这使得中子在静磁场中的进动可以被精确地算出。中子在变化磁场中的变化非常复杂，目前只有中子的绝热磁场变换与完全非绝热变换这两种常用方法。拉莫尔进动的存在可以通过外加磁场来对中子的极化进行调控，这成了极化中子应用的技术基础。

12.7 中子成像分析

12.7.1 成像原理

中子成像是利用中子束穿过物体时强度上的衰减变化，对被测物体进行透视成像，从而反映样品内部材料的空间分布、密度、各种缺陷等综合信息的技术，属于一种无损检测技术。对物体进行中子照相和层析成像，获取二维和三维结构影像。中子成像设备一般包括中子源、准直器、检测器等，如图 12-23 所示。

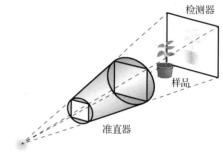

从中子源产生的中子经过准直器准直后入射到样品上，透射过去的中子被检测器接收到，检测器将中子信号转换成光信号以电子学读出，最后通过数据分析获得成像数据。为了提高成像质量，通常采用点光源，即利用小孔限制中子束。准直器内部安装隔片来吸收超过散射角度的中子，其目的是使中子束到达检测器时分布均匀并提高成像质量。检测器分为闪烁体检测器、多通道板检测器等类型，不同的检测器应用不同，中子成像谱仪通常配置两种以上的成像检测器。

图 12-23 中子成像原理示意图

12.7.2 中子成像技术

中子成像技术按其成像原理可以分为以下四大类。

1. 透射（衰减）成像

透射（衰减）成像是利用中子穿过样品时，部分中子被散射，造成经过不同材料的中子通量降低，即幅值变小的现象，如图 12-24（a）所示。这种现象反映到中子检测器上就表现为明暗不同的像，如图 12-24（b）所示。由于不同原子的散射截面不同，中子对含氢元素比较敏感，因此透射（衰减）成像适用于被金属包裹的含氢物质、植物根系、同位素表征等，如图 12-24（c）所示。

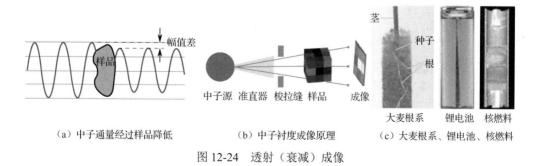

（a）中子通量经过样品降低　　　（b）中子衬度成像原理　　　（c）大麦根系、锂电池、核燃料

图 12-24 透射（衰减）成像

2. 相位衬度成像

相位衬度成像是通过检测相位引起的光强变化成像，当具有相同相位的中子入射到材料上时，由于材料的折射率不同会引起部分中子波相位移动，如图 12-25（a）所示。基于相位

变化引起的波面移动，可以通过测量相干光亮度进行相位衬度成像，如图 12-25（b）所示。相位衬度成像对图像边缘也就是相位变化最大的地方进行增强，从而提高图像的分辨率，适用于对中子衰减小的薄样品，弥补了传统透射式成像法对弱衰减样品成像困难的不足。薄金属铅球+铝线的中子透射成像与相位衬度成像如图 12-25（c）所示。

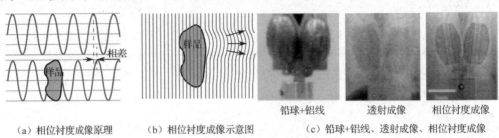

　（a）相位衬度成像原理　　　（b）相位衬度成像示意图　　（c）铅球+铝线、透射成像、相位衬度成像

图 12-25　相位衬度成像

3．能量选择成像（布拉格成像）

当入射中子波长 λ 小于或等于 2 倍晶面间距 d_{hkl} 时，中子被散射；当 λ 大于 2 倍晶面间距 d_{hkl} 时，中子透过材料，此时衰减率出现迅速降低，如图 12-26（a）所示。由于材料中各个晶面的面间距 d_{hkl} 不同，因此可以获得一组不同 d_{hkl} 的成像曲线，随着中子波长的不断增加，在不同的晶面处会出现中子衰减率的陡降（中子通量陡增），如图 12-26（b）所示。利用检测器检测出不同能量的中子并分析中子到达样品的时间关系，可实现对样品内部的应变、相变的分析，如焊缝应变的能量选择成像，如图 12-26（c）所示。

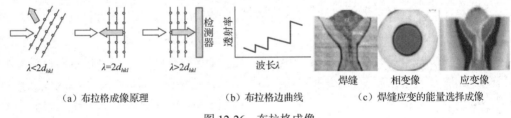

$\lambda < 2d_{hkl}$　　$\lambda = 2d_{hkl}$　　$\lambda > 2d_{hkl}$

　　　（a）布拉格成像原理　　　　　　（b）布拉格边曲线　　　（c）焊缝应变的能量选择成像

图 12-26　布拉格成像

4．磁矩成像

中子除和未配对电子产生的磁场发生散射外，还会受到外磁场的直接影响，中子的自旋在磁场中会产生拉莫尔进动。因此，通过测量入射和出射中子自旋的改变，结合中子成像技术，可以直接给出宏观磁力线大小及分布，该技术称为极化中子成像，如图 12-27 所示。当极化中子束穿过磁性材料时，极化中子会偏转一定角度，通过测量偏转角分析材料中磁畴、磁壁的分布情况，极化中子成像还可以结合三维成像技术给出空间的三维磁场分布图，如图 12-28 所示。

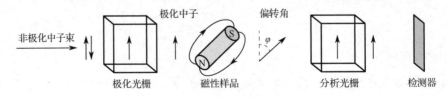

图 12-27　极化中子成像原理

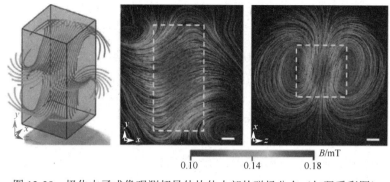

图 12-28　极化中子成像观测超导体块体内部的磁场分布（扫码看彩图）

　　与 X 射线成像相比，中子成像的优势在于：①中子不带电，穿透能力强，可对较厚样品和高密度材料进行成像分析；②中子对较轻元素十分敏感，能够分辨高密度材料中的低原子序数物质；③能够区分同位素及元素周期表上的近邻元素；④能够对强放射性样品进行成像；⑤可以加载模拟工况装置，开展样品在模拟工况下的无损检测研究。

　　中子成像作为一种独特的无损检测技术，仍然处于快速发展阶段，在核工业、航空航天、能源、地质、汽车工业、军工等领域的检测发挥着越来越重要的作用。

本章小结

　　中子是不带电的粒子，具有波粒二象性，中子波长从零点几埃到十几埃范围内连续可选，可从原子、分子尺度观察物质的内部结构和各种不同的原子、分子相互作用等动力学信息。中子作用物质产生的散射强度与原子序数之间没有明显的函数关系。随着原子序数增加，中子散射长度或增或减、或正或负，特别是对氢、碳、氧等轻原子较为敏感，能够区分大多数近邻元素。中子对同位素敏感，原子核内中子数的变化可以极大地影响其对中子的散射能力，导致同位素之间的中子散射长度会截然不同。中子有较强的穿透性，达厘米量级。中子具有磁矩，已成为研究磁性材料的最直接和强有力的工具之一。中子能量从零点几毫电子伏到几百毫电子伏，不会破坏生物样品的活性，特别适用于生物活性体研究。

　　中子作用物质产生吸收、散射等现象，中子的吸收如同 X 射线的吸收，分为线吸收与质量吸收两种。相干的弹性散射即衍射，中子衍射包括衍射方向和衍射强度，方向由劳埃方程组、布拉格方程或衍射矢量方程决定，磁性材料的中子衍射强度为核衍射强度与磁衍射强度两部分之和，非磁性材料仅为核衍射强度。中子衍射广泛应用于材料的物相结构、磁结构、残余应力、织构等分析。中子衍射可与 X 射线衍射互相补充和配合，提供更完整的材料结构信息。中子衍射技术已在物理、化学、生物、材料科学等研究领域中得到了广泛应用。

思考题

12.1　什么是中子？中子的特性有哪些？

12.2　中子与物质的作用会产生哪些物理信号？

12.3　中子是否具有波粒二象性？

12.4　中子衍射与 X 射线衍射的异同点是什么？

12.5　中子衍射与电子衍射的异同点是什么？

12.6　中子与 X 射线相比，测量残余应力的优点是什么？

12.7　中子与 X 射线相比，测量织构的优点是什么？

12.8　中子衍射为何可以分析晶体结构和磁结构？

12.9　中子衍射与电子背散射衍射测量的织构信息有何异同？试分析之。

12.10　什么是极化中子？极化中子的特点是什么？

12.11　极化中子的极化方法有哪些？各自的特点是什么？

12.12　请简述中子成像与 X 射线成像的区别与联系。

附录 A

附录 A.1　常用物理常数

电子电荷 e =1.603×10^{-19}C

电子静止质量 m=9.109×10^{-31}kg

光速 c_{vacuum}=2.998×10^{8}m/s；c_{air}=2.997×10^{8}m/s

普朗克常数 h=6.626×10^{-34}J·s

玻尔兹曼常数 k=1.380×10^{-23}J/K

阿伏伽德罗常数 N_A=6.022×10^{-23}mol^{-1}

摩尔气体常量 R=8.314J·mol^{-1}×K^{-1}

附录 A.2　晶体的三类分法及其对称特征

晶族	晶系	点群				晶体举例
		对称特点	习惯符号	国际符号	圣佛利斯符号	
低级晶族	三斜晶系	无 L^2 和 P	L^1	1	C_1	高岭石
			C	$\bar{1}$	C_i	钙长石
	单斜晶系	L^2 或 P 均不多于一个	L^2	2	C_2	镁铅矾
			P	m	$C_{1h}=C_2$	斜晶石
			L^2PC	2/m	C_{2h}	石膏
	斜方晶系	L^2 和 P 的总数不少于 3 个	$3L^2$	222	D_2	泻利盐
			L^22P	$mm(mm^2)$	C_{2d}	异极矿
			$3L^23PC$	$mmm\left(\dfrac{2}{m}\dfrac{2}{m}\dfrac{2}{m}\right)$	$D_{2h}=V_h$	重晶石
中级晶族	三方晶系	有一个三次轴（L^3 或 L_i^3）	L^3	3	C_3	细硫砷铅矿
			L^3C	$\bar{3}$	$C_{3i}=S_6$	白云石
			L^33L^2	32	D_3	α-石英
			L^33P	3m	C_{3D}	电气石
			L^33L^23PC	$\bar{3}m\left(\bar{3}\dfrac{2}{m}\right)$	D_{3d}	方解石
	四方晶系	有一个四次轴（L^4 或 L_i^4）	L^4	4	C_4	彩钼铅矿
			L^44L^2	422(42)	D_4	镍矾
			L^4PC	$\dfrac{4}{m}$(4/m)	C_{4h}	白钨矿
			L^44P	4mm	C_{4D}	羟铜铅矿

（中级晶族对称特点：1. 有且仅有一个高次轴　2. 其他对称元素垂直或平行于高次轴）

（低级晶族对称特点：1. 无高次轴　2. 所有对称元素互相垂直或平行）

续表

晶族	晶系	点群				晶体举例
		对称特点	习惯符号	国际符号	圣佛利斯符号	
中级晶族	四方晶系	有一个四次轴（L^4 或 L_i^4）	$L^4L^2 5PC$	$\dfrac{4}{m}\dfrac{2}{m}\dfrac{2}{m}$ (4/mmm)	D_{4h}	晶红石
			L_i^4	$\bar{4}$	S_4	砷硼钙石
			$L_i^4 2L^2 2P$	$\bar{4}2m$	$D_{2d}=V_d$	黄铜矿
	六方晶系	有一个六次轴（L^6 或 L_i^6）	L^6	6	C_6	霞石
		1. 有且仅有一个高次轴 2. 其他对称元素垂直或平行于高次轴	L_i^6	$\bar{6}$	C_{3h}	磷酸氢二银
			L^6PC	$\dfrac{6}{m}$	C_{6h}	磷灰石
			$L^6 6L^2$	622(62)	D_6	β-石英
			$L^6 6P$	6mm	C_{6u}	红锌矿
			$L_i^6 3L^2 3P$	$\bar{6}m2$	D_{3h}	蓝维矿
			$L^6 6L^2 7PC$	$\dfrac{6}{m}\dfrac{2}{m}\dfrac{2}{m}$ (6/mmm)	D_{6h}	绿柱石
高级晶族	等轴晶系	有四个 L^3 1. 多于一个高次轴 2. 除 4 个 L^3 外，还有 3 个互相垂直的二次轴（L^2）或四次轴（L^4 或 L_i^4），且与每个 L^3 成等角度相交	$3L^2 4L^3$	23	T	香花石
			$3L^2 4L^3 3PC$	$m3\left(\dfrac{2}{m}\bar{3}\right)$	T_h	黄铁矿
			$3L^4 4L^3 6L^2$	432(43)	T_d	赤铁矿
			$3 L_i^4 4L^3 6P$	$\bar{4}3m$	O	黝铁矿
			$3L^4 4L^3 6L^2 9PC$	$\dfrac{4}{m}\bar{3}\dfrac{2}{m}$ (m3m)	O_h	方铅矿

附录 A.3　32 种点群对称元素示意图

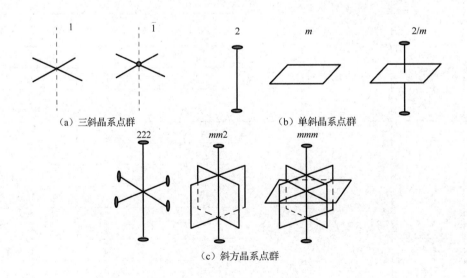

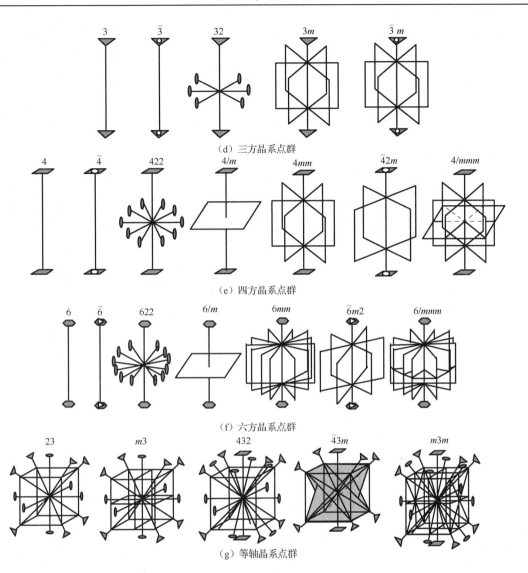

（d）三方晶系点群

（e）四方晶系点群

（f）六方晶系点群

（g）等轴晶系点群

附录 A.4　宏观对称元素及说明

对称元素	习惯符号	国际符号	作图符号	说　明
对称心	C	$\bar{1}$	○	空心点
对称面	P	m	◢	平面
旋转轴	L^1	1		
	L^2	2	●	椭圆
	L^3	3	▲	三角形
	L^4	4	■	四方形
	L^6	6	⬡	六边形
旋转反伸轴	$L^1_i=C$	$\bar{1}$	○	空心点

续表

对称元素	习惯符号	国际符号	作图符号	说　明
旋转反伸轴	$L_i^2 = P$	$\bar{2}$	▰	平面
	$L_i^3 = L^3 + C$	$\bar{3}$	△	三角形+空心圆
	L_i^4	$\bar{4}$	◆	方形+空心椭圆
	$L_i^6 = L^3 + P$	$\bar{6}$	⬡	六边形+空心三角形

附录 A.5　32 种点群的习惯符号、国际符号及圣佛利斯符号

点群序号	习惯符号	国际符号的完整式	国际符号的简化式	圣佛利斯符号
1	L^1	1	1	C_1
2	C	$\bar{1}$	$\bar{1}$	C_i
3	L^2	2	2	C_2
4	P	m	m	Ch
5	L^2PC	$\dfrac{2}{m}$	$2/m$	C_{2h}
6	$3L^2$	222	222	D_2
7	$L^2 2P$	$mm2$	$mm2(mm)$	C_{2v}
8	$3L^2 3PC$	$\dfrac{2}{m}\dfrac{2}{m}\dfrac{2}{m}$	mmm	D_{2h}
9	L^4	4	4	C_4
10	L_i^4	$\bar{4}$	$\bar{4}$	S_4
11	L^4PC	$\dfrac{4}{m}$	$4/m$	C_{4h}
12	$L^4 4L^2$	422	422(42)	D_4
13	$L^4 4P$	$4mm$	$4mm(4m)$	C_{4v}
14	$L_i^4 2L^2 2P$	$\bar{4}2m$	$\bar{4}2m$	D_{2d}
15	$L^4 4L^2 5PC$	$\dfrac{4}{m}\dfrac{2}{m}\dfrac{2}{m}$	$4/mmm$	D_{4h}
16	L^3	3	3	C_3
17	$L^3 C$	$\bar{3}$	$\bar{3}$	C_{3i}
18	$L^3 3L^2$	32	32	D_3
19	$L^3 3P$	$3m$	$3m$	C_{3v}
20	$L^3 3L^2 3PC$	$\bar{3}\dfrac{2}{m}$	$\bar{3}m$	D_{3d}
21	L^6	6	6	C_6
22	L_i^6	$\bar{6}$	$\bar{6}$	C_{3h}
23	$L^6 PC$	$\dfrac{6}{m}$	$6/m$	C_{6h}
24	$L^6 6L^2$	622	622	D_6
25	$L^6 6P$	$6mm$	$6mm(6m)$	C_{6v}
26	$L_i^6 3L^2 3P$	$\bar{6}m2$	$\bar{6}m2$	D_{3h}

点群序号	习惯符号	国际符号的完整式	国际符号的简化式	圣佛利斯符号
27	$L^6 6L^2 7PC$	$\dfrac{6}{m}\dfrac{2}{m}\dfrac{2}{m}$	$6/mmm$	D_{6h}
28	$3L^2 4L^3$	23	23	T
29	$3L^2 4L^3 3PC$	$\dfrac{2}{m}\bar{3}$	$m3$	T_h
30	$3L^4 4L^3 6L2$	432	432（43）	O
31	$3\,L_i^4\,4L^3 6P$	$\bar{4}\,3m$	$\bar{4}\,3m$	T_d
32	$3L^4 4L^3 6L^2 9PC$	$\dfrac{4}{m}\bar{3}\dfrac{2}{m}$	$m3m$	O_h

附录 A.6 常见晶体的标准电子衍射花样

一、体心立方晶体

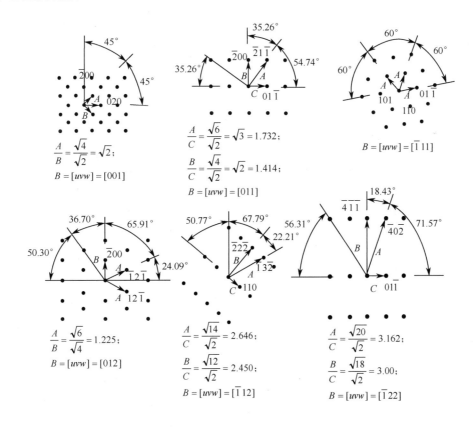

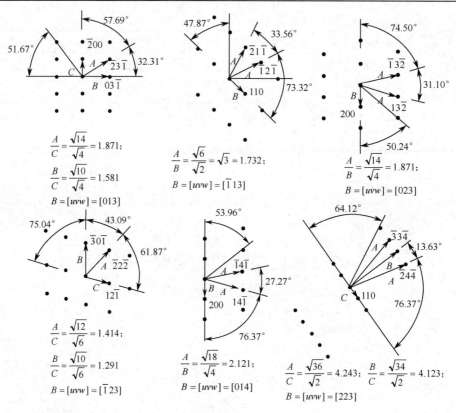

$\dfrac{A}{C} = \dfrac{\sqrt{14}}{\sqrt{4}} = 1.871;$

$\dfrac{B}{C} = \dfrac{\sqrt{10}}{\sqrt{4}} = 1.581$

$B = [uvw] = [013]$

$\dfrac{A}{B} = \dfrac{\sqrt{6}}{\sqrt{2}} = \sqrt{3} = 1.732;$

$B = [uvw] = [\overline{1}13]$

$\dfrac{A}{B} = \dfrac{\sqrt{14}}{\sqrt{4}} = 1.871;$

$B = [uvw] = [023]$

$\dfrac{A}{C} = \dfrac{\sqrt{12}}{\sqrt{6}} = 1.414;$

$\dfrac{B}{C} = \dfrac{\sqrt{10}}{\sqrt{6}} = 1.291$

$B = [uvw] = [\overline{1}23]$

$\dfrac{A}{B} = \dfrac{\sqrt{18}}{\sqrt{4}} = 2.121;$

$B = [uvw] = [014]$

$\dfrac{A}{C} = \dfrac{\sqrt{36}}{\sqrt{2}} = 4.243; \quad \dfrac{B}{C} = \dfrac{\sqrt{34}}{\sqrt{2}} = 4.123;$

$B = [uvw] = [223]$

二、面心立方晶体

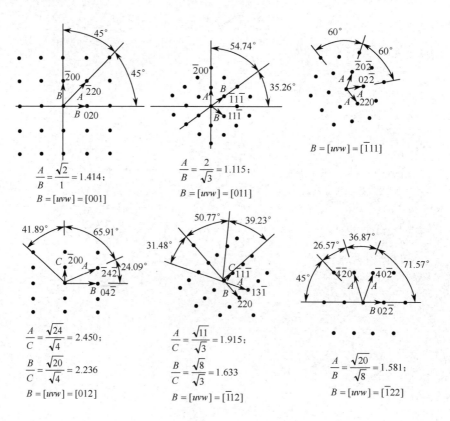

$\dfrac{A}{B} = \dfrac{\sqrt{2}}{1} = 1.414;$

$B = [uvw] = [001]$

$\dfrac{A}{B} = \dfrac{2}{\sqrt{3}} = 1.115;$

$B = [uvw] = [011]$

$B = [uvw] = [\overline{1}11]$

$\dfrac{A}{C} = \dfrac{\sqrt{24}}{\sqrt{4}} = 2.450;$

$\dfrac{B}{C} = \dfrac{\sqrt{20}}{\sqrt{4}} = 2.236$

$B = [uvw] = [012]$

$\dfrac{A}{C} = \dfrac{\sqrt{11}}{\sqrt{3}} = 1.915;$

$\dfrac{B}{C} = \dfrac{\sqrt{8}}{\sqrt{3}} = 1.633$

$B = [uvw] = [\overline{1}12]$

$\dfrac{A}{B} = \dfrac{\sqrt{20}}{\sqrt{8}} = 1.581;$

$B = [uvw] = [\overline{1}22]$

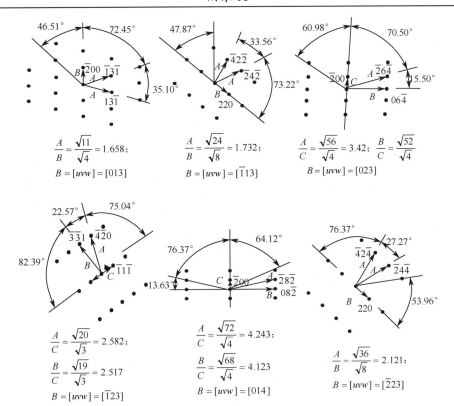

$\dfrac{A}{B} = \dfrac{\sqrt{11}}{\sqrt{4}} = 1.658$；

$B = [uvw] = [013]$

$\dfrac{A}{B} = \dfrac{\sqrt{24}}{\sqrt{8}} = 1.732$；

$B = [uvw] = [\bar{1}13]$

$\dfrac{A}{C} = \dfrac{\sqrt{56}}{\sqrt{4}} = 3.42$；$\dfrac{B}{C} = \dfrac{\sqrt{52}}{\sqrt{4}}$

$B = [uvw] = [023]$

$\dfrac{A}{C} = \dfrac{\sqrt{20}}{\sqrt{3}} = 2.582$；

$\dfrac{B}{C} = \dfrac{\sqrt{19}}{\sqrt{3}} = 2.517$

$B = [uvw] = [\bar{1}23]$

$\dfrac{A}{C} = \dfrac{\sqrt{72}}{\sqrt{4}} = 4.243$；

$\dfrac{B}{C} = \dfrac{\sqrt{68}}{\sqrt{4}} = 4.123$

$B = [uvw] = [014]$

$\dfrac{A}{B} = \dfrac{\sqrt{36}}{\sqrt{8}} = 2.121$；

$B = [uvw] = [\bar{2}23]$

三、密排六方晶体（$\dfrac{c}{a} = 1.633$）

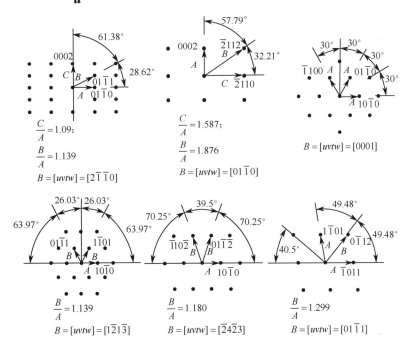

$\dfrac{C}{A} = 1.09$；

$\dfrac{B}{A} = 1.139$

$B = [uvtw] = [2\bar{1}\bar{1}0]$

$\dfrac{C}{A} = 1.587$；

$\dfrac{B}{A} = 1.876$

$B = [uvtw] = [01\bar{1}0]$

$B = [uvtw] = [0001]$

$\dfrac{B}{A} = 1.139$

$B = [uvtw] = [1\bar{2}1\bar{3}]$

$\dfrac{B}{A} = 1.180$

$B = [uvtw] = [\bar{2}4\bar{2}3]$

$\dfrac{B}{A} = 1.299$

$B = [uvtw] = [01\bar{1}1]$

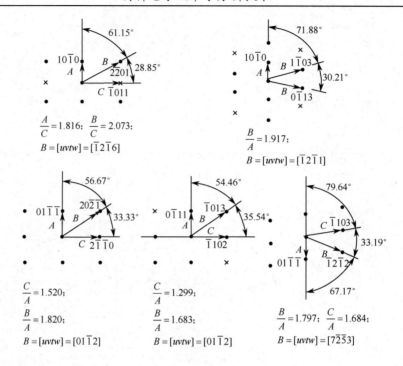

四、金刚石立方

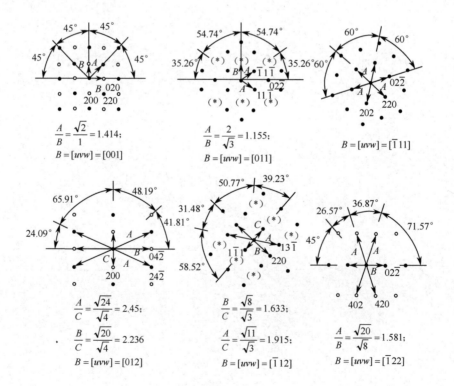

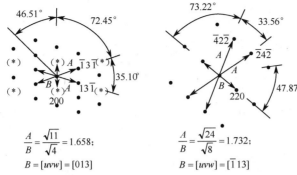

$$\frac{A}{B} = \frac{\sqrt{11}}{\sqrt{4}} = 1.658;$$

$$B = [uvw] = [013]$$

$$\frac{A}{B} = \frac{\sqrt{24}}{\sqrt{8}} = 1.732;$$

$$B = [uvw] = [\bar{1}13]$$

参考文献

[1] 朱和国，尤泽升，王恒志. 材料科学研究与测试方法[M]. 4 版. 南京：东南大学出版社，2019

[2] 秦善. 晶体学基础[M]. 北京：北京大学出版社，2004

[3] 方奇，于文涛. 晶体学原理[M]. 北京：国防工业出版社，2002

[4] 毛为民. 材料的晶体结构原理[M]. 北京：冶金工业出版社，2007

[5] 周玉. 材料分析方法[M]. 4 版. 北京：机械工业出版社，2020

[6] 王富耻. 材料现代分析测试方法[M]. 北京：北京理工大学出版社，2006

[7] 余昆. 材料结构分析基础[M]. 2 版. 北京：科学出版社，2010

[8] 方惠群，于俊生，史坚. 仪器分析[M]. 北京：科学出版社，2004

[9] 常铁军，高灵清，张海峰. 材料现代研究方法[M]. 哈尔滨：哈尔滨工程大学出版社，2005

[10] 黄孝瑛，侯耀永，李理. 电子衍射分析原理与图谱[M]. 济南：山东科学技术出版社，2000

[11] 进藤大辅，川哲夫. 材料评价分析电子显微方法[M]. 刘安生，译. 北京：冶金工业出版社，2001

[12] 杨平. 电子背散射衍射技术及其应用[M]. 北京：冶金工业出版社，2007

[13] 吴正龙. 场发射俄歇电子能谱显微分析[J]. 现代仪器，2005，3：1-4

[14] 李晓娜. 材料微结构分析原理与方法[M]. 大连：大连理工大学出版社，2014

[15] 刘金来，何立子，金涛. 原子探针显微学[M]. 北京：科学出版社，2016

[16] 巩运明，沙维. 原子探针显微分析[M]. 北京：北京大学出版社，1993

[17] 刘文庆，刘庆冬，顾剑锋. 原子探针层析技术最新进展及应用[J]. 金属学报，2013，49（9）：1025-1031

[18] 李慧，夏爽，周邦新，等. 原子探针层析方法研究 690 合金晶界偏聚的初步结果[J]. 电子显微学报，2011，30（3）：206-209

[19] 黄彦彦，周青华，杨承志，等. 基于 APT 对镍基高温合金纳米结构和化学成分研究[J]. 稀有金属材料与工程，2017，46（8）：2137-2143

[20] 健男，尹美杰，张熙，刁东风. 高分辨透射电子显微镜的原位实验综述[J]. 深圳大学学报（理工版），2021，38（5）：441-452

[21] 孙悦，赵体清. 廖洪钢原位透射电镜在电化学领域中的应用[J]. 中国科学：化学，2021，51（11）：1489-1500

[22] 朱刘琪，李霞. 基于冷冻透射电镜电子断层扫描技术对适用于原位解析真核细胞核糖体结构的样品厚度研究[J]. 电子显微学报，2021，40（6）：711-718

[23] 徐开兵，崔哲，陈晓，等. 原位透射电镜研究 MOF 裂解过程中金属颗粒的析出与迁移过程[J]. 实验室研究与探索，2021，40（7）：23-26

[24] 欧阳，李松达，袁文涛，等. 原位透射电镜在金属纳米颗粒氧化研究中的应用[J]. 电

子显微学报，2021，40（5）：623-634

[25] Kang Yan, Zhongwei Chen, Wenjie Lu, Yanni Zhao, Wei Le, YanQing Xue, Sufyan Naseem, Ali Wafa. In-situ TEM study of crack propagation in crystal thinning area and crystal rotation at crack tip in Al[J]. Materials Science & Engineering A, 2021, 824: 141-800

[26] Pijus Kundu, Shih-Yi Liu, Fan-Gang Tseng, Fu-Rong Chen Materials. Dynamic processes of hybrid nanostructured Au particles/nanobubbles in a quasi-2D system by in-situ liquid cell TEM[J]. Chemistry and Physics, 2022, 278: 125562

[27] Jiwoong Yang, Sardar B. Alam, Lei Yua, Emory Chan, Haimei Zheng. Dynamic behavior of nanoscale liquids in graphene liquid cells revealed by in situ transmission electron microscopy[J]. Micron, 2018, 116: 22-29

[28] Anatoli A. Ischenko, Sergei A. Aseyev. Chapter Five - Ultrafast Electron Microscopy[J]. Advances in Imaging and Electron Physics, 2014, 184: 231-262

[29] Ahmed M. El-Zohry Basamat S. Shaheen, Victor M. Burlakov, Jun Yin, Mohamed N. Hedhili, Semen Shikin, Boon Ooi, Osman M. Bakr, Omar F. Mohammed1, Extraordinary Carrier Diffusion on CdTe Surfaces Uncovered by 4D Electron Microscopy[J]. Chem, 2019, 5: 706-718

[30] See Wee Chee, Shu Fen Tan, Zhaslan Baraissov, Michel Bosman & Utkur Mirsaidov. Direct observation of the nanoscale Kirkendall effect during galvanic replacement reactions[J]. Nature communication, 2017, 8: 1224

[31] David B Williams, C. Barry Carter. Transmission Electron Microscopy: A Textbook for Materials Science[M]. Berlin: Springer Science & Business Media, 2009

[32] 杨再荣，潘金福，周勋，等. 用于 MBE 中的反射式高能电子衍射仪[J]. 现代机械，2009，（1）：57-58+61

[33] 房丹，张强，李含，等. 反射高能电子衍射优化 GaSb 薄膜生长的工艺研究[J]. 光与光电子学进展，2020，57（23）：231603-1～7

[34] 张诚，宋西平. EDS 和 EELS 测定锆合金中锆氧化物的氧含量对比[J]. 理化检验-物理分册，2018，54（10）：733-736+753

[35] 张昊宁，童利民，蒲继雄. Au 纳米耦合结构表面等离激元的 EELS 分析[J]. 华侨大学学报（自然科学版），2016，37（2）：160-163

[36] Mana Norouzpour, Ramtin Rakhsha, Rodney Herring. Self-interference of split HOLZ line（SIS-HOLZ）for z-dependent atomic displacement measurement: Theoretical discussion[J]. Micron, 2017, 97：68-77

[37] 娄艳芝，李春志. 7055 铝合金中纳米尺度 Al_2ZnZr 的结构和析出特征[J]. 中国有色金属学报. https://kns.cnki.net/kcms/detail/43.1238.TG.20210903.0849.001.html.

[38] Viney Dixit, Lambert van Eijck, Jacques Huot. Investigation of dehydrogenation of Ti-V-Cr alloy by using in-situ neutron diffraction[J]. Journal of Alloys and Compounds, 2020, 844: 156130

[39] 杜红林，张百生，常虹，等. Nd（FeSi）$_{11}$C$_{1.5}$ 永磁合金的中子与 X 射线衍射研究[J]. 原子能科学技术，2001，35（4）：289-292

[40] 张书彦，高建波，温树文，等. 中子衍射在残余应力分析中的应用[J]. 2021，16（1）：60-69+59

[41] 李眉娟，刘晓龙，刘蕴韬，等. 累积叠轧 Mg/Al 多层复合板材的织构演变及力学性能[J]. 金属学报，2016，52（4）：463-472

[42] 姜传海，杨传铮. 中子衍射技术及其应用[M]. 北京：科学出版社，2012

[43] 培根. 中子衍射[M]. 谈宏，乐英，译. 谈家帧，陆挺，校. 北京：科学出版社，1980

[44] 贡志锋，张书彦，马艳玲，等. 中子成像技术应用[J]. 中国科技信息，2021，（8）：84-86

[45] 刘蕴韬，李眉娟，刘晓龙，等. 中子无损表征技术及其在失效分析中的应用[J]. 失效分析与预防，2021，16（1）：70-75+82

[46] 童欣. 极化中子技术[J]. 实验技术，2020，49（11）：765-773.